# 中国农业科学院科技新成果汇编

中国农业科学院成果转化局
中国农业科学院人事局　编
中国农业科学院老科技工作者协会

中国农业科学技术出版社

图书在版编目（CIP）数据

中国农业科学院科技新成果汇编 / 中国农业科学院成果转化局，中国农业科学院人事局，中国农业科学院老科技工作者协会编 .—北京：中国农业科学技术出版社，2019. 1

ISBN 978-7-5116-3704-8

Ⅰ. ①中… Ⅱ. ①中… ②中… ③中… Ⅲ. ① 中国农业科学院—科技成果—汇编 Ⅳ. ①S-12

中国版本图书馆 CIP 数据核字（2018）第 104828 号

责任编辑　李冠桥
责任校对　李向荣

出 版 者　中国农业科学技术出版社
　　　　　北京市中关村南大街12号　　邮编：100081
电　　话　（010）82109705（编辑室）（010）82109702（发行部）
　　　　　（010）82109709（读者服务部）
传　　真　（010）82106625
网　　址　http: // www.castp.cn
经 销 者　全国各地新华书店
印 刷 者　北京富泰印刷有限责任公司
开　　本　787mm × 1 092mm　1/16
印　　张　24.25
字　　数　575千字
版　　次　2019年1月第1版　　2019年1月第1次印刷
定　　价　150.00元

#《中国农业科学院科技新成果汇编》

## 编委会

# 中国农业科学院科技新成果提供单位

1. 作物科学研究所
2. 植物保护研究所
3. 蔬菜花卉研究所
4. 农业环境与可持续发展研究所
5. 北京畜牧兽医研究所
6. 蜜蜂研究所
7. 饲料研究所
8. 农产品加工研究所
9. 生物技术研究所
10. 农业经济与发展研究所
11. 农业资源与农业区划研究所
12. 农业信息研究所
13. 农业质量标准与检测技术研究所
14. 农田灌溉研究所
15. 水稻研究所
16. 棉花研究所
17. 油料作物研究所
18. 麻类研究所
19. 果树研究所
20. 郑州果树研究所
21. 茶叶研究所
22. 哈尔滨兽医研究所
23. 兰州兽医研究所
24. 兰州畜牧与兽药研究所
25. 上海兽医研究所
26. 草原研究所
27. 特产研究所
28. 环境保护科研监测所
29. 沼气科学研究所
30. 南京农业机械化研究所
31. 烟草研究所
32. 老科技工作者协会

# 前 言

为了贯彻党的十九大精神和习近平新时代中国特色社会主义思想，全面落实习近平总书记致中国农业科学院建院60周年贺信的指示精神，强化农业科研国家队的使命担当，在乡村振兴和加快培育农业农村发展新动能中发挥引领作用，中国农业科学院在《乡村振兴科技支撑行动计划（2018—2035年）》实施过程中，对全院近10年取得的科技成果进行了梳理，出版了《中国农业科学院科技新成果汇编》一书。

本汇编收集了273项技术成果和技术专利，涵盖种植技术，养殖技术，植保技术，土壤改良技术及新型肥料，食用菌种植技术，农产品加工，农业机械与设备，农业科技新技术、新方法、新产品8个领域的各个方面。所收集的研究成果、专利技术，都有准确数据，各项技术、专利均以图文并茂的形式加以介绍，便于读者阅读和研究。各项成果都饱含着科技人员孜孜不倦的探索和对农业科技无私的奉献。

本书发行的主要目的，在于搭建具有中国农业科学院特色的农业技术推广平台，在农业供给侧结构性改革和加快农业农村新动能培育方面加速中国农业科学院科技成果转化进程，把中国农业科学院更多更新的科技成果推向农业生产第一线，为广大农民朋友和有意发展农业经济建设的各界人士提供第一手资料。

每项技术及技术专利后面附有技术及技术专利持有人所在单位及联系方法，以便读者在了解技术及技术专利的同时，能准确、快捷、便利的和技术及技术专利持有人建立联系。

本书由中国农业科学院成果转化局、中国农业科学院人事局、中国农业科学院老科技工作者协会共同编撰。

编　者

2018年12月

# 目 录

## 种植技术

小麦新品种——航麦247 …… 2
小麦新品种——中麦175 …… 3
小麦新品种——轮选103 …… 4
小麦新品种——中植3号 …… 5
水稻新品种——京粳1号 …… 6
水稻新品种——中作香糯一号 …… 7
玉米新品种——中单909 …… 8
谷子新品种——中谷2 …… 9
大豆新品种——中黄13 …… 10
特异茶树新品种——中黄1号 …… 11
特异茶树新品种——中黄2号 …… 12
特早生优质绿茶新品种中茶108育成与示范推广 …… 13
小麦高产创建技术集成与示范推广 …… 14
蔬菜新品种——甘蓝新品种选育 …… 15
大白菜育种技术研究及中白系列新品种选育与应用 …… 16
黄瓜优质系列新品种选育 …… 17
马铃薯系列新品种 …… 18
蔬菜集约化育苗技术 …… 20
花卉新品种——优质高抗月季系列 …… 22
花卉新品种——百合新品种“丹蝶” …… 24
三系抗虫棉［银棉二号（sGKz8）］的研制与应用 …… 25
V型紫斑白三叶草新品种选育及应用推广 …… 26
苜蓿新品种——中苜4号紫花苜蓿 …… 28

苜蓿新品种——中苜5号紫花苜蓿 …… 29
苜蓿新品种——航苜1号紫花苜蓿 …… 31
苜蓿新品种——中兰2号紫花苜蓿 …… 32
猕猴桃新品种——软枣猕猴桃“佳绿” …… 33
猕猴桃新品种——软枣猕猴桃“婉绿” …… 34
猕猴桃新品种——红宝石星 …… 35
果树种植新技术——富硒果品生产技术集成 …… 36
果树新品种——早红玉梨 …… 37
果树新品种——梨矮化砧木系列：中矮3号、4号、5号 …… 38
李子新品种“一品丹枫” …… 39
梨新品种——中矮红梨 …… 40
梨新品种——中加1号 …… 41
梨新品种——中梨4号 …… 42
桃新品种——中农寒桃1号 …… 43
苹果新品种——华硕 …… 44
葡萄新品种——红艳无核 …… 46
葡萄新品种——郑艳无核 …… 47
葡萄新品种——神州红 …… 48
葡萄新品种——水晶红 …… 49
西瓜新品种——三倍体无籽西瓜 …… 50
西瓜新品种——中兴红1号 …… 51
鲜食油桃新品种——中油15号 …… 52
油桃新品种——中油20号 …… 53
中蟠桃11号 …… 54
甜瓜新品种——七彩脆蜜 …… 55
棉花新品种——中棉所49 …… 56
棉花新品种——中棉所63 …… 57
棉花新品种——中棉所88 …… 58
棉花新品种——中棉所96 …… 59
棉花新品种——中棉所99 …… 61
棉花新品种——中棉所100 …… 62
棉花新品种——中棉1279 …… 63
北方半干旱区优质饲草关键技术 …… 65
乌珠穆沁黄花苜蓿品种 …… 67
无芒雀麦成熟种子组织培养再生的方法 …… 68
杂花苜蓿新品种——中草8号 …… 70

紫花苜蓿新品种——中草6号 …… 71
紫花苜蓿新品种——中草10号 …… 72
油菜高含油量聚合育种技术及应用 …… 73
油菜新品种——中油杂19 …… 74
油菜新品种——早熟阳光131 …… 75
油菜新品种——大地199 …… 76
早熟油菜新品种阳光1417 …… 78
杂交油菜新品种浔油10号 …… 79
高油酸高产花生新品种——中花24 …… 80
芝麻新品种——中芝13 …… 81
草坪草新品种——海波草地早熟禾 …… 83
观赏草新品种——陇中黄花矶松 …… 84
陆地中间偃麦草 …… 85
烤烟新品种——K326 …… 86
优质抗病不育系中18S及系列组合 …… 87
优质安全高效杂交稻华浙优系列组应用 …… 88
水稻高温热害预警及防控技术 …… 89
高细度苎麻新品种“中苎3号” …… 90
苎麻与肉鹅种养结合技术 …… 91
大麻新品种选育与推广 …… 92
红麻新品种选育与推广 …… 94
环保型系列黄麻品种选育与创新利用 …… 95
中大麻5号新品种 …… 97
人参适宜连作新品种选育及其白浆土栽培技术 …… 98

## 养殖技术

葡萄糖氧化酶分子改良技术 …… 102
京星黄鸡103配套系 …… 104
栗园油鸡蛋鸡配套系 …… 106
肉牛全基因组选择分子育种技术体系的建立与应用 …… 107
猪禽饲料养分效价仿生消化评定技术 …… 109
羊优异繁殖性状分子遗传标记筛选及应用 …… 111
Z型北京鸭配套系 …… 113
蜜蜂种用蜂王高效繁育技术 …… 114

中蜜一号蜜蜂配套系 …… 115
蜂王浆优质高效生产技术 …… 116
中国蜜蜂种质资源的收集、评价、保护与利用 …… 118
高山美利奴羊 …… 119
饲料用酶技术 …… 120
犊牛营养生理调控与早期培育技术 …… 121
高效生物饲料的产业化技术集成与示范推广 …… 123
羔羊生理营养和快速育肥关键技术 …… 124
水貂新品种——明华黑色水貂 …… 125
梅花鹿产业化关键技术开发与应用 …… 126
鹿茸再生干细胞的发现与哺乳动物断肢再生模型的建立 …… 127
五指山小型猪近交系技术 …… 128
奶牛重要细菌病防治药物创制 …… 129
新型饲用抗生素替代品 …… 130
鸡胚源H5亚型禽流感系列灭活疫苗 …… 132
细胞源H5亚型禽流感系列灭活疫苗 …… 134
新城疫、传染性支气管炎、禽流感（H9亚型）三联灭活疫苗 …… 136
鸡传染性支气管炎活疫苗（LDT3-A株） …… 138
高致病性猪繁殖与呼吸综合征活疫苗（HuN4-F112株） …… 139
禽流感、新城疫重组二联活疫苗（rL H5-6株） …… 141
猪传染性胃肠炎、猪流行性腹泻、猪轮状病毒（G5）三联活疫苗 …… 142
布鲁氏菌cELISA抗体检测试剂盒 …… 144
口蹄疫A型灭活疫苗 …… 145
A型口蹄疫重组疫苗株及其制备方法和应用 …… 147
口蹄疫O型、亚洲1型、A型三价灭活疫苗 …… 149
口蹄疫O型缅甸98（MYA98）疫苗 …… 150
口蹄疫病毒非结构蛋白2C3AB抗体检测试纸条 …… 151
绵羊肺炎支原体间接ELISA抗体检测试剂盒 …… 152
奶牛衣原体病灭活疫苗 …… 153
种鸡产业化配套系联合选育方法 …… 154
山羊传染性胸膜肺炎间接血凝试验抗原、阳性血清与阴性血清 …… 155
山羊传染性胸膜肺炎灭活疫苗 …… 156
猪口蹄疫O型合成肽疫苗 …… 157
益蒲灌注液 …… 158
黄白双花口服液 …… 159

射干地龙颗粒 …… 160
苍朴口服液 …… 161
板黄口服液 …… 162
藿芪灌注液 …… 163
根黄分散片 …… 164
水禽主要疫病快速诊断 …… 165
鸭疫里默氏杆菌毒力因子、诊断技术 …… 167
水貂出血性肺炎二价灭活疫苗 …… 169
水貂犬瘟热活疫苗（CDV3-CL株） …… 170

## 植保技术

红壤酸化及其综合防治技术 …… 172
盐碱地“上膜下秸”控抑盐增产技术 …… 173
防治韭蛆新技术——日晒高温覆膜 …… 174
番茄黄化曲叶病毒病绿色防控技术 …… 175
氰氨化钙日光消毒防治蔬菜土传病害技术 …… 176
家蚕杆状病毒表达系统生产的干扰素在鸡抗病、促生长中的应用 …… 178
Bt杀虫基因应用…… 179
蛋白质植物免疫诱导剂——6%寡糖·链蛋白可湿性粉剂（阿泰灵）应用 …… 180
高效低风险施药技术——“选、配、喷”精准施药新产品（精准选药试剂盒）… 181
土壤熏蒸消毒技术 …… 182
蠋蝽、草蛉、蚜茧蜂等天敌昆虫的工厂化扩繁技术 …… 183
智利小植绥螨繁育方法 …… 185
杀线虫生物制剂——淡紫拟青霉菌剂 …… 187
夜蛾科害虫食诱剂 …… 189
棉花黄萎病致/抗病机理与抗病种质创制 …… 190
北方草地害虫及毒害草生物防控技术 …… 192
重大草地害虫生物防治新技术 …… 193
水稻穗部主要病害减药增效综合防控技术 …… 195
茶叶中农药残留安全评价及应对 …… 196
茶园中水溶性农药安全替代技术的研发及应用 …… 198
一种新型农用抗生素的开发 …… 200
绿色多功能助剂用于农药与液体肥料增效技术研究 …… 202

## 土壤改良技术及新型肥料


酶法生产海藻生物肥技术 …… 206
增值肥料 …… 208
多功能微生物肥料——土壤解毒产品 …… 209
基于稻壳废弃物的土壤调理剂制备技术 …… 210
腐殖酸缓释复合肥料生产技术及新产品 …… 211
抗逆高效运动发酵单胞菌生物质乙醇转化系统平台构建 …… 212
沼气发酵功能微生物强化技术 …… 213
棉花水肥药一体化化学调控技术研究和示范 …… 215
水稻秸秆纤维化减量技术与农业应用 …… 216
全株玉米及秸秆菌酶联用发酵技术 …… 217
基于微生物发酵处理的养殖废弃物资源化与全循环利用成套技术方案 …… 219
一种软网状好氧发酵设备 …… 220
作物秸秆高效炭化还田关键技术 …… 222
城郊环保型高效农业关键技术研究与应用 …… 223


## 食用菌种植技术


食用菌种质资源鉴定评价技术 …… 226
白灵菇——中农1号 …… 228
苎麻副产物饲料化与食用菌基质化高效利用技术 …… 230
麻类副产物栽培高档食用菌技术 …… 232


## 农产品加工


花生加工黄曲霉毒素全程绿色防控技术及应用 …… 236
花生低温压榨制油与饼粕蛋白高值化利用关键技术及装备 …… 237
畜禽骨全组分高值化加工关键技术 …… 238
羊肉加工增值关键技术创新与应用 …… 239
高品质菜籽油产地绿色高效加工技术装备与自控系统 …… 240
功能脂质特色资源高值化利用关键技术的研究与应用 …… 241
牛肉分类分级与精准分割增值技术 …… 242
优质蜂产品安全生产加工与质量控制技术 …… 244

高效节能清洁型麻类工厂化生物脱胶技术 …… 246
环保型农用麻纤维膜产品及其应用技术 …… 248
高类胡萝卜素鸡蛋 …… 250
新型高效乳糖酶产品的创制 …… 251
新型食品压差闪蒸干燥技术及装备 …… 253
甘薯淀粉生产及副产物高值化利用关键技术 …… 255
挂面生产关键技术与设备 …… 256
马铃薯主食加工关键技术与产业化 …… 258
假眼小绿叶蝉诱捕色的筛选及数字化标准色板的制作色板 …… 260
不易结晶蜂蜜生产工艺 …… 261
蜂胶湿法超微粉碎关键技术 …… 262
优质乳工程技术及应用 …… 263
γ-氨基丁酸茶加工技术研究及系列产品开发 …… 264
保健食品——随爽牌赛尔林片 …… 265
扁形和针芽形名优绿茶品质提升关键加工技术与集成应用 …… 266
扁形名优绿茶标准化加工技术与成套装备 …… 268
绿茶鲜茶固体饮料及其生产工艺 …… 269
循环滚炒型绿茶全自动生产线及标准工艺参数 …… 270
饮料专用绿茶加工关键技术及产业化 …… 271
免疫益生活性麦麸阿拉伯木聚糖制备关键技术 …… 273
营养保健型叶用黄麻（帝王菜）品种选育与创新利用 …… 275

## 农业机械与设备

地膜残留污染综合防控技术研发与推广应用 …… 278
新型抑制蒸腾剂——农艺一号应用技术 …… 279
旱作农业关键技术与集成应用 …… 280
设施园艺作物精细化滴灌系统 …… 282
智能园区云智能控制平台 …… 283
智能灌溉控制器 …… 284
基于WebGIS的区域作物灌溉预报技术及应用 …… 285
基于网络运行的墒情预测与灌溉预报技术 …… 286
一种多级复合型过滤装置 …… 287
一种复合型多功能过滤装置 …… 288
漂浮式泵前过滤系统 …… 289

轻小型移动式抗旱灌溉机 …… 290
利用灌溉及化控技术联合提升镉污染土壤生产力的方法 …… 291
微灌压差施肥自动控制技术 …… 292
微灌自报警多级网式复合过滤技术 …… 293
微灌管（带）水力性能智能检测技术 …… 294
一种移动式滴灌装置 …… 295
行走式农田灌溉机 …… 296
智能灌溉水肥一体机 …… 297
油菜（蔬菜）毯状苗机械化高效移栽技术与装备 …… 298
旱田全量秸秆覆盖地免耕洁区播种关键技术与装备 …… 300
植保无人飞机精准施药技术装备 …… 302
新型统收式棉花采摘技术与装备 …… 304
气力集排式智能化大型水稻直播机 …… 306
跨行乘驾型履带采茶技术与装备 …… 308
蔬菜精细化整地技术及系列装备 …… 310
花生荚果换向通风干燥技术与装备 …… 312
食用菌栽培基质系列粉碎技术装备 …… 313
一种旋耕播种秸秆粉碎覆盖还田机 …… 315
果园小型实用新型机械设备研发与应用 …… 316
稻机械化生产与技术创新 …… 317
玉米密植高产全程机械化绿色生产技术 …… 318
苎麻剥麻机的研制与应用 …… 320

## 农业科技新技术、新方法、新产品

一种甲烷排放浓度监测方法 …… 324
蜂产品质量安全控制融合检测技术 …… 325
农产品黄曲霉毒素靶向抗体创制与高灵敏检测技术 …… 326
棉花枯、黄萎病抗性鉴定技术 …… 327
Pat/Bar金标免疫快速检测试剂盒 …… 329
动物养殖过程关键危害因子识别与确证新技术 …… 331
化学发光增敏液 …… 332
基于核酸适配体的黄曲霉毒素B1快速检测试纸条 …… 333
基于核酸适配体食品安全污染物快速检测纸条产品 …… 334
猪牛肉DNA溯源鉴别技术及产品 …… 335

烟草有害生物检测技术 …… 336
作物生长环境远程监控与诊断关键技术及应用 …… 337
辅助鉴别常规棉和杂交棉的方法及其专用试剂盒 …… 339
农业旱涝灾害遥感监测技术 …… 340
星陆双基遥感农田信息协同反演技术 …… 341
天空地一体化农情大数据集成应用技术 …… 342
污灌菜地重金属镉污染钝化与农艺调控修复技术 …… 343
水体、土壤及沉积物中重金属有效态提取及快速检测设备 …… 345
绿豆优异基因资源挖掘与创新利用 …… 347
粮食作物两熟制光温资源优化配置及其高产高效技术与应用 …… 348
高光效低能耗LED智能植物工厂关键技术及系统集成 …… 349
高效安全纳米农兽药制备技术及应用 …… 350
藏北高寒草地适应气候变化关键技术及应用 …… 352
新外来入侵植物黄顶菊防控技术与应用 …… 354
玉米EMS诱变突变体库创建及应用 …… 356
水稻突变体库种质创新与应用 …… 357
高叶酸玉米分子标记开发及应用 …… 359
高效表达基因的分子设计及相关软件的研发 …… 360
基于智能诊断技术的果园远程咨询系统（数字果园） …… 361
先进农产品市场信息采集设备（农信采）的研制与应用 …… 362
农业经济电子地图 …… 363
农业技术进步评价理论、方法及实证研究 …… 364
我国农村土地纠纷、农民土地权益保护及纠纷化解对策研究 …… 365
牧草种子生产区划地理信息管理系统 …… 366
“互联网+农技推广”云平台创建与应用 …… 367
全国农业现代化评价报告（2016年） …… 369

# 种植技术

# 小麦新品种——航麦247

## 1. 成果审定

2016年通过国家农作物品种审定（证书编号：国审麦2016029），植物新品种权申请公告号：CNA013729E。

## 2. 成果特点

航麦247是综合利用航天诱变技术与常规育种相结合培育而成的小麦新品种。该品种属冬性，集高产多抗于一体，突出特点是高产、高抗倒伏，适应性好，中抗白粉病。分蘖能力强、成穗率高，亩（1亩≈667平方米，全书同）穗数为48.4万，穗粒数为28.6粒，千粒重为39.2克。2015年国家北部冬麦区水地组生产试验，平均亩产508.12千克，比对照中麦175平均增产9.5%，列生产试验品种第1位。2017年在昌平小麦新品种联合展示中，平均亩产693.5千克，比对照品种中麦175增产15.4%。

航麦247适宜在京、津、冀中北部、晋北部、新疆阿拉尔等地区种植。该品种由于具有很强的群体自我调节适应能力，且节水性比较突出，具有良好的推广应用前景。

## 3. 推广应用

航麦247于2016年转让给北京顺鑫国际种业有限公司，并开始推广应用。

完成单位：中国农业科学院作物科学研究所
主要完成人：刘录祥
通信地址：北京市海淀区中关村南大街12号
电话：010-62122719
E-mail：liuluxiang@caas.cn

种子

大田照片

植株

国家农作物品种
审定证书

审定编号：国审麦2016029
品种名称：航麦247
申 请 者：中国农业科学院作物科学研究所
育 种 者：中国农业科学院作物科学研究所
品种来源：轮选987/G55
审定意见：该品种符合国家小麦品种审定标准，通过审定。适宜在北部冬麦区的北京、天津、河北中北部、山西北部冬麦区中等以上肥力水地种植，也适宜新疆阿拉尔冬麦区种植。
公 告 号：中华人民共和国农业部公告第2378号

证书编号：2016-1-029

第三届国家农作物品种审定委员会

审定证书

# 小麦新品种——中麦175

■ 1. 成果审定

我国第一个同时通过国家水地和旱肥地（2011）两个区域审定的水旱兼用型品种；还通过北京（2007）、山西（2007）、河北（2009）、青海（2011）和甘肃省（2012）的审定。

■ 2. 成果特点

中麦175为高产节水多抗广适冬小麦品种。该品种具有高产抗倒早熟、节水、综合抗性突出与适应性广、品质优良等4大突出优点，可在北纬34°～40°、海拔2 400米地区种植。该品种具有①高产矮秆抗倒伏，较对照降秆17厘米，熟期提早2天；国家区域试验中，较对照增产7.65%；2008年和2014年两次创北部冬麦区水浇地高产纪录（611.3千克/亩、647.7千克/亩）。②节水性能居近10年国家审定的100个冬麦品种首位，氮磷吸收和利用效率高，2012年和2014年分别创陕西和甘肃省旱地高产纪录（583.04千克/亩、617.58千克/亩）。③兼抗条锈病、叶锈病和白粉病，抗寒性与耐高温性均居现有品种前列。④面条和馒头品质评分（85分和92分）皆达到国家优质标准，籽粒锌含量45.8毫克/千克，比普通品种高30%左右，是国际上第一个大面积推广的富锌品种。中麦175不仅成为北部冬麦区水浇地第一大品种，还首次成功扩展到黄淮旱肥地及甘肃和青海冬春麦交错区，并分别成为第一大品种，被农业农村部推荐为全国主导品种，被选为国家北部冬麦区及河北、北京、山西三省市区域试验对照品种

■ 3. 推广应用

据10省市种子管理站统计，中麦175在2009—2016年累计推广3 412.8万亩，其中2016年推广700.2万亩，居全国第八位。按亩增40千克（亩产400千克、亩增10%计算）、每千克小麦2.2元计，即亩增88元，共新增社会经济效益30.032 64亿元。

中麦175与京411植株长相对比

完成单位：中国农业科学院作物科学研究所

主要完成人：何中虎、陈新民、王德森、李思敏、肖永贵、张艳、夏先春、庄巧生、张运洪、崔淑兰、赵广才、张勇、阎俊、郝元峰、曹双河、金宝燕

通信地址：北京市海淀区中关村南大街12号

电话：010-82108547

E-mail：hezhonghu02@caas.cn

# 小麦新品种——轮选103

## 1. 成果审定

审定编号：冀审麦2015001号，品种权保护申请公告号：CNA013722E。

## 2. 成果特点

由中国农业科学院作物科学研究所与赵县农业科学研究所合作培育的轮选103，是以石麦12为母本，石家庄8号为父本进行有性杂交，后代采用系谱法选育而成的小麦新品种。轮选103具有以下特点：①丰产性突出，大面积亩产600千克左右，2016年专家现场实产验收，最高亩产724.9千克，创河北省小麦单产历史最高纪录。②节水性好，抗旱指数1.019，在全生育期只浇1水的条件下，连续3年亩产分别达到536.6千克、556.3千克和541.53千克。③早熟，比大面积种植的济麦22早熟2～3天，腾茬早，有利于秋作物均衡增产。④抗寒性强。在该品种选育过程中，应用春化基因分子标记辅助选择技术对品种的抗寒性进行间接性选择，有效地提高了品种的抗寒性。⑤矮秆，株高75厘米，基部节间短，抗茎秆折断力强。适宜冀中南地区推广种植。

## 3. 推广应用

2017年，轮选103秋播面积100万亩左右，按每亩增产50千克计算，可增产小麦5 000万千克，直接经济效益1亿元以上；全生育期按少浇1次水计算，1亩地可节省60立方米水，一共可节省6 000万立方米水。

大田照片

完成单位：中国农业科学院作物科学研究所、赵县农业科学研究所

主要完成人：周阳

通信地址：北京市海淀区中关村南大街12号（中国农业科学院作物科学研究所）

电话：010-82108628；13691058492

E-mail：zhouyang@caas.cn

# 小麦新品种——中植3号

■ 1. 成果审定

中植3号（原代号：CP20-30-1）审定编号：甘审麦2014009。

■ 2. 成果特点

由中国农业科学院植物保护研究所徐世昌研究员科研团队与甘肃省农业科学院植物保护研究所合作，按照我国小麦条锈病陇南菌源地病害持续控制的基因布局方案，以中植1号为母本、高代品系CP98-29-1为父本杂交选育而成。该品种属冬性，生育期约255天。幼苗半匍匐，叶色深绿。株高83～93厘米。穗长方形，长芒，白壳，穗长8.4厘米，结实小穗数15～18个，穗粒数37.0粒。红粒，角质。千粒重41.3克，容重780.8克/升。含粗蛋白质13.32%，湿面筋21.21%，赖氨酸0.365%，沉淀值35.4毫升。接种鉴定，苗期对条锈混合菌种表现免疫，成株期对条中29号、31号、32号、33号和34号表现免疫，对混合菌表现高抗；对白粉病表现中抗。

对照品种兰天17　　中植3号

甘肃省农作物品种审定证书

甘审麦2014009

中国农科院植保所、甘肃省农科院植保所：

你们选育的小麦品种中植3号，经甘肃省农作物品种审定委员会2014年1月19-20日第29次会议通过审定，适宜在我省甘谷、武山、麦积区、清水及徽县川道地种植。

特发此证。

二〇一四年三月十七日

证书

在2010—2012年度甘肃省陇南片冬小麦品种区域试验中，平均亩产438.2千克，较对照兰天17号增产11.09%。2012—2013年度生产试验平均亩产400.2千克，较兰天17号增产6.1%。中植3号选育的主要目标是用于我国小麦条锈病陇南菌源地病害持续控制的抗病基因布局。按照基因布局实施方案，中植3号审定后先后在天水市甘谷县、麦积区、清水县、武山县、秦安县及陇南市徽县、武都区等川道区推广种植，以期构建阻断菌源地山区与川水区病菌传播周年循环的遗传屏障。

■ 3. 推广应用前景

2014—2017年累计示范推广10万亩，其中2014年1.0万亩，2015年2.5万亩，2016年3.0万亩，2017年3.5万亩。

完成单位：中国农业科学院植物保护研究所、甘肃省农业科学院植物保护研究所
主要完成人：蔺瑞明、冯晶、王凤涛、曹世勤、金社林、徐世昌
通信地址：北京市海淀区圆明园西路2号
联系人：蔺瑞明：13241288875，caoshiqin6702@163.com
通信地址：甘肃省兰州市安宁区农业科学院新村1号
联系人：曹世勤：13139219928，shichangxu317@163.com

# 水稻新品种——京粳1号

■ 1. 成果审定

证书编号：国审稻2015047，植物新品种权申请公告号：20150669.1。

■ 2. 成果特点

由中国农业科学院作物科学研究所育成的京粳1号为常规中熟中粳稻新品种。2012年参加黄淮粳稻组国家区试，平均亩产652.68千克，较对照徐稻3号增产2.39%，达极显著水平；2014年生产试验平均亩产621.9千克，较对照徐稻3号增产3.5%。京粳1号在黄淮地区种植全生育期平均154.5天，比对照徐稻3号早熟2.3天。每亩有效穗数20.7万，株高98.5厘米，穗长16.3厘米，每穗总粒数149.4粒，结实率86.8%，千粒重25.7克。抗性：稻瘟病综合抗性指数3.3，穗颈瘟损失率最高级5级。主要米质指标：整精米率66.5%，垩白米率30.0%，垩白度3.0%，直链淀粉含量15.2%，胶稠度87毫米，达到国家《优质稻谷标准》3级。

■ 3. 推广应用

京粳1号已转让给中国种子集团有限公司，经大面积试种、示范，京粳1号表现为：丰产性好，高产稳产，耐病抗倒，适应性广；熟期早，灌浆快，结实率高，特别适合直播和机插秧；米质优，不但出米率高，而且食味品质好，香味雅致，口感美妙，2016年京粳1号荣获“首届江苏百姓品米节暨寻找江苏最好吃大米”市民现场品尝评比二等奖。目前，已累计推广30万亩，在黄淮稻区有较好的应用前景。

完成单位：中国农业科学院作物科学研究所
主要完成人：万建民、王洁、王久林、雷财林、程志军、张欣、郭秀平、吴赴清、林启冰、赵志超、朱杉杉（联系人：王洁）
通信地址：北京市中关村南大街12号
电话：010-82105873
E-mail：wangjie02@caas.cn

京粳1号

京粳1号米质

# 水稻新品种——中作香糯一号

## 1. 成果审定

植物新品种权申请公告号：CNA20110115.5；2017年获国家科技进步二等奖。

## 2. 成果特点

由中国农业科学院作物科学研究所利用野生稻育成中作香糯一号，适合北方稻区生产的香糯米品种。中作香糯一号具有米质优、产量高、抗病虫性好新品种，解决了生产上的香米品种主要为黏稻，缺乏糯性的问题。该品种适合于在华北和东北地区种植，

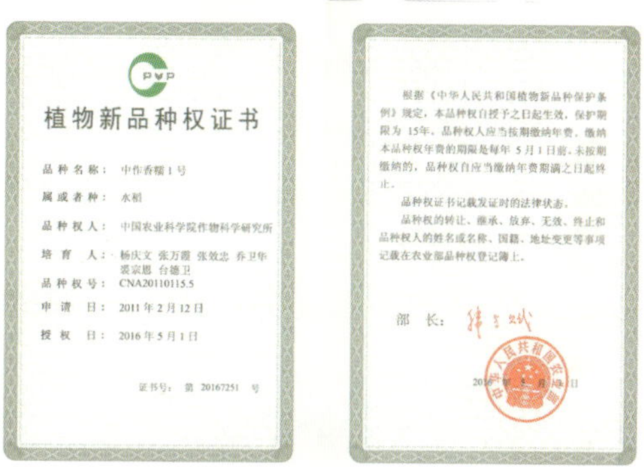
植物新品种权证书

品种名称：中作香糯1号
属或者种：水稻
品种权人：中国农业科学院作物科学研究所
培育人：杨庆文 张万霞 张效忠 乔卫华 裘宗恩 台德卫
品种权号：CNA20110115.5
申请日：2011年2月12日
授权日：2016年5月1日
证书号：第 20167251 号

根据《中华人民共和国植物新品种保护条例》规定，本品种权自授予之日起生效，保护期限为15年。品种权人应当按期缴纳年费，缴纳本品种权年费的期限是每年5月1日前。未按期缴纳的，品种权自应当缴纳年费期满之日起终止。

品种权证书记载发证时的法律状态。

品种权的转让、继承、放弃、无效、终止和品种权人的姓名或名称、国籍、地址变更等事项记载在农业部品种权登记簿上。

部长：

中作香糯一号品种权证书

## 3. 推广应用

目前已在天津和辽宁推广。

完成单位：中国农业科学院作物科学研究所
主要完成人：杨庆文、张万霞、张效忠、乔卫华、裘宗恩、台德卫
通信地址：北京中关村南大街12号
电话：18611392811
邮箱：yangqingwen@caas.cn

中作香糯一号田间照片

# 玉米新品种——中单909

## ■ 1. 成果审定

2011年通过国家农作物品种审定委员会审定（证书编号：国审玉2011011）；植物新品种权申请公告号：CNA20090743.9。

## ■ 2. 成果特点

由中国农业科学院作物科学研究所选育的中单909为高产、耐密、抗逆性强、品质优良玉米品种。母本为我国玉米骨干自交系郑58；父本为HD568，是由美国引进种质与昌7-2杂交，在8 000株高密度下，选出的优良自交系。该品种具有：①株型紧凑，耐密性强。②根系发达，抗倒伏能力强。中单909株高穗位适中，重心稳，茎秆强壮有力，根系下扎深广；节间较短，株高、穗位，以及植株重心高度较低。③丰产稳产性好，产量潜力高。双穗率高、空秆率低、结实到顶、群体产量高，综合抗性好。中单909增产效果好，夏播优势更明显。相比郑单958，夏播区增产10.3%，春播区增产6.7%；增产幅度为5.3%～12.3%，平均增幅为8.1%。④籽粒品质好、容重高。该品种籽粒品质好，容重高：籽粒容重794克/升，超过国家一级标准；粗蛋白质含量10.32%，粗脂肪含量3.46%，粗淀粉含量74.02%，赖氨酸含量0.29%。⑤生态适应性广、应用前景好。

大田照片

适宜在河南、河北保定及以南地区、山东、陕西关中灌区、山西运城、江苏北部、安徽北部夏播种植，黑龙江省第一积温带上限、内蒙古自治区≥10℃有效活动积温2 900℃以上地区、甘肃省秦安、武山及同类生态区春播种植，种植范围广。

## ■ 3. 推广应用

中单909属中熟中穗型春播和夏播兼用玉米新品种，在我国黄淮海和东华北地区2012—2016年累计推广2 957.6万亩。平均每元科研投资在经济效益计算年限内，每年为社会增加8.38元的纯收益，表明该项科研成果的科研投资回报达到较好的水平。

完成单位：中国农业科学院作物科学研究所、北京中农良种有限责任公司
主要完成人：黄长玲、刘志芳、吴宇锦、王红武、田志国
通信地址：北京市海淀区中关村南大街12号
电话：010-82108738
E-mail：huangchangling@caas.cn

# 谷子新品种——中谷2

■ 1. 成果审定

国家鉴定：国品鉴谷2016001；2014年和2015年参加北京市和国家夏谷区域试验，2015年9月通过北京市种子站组织的专家鉴定（京品鉴：杂2015032）。

■ 2. 成果特点

中谷2为“矮88×豫谷1号”的杂交后代选育。2009年组配杂交组合，经后代选育2013年在北京等地进行产量比较试验和多点试验获得的谷子新品种。该品种具有：①产量高适应性广。该品种2014—2015年区域试验平均亩产399.2千克，较对照冀谷19增产13.99%。2015年生产试验亩产379.5千克，较对照增产11.56%。2015—2017年在全国各地推广，在北京、山东、新疆维吾尔自治区（以下简称新疆）等地均表现了良好的适应性和丰产性，山东省春播取得520千克/亩的产量水平，在山东东营盐碱地取得474.6千克/亩的产量水平，2017年在取得了620千克/亩的产量水平，表现良好的丰产性和适应性。②品质优良适合产业开发。经过中国作物学会粟类作物专业委员会评审的一级优质米，小米粒型整齐，米色色泽鲜艳，商品性好；同时小米适口性好，易蒸煮，干饭和米粥均适宜，米粥黏稠适口，米饭松软香甜。③中矮秆抗倒性突出适合机械化收获。中谷2株高110厘米左右，抗倒伏性突出，在国家区试自然鉴定中抗倒性1级，抗旱性、耐涝性、抗倒性和抗锈性也均为1级。适合机械耕种和收获，人工投入少，基本实现了轻简栽培。

■ 3. 推广应用

自2015年鉴定以来，中谷2已在北京、河北、山东、河南、新疆等地应用，目前累计推广面积360万亩。

完成单位：中国农业科学院作物科学研究所
主要完成人：刁现民、智慧、贾冠清、汤沙、贾彦超、柴杨
通信地址：北京市海淀区中关村南大街12号（种质资源北库）
电话：010-62126889；010-62125385
E-mail：diaoxianmin@caas.cn

中谷2大同生产

# 大豆新品种——中黄13

■ 1. 成果审定

2012年国家科技进步一等奖；为863计划（2003AA207170）、农业结构调整专项（04-04-03B）。

■ 2. 成果特点

中黄13为大豆新品种。主要技术指标为：①适应性广。先后通过国家以及安徽、河南、湖北、陕西、山西、北京、天津、辽宁、四川9个省市审定，适宜种植区域从N29° ～N42° ，跨3个生态区13个纬度，是迄今国内纬度跨度最大、适应范围最广的大豆品种。中黄13光周期钝感，蓝光受体基因（*GmCRY1a*）研究结果揭示了其适应性广的分子机理。②高产。在黄淮海地区创亩产312.4千克的大豆高产纪录，在推广面积最大的安徽省区试平均亩产202.7千克，增产16.0%，全部25个试点均增产，产量列参试品种首位。③优质。蛋白质含量高达45.8%，籽粒大，商品品质好。④多抗。抗倒伏，耐涝，抗花叶病毒病、紫斑病，中抗胞囊线虫病。

■ 3. 推广应用

2007年以来年种植面积连续10年居全国首位，实现了全国14个省市大面积推广应用，累计已推广1亿亩。2005以来连续7年被农业农村部列为全国大豆主导品种，是自1995年以来唯一年推广面积超千万亩的大豆品种。

完成单位：中国农业科学院作物科学研究所
主要完成人：王连铮、赵荣娟、王岚、付玉清、胡献忠、夏英萍、李强、孙君明、陈应志、毛景英、马志强、廖琴、谢辉、曲辉英、石敬彩（联系人：孙君明）
通信地址：北京市中关村南大街12号（作物科学研究所育种北楼）
电话：010-82105805
E-mail：sunjunming@caas.cn

植株

# 特异茶树新品种——中黄1号

## 1. 成果审定

中黄1号是在“十一五”公益性行业（农业）科研专项（nyhyzx07-021）、现代农业（茶叶）茶叶技术体系（CARS-23）、浙江省农业新品种选育（茶树）重大专项（2012C2905）和浙江省“三农六方”等项目的资助下育成的新梢黄化特异茶树新品种。于2013年通过浙江省林木新品种审定委员会认定，2016年通过复审，正式审定为省级良种。审定编号：浙S-SV-CS-005-2016。

中黄1号示范园（广元）

## 2. 成果特点

（1）品质特色显著。该品种春季新梢鹅黄色，颜色鲜亮，夏秋季新梢亦为淡黄色，茸毛少，发芽密度较高，持嫩性较好。所制茶叶外形色绿透金黄，嫩（栗）香持久，滋味鲜醇，叶底嫩黄鲜亮，呈现“三绿透三黄”的独特品质特点，特色明显，品质优异。而且该品种突破了一般黄化或白化品种适应性差、抗逆力弱的缺陷，抗寒、抗旱能力明显高于其他黄化或白化品种，与普通绿茶品种相当，适应性强，易于栽培管理，有很大推广潜力。

（2）经济效益高。利用该品种春季鲜叶所制茶叶因其品质特异，深受消费者喜爱，亩产值普遍超过2万元，且产品供不应求。因其经济效益较高，深受茶农和企业欢迎。

## 3. 推广应用

自育成以来，已在浙江、四川、重庆、贵州、安徽、江苏等地推广，累计推广面积超过1万亩，成为山区茶农增收和产业升级的助力。浙江省天台县已将“中黄1号”作为全县的主推品种，依托该品种全力打造“天台黄茶”区域品牌。

完成单位：中国农业科学院茶叶研究所、浙江天台九遮茶叶有限公司、天台县林业特产站
主要完成人：杨亚军、陈明、王新超、奚永照、虞富莲
通信地址：浙江省杭州市梅灵南路9号
电话：0571-86653162（王新超）
E-mail：xcw75@tricaas.com

# 特异茶树新品种——中黄2号

■ 1. 成果审定

中黄2号是在“十一五”公益性行业（农业）科研专项（nyhyzx07-021）、现代农业（茶叶）茶叶技术体系（CARS-23）、浙江省农业新品种选育（茶树）重大专项（2012C2905）和浙江省“三农六方”等项目的资助下育成的新梢黄化特异茶树新品种。于2015年通过浙江省非主要农作物审定委员会审定为省级良种。审定编号：浙（非）审茶2015001。

中黄2号示范园

■ 2. 成果特点

（1）品质特色明显。该品种春季新梢为葵花黄色，秋季新梢呈黄色，茸毛稀少。育芽能力较强，制绿茶品质优，春茶一芽二叶制烘青绿茶，外形金黄透绿，汤色嫩绿明亮、透金黄，清香，滋味嫩鲜，叶底嫩黄鲜活，呈现“三黄透三绿”的独特品质特点。特色明显，品质优异。而且该品种突破了一般黄化或白化品种适应性差、抗逆力弱的缺陷，抗寒、抗旱能力明显高于其他黄化或白化品种，与普通绿茶品种相当，适应性强，易于栽培管理，有很大推广潜力。

（2）经济效益高。“中黄2号”增效明显。利用该品种春季鲜叶所制茶叶因其品质特异，深受消费者喜爱。据统计，投产茶园亩产值普遍超过2万元，且产品供不应求。

■ 3. 推广应用

已在浙江、四川、贵州、江西、广西壮族自治区（以下简称广西）、安徽、江苏等地推广，累计推广面积超过1万亩，成为山区茶农增收和产业升级的助力。“中黄2号”列入浙江省茶树主推品种，其中，浙江省缙云县已将“中黄2号”作为全县的主推品种。

完成单位：中国农业科学院茶叶研究所、缙云县经济作物站、缙云县上湖茶叶专业合作社

主要完成人：杨亚军、胡惜丽、王新超、徐可新、虞富莲

通信地址：浙江省杭州市梅灵南路9号

电话：0571-86653162（王新超）

E-mail: xcw75@tricaas.com

# 特早生优质绿茶新品种中茶108育成与示范推广

## 1. 成果审定

中茶108是在“七五”至“九五”农业农村部重点科研计划项目、浙江省科技计划项目、“十一五”公益性行业（农业）科研项目及国家茶叶产业技术体系等项目的资助下育成的特早生优质绿茶新品种。于2010年通过国家级鉴定，鉴定编号：国品鉴茶2010013。

中茶108

## 2. 成果特点

（1）中茶108是国内第一个采用辐射诱变育种技术育成的国家级品种。

（2）中茶108综合性状优异，实现了多个育种目标的统一。中茶108克服了其亲本龙井43持嫩性差、易感炭疽病的缺点，具有特早生、品质优，产量高，抗寒、抗旱性强，抗病能力特别是抗炭疽病能力强的优点，集多个优良性状于一体。其适制扁形、针芽形名优茶和优质大宗茶。

（3）建立了较完善的配套技术。对中茶108的适宜栽培模式、肥培技术、适宜加工的名优茶类型和机制名优茶的技术要点进行了深入研究，提出了配套的栽培、加工工艺。

（4）建立了较完善的示范、推广体系。

## 3. 推广应用

自2002年以来，已在浙江、四川、湖北、重庆、陕西、贵州、江苏等绿茶主产区累计推广超过60万亩，被四川、湖北、浙江等省列为主推茶树品种，成为2010年以来推广面积最大的绿茶新品种。据项目组对各示范基地进行的跟踪统计，中茶108投产茶园亩产值为8 200～50 667元/亩，平均为20 628元/亩，比当地主栽品种平均增效9 862元/亩；扣除最高与最低增效示范基地，其余3个基地的平均亩产值为12 373元/亩，平均增效5 485.4元/亩。

完成单位：中国农业科学院茶叶研究所

主要完成人：杨亚军、曾建明、王新超、杨素娟、杨跃华、章志芳、王玉书、林树祺、陈亮

通信地址：浙江省杭州市梅灵南路9号

电话：0571-86650545（曾建明）

E-mail：zengjm@tricaas.com

# 小麦高产创建技术集成与示范推广

■ 1. 成果审定

2016年获全国农牧渔业丰收奖（PCG-2016-1-05-01D）；为农业农村部粮食高产创建项目，国家现代农业产业技术体系——小麦高产创建项目资助。

■ 2. 成果特点

小麦高产创建技术集成与示范推广成果是基于小麦主产区生态环境特点及生产中的问题，提出了“根据冬前积温变化构建冬前壮苗调整播种期；根据小麦有效成穗分蘖对产量的贡献，构建高产群体合理调整基本苗；根据高产小麦生长发育关键阶段水、氮高效利用机制及规律，科学节水省肥”的技术，分区域优化集成小麦高产创建技术模式，包括小麦各生育阶段主攻目标、关键技术和操作规程等核心内容，从品种选择、种子处理、机械播种、播后镇压、肥水管理、机械喷防及适时收获等方面生产技术。

■ 3. 推广应用

2013年河南省、山东省、河北省、江苏省、安徽省共计推广1 838.0万亩，比对照新增总产153 990.2千克；2014年5省推广1841.0万亩，比对照新增总产160 963.3千克；2015年5省推广1 889.0万亩，比对照新增总产159 782.8千克。在项目支持下，5省小麦高产创建技术集成与示范累计推广5 568.0万亩，比对照平均每亩增产85.1千克，新增总产474 736.3万千克。

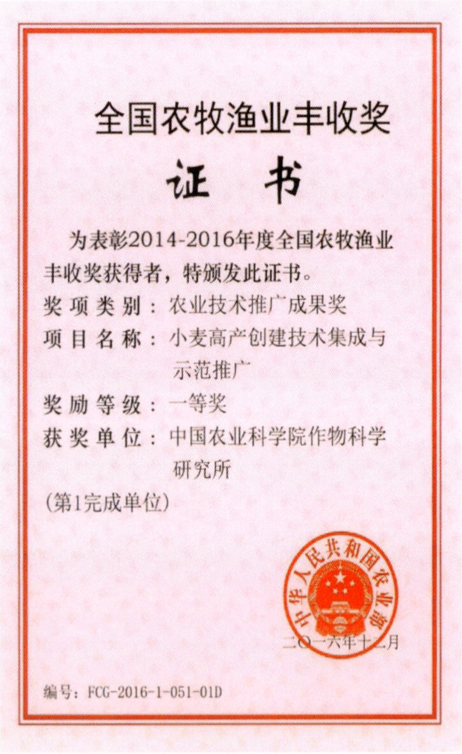
全国农牧渔业丰收奖

证　书

为表彰2014-2016年度全国农牧渔业丰收奖获得者，特颁发此证书。

奖项类别：农业技术推广成果奖

项目名称：小麦高产创建技术集成与示范推广

奖励等级：一等奖

获奖单位：中国农业科学院作物科学研究所

（第1完成单位）

中华人民共和国农业部

二〇一六年十二月

编号：FCG-2016-1-051-01D

证书

完成单位：中国农业科学院作物科学研究所、全国农业技术推广服务中心

主要完成人：赵广才

联系方式：北京海淀区中关村南大街12号

电话：010-82108576

E-mail：zhaoguangcai@caas.cn

# 蔬菜新品种——甘蓝新品种选育

■ 1. 成果审定

2014年获国家科学技术进步二等奖。

■ 2. 成果特点

该成果针对甘蓝原有杂交种由自交不亲和系配制易出现假杂种且亲本用蕾期人工授粉繁殖成本高等缺陷，利用国内外首次发现的甘蓝显性雄性不育源79-399-3建立雄性不育系育种技术体系，率先建立用自交亲和系转育获得优良$CMSR_3$胞质雄性不育系的选育技术，创制出高抗枯萎病抗源96-100、自交亲和系87-534等一批用于雄性不育系转育的优异骨干自交系，培育出10个不育株率和不育度达到100%的优良雄性不育系，配制出中甘21、中甘18等6个突破性甘蓝新品种。

该品种为西北春露地和冷凉地区夏季栽培的早熟优质甘蓝主栽品种。

■ 3. 推广应用前景

该成果培育的甘蓝雄性不育系已用于甘蓝杂交种的规模化制种，杂交种杂交率100%；中甘21等雄性不育系配制的甘蓝新品种已在我国20余个省市推广，到2014年已累计推广1 175.3万亩，新增效益33.6亿元。

完成单位：中国农业科学院蔬菜花卉研究所

主要完成人：方智远、刘玉梅、杨丽梅、王晓武、庄木、张扬勇、孙培田、张合龙、高富欣、刘伟

联系人：杨丽梅

通信地址：北京市海淀区中关村南大街12号

电话：010-82108756

E-mail: yanglimei@caas.cn

世界首例发现的
甘蓝显性雄性不育材料

甘蓝显性雄性不育材料79-399-3

# 大白菜育种技术研究及中白系列新品种选育与应用

■ 1. 成果审定

2017年度中国农业科学院科学技术成果奖。

■ 2. 成果特点

利用生物技术育种和常规育种相结合选育出的中晚熟、抗病毒病和耐储藏的大白菜新品种“中白81”“中白76”“绿健85”“中白83”和“中白78”；利用大白菜游离小孢子培养技术获得优异DH系配制出早熟、耐热大白菜新品种“中白62”“中白61”；利用新型细胞质不育系育成的中晚熟、橘红心类型的新品种“吉红308”。

■ 3. 推广应用前景

已在河南济源、山东沂南、山西忻州等地建立了大白菜良种繁育基地约500亩，近五年累计推广上述中白系列秋大白菜新品种20.0万亩，直接经济效益8.0亿元，经济效益和社会效益显著。

完成单位：中国农业科学院蔬菜花卉研究所
主要完成人：孙日飞、张淑江、武剑、李菲、章时蕃、张慧、王晓武
通信地址：北京市海淀区中关村南大街12号
电话：010-82109548
E-mail: zhangshujiang@caas.cn

绿健85

中白61

# 黄瓜优质系列新品种选育

## 1. 成果审定

2014年获北京市科学技术一等奖；2015年度中华农业科技一等奖。

## 2. 成果特点

由中国农业科学院蔬菜花卉研创建的黄瓜优质多抗分子标记聚合育种技术，创制出多抗优质专用新种质、材料，培育出优质、抗多种病害的黄瓜新品种中农16号、中农20号、中农26号、中农106号等密刺品种。产量较原主栽品种增产10%以上，商品瓜率达90%以上，并兼抗8种病害；中农19号、中农29号等水果型品种。与国外同类品种相比耐寒性、抗病性和品质显著提高。这些新品种具有瓜条商品性突出，符合居民日益增长的对高品质黄瓜的需求，受到各地消费者的青睐；适应性广，丰产性好，较原有主栽品种增产10%以上，增收显著；复合抗病性强，生产中减少了农药使用量，降低成本约20%。

## 3. 推广应用前景

优质多抗黄瓜新品种中农16号、中农26号、中农20号、中农106号、中农19号和中农29号已在全国27个省（市区）累计推广超过1 000万亩。

完成单位：中国农业科学院蔬菜花卉研究所

主要完成人：顾兴芳、张圣平、苗晗、王烨、谢丙炎、方秀娟、杨宇红、刘伟、梁洪军、李竹梅、徐彩清、闫书鹏、冯锡刚、郑启功、马宾生

通信地址：北京市海淀区中关村南大街12号

电话：010-82108755

E-mail：guxingfang@caas.cn

中农16号

中农26号

中农106号

# 马铃薯系列新品种

## 1. 成果审定

中薯18号审定编号：国审薯2014001；中薯19号审定编号：国审薯2014002；中薯20号审定编号：国审薯2014003；中薯21号审定编号：甘审薯2012005；中薯22号审定编号：国品鉴马铃薯2016001；中薯红1号审定编号：国品鉴马铃薯2016004。

## 2. 成果特点

由中国农业科学院蔬菜花卉研究所自主育成了的综合性状优良系列新品种。中薯18号和中薯20号聚合了广适、抗病、抗旱、高产及薯形好、产量高，适宜在华北一季作区和南方冬作区以及西南混作区等地推广应用，在北方属于中晚熟品种。从2009年开始在广东、广西、云南和福建冬作区进行引种试验，在短日照条件下表现结薯提前，生育期缩短，高产且商品率高。在广东惠州和江门连续3年试验示范，11月上旬前播种翌年3月下旬即可收获，比费乌瑞它晚收获10～20天，是替代与补充费乌瑞它的理想品种。中薯19号、中薯21号和中薯22号为抗晚疫病、高产的中晚熟鲜食品种，在北方一季作区种植表现优异，商品性好，种植效益好，受到广大种植户的喜爱。中薯红1号综合了特色稳产优质的优良特性；红皮红肉，颜色鲜艳，薯形好，产量稳定。

## 3. 推广应用前景

目前，中薯系列新品种已经为十多个种薯企业作为主要品种生产种薯，显现出良好的推广应用前景。中薯18号2013年3月24日由惠东县科技局组织在平海镇径口村田间测产亩产4 257.9千克，比对照费乌瑞它增产53.67%，位居参试品种第一位。2014年3月19日铁涌镇河潭村刘计双中薯18号田间现场收获测产，平均亩产4 612.7千克，比对照费乌瑞它3 503.1千克，增产61.66%，商品率95.75%。中薯20号2012年3月大区试验亩产达4 457.9千克，大中薯率95.51%，比对照费乌瑞它品种增产60.9%。2013年3月24日由惠东县科技局组织田间测产亩产3 256.3千克，比对照费乌瑞它增产17.53%。中薯18号和中薯20号在云南、福建、广西等地也表现产量高、薯形好、抗病毒病。

中薯18

完成单位：中国农业科学院蔬菜花卉研究所

主要完成人：金黎平、段绍光、卞春松、庞万福、谢开云、刘杰、徐建飞、屈冬玉

通信地址：北京市海淀区中关村南大街12号
电话：010-82109543
E-mail：jinliping@caas.cn

中薯20号（块茎）

中薯红1号（薯块）

# 蔬菜集约化育苗技术

## 1. 成果审定

2014—2015年度获中华农业科技一等奖；获得国家授权发明专利和实用新型专利等45项，专利和公开保藏植物促生菌25株，出版著作7部，发表学术论文130篇。

## 2. 成果特点

由中国农业科学院蔬菜花卉研究所按照现代种苗生产工艺流程，以提升种子质量、育苗基质标准化、机械化精量播种、水肥精量供给、苗期发育调控、成苗质量标准为核心技术，通过核心技术创新和集成创新，创建了“集中、集约、节约”为显著特征的蔬菜集约化育苗技术体系。

应用本技术成果，与营养钵育苗相比，育苗基质用量节约85.9%～92.7%，单位面积苗床利用效率提高3～5倍，节约育苗设施建设成本70%～80%，育苗设施加/降温能耗降低60%～70%，苗期肥料冲淋率降低13.6%～30.1%，育苗周期缩短44%～50%，平均成苗率提高了11.7%～30%，劳动效率提高15～20倍。幼苗定植后的缓苗期由8～20天减少至几乎为零，促进了早熟丰产。本技术已列为农业农村部蔬菜标准园创建规范必建内容，作为农业农村部办公厅种植业主推技术公开发布4次，是《全国蔬菜重点区域发展规划（2009—2015年）》《全国种植业发展第十二个五年规划（2011—2015年）》的主要任务和保障措施。

## 3. 推广应用前景

已依托相关企业建立蔬菜育苗技术物化基地9个、蔬菜种苗质量检测技术中心1个，为农业农村部种子工程项目、综合开发项目支持建设的69个蔬菜集约化育苗技术示范基地提供了技术支撑，组织和参与全国性育苗技术培训40余次。

完成单位：中国农业科学院蔬菜花卉研究所、全国农业技术推广服务中心、中国农业大学、北京京鹏环球科技股份有限公司、浙江博仁工贸有限公司、寿光市新世纪种苗有限公司、台州隆基塑业有限公司

主要完成人：尚庆茂、梁桂梅、李平兰、周增产、张志刚、冷杨、尤匡标、魏家鹏、田真、董春娟、桑毅振、尤匡永、卜云龙、陈佳峰、王娟娟

通信地址：北京市海淀区中关村南大街12号

电话：010-82105481

E-mail：shangqingmao@caas.cn

番茄集约化育苗

甘蓝集约化育苗

集约育苗（甜瓜穴盘育苗）

集约育苗（西瓜嫁接育苗）

# 花卉新品种——优质高抗月季系列

■ 1. 成果审定

依托科技部863课题、农业农村部公益科研专项、国家自然科学基金建立的月季核心种质资源保存圃，开展资源评价与创新、育种与栽培技术研发，实现了我国自主知识产权月季新品种的选育及应用。2017年3月通过农业农村部科技发展中心组织的同行专家第三方评价，获得中国农业科学院2016年度科技成果进步奖。

■ 2. 成果特点

由中国农业科学院蔬菜花卉研究所育成12个月季新品种“燕妮”“绿野”“哈雷彗星”“天香”“天山白雪”“天山桃园”“天山之光”“天山之星”“凤凰之光”“红地毯”“满庭芳华”“舞蝶”先后获批省级林木良种审定证书。本成果历时近三十年，开创性地开展了我国新疆野生蔷薇资源评价，挖掘和创造了一大批优良抗寒种质，通过远缘杂交开辟了月季品种选育的新途径，成功培育了一系列拥有自主知识产权、花卉生产中广泛应用的优质高抗月季新品种。这些品种具有花色新颖、抗逆性强的突出特点，包含了切花月季、大花月季、灌丛月季、壮花月季、地被月季等各种类型，可适用于全国各地的切花生产、种苗生产以及园林绿化等。

■ 3. 推广应用前景

自2000年以来，审定的月季品种先后推广到全国30余个省、市、自治区。截至2016年，累计生产种苗或盆花约7 500万株，切花1 700余万枝，累计销售额达到3.5亿元，产生经济效益约1.2亿元。其中，2016年销售额达到6 000万元，产生经济效益约2 000万元。其中“燕妮”“绿野”和“哈雷彗星”3个品种在我国最大月季种苗生产基地河南南阳实现了种苗出口，远销德国、荷兰、俄罗斯等国家，累计出口种苗700多万株，创汇超过1 400万美元。

完成单位：中国农业科学院蔬菜花卉研究所

主要完成人：葛红、杨树华、黄善武

通信地址：北京市海淀区中关村南大街12号（中国农业科学院蔬菜花卉研究所实验楼515室）

电话：010-82109542

E-mail：yangshuhua@caas.cn

审定品种2013

审定品种2014

审定品种2016

# 花卉新品种——百合新品种“丹蝶”

## 1. 成果审定

审定编号：苏鉴花201514。

审定编号：植物新品种权证书（CNA20100609.9），命名为“丹蝶”。

## 2. 成果特点

丹蝶，株高60～70厘米；叶色深绿色；茎秆绿色，有斑点。种球周径14～16厘米，每株3～5个花苞；花期约20天；花苞橙红色，长6.0～7.0厘米；花梗长10～14厘米；花瓣橙红色，长8.0～8.5厘米，宽2.5～3.4厘米，光滑，中度反卷；柱头橙红色；无香味。生育期较短，约80天；耐盐碱，抗病性较强。鳞茎可食用，味甜，食品感官、淀粉、维生素C及总皂苷含量与“兰州百合”相近，维生素C含量远远高于“龙牙百合”和“卷丹”；还原糖含量高于“龙牙百合”；蛋白质含量与“卷丹”相近，高于“兰州百合”和“龙牙百合”；总黄酮和秋水仙素含量与“龙牙百合”相近；而粗多糖含量高于这3种传统的食用百合。既可采用露地栽培，也可温室栽培。夏季栽培要遮光50%。适宜凉爽而湿润的环境，不耐高温和高热，生长适温为15～25℃，高于30℃或低于10℃都会影响其生长发育，适宜相对湿度为60%～80%。喜疏松肥沃、排水良好的土壤，pH值为5.0～6.5，地下水位不高于土表以下70厘米。为利于排水，宜起高畦栽种，一般畦高20～30厘米，宽90～120厘米，畦间沟宽30厘米。定植后即灌1次透水，以后保持湿润。浇水在垄旁沟内进行，水渗入根际，或采用滴灌。定植21～28天后开始追肥，以氮钾为主，少施勤施，每7～10天兼用叶片喷施一次。在生长盛期防治蚜虫。

## 3. 推广应用前景

在云南省和江苏省进行了多点区试和栽培试验。

完成单位：中国农业科学院蔬菜花卉研究所

主要完成人：明军、刘春、袁素霞

联系人：明军

通信地址：北京市海淀区中关村南大街12号

电话：010-82109510

E-mail：mingjun@caas.cn

丹蝶

丹蝶—球

丹蝶整体开花效果

# 三系抗虫棉［银棉二号（sGKz8）］的研制与应用

■ 1. 成果审定

于2005年3月通过国家品种审定，是第一个通过国审并用于生产应用的高产优质三系抗虫棉杂交品种。

■ 2. 成果特点

三系抗虫棉［银棉二号（sGKz8）］比常规杂交棉的制种效率可提高20%；制种产量可提高20%；降低成本50%以上；亲本纯度可达100%；生产用种纯度可达98%～100%；适宜大规模制种；比对照常规杂交抗虫棉提高单产7%～13%；比对照常规抗虫棉提高单产25%以上，是棉花育种上的重大突破。

■ 3. 推广应用前景

截至目前，推广面积累计超过4.8亿亩，占抗虫棉总面积的95%以上，减少农药用量超过9 000万千克，为农民和国家增收减支超过800亿元。

完成单位：中国农业科学院生物技术研究所
主要完成人：郭三堆
通信地址：北京市海淀区中关村南大街12号
电话：010-82106140；010-82109850
E-mail：guosandui@caas.cn；wangyouhua@caas.cn

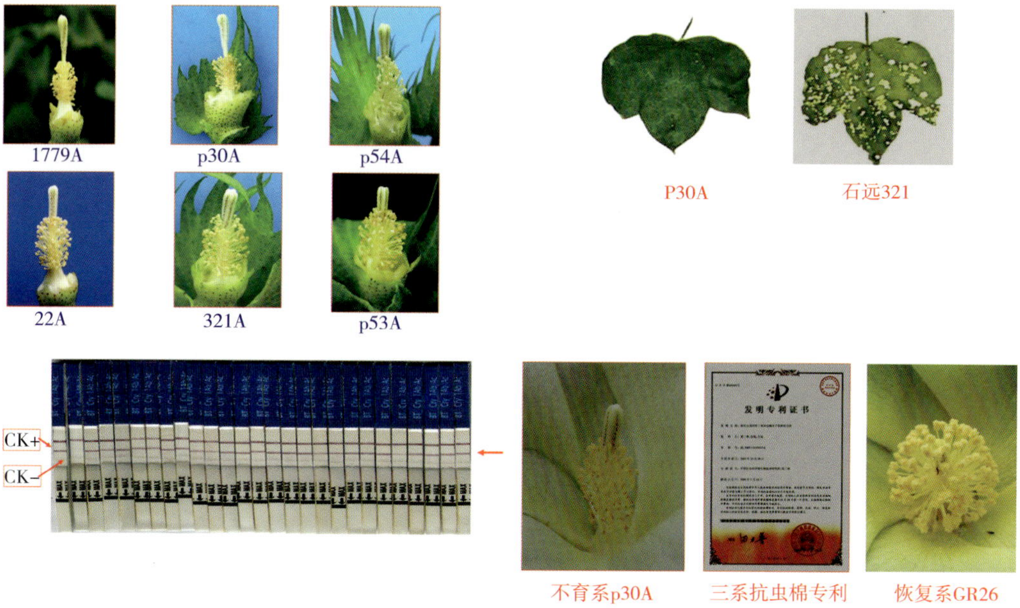


三系抗虫棉的研制与应用

# V型紫斑白三叶草新品种选育及应用推广

## 1. 成果审定

2015年2月通过内蒙古自治区草品种审定委员会审定，该品种登记为育成品种（登记号：N044），并报农牧业厅备案，准予在适应区域正式推广应用。

## 2. 成果特点

由中国农业科学院生物技术研究所、深圳市铁汉生态环境股份有限公司、深圳市中国科学院仙湖植物园选育的V型紫斑白三叶新品种具有V型紫斑，且紫斑面积大，色泽艳丽，远观状如蝴蝶，是我国白三叶草第一个草坪草与牧草兼用的新品种。V型紫斑白三叶是非常理想的观叶、赏花园林绿化植物，适用于园林、公园、机场、坡地、庭院等草坪建植，观赏价值比普通白三叶更高；V型紫斑白三叶是现代生态修复的优良草种，可以起到护坡固沙固土的作用，同时也可用于矿山修复、土壤污染等生态修复；V型紫斑白三叶与普通白三叶一样耐践踏，耐牧性强，可刈割，具有营养丰富、适口性好，粗蛋白质含量高，并含有多种维生素，具有各种畜禽均喜采食的特点，为优良豆科牧草；V型紫斑白三叶也可作绿肥，是良好的蜜源植物，药用植物，全草可供药用，有清热、凉血、宁心的功效。适合温带、北亚热带地区包括华北、西北、华中、西南等，适应于园林绿化、生态修复、放牧养殖。

## 3. 推广应用前景

2016年，紫斑白三叶草新品种在河北廊坊、北京顺义、湖南长沙、江苏江阴建立了示范样板园。同时，紫斑白三叶草在深圳铁汉环境生态股份公司的全国环境绿化、生态工程项目中开始得到全面推广应用，累计面积达800万平方米，已取得经济效益5 000万元以上。

完成单位：中国农业科学院生物技术研究所、深圳市铁汉生态环境股份有限公司、深圳市中国科学院仙湖植物园

主要完成人：吴燕民、李金博、雷江丽、刘水、周美亮

通信地址：北京市海淀区中关村南大街12号（中国农业科学院生物技术研究所）

电话：010-82106109；010-82109850

E-mail：wuyanmin@caas.cn；wangyouhua@caas.cn

普通白三叶

V型紫斑三叶草

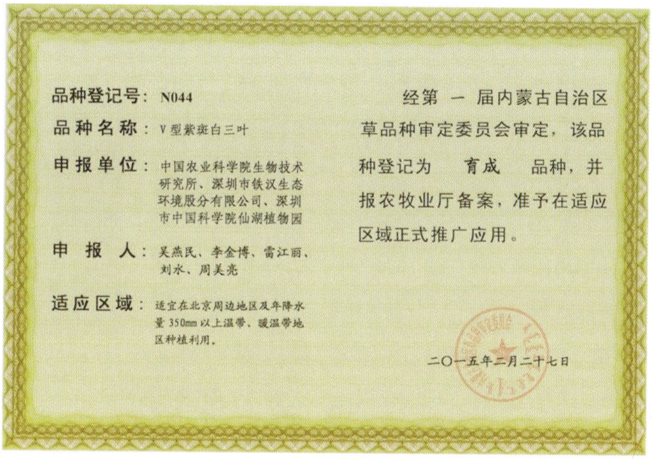

品种登记号：N044

品种名称：V型紫斑白三叶

申报单位：中国农业科学院生物技术研究所、深圳市铁汉生态环境股份有限公司、深圳市中国科学院仙湖植物园

申报人：吴燕民、李金博、雷江丽、刘水、周美亮

适应区域：适宜在北京周边地区及年降水量350mm以上温带、暖温带地区种植利用。

经第 一 届内蒙古自治区草品种审定委员会审定，该品种登记为 育成 品种，并报农牧业厅备案，准予在适应区域正式推广应用。

二〇一五年二月二十七日

V型紫斑白三叶新品种选育及应用推广

江苏江阴示范样板园

湖南长沙示范样板园

# 苜蓿新品种——中苜4号紫花苜蓿

## 1. 成果审定

2011年5月通过全国草品种审定委员会的审定，登记为育成品种（证书编号：438）。2017年4月由中华人民共和国农业农村部植物新品种保护办公室授权新品种权。

中苜4号大田种植

## 2. 成果特点

中苜4号紫花苜蓿是以高产苜蓿中苜2号、Affinity、Sabri苜蓿品种的优株为原始材料，经过两代混合选择，一代轮回选择及相应的品种比较试验、区域试验和生产试验育成的苜蓿新品种。新品种具有再生快、产草量高、返青早等优点，产草量比对照品种中苜2号提高10%以上。在黄淮海地区干草产量达14 194 ~ 17 397千克/公顷。营养丰富，初花期干物质中粗蛋白质含量达19.68%。是我国第二个适宜于黄淮海及其类似地区推广种植的高产苜蓿新品种。该品种具有①特异性：新品种产量高，在黄淮海地区种植，产草量比对照品种中苜2号提高10%以上。②一致性：新品种株型直立，叶片大，适应性好。③稳定性：新品种选育围绕高产、再生快、返青早、株型直立、叶量大等选择标准，通过多点多年品比试验、区域试验、生产试验证明，这些性状能够相对稳定遗传，具有一定的稳定性。中苜4号新品种适宜于黄淮海地区种植，也可以在华北平原其类似地区种植。

中苜4号与中苜2号对比试验

## 3. 推广应用

中苜4号品种在全国累计推广面积达300多万亩，主要分布在河北、山东、内蒙古自治区（以下简称内蒙古）、天津、宁夏等9省市区，增产苜蓿干草2.58亿千克，新增产值4.58亿元。

完成单位：中国农业科学院北京畜牧兽医研究所

主要完成人：杨青川、康俊梅、孙彦、郭文山、张铁军

联系人：杨青川

通信地址：北京市海淀区圆明园西路2号

电话：010-62816357

E-mail: qchyang66@163.com

# 苜蓿新品种——中苜5号紫花苜蓿

## 1. 成果审定

2014年通过第六届全国草品种审定委员会的审，登记为育成品种（证书编号：463）。

## 2. 成果特点

中国农业科学院北京畜牧兽医研究所培育的中苜5号紫花苜蓿是以耐盐苜蓿品种中苜3号为原始材料、美国耐盐苜蓿种质资源AZ-SALT-Ⅱ为亲本育成的耐盐苜蓿新品种。针对黄淮海地区耐盐高产苜蓿品种单一的现状，通过盐碱地表型选择，挑选耐盐性好、叶量大、节间短、分枝多、再生快、适应性好的优株，完成了第一次杂交后代的选择，然后又经过二代盐碱地混合选择与分子标记辅助鉴定培育而成。在黄淮海地区产草量达12 075～15 255千克/公顷，比对照品种增产10%以上。营养丰富，初花期干物质中粗蛋白质含量达19%以上。

中苜5号苜蓿品种在黄淮海地区具有耐盐、高产等品种特异性；具有株型直立、叶片大、适应性好等一致性；该品种选育围绕耐盐碱、再生快、叶片大、叶色深绿、叶量大等选择标准，通过多点多年的品种比较试验、区域试验、生产试验证明，这些性状能够相对稳定遗传，具有一定的稳定性。该新品种适宜黄淮海地区的中、轻度盐碱地及中低产田种植，也可以在华北平原其他类似地区种植。

## 3. 推广应用

中苜5号品种在全国累计推广面积达100多万亩，主要分布在河北、山东、内蒙古、宁夏回族自治区（以下简称宁夏）等7省市区，增产苜蓿干草0.86亿千克，新增产值1.52亿元。

完成单位：中国农业科学院北京畜牧兽医研究所
主要完成人：杨青川、康俊梅、张铁军、孙彦、郭文山
联系人：杨青川
通信地址：北京市海淀区圆明园西路2号
电话：010-62816357
E-mail：qchyang66@163.com

中苜5号（内蒙古示范田）

中苜5号示范田

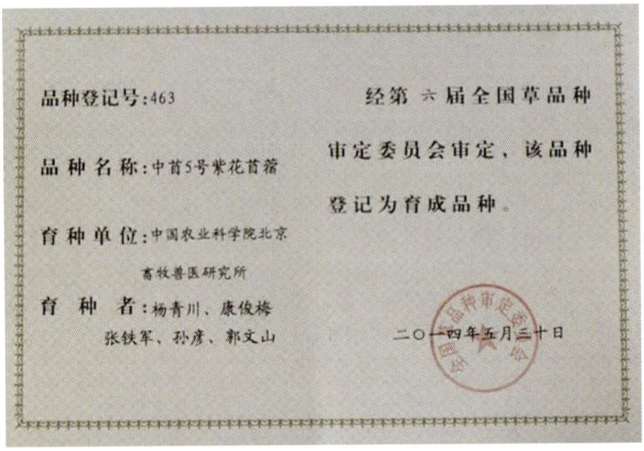

品种登记号:463

品 种 名 称:中苜5号紫花苜蓿

育 种 单 位:中国农业科学院北京畜牧兽医研究所

育 种 者:杨青川、康俊梅、张铁军、孙彦、郭文山

经第六届全国草品种审定委员会审定，该品种登记为育成品种。

二〇一四年五月三十日

中苜5号（证书）

中苜5号与中苜3号对比

# 苜蓿新品种——航苜1号紫花苜蓿

## 1. 成果审定

2014年4月25日通过国家草品种审定委员会审定，登记为育成品种（证号编号；GCS014）。

## 2. 成果特点

由中国农业科学院兰州畜牧与兽药研究所、天水市农业科学研究所和甘肃省航天育种工程技术研究中心培育的航苜1号紫花苜蓿（*Medicago sativa* L.cv. Hangmu No.1）是我国第一个航天诱变多叶型紫花苜蓿新品种。该品种基本特性是优质、丰产，表现为多叶率高、产草量高和营养含量高。其叶以5叶为主，复叶多叶率达41.5%，叶量为生物总量的50.36%，平均高于对照5.72%；干草产量15 529.9千克/公顷，平均高于对照12.8%；粗蛋白质含量20.08%，平均高于对照2.97%；18种必需氨基酸总量为12.32%，平均高于对照1.57%。在本品种育成之前，我国在紫花苜蓿生产中没有真正意义上的多叶型新品种，从国外进口的多叶苜蓿存在多叶率低或基本无多叶性状的缺陷。多叶苜蓿的最大特点是营养物质和产草量的提高。

## 3. 推广应用

目前，该品种已经种植原种田20亩，种子生产田50亩，今后三年可推广8 000～10 000亩，产生经济效益1 000万～1 500万元，生态效益300万～1 000万元。

完成单位：中国农业科学院兰州畜牧与兽药研究所、天水市农业科学院、甘肃省航天育种工程技术研究中心

主要完成人：常根柱、杨红善、柴小琴、包文生、周学辉

通信地址：甘肃省兰州市七里河区硷沟沿335号

联系电话：0931-2112050

E-mail：mykyc204@126.com

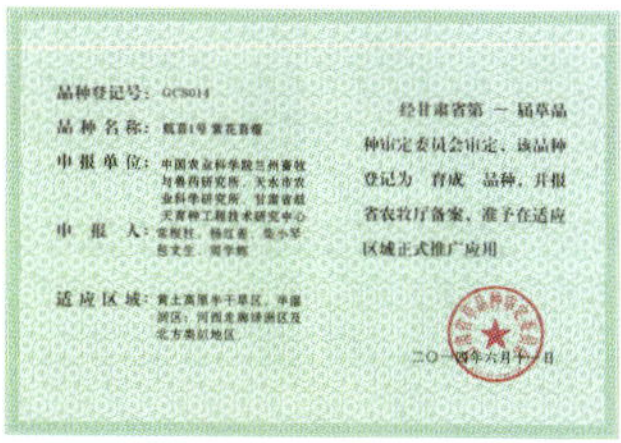
品种登记号：GCS014
品种名称：航苜1号紫花苜蓿
申报单位：中国农业科学院兰州畜牧与兽药研究所、天水市农业科学研究所、甘肃省航天育种工程技术研究中心
申报人：常根柱、杨红善、柴小琴、包文生、周学辉
适应区域：黄土高原半干旱区、半湿润区；河西走廊绿洲区及北方类似地区
经甘肃省第一届草品种审定委员会审定，该品种登记为育成品种，并报省农牧厅备案，准予在适应区域正式推广应用
二〇一四年六月十一日

品种证书

航苜1号生产试验

航苜1号叶片

# 苜蓿新品种——中兰2号紫花苜蓿

■ 1. 成果审定

2017通过全国草品种审定委员会审定，登记为育成品种（证书编号：519）。

■ 2. 成果特点

由中国农业科学院兰州畜牧与兽药研究所、甘肃农业大学培育的中兰2号紫花苜蓿为豆科苜蓿属多年生草本。密植时其株型较紧凑，叶色嫩绿，叶片大小中等；花紫色或浅紫色，总状花序，长5厘米以下；荚果为螺旋状，1.5～2.5圈；有种子2～5粒，种子肾形，黄色或黄褐色，千粒重2.1克。其垂直主根明显的根系占70%以上，有较发达的毛根，其他为分枝型。在饲用品质方面，该苜蓿营养成分高，适口性好。产草量超过当地农家品种15%以上，超过当地推广的育成品种和国外引进品种10%以上，能解决现有推广品种在降雨较少的生长季或年份产草量大幅下降的问题。该品种对提高单位草地生产率，推动区域苜蓿产业化及干旱缺水的西部地区的发展具有重要意义。适用于在黄土高原半干旱半湿润地区旱作栽培，可直接饲喂家畜，调制、加工草产品等，生产性能优越。

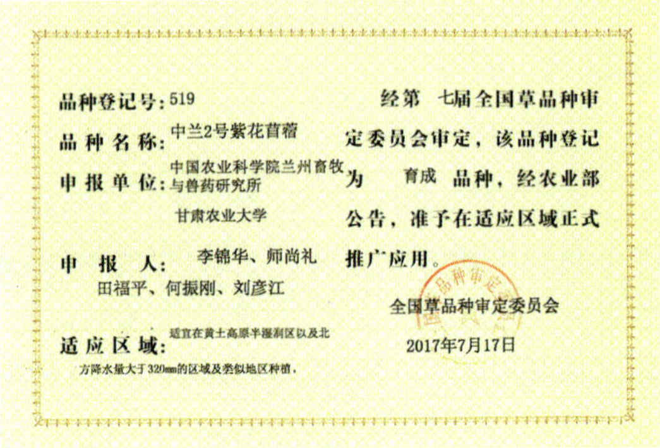

品种登记号：519

品种名称：中兰2号紫花苜蓿

申报单位：中国农业科学院兰州畜牧与兽药研究所

甘肃农业大学

申报人：李锦华、师尚礼
田福平、何振刚、刘彦江

适应区域：适宜在黄土高原半湿润区以及北方降水量大于320mm的区域及类似地区种植。

经第 七届全国草品种审定委员会审定，该品种登记为 育成 品种，经农业部公告，准予在适应区域正式推广应用。

全国草品种审定委员会

2017年7月17日

中兰2号紫花苜蓿

完成单位：中国农业科学院兰州畜牧与兽药研究所、甘肃农业大学
主要完成人：李锦华、师尚礼、田福平、何振刚、刘彦江
通信地址：甘肃省兰州市七里河区硷沟沿335号
联系电话：0931-2112031
E-mail: mykyc204@126.com

花

全株

种子

# 猕猴桃新品种——软枣猕猴桃“佳绿”

## 1. 成果审定

植物新品种权号：CNA20150565.6。

审定编号为：吉登果2014004，同时正式定名为“佳绿”。

## 2. 成果特点

由中国农业科学院特产研究所培育的软枣猕猴桃新品种“佳绿”具有果实丰产性好，品质优，耐贮藏性及抗病性强等特点。在年无霜期125天以上，≥10℃以上活动积温达2 500℃以上，冬季极端最低气温不低于−38℃的地方均可栽培。


完成单位：中国农业科学院特产研究所

主要完成人：艾军、秦红艳、杨义明、范书田、王振兴、许培磊、刘迎雪、赵滢、张庆田、张宝香、李晓艳、李晓红、赵淑兰、沈育杰

联系方式：18043213601

通信地址：吉林省长春市净月经济开发区聚业大街4899号

电话：0431-81919870

E-mail：aijun1005@163.com


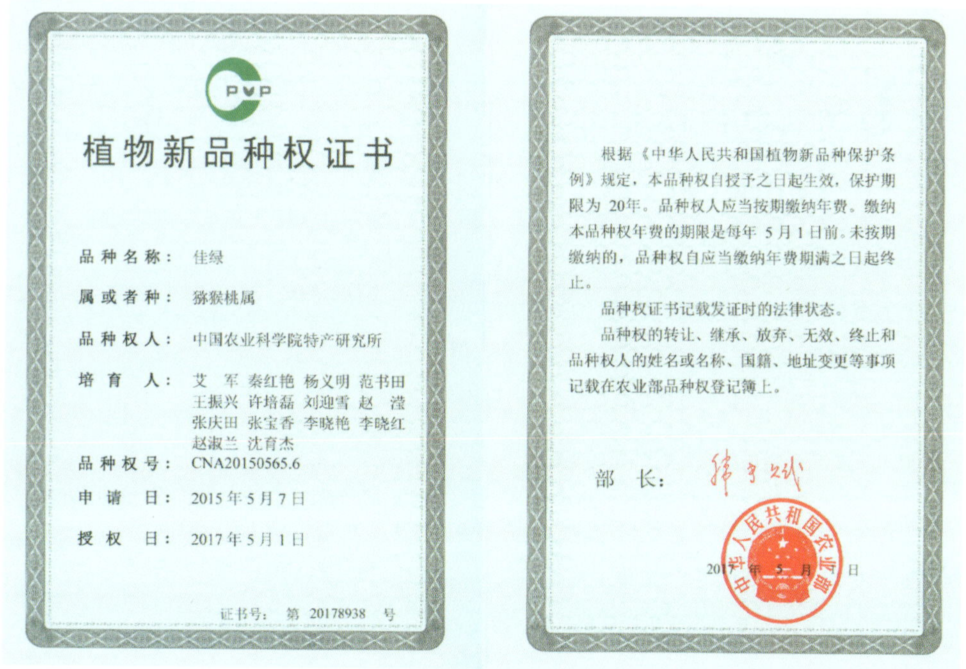

植物新品种权证书

品种名称：佳绿

属或者种：猕猴桃属

品种权人：中国农业科学院特产研究所

培育人：艾 军 秦红艳 杨义明 范书田 王振兴 许培磊 刘迎雪 赵 滢 张庆田 张宝香 李晓艳 李晓红 赵淑兰 沈育杰

品种权号：CNA20150565.6

申请日：2015年5月7日

授权日：2017年5月1日

证书号：第 20178938 号

根据《中华人民共和国植物新品种保护条例》规定，本品种权自授予之日起生效，保护期限为20年。品种权人应当按期缴纳年费。缴纳本品种权年费的期限是每年5月1日前。未按期缴纳的，品种权自应当缴纳年费期满之日起终止。

品种权证书记载发证时的法律状态。

品种权的转让、继承、放弃、无效、终止和品种权人的姓名或名称、国籍、地址变更等事项记载在农业部品种权登记簿上。

部 长：

中华人民共和国农业部

2017年5月 日

新品种权证书

# 猕猴桃新品种——软枣猕猴桃“婉绿”

■ 1. 成果审定

植物新品种权号：CNA20150528.2

■ 2. 成果特点

由中国农业科学院特产研究所培育的软枣猕猴桃新品种“婉绿”具有果大、高产、晚熟、耐贮等特点。在年无霜期125天以上，≥10℃以上活动积温达2 500℃以上，冬季极端最低气温不低于−38℃的地方均可栽培。

完成单位：中国农业科学院特产研究所

主要完成人：艾军、范书田、秦红艳、王振兴、杨义明、刘迎雪、赵滢、许培磊、王春伟、李晓艳、吕海燕、李晓红、张宝香

联系方式：18043213601

通信地址：吉林省长春市净月经济开发区聚业大街4899号

电话：0431-81919870

E-mail: aijun1005@163.com

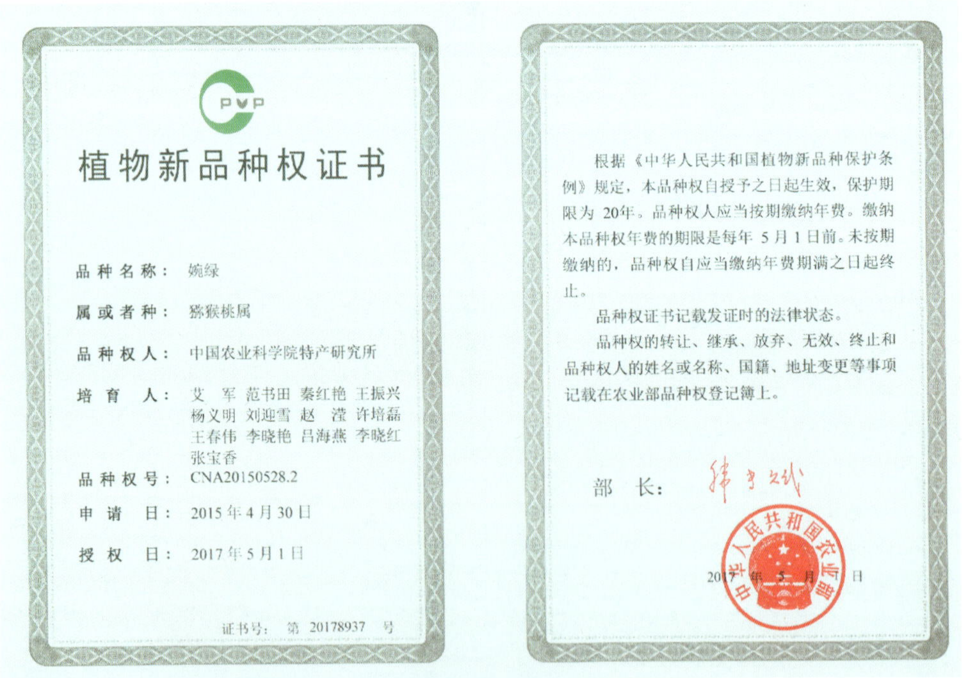

植物新品种权证书

品种名称：婉绿

属或者种：猕猴桃属

品种权人：中国农业科学院特产研究所

培育人：艾军 范书田 秦红艳 王振兴 杨义明 刘迎雪 赵滢 许培磊 王春伟 李晓艳 吕海燕 李晓红 张宝香

品种权号：CNA20150528.2

申请日：2015年4月30日

授权日：2017年5月1日

证书号：第 20178937 号

根据《中华人民共和国植物新品种保护条例》规定，本品种权自授予之日起生效，保护期限为20年。品种权人应当按期缴纳年费。缴纳本品种权年费的期限是每年5月1日前。未按期缴纳的，品种权自应当缴纳年费期满之日起终止。

品种权证书记载发证时的法律状态。

品种权的转让、继承、放弃、无效、终止和品种权人的姓名或名称、国籍、地址变更等事项记载在农业部品种权登记簿上。

部长：

中华人民共和国农业部

2017年5月日

新品种权证书

# 猕猴桃新品种——红宝石星

■ 1. 成果审定

2008年通过省级品种审定，并于同年完成农业农村部植物新品种保护登记。

■ 2. 成果特点

由中国农业科学院郑州果树研究所选育的红宝石星为全红型软枣猕猴桃新品种。该品种植株树势较弱，枝条生长量较大，树体光洁无毛，一年生枝黄褐色。红宝石星果实长椭圆形，平均单果重18.5克，最大34.2克。果实横切面为卵形，果喙端形状微尖凸。成熟后果面光洁无毛，均匀分布有稀疏的黑色小果点，果皮，果肉和果心均为玫瑰红色。果实多汁，含总糖12.1%，有机酸1.1%，可溶性固形物17.0%左右，果心较大，种子小且多。在树上可完成后熟，适于带皮鲜食，并可加工成红色果酒、果醋、果汁等。果实软熟后不耐贮藏，成熟期有一个多月，需分期分批采收。本品种适宜在河南、陕西、四川、湖北、湖南等地无霜期180天以上，平均气温≥10℃，有效积温3 700℃以上的地方种植。

完成单位：中国农业科学院郑州果树研究所
主要完成人：方金豹、齐秀娟
联系方式：13903865864
通信地址：河南省郑州市未来路南端
E-mail: qixiujuan@caas.cn

# 果树种植新技术——富硒果品生产技术集成

## 1. 成果审定

2016年获中国园艺学会的华耐园艺科技奖。

2017年获葫芦岛市科技技术一等奖。

## 2. 成果特点

在国内首次明确了葡萄、桃、苹果和梨等主要果树对硒元素的吸收运转及积累特性，研发出含氨基酸硒富硒叶面肥的生产工艺流程，率先实现了产业化。获得肥料产品批准文号1项，国家发明专利2项，申请国家发明专利1项，获得“第十六届中国国际高新技术成果交易会（深圳）优秀产品奖”1项。研发出富硒果品及其加工品的生产技术，并开展了多点示范和效果验证，带动了我国富硒农业的升级和发展。

## 3. 推广应用前景

截至2016年年底，本技术成果累计推广20.08万亩，新增经济收益6.05亿元，取得了显著的经济、社会和生态效益。该技术全国推广权于2016年1月以100万元转让给北京禾盛绿源科贸有限公司，由其负责生产销售，中国农业科学院果树研究所负责技术指导和产品升级。

完成单位：中国农业科学院果树研究所

主要完成人：刘凤之、王海波、王孝娣、史祥宾、厉恩茂、郑晓翠、王宝亮、吴玉星、王斐、李敏、张志波、施恢刚

通信地址：辽宁省兴城市兴海南街98号

电话：王海波：13591963796

E-mail：haibo8316@163.com

葡萄喷肥果实

葡萄喷肥叶片

葡萄未喷肥果实

葡萄未喷肥叶片

# 果树新品种——早红玉梨

## ■ 1. 成果审定

2016年通过河南省审定。

## ■ 2. 成果特点

由中国农业科学院郑州果树研究所培育的早红玉梨为‘新世纪’×‘红香酥’杂交培育而成新品种。其树势中庸，树冠为圆柱形，树姿半开张，树干和多年生枝颜色灰褐色，较光滑；易成花，芽体饱满，始果早，一般管理条件下，定植第2年开始结果，以短果枝结果为主，占60%，坐果率高，连续结果能力强，无采前落果和大小年结果现象，丰产稳产。其果实圆形，整齐端正，外观漂亮，果皮阳面红色，平均单果重256克（果实纵径7.5厘米，横径7.2厘米）。果实风味纯正，甘甜，肉质酥脆多汁，品质上等，可溶性固形物12.8%，可溶性糖7.64%，可滴定酸0.07%，维生素C含量7.37毫克/100克，硬度6.4千克/平方厘米；8月上旬成熟，耐贮藏，室温下可贮藏30天左右。品种抗旱、耐涝、耐瘠薄，对轮纹病、黑斑病、腐烂病均有较强的抵抗能力。该品种可在我国华北、西北、云贵高原及渤海湾地区种植。

## ■ 3. 推广应用前景

仍未推广。

完成单位：中国农业科学院郑州果树研究所
主要完成人：李秀根、杨健、王龙、王苏珂、薛华柏、苏艳丽
通信地址：河南省郑州市未来路南端
电话：0371-65330967
E-mail：zgspear@caas.cn

早红玉梨

# 果树新品种——梨矮化砧木系列：中矮3号、4号、5号

## 1. 成果审定

2011年、2016年先后通过辽宁省非主要农作物品种备案委员会办公室备案。

## 2. 成果特点

梨中矮系列品种3号、4号、5号是从“锦香”梨实生后代中选育出的系列矮化、紧凑、亲和性良好、抗病的梨矮化砧木新品种。该品种树体矮化紧凑，枝条粗壮，节间短，果实品质差，抗病虫能力强，抗寒。作中间砧与基砧和嫁接品种亲和性好，促进嫁接树矮化，矮化程度相当于乔砧对照的50%～70%，具有促进嫁接树早结果，早丰产的优点。利用矮砧建园，定植第2年平均株产即达3千克，第4年平均产量为2 652.9千克/亩，较乔砧园提早2～3年进入丰产期。矮砧园管理用工量节省38%～50%，果实采收工效提高1～3倍。适于在白梨、砂梨、西洋梨及部分秋子梨栽培区域栽植。

## 3. 推广应用前景

已在辽宁、北京、天津、河北、新疆、山西、陕西、河南、山东、江苏、浙江、湖北、云南、青海、甘肃、内蒙古、四川、重庆、贵州等地进行示范栽培。

完成单位：中国农业科学院果树研究所
主要完成人：姜淑苓、欧春青、王斐、贾敬贤、马力
通信地址：辽宁兴城兴海南路98号
电话：13998900156
E-mail：jshling@163.com

3年生中矮1号早酥梨园开花状

矮砧中矮4号南果梨3年开花状

中矮5号中间砧嫁接南果梨定植第6年结果状

# 李子新品种“一品丹枫”

■ 1. 成果审定

2014年1月通过吉林省品种审定委员会审定，定名为“一品丹枫”；发表相关论文4篇。

■ 2. 成果特点

由中国农业科学院果树研究所、吉林省农业科学院选育的“一品丹枫”李系孔雀蛋实生李×长春彩叶李杂交选育而成。该品种果实品质、风味好，平均单果重15.9克，初熟可溶性固形物含量14.7%，9月中旬后可达20%以上，可以作为优质鲜食李品种栽培；其果皮紫红色、果肉红色、叶片红色的晚熟新品种，还具有落叶晚、挂果时间长且果实在树上不易腐烂（有的会在树上形成果干）的特点。具有极高的观赏、绿化价值；抗寒性好、抗病性强，是一个优质抗寒鲜食与观赏绿化兼用型李新品种。彩色李还具有耐烟尘能力，对二氧化碳、一氧化碳、氨气、二氧化硫气体抗性较强，并能吸收氯气、二氧化硫等有毒气体，是较好的抗污树种和环保树种。

■ 3. 推广应用前景

目前，在辽宁、吉林、黑龙江、河南等省建立实验示范区7个，在各地区辐射推广应用了5 000多亩，产果约303吨，产值253万元，效益196.2万元；繁育苗木48万株，推广苗木28.5万株，产值443万元，效益293万元，共计产值696万元，带动农民增收（效益）489.2万元。

完成单位：中国农业科学院果树研究所
主要完成人：陆致成、张静茹、孙海龙
通信地址：辽宁省兴城市兴海南街98号
电话：13842960956；18842959817
E-mail：zjr6004@163.com；sunhailong@caas.com

一品丹枫

一品丹枫树

# 梨新品种——中矮红梨

## ■ 1. 成果审定

2016年通过辽宁省非主要农作物品种备案委员会办公室备案。

## ■ 2. 成果特点

由中国农业科学院果树研究所培育的中矮红梨为矮香与贺新村杂交后代选育出的矮化、优质、红色、早熟梨新品种。树势中庸，树冠矮小，萌芽力强，发枝力中等，枝条自然开张，以短果枝结果为主，每花序坐果4～5个早果性、连续结果能力强。果实近圆形，平均单果重215.0克，大果重544.0克；底色黄绿，阳面紫红色，着色面积大于果面的3/5；果心小；果肉乳白色；采后在室温下后熟7～10天可达到其最佳品质，经后熟，果肉柔软多汁，风味酸甜适口，可溶性固形物含量15.38%，可滴定酸含量0.35%，维生素C含量1.45毫克/100克；有芳香味，品质极上；果实在辽宁兴城8月上旬成熟。高抗梨黑星病，较抗梨干腐病，抗寒性较强。适于在西洋梨、白梨及部分秋子梨产区栽培。

## ■ 3. 推广应用前景

已在辽宁、北京、天津、河南、山东、山西、河北等地进行示范栽培。

完成单位：中国农业科学院果树研究所
主要完成人：姜淑苓、欧春青、王斐、马力
通信地址：辽宁兴城兴海南路98号
电话：13998900156
E-mail：jshling@163.com

红色、矮化、优质梨新品种中矮红梨

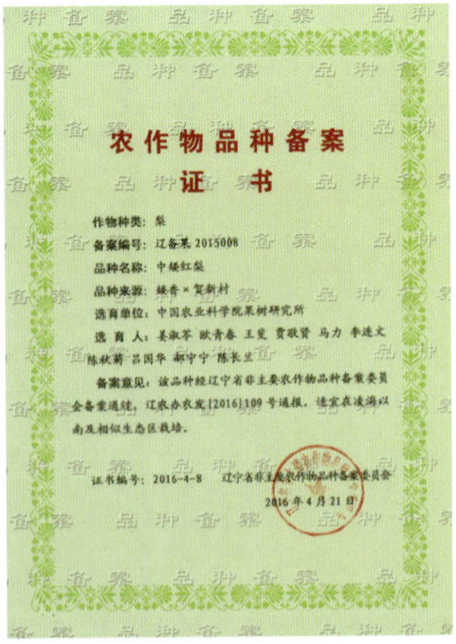

农作物品种备案
证书
作物种类：梨
备案编号：辽备果2015008
品种名称：中矮红梨
品种来源：矮香×贺新村
选育单位：中国农业科学院果树研究所
选育人：姜淑苓 欧春青 王斐 贾敬贤 马力 李连文 陈秋菊 吕国华 郝宁宁 陈长兰
备案意见：该品种经辽宁省非主要农作物品种备案委员会备案通过，辽农办农发[2016]109号通报，适宜在渤海以南及相似生态区栽培。
证书编号：2016-4-8 辽宁省非主要农作物品种备案委员会
2016年4月21日

品种证书（中矮红梨）

# 梨新品种——中加1号

■ 1. 成果审定

2016年通过辽宁省非主要农作物品种备案委员会办公室备案。

■ 2. 成果特点

由中国农业科学院果树研究所培育的中加1号为“CP10”（“锦香”梨实生优系）梨实生后代中选育出的矮化、紧凑、优质、加工专用梨新品种。树势中庸，树冠矮小、紧凑。萌芽率高，发枝力强。一般定植后3年生开始结果，以短果枝结果为主，连续结果能力强，稳产。果实近纺锤形，平均单果重232克；底色黄绿，阳面淡红色；萼片宿存；果心中大；果肉乳白色，肉质细腻，脆，汁液多，石细胞少，风味甜酸，可溶性固形物含量为12.24%，可滴定酸含量为0.83%，维生素C含量1.24毫克/100克FW；抗氧化能力强，出汁率80%以上，果实冷冻后肉质更加。适于冻梨、制汁、制罐。在辽宁兴城地区果实9月中下旬成熟。抗寒性较强，抗梨黑星病和梨干腐病。适于在西洋梨、白梨及部分秋子梨产区栽培。

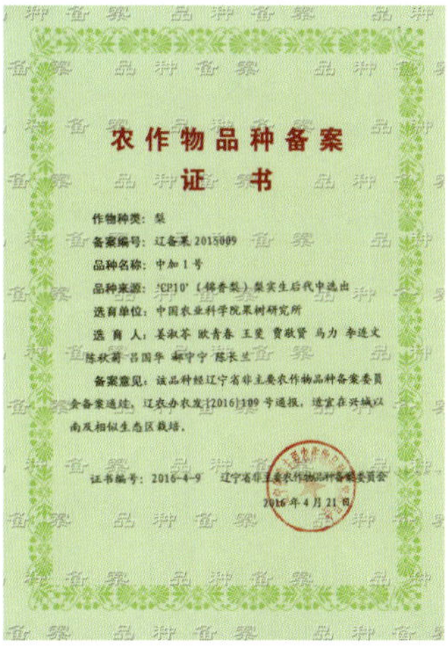
农作物品种备案

证书

作物种类：梨

备案编号：辽备果2015009

品种名称：中加1号

品种来源：'CP10'（锦香梨）梨实生后代中选出

选育单位：中国农业科学院果树研究所

选育人：姜淑苓 欧春青 王斐 贾敬贤 马力 李连文 陈秋菊 吕国华 郝宁宁 陈长兰

备案意见：该品种经辽宁省非主要农作物品种备案委员会备案通过，辽农办农发[2016]109号通报，适宜在兴城以南及相似生态区栽培。

证书编号：2016-4-9　辽宁省非主要农作物品种备案委员会

2016年4月21日

品种证书（中加1号）

■ 3. 已推广应用前景

已在辽宁、北京、山东、山西、河北等地进行示范栽培。

完成单位：中国农业科学院果树研究所
主要完成人：姜淑苓、欧春青、王斐、马力
通信地址：辽宁兴城兴海南路98号
电话：13998900156
E-mail：jshling@163.com

中加1号果实

中加1号制罐制汁

# 梨新品种——中梨4号

■ 1. 成果审定

2014年通过河南省审定。

■ 2. 成果特点

中梨4号

由中国农业科学院郑州果树研究所培育的中梨4号为“早美酥”×“七月酥”杂交培育而成的新品种。该品种为普通高大株型（3年生树高2.7米）；生长势强，萌芽率高、成枝力低，结果较早，结果株率达68%。一般嫁接苗3年即可结果。该品种以短果枝结果为主，腋花芽也能结果。果台枝1～2个，连续结果能力强，花序坐果率达36%，花朵坐果率中等13.5%，采前落果不明显，极丰产，无大小年。郑州地区气候条件下，花芽萌动期为3月10日，初花期4月1日，盛花期4月3日，落花期4月8日，通常气候条件下花期6～8天。果实成熟期7月中旬，新梢停止生长较迟，一般6月下旬才停止生长，并能生长秋梢，落叶期一般在10月下旬，果实生育期为100天左右，植株营养生长期约为210天，气候条件不同的地区物候期略有差异。

梨果实大型、美观，平均单果质量300克，近圆形，果面绿色，光滑洁净，具蜡质，采后10天鲜黄色且无果锈；果肉乳白色，肉质细脆、果心极小，常温下采后20天后肉质变软，石细胞少，汁液多，可溶性固形物含量12.8%；风味酸甜可口，无香味，品质上等，货架期20天，冷藏条件下可贮藏1～2个月。该品种具有耐高温多湿性、丰产和抗黑斑病的特点；同时在黄河故道表现出耐瘠薄的特性。由于其成熟早，在正常管理条件下，果实不易受食心虫危害。该品种可在华南、华中、西南及黄河故道地区种植。

■ 3. 推广应用前景

华南及华中局部地区有少量推广面积，全国推广面积不到500亩。

完成单位：中国农业科学院郑州果树研究所
主要完成人：李秀根、杨健、王龙、王苏珂、薛华柏、苏艳丽
通信地址：河南省郑州市未来路南端
电话：0371-65330967
E-mail：zgspear@caas.cn

# 桃新品种——中农寒桃1号

## 1. 成果审定

辽宁省非主要农作物品种备案委员会备案通过，辽农办农发〔2016〕109号通报，其备案编号为辽备果2015002，证书编号为2016-4-2。

## 2. 成果特点

中农寒桃1号为我国选育出的第一个具有自主知识产权的大果优质抗寒桃品种。该品种生长势较强，树姿半开张。果实近圆形，果柄短，梗洼中深，不易脱落，缝合线极浅，两半部对称，果顶圆略凹陷，果尖不明显；果皮底色白、阳面鲜红，茸毛短、中密，果皮薄，果肉淡红色，汁液多、出汁率73.5%、果汁玫瑰红色、常温下6个小时不褐变、表现出良好的制汁加工性状，粘核，果核重6.58克、鲜核浅棕色、倒卵圆形、核长33.56毫米、核宽23.87毫米、核厚17.36毫米、核尖2.98毫米、核面较粗糙、核纹中、无裂核现象；甜酸适口，可溶性固形物11.3%，可滴定酸含量0.56%，香气浓，品质上，可食率95%；平均单果重288克，最大单果重366克。耐运性好。早果及丰产、稳产性好、抗寒性强。适宜在葫芦岛或相似生态区栽培。

完成单位：中国农业科学院果树研究所

主要完成人：王孝娣、王海波、刘凤之、史祥宾、魏长存、何锦兴、郑晓翠、王宝亮、吴玉星、王志强、刘万春

通信地址：辽宁省兴城市兴海南街98号

电话：13591963796（王海波）

E-mail：haibo8316@163.com

中农寒桃1号的鲜榨果汁

中农寒桃1号果实

中农寒桃1号结果状

# 苹果新品种——华硕

## 1. 成果审定

2009年通过河南省林木良种品种审定；2012年获河南省科技进步二等奖；2014年通过国家林木品种审定；2015年通过云南省农作物品种鉴定。

## 2. 成果特点

由中国农业科学院郑州果树研究培育的苹果新品种华硕为美八×华冠杂交选育而成。其果实大近圆形，颜色鲜艳，稍高桩；平均单果重242克。果实底色绿黄，果面着鲜红色，着色面积达70%，个别果实可达全红。果肉黄白色；肉质中细，松脆。果实硬度10.1千克/平方厘米；汁液多，可溶性固形物含量13.1%，可滴定酸含量0.34%，风味酸甜适口，浓郁，有芳香；品质上等。实在普通室温下可贮藏30天以上，冷藏条件下可贮藏3个月。①成熟早、果实大：在我国中部地区8月上旬成熟，与嘎拉成熟期接近；其果实大小与晚熟品种富士相当。②久贮不沙化、货架期长：果实在室温条件下可贮藏30天左右肉质不沙化、冷藏条件下可贮藏3个月，其耐贮性远超过同期成熟的所有品种，鲜果销售可从8月初一直延伸到双节期间。③采前不落果：克服了早熟品种普遍存在的采前落果的缺点，果实可提前采收也可充分成熟后集中采收。适宜栽范围包括陕西、山西、山东、河南、河北等地区作为嘎拉替代品种种植，也可作为富士等主栽品种的授粉品种种植；尤其在云贵川藏等地区其优势更为突出。

## 3. 推广应用前景

自2008年起已在苹果产业技术体系烟台、泰安、熊岳、运城、宝鸡、三门峡、石家庄、商丘、伊犁、昭通等试验站开展多点区域试验，并在其示范县进行生产示范。目前，在河南、云南、山东、陕西、山西、河北、四川、新疆、西藏、安徽、江苏等地累计推广面积8万亩。

完成单位：中国农业科学院郑州果树研究所
主要完成人：阎振立、过国南、张恒涛、张顺妮、张瑞萍、刘珍珍
通信地址：河南省郑州市管城区、中国农业科学院郑州果树研究所
电话：0371-65330960；0371-65330961
E-mail：applecaas@126.com

华硕（河南郑州）

华硕（河南三门峡）

华硕（陕西宝鸡）

华硕果实（云南昆明）

华硕果实（云南昭通）

华硕果实（西藏林芝）

# 葡萄新品种——红艳无核

## 1. 成果审定

2016年通过河南省林木良种审定。

## 2. 成果特点

葡萄新品种红艳无核属欧亚种。果穗圆锥形，穗梗中等长，带副穗，穗长29.8厘米，穗宽17.8厘米，平均穗重1 200克，平均粒重4.0克，最大粒重6.0克。果粒成熟一致。果粒着生中等紧密。果粒与果柄难分离，果皮无涩味。果肉中到脆，汁少，有清香味，无核，不裂果。可溶性固形物含量20.4%以上，品质优。在河南郑州地区4月上旬萌芽，5月上旬开花，7月中旬浆果始熟，8月上旬果实充分成熟。为中早熟鲜食葡萄品种。管理技术要求：适宜双十字架和小棚架栽培。双十字架、单干水平树形1.5米×（2.5～3.0）米株行距；棚架龙干树形1.0米×（3.5～4.0）米株行距。宜中短梢修剪。基肥宜在9月底10月初施入。在花前、幼果期和浆果成熟期可喷0.5%的硫酸钾溶液或中微量元素溶液。入冬后应至少进行3次灌水，分别在落叶后、土壤上冻前和土壤解冻后。适宜在河南省中西部干旱丘陵地区露地种植，东南部平原地区避雨栽培。

完成单位：中国农业科学院郑州果树研究所
主要完成人：刘崇怀、李民
联系方式：13526819519
通信地址：河南省郑州市未来路南端
E-mail：liuchonghuai@caas.cn

果实

# 葡萄新品种——郑艳无核

## ■ 1. 成果审定

2014年通过河南省林木良种审定。

## ■ 2. 成果特点

由中国农业科学院郑州果树研究所培育的葡萄新品种郑艳无核属欧美杂种。植株生长势中等。平均穗重618克，最大穗重989克。果粒成熟一致。果粒着生中等紧密。平均粒重3.1克，最大粒重4.6克。果皮无涩味。皮下无色素。果肉、汁有草莓香味。无核。可溶性固形物含量约为19.9%。品质优。在河南郑州地区4月上旬萌芽，5月上旬开花，6月下旬浆果始熟，7月中下旬果实充分成熟。为早熟鲜食葡萄品种。管理技术要求：篱架、棚架栽培皆可。篱架“高宽垂”树形1.5米×（2.5~3.0）米的株行距；棚架龙干架式1.0米×（3.5~4.0）米的株行距；棚架“T”形架式2.0米×6.0米的株行距；棚架“H”形架式4.0米×6.0米的株行距。以长、中、短梢混合修剪为主。花前、幼果期和浆果成熟期喷1%~3%的过磷酸钙溶液；花期喷0.05%~0.1%的硼酸溶液，果实生长期喷钾盐溶液。果粒着色期一般不浇水。适宜在我国东部城市郊区和庭院栽培。

完成单位：中国农业科学院郑州果树研究所
主要完成人：刘崇怀、李民
联系方式：13526819519
通信地址：河南省郑州市未来路南端
E-mail: liuchonghuai@caas.cn

果实

# 葡萄新品种——神州红

## 1. 成果审定

2016年1月通过河南省林木品种审定委员会审定（编号：豫S-SV-VV-020-2015）。

## 2. 成果特点

葡萄新品种神州红属欧亚种，为圣诞玫瑰×玫瑰香杂交选育。2002年5月杂交，次年获得杂种苗，并定植，2005年开始结果。其中，w1-s3-s3.4单株表现优良，中、晚熟，果粒大，鲜红色，外观好，品质优良，丰产性强。遂作为优良单株。后经过连续10年的观察、鉴定，确认该单株在基因重组的基础上保持了双亲的优点，性状遗传稳定。植株生长势中庸，萌芽率76.5%，结果枝率95%，在郑州地区8月中下旬成熟。果穗圆锥形，平均穗重870克，最大穗重1 150克，果粒长椭圆，紫红色，平均粒重8.93克，果实有复合型玫瑰香味。可溶固形物18.60%，总糖16.55%，总酸0.50%，肉脆，品质极佳，耐储运。优良中晚熟鲜食品种。我国黄河故道地区、西北干旱地区、长江中下游地区和环渤海葡萄栽培区，均可以进行栽培。在特别寒冷的地区，可以采用嫁接栽培，选用的砧木为SO4、3309等。平原、浅山丘陵地区均可栽培。适宜的土壤类型为沙壤土。在黏土、沙砾土、红黄壤土等土壤类型也可以进行优质栽培。

## 3. 经推广应用前景

已在在郑州市农博园、商丘市平台开发区、陕县张湾乡、修武县方庄镇、宁陵县阳驿乡陈营村等地区试推广，由于品种刚完成审定，目前推广面积不足100亩。

完成单位：中国农业科学院郑州果树研究所
主要完成人：刘三军、章鹏、宋银花、贺亮亮、王凤寅
通信地址：河南省郑州市管城区未来路南端郑州果树研究所
电话：0371-65330969
E-mail：liusanjun@caas.cn

神州红审定证书

神州红单穗照

神州红丰产照

# 葡萄新品种——水晶红

## 1. 成果审定

2016年1月通过河南省林木品种审定委员会审定（编号：豫S-SV-VV-021-2015）。

## 2. 成果特点

葡萄新品种水晶红属欧亚种，为美人指×玫瑰香杂交选育。2003年5月杂交，次年获得杂种苗，并定植，2006年开始结果，其中，00-08-1单株表现优良，晚熟，果粒大，鲜红色，外观好，品质优良，丰产性强。遂作为优良单株。后经过连续9年的观察、鉴定，确认该单株在基因重组的基础上保持了双亲的优点，性状遗传稳定，树势中庸偏强，萌芽率80%以上。果穗圆锥形，单穗重820克。果粒尖卵形，鲜红色，平均单粒重8.3克。果肉脆，风味甜，可溶性固形物17.4%，总糖含量14.5%，可滴定酸0.29%，糖酸比50∶1，丹宁含量644毫克/千克，维生素C含量6.87毫克/100克，品质极上。在河南郑州地区陆地栽培9月10日至15日成熟。丰产性、商品性良好，果实耐储运。外观奇特艳丽，先端鲜红色至紫红色，光亮，基部稍淡。果肉硬脆，可切片，汁多，味甜。我国黄河故道地区、西北干旱地区、长江中下游地区和环渤海葡萄栽培区，均可以进行栽培。在特别寒冷的地区，可以采用嫁接栽培，选用的砧木为SO4、3309等。平原、浅山丘陵地区均可栽培。适宜的土壤类型为沙壤土。在黏土、沙砾土、红黄壤土等土壤类型也可以进行优质栽培。

## 3. 推广应用前景

已在在郑州市农博园、商丘市平台开发区、陕县张湾乡、修武县方庄镇、宁陵县阳驿乡陈营村等地区试推广，由于品种刚完成审定，目前推广面积不足100亩。

完成单位：中国农业科学院郑州果树研究所
主要完成人：刘三军、章鹏、宋银花、贺亮亮、王凤寅
通信地址：河南省郑州市管城区未来路南端
电话：0371-65330969
E-mail：liusanjun@caas.cn

林木良种证
（审 定）

水晶红审定证书

水晶红

水晶红单穗照

水晶红丰产照

# 西瓜新品种——三倍体无籽西瓜

## 1. 成果审定

经多年多点鉴定，选育出适应不同生态区的优质抗逆三倍体无籽西瓜新品种12个，其中6个通过国家审（鉴）定；出版著作6本，发表论文20篇。

## 2. 成果特点

三倍体无籽西瓜历时25年，创建了优质抗逆广适三倍体无籽西瓜育种技术体系。①提出了二硝基苯胺离体和整体诱导产生西瓜四倍体新方法，创立了基于耐盐筛选和FDA荧光鉴定的早期倍性鉴定技术，诱导成功率从15%提高到40%，种子孕性提高了20%；在国内首次建立了西瓜耐盐、耐湿等抗逆性筛选鉴定指标评价体系；开创了染色体易位三倍体无籽西瓜育种体系；创建了基于离体诱导、抗逆鉴定和染色体易位的优质抗逆广适三倍体无籽西瓜育种技术体系。②创制了三倍体无籽西瓜育种急需的优质抗逆四倍体新种质15份和易位系6份。解决了三倍体无籽西瓜育种中四倍体亲本缺乏的难题。③选育出适应不同生态区的优质抗逆三倍体无籽西瓜新品种，实现了我国无籽西瓜品种的更新换代。利用优质抗逆广适三倍体无籽西瓜育种技术体系和优质抗逆四倍体新种质配制三倍体组合。

## 3. 推广应用前景

已在全国29个省（直辖市、自治区）推广应用。“郑抗无籽1号”“郑抗无籽5号”“津蜜20”“博达隆2号”“郑抗新1号”已成为不同生态区的主栽品种。通过产学研结合，累计推广912.3万亩，社会经济效益68.66亿元。

完成单位：中国农业科学院郑州果树研究所、湖南博达隆科技发展有限公司、天津科润农业科技股份有限公司蔬菜研究所

主要完成人：刘文革、周泉、焦定量、何楠、赵胜杰、朱别房、商纪鹏、郭建新、高素燕、路绪强、阎志红、焦荻、谭素英、易学赛、吕敬刚、马陆平、王运强、毛丹、王周平、李平

联系人：刘文革

通信地址：河南省郑州市航海东路

中国农业科学院郑州果树研究所

电话：0371-65330936

E-mail：liuwenge@caas.cn

郑抗新1号

# 西瓜新品种——中兴红1号

## 1. 成果审定

2012年通过北京市农作物品种审定；2016年通过宁夏回族自治区农作物品种审定。

## 2. 成果特点

由中国农业科学院郑州果树研究所培育的西瓜新品种中兴红1号具有特早熟、耐低温、耐弱光、耐贮运，抗枯萎病的优点。第一雌花节位7节，雌花间隔6节，易坐果，连续坐果能力强；单瓜重1.7～2.5千克，果皮较脆，中心可溶性固形物含量13.0%，边部10.0%，亩产3 000千克左右。适宜全国各西瓜主产区早春及夏秋季保护地栽培。

管理技术要求：春季栽培3蔓整枝，秋季栽培双蔓整枝。其他同中科6号。

完成单位：中国农业科学院郑州果树研究所
主要完成人：孙德玺、邓云
联系方式：0371-65330938
通信地址：河南省郑州市未来路南端
E-mail: sundexi@caas.cn

西瓜品种中兴红1号

中兴红1号田间图

# 鲜食油桃新品种——中油15号

## 1. 成果审定

2016年通过河南省林木良种审定。

## 2. 成果特点

由中国农业科学院郑州果树研究所培育的油桃新品种中油15号为耐贮、优质白肉鲜食油桃品种，平均单果重180～200克，大果重250克以上。果皮底色白，成熟后全面着红晕，果面无绒毛，艳丽美观，果皮较厚，不能剥离。果肉硬脆，白色，完全成熟后果皮下花色苷多，近核处花色苷少，果肉纤维少，风味甜。可溶性固形物含量12.6%，风味甜。核椭圆形，粘核，未发现裂核现象。花蔷薇型，花粉多，自花结实，丰产。果实硬度高，留树时间可长达14天以上不变软，采摘后仍可保持硬脆状态。适宜推广地区：全国各桃主产区。

完成单位：中国农业科学院郑州果树研究所
主要完成人：王志强、牛良
联系方式：13783634196
通信地址：河南省郑州市未来路南端
E-mail：niuliang@caas.cn

中油15号

# 油桃新品种——中油20号

■ 1. 成果审定

2016年通过河南省林木良种审定。

■ 2. 成果特点

由中国农业科学院郑州果树研究所培育的油桃新品种中油20号为中熟白肉油桃品种。7月中下旬成熟，果实发育期约110天。单果重185～278克，口感脆甜，可溶性固形物含量14%～16%，粘核，品质优。留树时间长，极耐贮运。有花粉，极丰产。属于SH肉质，果肉硬脆，货架期长，耐贮运，适合规模化种植、建立大型基地、远距离运销。适宜全国各桃主产区种植。

完成单位：中国农业科学院郑州果树研究所
主要完成人：王志强、牛良
联系方式：13783634196
通信地址：河南省郑州市未来路南端
E-mail：niuliang@caas.cn

中油20号

# 中蟠桃11号

■ 1. 成果审定

2014年3月通过河南省林木品种审定委员会审定，命名为“中蟠桃11号”，良种编号豫S-SV-PP-007-2013。

■ 2. 成果特点

中蟠桃11号是1991年以油桃品种“NIN78”为母本，以“奉化蟠桃”为父本，获得“91-4-18”蟠桃优良单株。1997年以“红珊瑚”为母本，“91-4-18”为父本，进行人工杂交，获得杂种实生苗。1998年5月定植，2000年实生苗大量结果，其中“97-4-53”果实大，不裂果，大果质量可达240克，果肉质硬，风味浓甜，丰产。2001年建立了优良品系试验园，在河南、山东、安徽、宁夏、新疆等地进行试种，各地综合表现优良。其树势健壮，树姿半开张，节间长2.58厘米。花为铃形，深粉红色，花粉多，萼筒内壁橙黄色，花药橙红色。长、中、短果枝均能结果。成花容易，复花芽居多，占63.71%，花芽起始节位第1～2节；自花结实，坐果率高，按3米×6米株行距栽植，6年生树平均株产70千克。果实扁平形，两半部对称，果顶稍凹入，梗洼浅，缝合线明显、浅。单果质量180克，大果可达250克。果皮有毛，底色黄，果面60%以上着鲜红色，果皮不易剥离。果肉橙黄色，硬溶质，汁液中等，纤维中等。果实风味浓甜，可溶性固形物含量14%，粘核，耐运输。在河南郑州地区3月初叶芽膨大，3月底至4月初始花，7月中下旬果实成熟，果实生育期120天左右。落叶终止期11月上旬，全生育期256天。适合长江以北地区种植，在长江以南选择能够满足需冷量800小时以上的地区种植。

中蟠桃11号果实

中蟠桃11号结果枝

中蟠桃11号套袋果

■ 3. 推广应用前景

中蟠桃11号已经在我国河南、山东、安徽、宁夏、新疆、河北、山西、陕西等地进行推广应用，并已成为主栽品种。

完成单位：中国农业科学院郑州果树研究所

主要完成人：王力荣、朱更瑞、方伟超、曹珂、陈昌文、王新卫、冯义彬

通信地址：河南省郑州市未来路最南端

电话：0371-65330970；0371-65330968；13503838966

E-mail：zhugengrui@126.com

# 甜瓜新品种——七彩脆蜜

■ 1. 成果审定

该品种已申请国家植物新品种保护。

■ 2. 成果特点

由中国农业科学院郑州果树研究所培育的甜瓜新品种七彩脆蜜为中熟厚皮甜瓜品种。其果实发育期（春季郑州）40天左右，果实椭圆形，墨绿色果皮上覆灰白色网纹；该品种最重要特点是果肉自外向内由深绿向橙红过渡，脆肉，单果重1.5～2.5千克，中心可溶性固形物含量17.0%左右，边部可溶性固形物含量11.0%～13.0%，果肉厚度4.0厘米左右。对叶部和根部病害有较好抗性。西北露地和东部保护地种植表现较好，湿润季节湿润地区不适合露地种植。

■ 3. 推广应用前景

在湖北江汉平原（荆州）、河南北部（滑县）、山东西部（莘县）示范种植表现很好，已开始逐渐扩大栽培面积。

完成单位：中国农业科学院郑州果树研究所
主要完成人：徐永阳、赵光伟
联系方式：0371-65330930
通信地址：河南省郑州市未来路南端
E-mail：xuyongyang@caas.cn

七彩脆蜜

# 棉花新品种——中棉所49

## 1. 成果审定

2016年荣获度国家科学技术进步二等奖。该成果是在“八五”“九五”国家科技攻关计划（85-003-01-03和96-014-01-04）以及国家高技术研究发展计划（863计划，2001AA241081）等课题的支持下研究获得。

## 2. 成果特点

中棉所49是由中国农业科学院棉花研究所主持完成的“多抗稳产棉花新品种中棉所49”的选育技术。中棉所49皮棉和霜前皮棉平均亩产分别为130.8千克和119.1千克，比对照品种增产10.9%和17.2%；铃重、衣分分别为6.1克和41.8%，均高于对照（5.7克和40.2%）。在40年来全国大面积推广的20个国家棉花区试对照品种中，铃重和衣分均居高位的只有中棉所49（分别在6.0克和41.0%以上）；在长达19年来美国国家棉花区试16个对照品种中，铃重均低于6.0克，中棉所49的铃重和衣分协调性有明显优势。

## 3. 推广应用前景

中棉所49自审定以来，已连续10年进入农业农村部推荐的主导品种；同时分别连续10年和11年作为国家和省（区）两级棉花区试的对照品种；累计推广面积7 118.5万亩，新增利润123.3亿元。创新的育种方法及材料已被多家单位应用，育成一批新品种和优异材料，为同类品种的选育提供了技术支撑。构建的棉花DNA指纹检测技术、种植标准化技术体系，实现了棉花生产各个环节的标准化。

完成单位：中国农业科学院棉花研究所、新疆中棉种业有限公司

主要完成人：严根土、余青、潘登明、黄群、赵淑琴、匡猛、付小琼、王宁、王延琴、卢守文

通信地址：河南省安阳市文峰区黄河大道38号

电话：0372-2562282；0372-2562287

E-mail：yangentu@163.com

2016年度国家科技进步二等奖

严根土研究员（左四）棉花抗逆育种团队

中棉所49在南疆大田表现

# 棉花新品种——中棉所63

■ 1. 成果审定

国审棉：2007017；2013年12月获得湖北省科技成果登记证书；2016年1月获农业农村部植物新品种权植物新品种权申请公告号；2016年先后获得了中国农业科学院科学技术成果奖杰出科技创新奖和全国农牧渔业丰收奖农业技术推广成果奖一等奖。

■ 2. 推广应用前景

2010—2015年中棉所63连续六年被农业农村部推荐为农业主导品种；2016年被浙江省农业厅推荐为该省主导品种。2007—2016年中棉所63在湖北、江西、河南南阳、安徽、湖南、四川、浙江等棉花主产省或地区累计推广面积2 208万亩，新增经济效益55.32亿元。其中，近3年（2014—2016年）累计推广面积531万亩，新增经济效益13.03亿元。

完成单位：中国农业科学院棉花研究所
主要完成人：杨代刚、周晓箭、王海风、孟清芹、裴小雨、马雄风
通信地址：河南省安阳市开发区黄河大道38号
电话：13569051364
E-mail：yangdaigang@caas.cn或792968130@qq.com

中棉所63单株

农作物品种审定
证书

审定编号：国审棉2007017
品种名称：中棉所63
选育单位：中国农业科学院棉花研究所、中国农业科学院生物技术研究所
品种来源：9053×sGK9708选系P4
审定意见：该品种已经第二届国家农作物品种审定委员会第一次会议审定通过，农业部第928号公告公布，该品种已取得农业转基因生物生产应用安全证书(转基因生物名称为sGKz001（中001)），属转抗虫基因中熟杂交一代品种，适宜在湖北、湖南北部、四川盆地、河南南阳、江苏、安徽淮河以南（盐城除外）、浙江沿海的长江流域棉区春播种植，应严格按照农业转基因生物安全证书允许的范围推广。

证书编号 2007-2-105　　二〇〇七年

中棉所63品种国家审定证书（2007）

中棉所63在长江流域棉区的大田生长表现

# 棉花新品种——中棉所88

## 1. 成果审定

审定编号：甘审棉2013003。

## 2. 成果特点

中棉所88（原代号中292185）是由中国农业科学院棉花研究所以品系293为母本、以品系奥3503为父本培育的杂交组合。经连续单株选择，结合南繁加代和株系鉴定，通过病圃强化选择选育而成的综合性状优良的品系。该品种长势较好，整齐度较好，植株筒型，株型紧凑，主茎粗壮坚硬，抗倒伏，茎秆茸毛少，叶片掌状，中等大小，叶色绿色，铃呈卵圆形，中等大小，结铃性强。生育期145天，株高68.8厘米，第一果枝节位5.2，单株果枝数7.9个，单株结铃6.6个，单铃重5.6克，子指10.2克，衣分42.5%，霜前花率85.1%。吐絮畅，纤维色泽洁白，易采收。①田间表现前期生长发育快，生长势强、叶功能好、铃大、衣分高，纤维长度好。枯萎病发病株率为14.6%，病情指数为8.3，属抗枯萎病品种。对控制棉花枯萎病的发生与为害有很好的抑制作用。②纤维品质。2011年经农业农村部棉花品质监督检验测试中心（HVICC）标准测试：纤维上半部平均长度为30.0毫米，断裂比强度为30.8cN/tex，马克隆值4.1，整齐度指数87.1%，伸长率6.3%，反射率78.4%，黄度7.2，可纺性指数165.6。③抗病性。经甘肃省酒泉市农业科学研究院剖秆检查方法进行抗病性鉴定：枯萎病发病株率为14.6%，病情指数为8.3，属抗枯萎病类型。

适应范围：适宜在甘肃省敦煌、瓜州、民勤等地种植。

## 3. 推广应用前景

2010—2011年参加甘肃省早熟棉区域试验，两年11点汇总，平均每公顷籽棉、皮棉产量分别为5 035.5千克、2 137.5千克，分别比对照酒棉8号增产3.3%、9.1%。2012年参加甘肃省早熟棉生产试验，6点汇总，平均每公顷籽棉、皮棉产量分别为5 133.0千克、2 062.5千克，分别比对照酒棉8号增产4.2%、10.1%。居参试品种第3、第2位。

中棉所88单株照片

甘肃省农作物品种审定证书

甘审棉2013003

中国农业科学院棉花研究所北疆生态育种试验站：

你单位选育的棉花品种中棉所88号（原代号292185），经甘肃省农作物品种审定委员会2013年1月21日第28次会议审定通过，适宜在我省敦煌、瓜州、民勤等地种植。

特发此证。

中棉所88审定证书

完成单位：中国农业科学院棉花研究所
主要完成人：喻树迅、原日红、代帅
通信地址：河南省安阳市开发区黄河大道38号
电话：15001610500
E-mail：978565859@qq.com

# 棉花新品种——中棉所96

## 1. 成果审定

陕审棉：2015001。

## 2. 成果特点

中棉所96是以高产、稳产、广适性好的转基因抗虫常规棉品种sGK中156为母本、以纤维品质优异棉花新品系243系为父本配制的杂交组合（F1）。该品种子叶较小，肾形，叶色略浅，苗期整齐，生长势较强，蕾铃期生长势稳健。植株塔型，茎秆粗壮、茸毛中等，果枝较长、平展，果节较短，叶片中等偏小、掌状，叶缺刻中等，叶色偏浅，花冠白色、花药黄色、苞叶中等、花萼波状，结铃性强，铃卵圆形、铃尖略突起，吐絮畅而集中、棉絮洁白、易采摘，生育期128.2天，株高95.7厘米，单铃重6.0克，衣分40.7%，子指10.9克，霜前花率97.7%。该品种纤维品质符合双30标准，纤维上半部平均长度30.8毫米，断裂比强度32.7cN/tex，马克隆值5.1。2013—2014年两年区试鉴定平均枯萎病和黄萎病病指分别为6.03%和17.95%，综合评定为抗枯萎病、抗黄萎病。

适宜陕西关中春播棉区种植。

## 3. 推广应用前景

2013—2014年陕西省区试两年平均籽棉及皮棉总产分别为287.9千克/亩和120.5千克/亩，分别比对照增产11.2%和14.9%，均位居第1位。2014年陕西省区试生产试验，平均亩产籽棉261.2千克/亩，比对照品种中棉所41增产11.5%，在同组9个参试材料中排名第3；平均亩产皮棉111.5千克/亩，比对照增产14.0%，同组排名第3。

完成单位：中国农业科学院棉花研究所

主要完成人：袁有禄、李俊文、石玉真、龚举武、刘爱英、商海红、巩万奎、王涛、葛群、陈婷婷、王艳玲

通信地址：河南省安阳市开发区黄河大道38号

电话：13937229987；0372-2525371

E-mail：youluyuan@hotmail.com

种植中棉所96的棉田

领导视察中棉所96在新疆的大面积试种

中棉所96单株

证　书　陕审棉 2015001 号

品种名称：中棉所 96

育种单位：中国农业科学院棉花研究所

品种来源：sGK156×243 系

主要育种人：袁有禄　李俊文　石玉真　龚举武　刘爱英

适宜区域：适宜陕西关中春播棉区。

二〇一六年一月八日

中棉所96审定证书

# 棉花新品种——中棉所99

■ 1. 成果审定

审定编号：国审棉2016013。

■ 2. 成果特点

中棉所99为中国农业科学院棉花研究所转抗虫基因中熟三系杂交品种。黄河流域棉区春播生育期118天。出苗好，苗势旺，前中期长势强，发育快，后期长势较好，整齐度较好。植株较高，株型较松散，茎秆茸毛多，叶片中等大小，叶色中绿，叶片皱褶明显，铃卵圆形，较大，结铃性好，吐絮肥畅。抗枯萎病（病指9.6），耐黄萎病（病指34.4）。抗棉铃虫。株高106.4厘米，第一果枝节位7.0节；单株结铃20.0个，单铃重6.5克，子指11.0克，衣分40.1%，霜前花率94.2%。HVICC纤维上半部平均长度30.4毫米，断裂比强度31.3厘牛/特克斯，马克隆值5.1，断裂伸长率5.2%，反射率76.8%，黄色深度7.8，整齐度指数84.6%，纺纱均匀性指数143。

适宜种植区域：适宜在天津、河南、山东西南部、安徽淮河以北棉区中高肥水、黄萎病非重病棉田种植。

■ 3. 推广应用前景

2013—2014年参加黄河流域棉区中熟杂交品种区域试验，两年平均籽棉、皮棉及霜前皮棉亩产分别为276.5千克、111.0千克和104.6千克，分别比对照瑞杂816增产2.3%、1.9%和2.0%。2015年生产试验，籽棉、皮棉及霜前皮棉亩产分别为262.9千克、109.3千克和103.3千克，分别比对照增产2.9%、3.1%和1.1%。三系配套的杂交制种方法，大幅度降低了杂交制种的劳动强度；同时，害虫防治次数或农药用量大幅下降，减少了农药残留对生态环境的污染和破坏及人畜中毒事件的发生。经济、社会、生态效益较为显著。

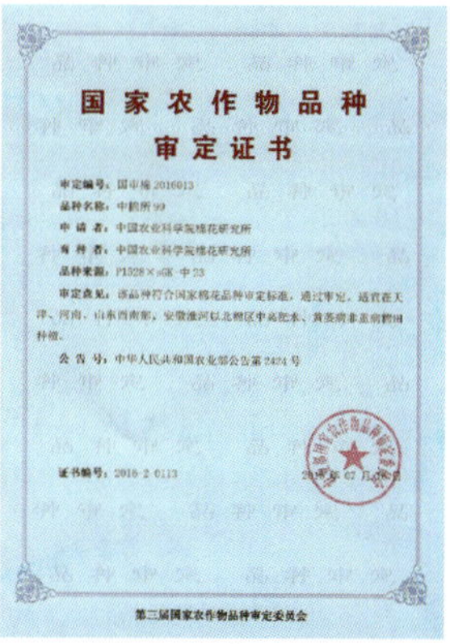
国家农作物品种
审定证书
审定编号：国审棉2016013
品种名称：中棉所99
申请者：中国农业科学院棉花研究所
育种者：中国农业科学院棉花研究所
审定意见：该品种符合国家棉花品种审定标准，通过审定。适宜在天津、河南、山东西南部、安徽淮河以北棉区中高肥水、黄萎病非重病棉田种植。
公告号：中华人民共和国农业部公告第2424号
证书编号：2016-2-0113
第三届国家农作物品种审定委员会

中棉所99审定证书

中棉所99单株照片

完成单位：中国农业科学院棉花研究所

主要完成人：邢朝柱、郭立平、吴建勇、戚廷香、王海林、唐会妮、张学贤、乔秀琴

通信地址：河南省安阳市开发区黄河大道38号

电话：0372-2562288

E-mail：258733955@qq.com

# 棉花新品种——中棉所100

## 1. 成果审定

审定编号：国审棉2016003；品种权申请号：20131092.8。

## 2. 成果特点

中棉所100为中国农业科学院棉花研究所培育的早熟适合机采，双抗枯黄萎病棉花新品种。具有丰产性好、抗病性好、稳产性好、早熟性。①丰产性和稳产性好。2013—2014年参加黄河流域棉区中熟常规品种区域试验，两年平均籽棉、皮棉及霜前皮棉亩产分别为268.7千克、109.2千克和102.7千克，分别比对照中植棉2号增产7.6%、9.1%和10.4%。2015年生产试验，籽棉、皮棉及霜前皮棉亩产分别为265.5千克、110.3千克和104.6千克，分别比对照增产4.9%、11.8%和11.5%。②抗病性好。经品种审定委员会指定鉴定单位中国农业科学院棉花研究所植保室鉴定，中棉所100耐枯萎病（病指9.0），抗黄萎病（病指18.9）。③早熟性和吐絮性好。黄河流域棉区春播生育期118天，霜前花率94.8%，吐絮肥畅、集中和易收摘。④株型结构合理，适合机采。对脱叶剂较敏感，易脱叶，适于机械化采收。适宜天津、山西南部、山东西北、江苏淮河以北（山东、陕西、山西、河南、河北、天津等省市）棉区种植，也可以在西北内陆棉区种植。

中棉所100单株照片

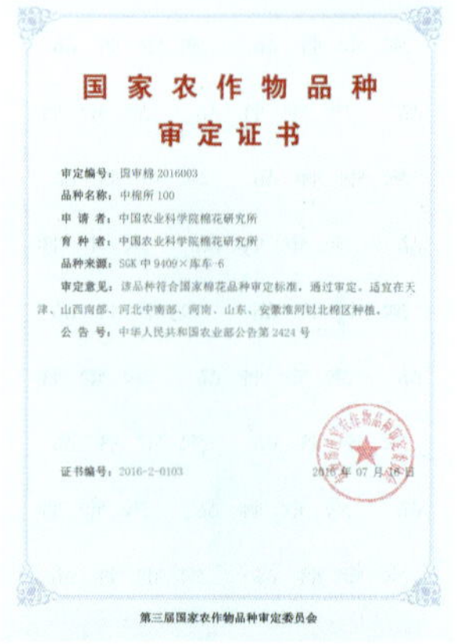

国家农作物品种
审定证书

审定编号：国审棉2016003
品种名称：中棉所100
申 请 者：中国农业科学院棉花研究所
育 种 者：中国农业科学院棉花研究所
品种来源：SGK中9409×库车-6
审定意见：该品种符合国家棉花品种审定标准，通过审定。适宜在天津、山西南部、河北中南部、河南、山东、安徽淮河以北棉区种植。
公 告 号：中华人民共和国农业部公告第2424号

证书编号：2016-2-0103　　2016年07月18日

第三届国家农作物品种审定委员会

中棉所100审定证书

## 3. 推广应用前景

2016年试种扩繁5万亩，可以实现在黄河流域的免整枝轻简化管理和机械采收，每亩增收节支出260元，新增经济效益1 300万元以上。2017年在河南、山东、河北和新疆等地合计示范推广近50万亩，预计新增经济效益1.3亿元以上。

完成单位：中国农业科学院棉花研究所
主要完成人：张永山、姚金波、陈伟、郭香墨、褚丽、刘海菊、李燕
通信地址：河南省安阳市开发区黄河大道38号
电话：0372-2562223；0372-2562323
E-mail：13938698299@163.com

# 棉花新品种——中棉1279

## 1. 成果审定

审定编号：赣审棉20170001；审定编号：鄂审棉2017003。

## 2. 成果特点

中棉1279（中棉所108）是由中国农业科学院棉花研究所、中棉种业科技股份有限公司培育的产量表现突出，纤维品质优良的棉花新品种。经农业农村部棉花品质监督检验测试中心测定，纤维上半部平均长度29.5毫米，断裂比强度33.6cN/tex，马克隆值5.3。

中棉1279生产试验

两年区域试验平均亩产皮棉129.07千克，比对照鄂杂棉10号F1增产11.90%，居第1位。其中：2015年皮棉亩产139.77千克，比鄂杂棉10号F1增产12.20%；2016年皮棉亩产118.37千克，比鄂杂棉10号F1增产11.60%。

2015—2016年中棉1279（中棉所108）参加江西省棉花区域试验，纤维品质经农业农村部棉花品质监督检验测试中心测定，纤维上半部平均长度29.3毫米，断裂比强度32.2cN/tex，马克隆值5.2。两年区域试验平均亩产皮棉120.6千克，比对照增产8.16%，居第1位。其中，2015年平均亩产皮棉125.4千克，比对照赣棉杂1号增产7.82%；2016年平均亩产皮棉115.8千克，比对照赣棉杂1号增产10.26%。

该品种适于江西省和湖北省棉区种植，具有大面积推广应用的潜力。

## 3. 推广应用前景

中棉1279（中棉所108）于2017年开始在湖北省和江西省产棉地区示范种植。

完成单位：中国农业科学院棉花研究所、中棉种业科技股份有限公司
主要完成人：杨代刚、马雄凤、周晓箭、周关印、李威
通信地址：河南省安阳市开发区黄河大道38号
电话：13569051364
E-mail：yangdaigang@caas.cn或792968130@qq.com

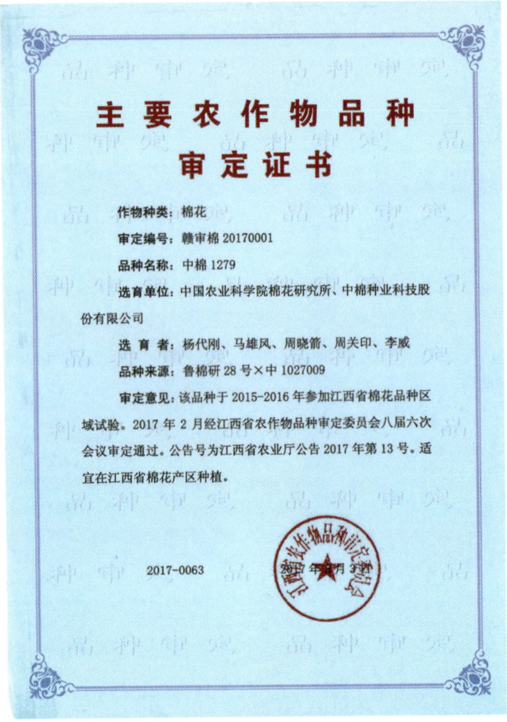

主要农作物品种

审定证书

作物种类：棉花

审定编号：赣审棉 20170001

品种名称：中棉 1279

选育单位：中国农业科学院棉花研究所、中棉种业科技股份有限公司

选 育 者：杨代刚、马雄风、周晓箭、周关印、李威

品种来源：鲁棉研 28 号×中 1027009

审定意见：该品种于 2015-2016 年参加江西省棉花品种区域试验。2017 年 2 月经江西省农作物品种审定委员会八届六次会议审定通过。公告号为江西省农业厅公告 2017 年第 13 号。适宜在江西省棉花产区种植。

2017-0063

中棉1279（江西审定证书）

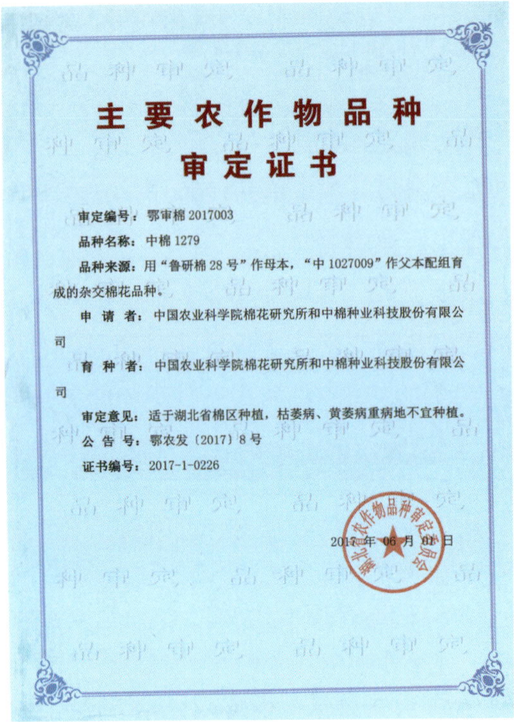

主要农作物品种

审定证书

审定编号：鄂审棉 2017003

品种名称：中棉 1279

品种来源：用“鲁研棉 28 号”作母本，“中 1027009”作父本配组育成的杂交棉花品种。

申 请 者：中国农业科学院棉花研究所和中棉种业科技股份有限公司

育 种 者：中国农业科学院棉花研究所和中棉种业科技股份有限公司

审定意见：适于湖北省棉区种植，枯萎病、黄萎病重病地不宜种植。

公 告 号：鄂农发（2017）8 号

证书编号：2017-1-0226

2017 年 06 月 01 日

中棉1279品种审定证书（湖北）

中棉

# 北方半干旱区优质饲草关键技术

## 1. 成果审定

科技成果登记号：奶牛优质饲草生产技术研究与示范（NK-20140013）；2016年获得内蒙古科技进步奖一等奖。

## 2. 成果特点

由中国农业科学院草原研究所、内蒙古农业大学、甘肃农业大学、中国农业大学完成的北方半干旱区优质饲草关键技术，为“十五”国家科技攻关计划（2002BA518A03）和“十一五”国家科技支撑计划（2006BAD04A04）的研究成果。该成果具有：①选育一批对我国北方半干旱区寒冷干旱贫瘠条件具有强适应性的优质饲草新品种，有效解决了该区当家品种短缺、良种覆盖率低、进口品种持久性差等问题。自主育成抗旱耐寒耐贫瘠豆科饲草新品种10个，高产专用青贮玉米新品种3个，增产15%以上，种植成本降低30%～40%；筛选出抗寒耐旱抗虫优质饲草新品系22个，性状优异材料60份。构建饲草种质资源库和中国苜蓿核心种质库；利用转基因等生物技术创制饲草新种质139份。集成苜蓿种子优质高效生产关键技术，种子产量提高50%以上。②创建北方半干旱区饲草抗旱耐寒节水栽培管理关键技术，有效解决了饲草生产中抓苗难、越冬难的技术难题，实现旱作饲草增产增效。系统开展优质饲草旱作栽培技术研究，研发出苜蓿“干埋集雨”播种、“一炮轰”施肥、苜蓿冻害防御系列关键管理技术、不饱和灌溉水肥耦合技术等。苜蓿出苗率平均提高36.23%，存活株数提高42%～60%，干草增产37%，越冬率达到91.8%～98.6%。③研制适合北方半干旱区中小规模饲草生产的高效低损经济型系列收获机械，为饲草机械国产化奠定基础。研发玉米青贮专用微生物接种剂，有效解决了二次发酵问题。研制出中小型饲草收获系列机械10套，价格仅为同类进口产品的1/5～1/3，田间损失减少10%～15%，技术工艺和产品性能达到国际先进水平。研发出2种玉米青贮专用微生物接种剂，集成青贮接种剂制备及优质草产品加工技术，有效解决青贮玉米二次发酵的问题。建立苜蓿半干青贮技术体系，青贮合格率达95%，粗蛋白质含量较受雨淋干草提高19%，有效解决了雨季苜蓿干草发霉的问题。④集成北方半干旱区优质饲草高效生产关键技术体系，在不同生产区域组装集成应用优质饲草新品种、栽培和收获加工核心技术，增产增效显著。针对半干旱区不同区域特点，组装集成形成不同类型区的旱作饲草生产技术体系，平均产草量提高32.4%，草产品蛋白质提高1.5%，总计推广面积达80.7万公顷。

## 3. 推广应用

该成果从2008年开始已经在内蒙古、宁夏、甘肃及河北等地推广应用8年，效益显著，有效地促进“粮改饲”产业结构调整。该科研项目的贴现总经济效益1 156 574.93万元，年均经济效益105 143.18万元，具有较高的科研投资回报达8.99元/（元·年）。

完成单位：中国农业科学院草原研究所、内蒙古农业大学、甘肃农业大学、中国农业大学

主要完成人：侯向阳、米福贵、曹致中、布库、毛培胜、时建忠、孙启忠、王照兰、于林清

通信地址：内蒙古呼和浩特市赛罕区乌兰察布东街120号

电话：0471-4928187

E-mail：rppcaucau@163.com

大田照片

# 乌珠穆沁黄花苜蓿品种

## 1. 成果审定

2015年由内蒙古自治区审定登记为野生栽培品种（品种登记号：N045）。

## 2. 成果特点

由中国农业科学院草原研究所培育的乌珠穆沁黄花苜蓿是以来自内蒙古乌珠穆沁地区的野生黄花苜蓿种质资源为亲本，经过多年混合选择选育而成的新品种。乌珠穆沁黄花苜蓿植株直立或半直立，分枝多，田间长势繁茂。花以黄色为主，荚果多为镰刀形，种子不规则形或肾形。该品种抗寒、抗旱性强，在呼和浩特及其周边地区种植，越冬返青率100%。在年降水量350毫米左右的地区，生长良好。每公顷产干草4 000千克左右。植株分枝多，蛋白质含量高，草质优良，适口性好，各类家畜均喜食。在我国草产业开发、种子工程、人工草地建立、退耕地植被恢复、生态建设、环境美化、水土保持等领域有广阔的市场应用前景。

## 3. 推广应用前景

正在进行该品种的良种繁殖，在内蒙古及其周边地区开展了小面积的示范推广，经济社会效益良好。

完成单位：中国农业科学院草原研究所
主要完成人：王照兰、杜建材、侯向阳、米福贵、武自念
通信地址：内蒙古呼和浩特市赛罕区乌兰察布东街120号
电话：13134713668
E-mail：wangzl1964@126.com

大田照片

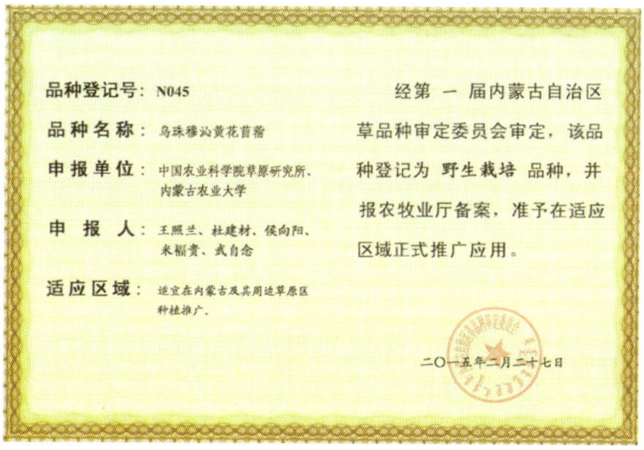

品种登记号：N045
品种名称：乌珠穆沁黄花苜蓿
申报单位：中国农业科学院草原研究所、内蒙古农业大学
申　报　人：王照兰、杜建材、侯向阳、米福贵、武自念
适应区域：适宜在内蒙古及其周边草原区种植推广。

经第 一 届内蒙古自治区草品种审定委员会审定，该品种登记为 野生栽培 品种，并报农牧业厅备案，准予在适应区域正式推广应用。

二〇一五年二月二十七日

品种登记

# 无芒雀麦成熟种子组织培养再生的方法

## 1. 成果审定

本发明专利2014年7月4日申报，2016年获得专利权，专利号为ZL201410314873.X。

## 2. 成果特点

本项发明专利公开了一种无芒雀麦成熟种子组织培养再生的方法，其以无芒雀麦成熟种子作为外植体，先进行表面灭菌，再将经过灭菌处理的无芒雀麦种子转入愈伤组织诱导培养基中培养；诱导产生的愈伤组织转入第一继代培养基中进行首次继代，然后转入分化培养基中培养；将分化培养得到的不定芽接入第二继代培养基中进行二次继代，分化出苗后接入生根培养基中诱导生根。

近年来，随着产业结构的调整和环境治理的需求，我国无芒雀麦的人工种植面积不断扩大，对无芒雀麦种子的需求呈上升趋势，对其进行品质改良已迫在眉睫。随着生物技术的发展，利用基因工程进行植物品质改良已成为普遍和实用的手段，而成功进行基因转化的前提就是建立高效、快速的植物组织培养再生体系。国内通过组织培养建立草本植物再生体系更多的集中于苜蓿等豆科牧草，而禾本科牧草组织培养再生体系的建立由于而相对较难，其相关技术的探索还较薄弱，而以成熟种子作为外植体进行组织培养再生体系的建立更为鲜见。通过无芒雀麦成熟种子进行组培再生体系的建立与扩繁，可以为其分子育种等研究提供基础供给，具有市场潜力。

本发明要解决的技术问题是提供一种建立完整组培再生体系的无芒雀麦成熟种子组织培养再生的方法。所产生的有益效果在于：省去繁琐的暗培养控制过程，节省人力物力。只需两次继代，节省时间，得到的植株数量多且生活力强。激素配比简单，节约成本。

完成单位：中国农业科学院草原研究所
主要完成人：黄帆、李志勇、李鸿雁、师文贵、刘磊、解永凤
通信地址：内蒙古呼和浩特市赛罕区乌兰察布东街120号
电话：13644719395
E-mail：huangfan@caas.cn

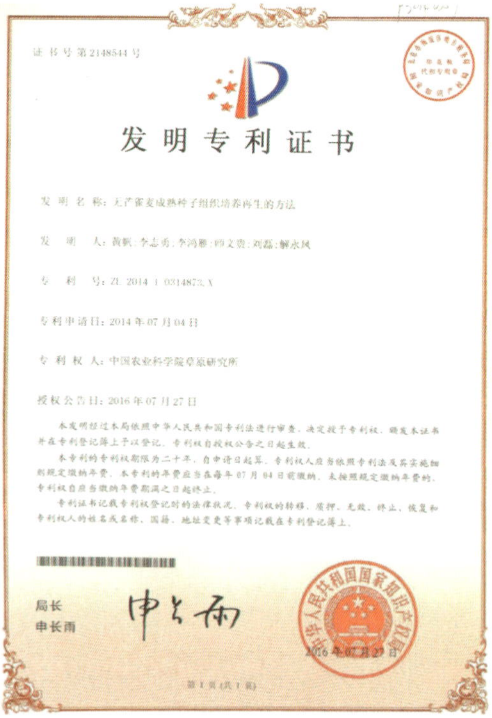
证书号第2148544号

发明专利证书

发明名称：无芒雀麦成熟种子组织培养再生的方法

发明人：黄帆；李志勇；李鸿雁；师文贵；刘磊；解永凤

专利号：ZL 2014 1 0314873.X

专利申请日：2014年07月04日

专利权人：中国农业科学院草原研究所

授权公告日：2016年07月27日

本发明经过本局依照中华人民共和国专利法进行审查，决定授予专利权，颁发本证书并在专利登记簿上予以登记。专利权自授权公告之日起生效。

本专利的专利权期限为二十年，自申请日起算。专利权人应当依照专利法及其实施细则规定缴纳年费。本专利的年费应当在每年07月04日前缴纳。未按照规定缴纳年费的，专利权自应当缴纳年费期满之日起终止。

专利证书记载专利权登记时的法律状况。专利权的转移、质押、无效、终止、恢复和专利权人的姓名或名称、国籍、地址变更等事项记载在专利登记簿上。

局长
申长雨

2016年07月27日

第1页（共1页）

专利证书

组织培养

# 杂花苜蓿新品种——中草8号

### ■ 1. 成果审定

2015年由内蒙古自治区审定登记为育成品种（品种登记号：N040）。

### ■ 2. 成果特点

由中国农业科学院草原研究所培育的中草8号杂花苜蓿是以特异紫花苜蓿种质资源和特异黄花苜蓿种质资源为亲本，经过杂交、杂交后代多年鉴定筛选，培育而成的优良杂花苜蓿新品种。中草8号杂花苜蓿品种植株直立或半直立，分枝多，田间长势繁茂。花杂色。荚果螺旋形为主，也有镰刀形。种子以肾形为主。营养价值高，适口性好，各类家畜均喜食。适宜在内蒙古及周边地区进行种植。

### ■ 3. 推广应用前景

正在进行该品种的良种繁殖，在内蒙古及其周边地区开展了小面积的示范推广，经济社会效益良好。

完成单位：中国农业科学院草原研究所
主要完成人：杜建材、王照兰、王育青、侯向阳、任卫波
通信地址：内蒙古呼和浩特市赛罕区乌兰察布东街120号
电话：15024926220
E-mail：dujiancai@126.com

大田照片

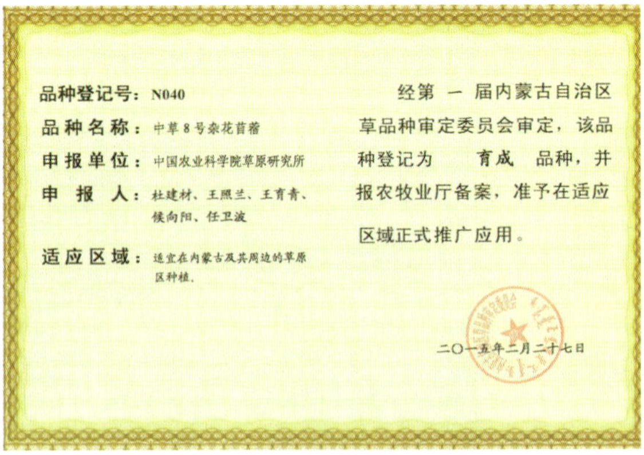

品种登记号：N040
品种名称：中草8号杂花苜蓿
申报单位：中国农业科学院草原研究所
申报人：杜建材、王照兰、王育青、侯向阳、任卫波
适应区域：适宜在内蒙古及其周边的草原区种植。

经第一届内蒙古自治区草品种审定委员会审定，该品种登记为育成品种，并报农牧业厅备案，准予在适应区域正式推广应用。

二〇一五年二月二十七日

品种登记

# 紫花苜蓿新品种——中草6号

## 1. 成果审定

2015年通过内蒙古自治区草品种审定委员会的审定，登记为育成品种（品种登记号：N041）。

## 2. 成果特点

由中国农业科学院草原研究所于林清等人培育的紫花苜蓿——中草6号，是利用公农2号、肇东苜蓿、中苜1号、甘农3号、敖汉苜蓿、猎人河等22份国内外苜蓿材料中，按照产量较高、抗寒性较好的目标进行单株选择，选择好的单株进行杂交，经过3轮混合选择，性状趋于稳定获得优良的高产、抗寒紫花苜蓿新品种。“中草6号”紫花苜蓿以主根为主、有一定量的侧根，株丛直立，平均株高101.4厘米，茎节稍长，分枝多，叶量较多、叶面积中等偏大，叶色绿、花色浅紫略白，荚果2～3周螺旋，少4周螺旋。

该品种高产、越冬性能好，干草产量可达13 526.9千克/公顷，在呼和浩特市、杭锦后旗、四子王旗的平均越冬率达到91.9%。该品种具有耐寒、高产性好的特点，适合在内蒙古干旱寒冷地区，尤其适应内蒙古的呼和浩特市、包头市、乌兰察布市、鄂尔多斯市及其周边地区种植。

## 3. 推广应用前景

该品种在乌兰察布市、呼和浩特市、包头市、鄂尔多斯市已经进行中试，中试面积15 000亩，亩产干草平均超过0.9吨，在寒冷的乌兰察布市四子王旗仍可达0.5吨干草。

完成单位：中国农业科学院草原研究所
主要完成人：于林清、侯向阳、孙娟娟、解继红、王富贵
通信地址：内蒙古呼和浩特市赛罕区乌兰察布东街120号
电话：18686093509
E-mail：linqing_yu@126.com

大田照片

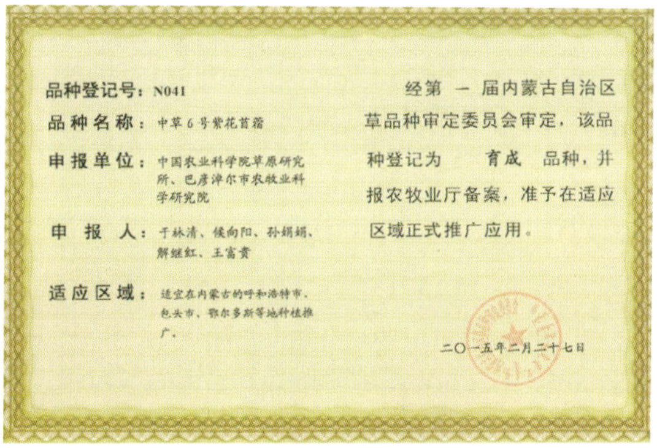

品种登记号：N041
品种名称：中草6号紫花苜蓿
申报单位：中国农业科学院草原研究所、巴彦淖尔市农牧业科学研究院
申报人：于林清、侯向阳、孙娟娟、解继红、王富贵
适应区域：适宜在内蒙古的呼和浩特市、包头市、鄂尔多斯等地种植推广。

经第一届内蒙古自治区草品种审定委员会审定，该品种登记为育成品种，并报农牧业厅备案，准予在适应区域正式推广应用。

二〇一五年二月二十七日

品种登记

# 紫花苜蓿新品种——中草10号

## 1. 成果审定

2016年通过内蒙古自治区草品种审定委员会的审定，登记为育成品种（品种登记号：N054）。

## 2. 成果特点

由中国农业科学院草原研究所于林清等人培育的紫花苜蓿中草10号是利用中苜1号紫花苜蓿、甘农3号、公农1号、WL323苜蓿、KS208、猎人河苜蓿等国内外苜蓿品种为亲本材料，按照产量高、再生性好的目标进行单株选择，选择好的单株进行杂交，经过3轮混合选择，性状趋于稳定，获得优良的高产紫花苜蓿新品系。

中草10号紫花苜蓿主根明显，有少量的侧根，株丛直立，平均株高104.5厘米，茎节稍长，分枝多，叶量大、叶面积中等偏大，叶色绿略浅、花色浅紫，荚果2～4周螺旋。该品种高产、再生性能好，在种植后第2年和第3年干草平均产量可达17 127.5千克/公顷。该品种具有高产、持久性好的特点，适合干旱寒冷内蒙古地区，尤其适应内蒙古的呼和浩特市、包头市、鄂尔多斯市、巴彦淖尔市等具有灌水条件地区种植。

## 3. 推广应用前景

该品种在巴彦淖尔市、鄂尔多斯、包头市、呼和浩特市已经进行中试，中试面积3 000亩，亩产干草均超过1吨，在巴彦淖尔市可达1.3吨干草。

完成单位：中国农业科学院草原研究所
主要完成人：于林清、侯向阳、武自念、解继红、王富贵
通信地址：内蒙古呼和浩特市赛罕区乌兰察布东街120号
电话：18686093509
E-mail：linqing_yu@126.com

大田照片

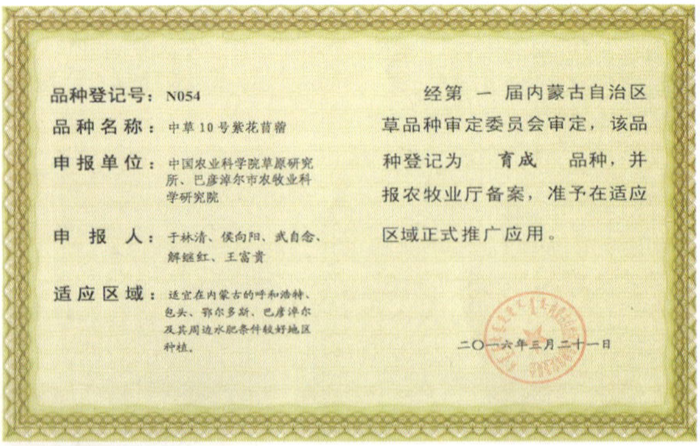

品种登记号：N054
品种名称：中草10号紫花苜蓿
申报单位：中国农业科学院草原研究所、巴彦淖尔市农牧业科学研究院
申报人：于林清、侯向阳、武自念、解继红、王富贵
适应区域：适宜在内蒙古的呼和浩特、包头、鄂尔多斯、巴彦淖尔及其周边水肥条件较好地区种植。

经第 一 届内蒙古自治区草品种审定委员会审定，该品种登记为 育成 品种，并报农牧业厅备案，准予在适应区域正式推广应用。

二〇一六年三月二十一日

品种登记

# 油菜高含油量聚合育种技术及应用

## 1. 成果审定

2014年获国家技术发明二等奖。

## 2. 成果特点

由中国农业科学院油料作物研究所经过十多年的研究，取得了突破。创制了含油量达64.8%的特高油品系YN171，刷新了油菜含油量世界最高纪录。创制了高含油量、双低、高产、多抗、广适油菜新品种5个。建立了以种质资源精准鉴定、亲本定向选配、多亲本聚合杂交、分子标记辅助选择、小孢子培养等为核心技术的多目标数量性状聚合育种技术体系，具有聚合目标多、纯合与稳定快等优点，使育种周期缩短了2～3年。利用该技术创制了含油量达64.8%的高油品系YN171，刷新了油菜含油量世界最高纪录。利用聚合育种技术选育的中双11号是世界上首个集高含油量（49.04%）、强抗裂角、高抗倒伏、抗菌核病为一体的双低油菜品种。被同行专家誉为我国“迄今最适合机械化生产的优良品种”，已连续4年被农业农村部选定为国家主导油菜品种。

## 3. 推广应用前景

2008年以来，通过国家审定的5个品种在长江流域11省（市）累计推广4 000万亩以上，累计新增经济效益近35亿元；中双11号被32家单位作为优异亲本利用培育7个高油品种并推广500万亩以上，2010年以来连续7年被农业农村部选为国家主导品种。

完成单位：中国农业科学院油料作物研究所
主要完成人：王汉中、刘贵华、王新发、华玮、刘静、胡志勇
通信地址：湖北省武汉市武昌区徐东二路2号
电话：027-86836125；027-86836265
E-mail：zyzy12@126.com

大田照片

# 油菜新品种——中油杂19

■ 1. 成果审定

审定编号：国审油2013013。非主要农作物品种登记证书，登记编号：GPD油菜（2017）420053。

■ 2. 成果特点

该成果具有以下突出优势：①品质优。国家区试中，双低品质达到国家双低标准，芥酸含量0.15%，硫甙含量21.05微摩/克（饼）。②含油量高。国家区试中，含油量达50%，是我国冬油菜产区含油量最高的国审品种。③产量高。国家区试中，平均亩产195.35千克。2017年5月由四川省简阳市农业技术推广站对简阳市江源镇江源村种植的中油杂19现场实收平均产量262.5千克/亩。④产油量高。国家区试中，平均亩产油量97.57千克，比对照秦优10号增产12.78%。2017年5月湖北省保康县马良镇湖水村现场压榨，每百千克菜籽出油43.8千克，比对照品种实际产油35.2千克，增产24.43%。⑤抗逆性好，适合于机械化收获。菌核病抗性强，2017年中国作物学会油料专业委员会组织专家对湖南省沅江市草尾镇四民村全程机械化种植田块调查，中油杂19菌核病发生率为20%，病指17.2，发病率和病指分别比当地对照降低51.34%和48.35%；抗倒性突出，抗裂角，适宜机械化生产。

中油杂19适宜在上海市、浙江省、江苏和安徽两省淮河以南、湖北省、湖南省、江西省、四川省、云南省、贵州省、重庆市、陕西省汉中和安康等冬油菜区种植。

■ 3. 广应用前景

2013年通过国审以来，种植面积400万亩以上，在部分地区实现优质优价，较一般品种加价1.0元/千克，深受广大加工企业和种植户的欢迎。

傅廷栋院士、官春云院士等专家现场验收

大田照片

完成单位：中国农业科学院油料作物研究所

主要完成人：王汉中、刘贵华、王新发、杨庆、师家勤

通信地址：湖北省武汉市武昌区徐东二路2号

电话：027-86836125；027-86836265

E-mail：zyzy12@126.com

# 油菜新品种——早熟阳光131

## 1. 成果特点

由中国农业科学院油料作物研究所培育的阳光131是利用玻里马细胞质雄性不育系5A与恢复系C18配制的三系杂交组合（5A×C18）的油菜新品种，属甘蓝型半冬性中早熟杂交种。苗期半直立，顶裂叶中等，叶色中等绿色，蜡粉少，叶片长度短，侧叠叶3～4对，裂叶深，叶脉明显，叶缘有小齿，波状。花瓣中等黄色，花瓣长度中等，较宽，呈侧叠状。种子黑褐色。全生育期173.2天，与对照青杂10号相当。株高172.98厘米，一次有效分枝数6.92个，匀生分枝类型，单株有效角果数246.42个，每角粒数21.13粒，千粒重3.51克。菌核病田间发病率2.0%，病指0.5；病毒病发病率0%，病指0。抗病鉴定综合评价为低抗菌核病。抗倒性强。经农业农村部油料及制品质量监督检验测试中心检测，平均芥酸含量0.1%，饼粕硫苷含量19.09微摩尔/克，含油量40.09%。适宜湖南和江西两省的南部及广西、广东和福建三省区的北部冬油菜主产区秋播种植。

## 2. 推广应用前景

该品种丰产性好，含油量中等，品质达双低标准，抗倒性较强，抗病性好，熟期较早。综合2013—2015两年区域试验结果，平均亩产145.56千克，10个试验点全部增产，比对照增产21.3%，达极显著水平（生育期平均173.2天）。2015—2016年度早熟B组生产试验中，平均亩产147.73千克，居试验第1位，在江西、湖南、广西、福建6个试验点全部增产，比对照增产45.1%，达极显著水平。

完成单位：中国农业科学院油料作物研究所
主要完成人：张学昆、程勇、邹锡玲、徐劲松、付桂萍
通信地址：武汉市徐东二路2号
电话：13720301916（张学昆）
E-mail：sun@oilcrops.cn

阳光131苗期照片

阳光131果实照片

# 油菜新品种——大地199

## ■ 1. 成果审定

2017年9月通过非主要农作物品种登记，并获得证书。

## ■ 2. 成果特点

由中国农业科学院油料作物研究所、武汉中油科技新产业有限公司和武汉中油大地希望种业有限公司联合完成的油菜新品种大地199，属半冬性甘蓝型油菜杂交品种，亲本组合：中双11CA × R11。具有①高产：在2014—2015年国家长江下游区试，平均亩产205.69千克，比对照秦优10号增产10.2%，11个试验点全部增产。2015—2016年续试平均亩产176.49千克，比对照秦优10号增产10.9%，12个试验点10个点增产，两年平均亩产191.09千克，比对照增产10.6%。②高出油率：区试两年含油量分别为48.32%和49.02%，平均48.67%；平均产油量93千克/亩，比对照增加19.94%。荆门市农业科学院实测商品籽出油率为41.6%（小榨机），比德油4号高5.6个百分点。③适合机械联合收获：植株矮，区试两年平均株高151.39厘米，居同组最矮；茎秆坚硬，根系发达，抗倒性强；抗病抗裂角性较好。④品质优：区试两年芥酸和硫苷平均分别为0.0%和21.80微摩尔/克。⑤适应性广、适合多种种植模式：长江中下游多地示范表现优异，2017年湖北武穴育苗移栽成熟期测产223.3千克/亩，湖北巴东超稀植移栽成熟期测产326.13千克/亩，安徽庐江延期直播（10月16日），枯熟期机械联合收获实收产量172.8千克/亩（含水量9.8%）。适合长江中下游地区及河南信阳、陕西汉中地区种植，长江上游区有待引种试验。

大地199苗期

## ■ 3. 推广应用前景

本品种于2014—2017年度分别参加全国农技推广服务中心组织的国家长江中游区和下游冬油菜区域试验，丰产效果显著；2017年已在安徽、恩施、宜昌、荆门、信阳等地推广应用，推广应用面积近5万亩。

完成单位：中国农业科学院油料作物研究所、武汉中油科技新产业有限公司、武汉中油大地希望种业有限公司

主要完成人：梅德圣、胡琼、汪文祥、李云昌、王会、付丽

通信地址：武汉市武昌区徐东二路2号

电话：13667123201（梅德圣）

E-mail：meidesheng@caas.cn

大地199开花期植株

大地199在大田条件下生长的植株

大地199开花期植株

# 早熟油菜新品种阳光1417

由中国农业科学院油料作物研究所培育的阳光1417是利用玻里马细胞质雄性不育系5A与恢复系C0447配制的三系杂交组合（5A×C0447），属甘蓝型半冬性中早熟杂交种。植株苗期半直立，顶裂叶中等，叶色中等绿色，蜡粉少，叶片长度中等，侧叠叶3~4对，裂叶深，叶脉明显，叶缘有小齿，波状。花瓣中等黄色，花瓣长度中等，呈侧叠状。种子颜色花籽。全生育期204.7天，与对照相当。株高194.29厘米，一次有效分枝数7.79个，匀生分枝类型，单株有效角果数329.66个，每角粒数18.51粒，千粒重3.47克。菌核病田间发病率19.77%，病指12.75；病毒病发病率0.67%，病指0.26。抗病鉴定综合评价为中感菌核病；抗倒性中。经农业农村部油料及制品质量监督检验测试中心检测，平均芥酸含量0%，饼粕硫苷含量23.94微摩尔/克，含油量42.82%。

2014—2016年两年区试，生育期平均204.7天；综合区域试验结果，平均亩产178.85千克，比对照增产2.2%，达显著水平。

该品种植株株高适中，苗期生长势较强，成熟一致性好，分枝性较强，抗病抗倒性中等。丰产性好，品质达双低标准。

主要缺点及风险防范措施：该品种为波利玛不育系配出杂交油菜$F_1$代，需注意温度对种子纯度的影响；另外需施用硼肥，并在花蕾期防治鸟害。适宜在四川、重庆、贵州、云南、陕西汉中及安康的冬油菜主产区秋播种植。

完成单位：中国农业科学院油料作物研究所
主要完成人：张学昆、程勇、邹锡玲、徐劲松、付桂萍
通信地址：武汉市徐东二路2号
电话：13720301916（张学昆）
E-mail: sun@oilcrops.cn

阳光1417苗期照片

阳光1417果实照片

# 杂交油菜新品种浔油10号

由中国农业科学院油料作物研究所九江农业科学院培育的浔油10号（区试代号阳光145）为玻里马细胞质雄性不育系5A与恢复系C42配制的三系杂交组合（5A×C42），属甘蓝型半冬性中早熟杂交种。其植株苗期半直立，顶裂叶中等，叶色中等绿色，蜡粉少，叶片长度中等，侧叠叶3～4对，裂叶深，叶脉明显，叶缘有小齿，波状。花瓣中等黄色，花瓣长度中等，呈侧叠状。种子颜色花籽。全生育期204天，与对照中油杂12相当。株高167.2厘米，一次有效分枝数平均6.5个，匀生分枝类型，单株有效角果数188个，每角粒数18.8粒，千粒重3.85克。菌核病田间发病率11.7%，病指5.6。抗病鉴定综合评价为高抗菌核病。经农业农村部油料及制品质量监督检验测试中心检测，平均芥酸含量0%，饼粕硫苷含量12.77微摩尔/克，含油量40.17%。

2014—2016年两年平均，生育期为204天；2014—2016年度江西省区域试验两年结果，平均亩产160.18千克，比对照增产9.09%。该品种苗期生长势较强，成熟一致性好，抗病性强。丰产性好，品质达双低标准。

主要缺点及风险防范措施：该品种为波利玛不育系配出杂交油菜$F_1$代，需注意温度对种子纯度的影响；另外需施用硼肥，并在花蕾期防治鸟害。适宜在江西省冬油菜主产区秋播种植。

完成单位：中国农业科学院油料作物研究所、九江农业科学院
主要完成人：张学昆、程勇、邹锡玲、徐劲松、付桂萍
通信地址：武汉市徐东二路2号
电话：13720301916（张学昆）
E-mail：sun@oilcrops.cn

浔油10号苗期照片

浔油10号果实照片

# 高油酸高产花生新品种——中花24

## ■ 1. 成果审定

2015年通过全国农业技术推广服务中心鉴定命名——国品鉴花生2015007。

## ■ 2. 成果特点

由中国农业科学院油料作物研究所选育的高产高油酸优质花生新品种中花24。具有①高油酸：经农业农村部油料及制品质量监督检验测试中心测试，区域试验样品检测平均含油量53.64%，蛋白质25.32%，油酸78.9%，亚油酸2.1%，油亚比35.3，属高油酸花生品种。②高产：中花24区试平均亩产荚果322.2千克，比对照增产6.36%，生产试验平均亩产289.04千克，比对照品种增产13.46%。③抗病抗逆性强：中花24中抗叶斑病和锈病，抗旱性、抗倒性、种子休眠性强。适于长江流域、黄淮花生产区种植。

## ■ 3. 推广应用前景

已经推广区域种植2万亩以上。

完成单位：中国农业科学院油料作物研究所
主要完成人：廖伯寿、雷永、晏立英、姜慧芳、万丽云、淮东欣
通信地址：湖北省武汉市徐东二路2号
电话：027-86812725
E-mail：leiyong@caas.cn

# 芝麻新品种——中芝13

## 1. 成果审定

2005年4月通过国家鉴定。该品种的选育与推广应用获2011年湖北省科技进步一等奖（证书编号：2011L-249-1-032-001-D01）。

## 2. 成果特点

由中国农业科学院油料作物研究所、湖北中农种业有限责任公司培育的芝麻新品种——中芝13具有高耐湿高抗病高产广适应性。其特点为①耐湿性强：在2003—2004年湖北及江淮芝麻产区大范围遭受罕见多雨湿害胁迫致国家（江淮片）区试产量普遍较低情况下，中芝13亩产和增产率均居第1位，表现出较高的耐湿抗逆能力；对江淮主栽芝麻品种耐湿性鉴定显示，中芝13的耐湿性生理生化和表型等指标均显著优于其他品种。②兼抗茎点枯、枯萎病：国家区试中芝13茎点枯病病株率比对照低41.07%，病情指数比对照低31.16%，生产试验中该病发病率和病指比对照低38.09%和43.89%，抗病能力居参试品种首位；河南农业科学院植保所对中芝13抗病性鉴定结果为茎点枯病和枯萎病抗性均达高抗等级。③产量高：中芝13在区试中平均亩产67.61千克，比对照豫芝4号增13.04%，达极显著，居同一轮参试品种第1位；生产试验中湖北、河南等4省12个点全部增产，平均亩产75.95千克，比对照增13.38%，居第1位；统计显示，其增产率居2000—2009年十年间国审（鉴）芝麻品种之首。④适应性广：中芝13在湖北及河南、安徽、江西等主产省广泛应用，并被引种到湖南、四川、浙江、河北、新疆等多省种植，是迄今我国芝麻适应性最广的品种。⑤品质优，外观品质好。区试中平均含油量56.58%，比对照高0.56个百分点，种色纯白，薄皮大粒，适合食用和油用等多种用途。

## 3. 推广应用前景

生产种植覆盖率达江淮芝麻主产区25%以上，累计应用面积达1 700多万亩，新增效益97 967.9万元。

完成单位：中国农业科学院油料作物研究所、湖北中农种业有限责任公司

主要完成人：张秀荣、危文亮、张艳欣、王林海、刘春明、刘焱、何平、崔向华、熊汉云、王晓玲、孙建、和剑涵

通信地址：湖北省武汉市武昌区徐东二路2号（中国农业科学院油料作物研究所）

电话：027-86811836

E-mail：zhangxr@oilcrops.cn

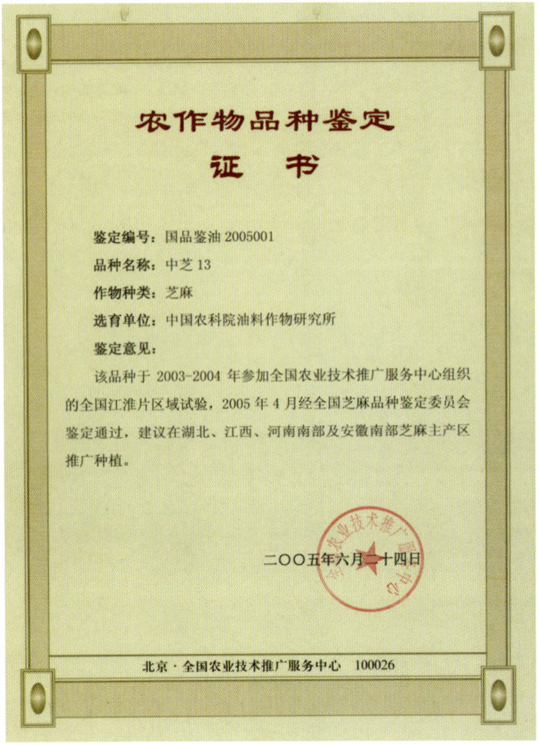
农作物品种鉴定

证　书

鉴定编号：国品鉴油 2005001

品种名称：中芝 13

作物种类：芝麻

选育单位：中国农科院油料作物研究所

鉴定意见：

该品种于 2003-2004 年参加全国农业技术推广服务中心组织的全国江淮片区域试验，2005 年 4 月经全国芝麻品种鉴定委员会鉴定通过，建议在湖北、江西、河南南部及安徽南部芝麻主产区推广种植。

二〇〇五年六月二十四日

北京·全国农业技术推广服务中心　100026

中芝13鉴定证书

科学技术奖励证书

获奖项目：高耐湿高抗病高产广适应性芝麻新品种中芝13的选育与应用

奖励类别：科技进步奖

获奖等级：壹等奖

获奖单位：中国农业科学院油料作物研究所

证书编号：2011J-249-1-032-001-D01

湖北省人民政府

二〇一一年十二月

湖北省科技进步一等奖

中芝13单株

# 草坪草新品种——海波草地早熟禾

■ 1. 成果审定

2013年通过甘肃省草品种审定委员会审定，登记为引进品种（证书编号：GCS007）。

■ 2. 成果特点

由中国农业科学院兰州畜牧与兽药研究所、天水市农业科学研究所培育的海波草地早熟禾（*Poa pratensis* L. cv.Haibo）为草坪草新品种。该品种为禾本科多年生密丛型下繁草本，地下根茎较发达，能够自行繁种，亩产种子28.7千克/亩，比对照高产50%～60%，可降低建植成本45%，抗旱性强及缓生性状可降低养护成本50%。其叶片柔软，叶宽适中，颜色深绿有光泽，成坪草层均匀整齐，青绿期长（兰州≥300天）。该品种表现出抗旱、耐寒、缓生、耐践踏、青绿期长且能正常产种和降低草坪建植、养护成本的显著特点，综合性状优良，坪用效果良好，是类似地区建植普通草坪、高档草坪理想的草坪草品种，在生产中可广泛推广应用。适应区域：在黄土高原半干旱区、半湿润区及河西走廊荒漠绿洲区及类似地区的草坪生产中可推广应用。

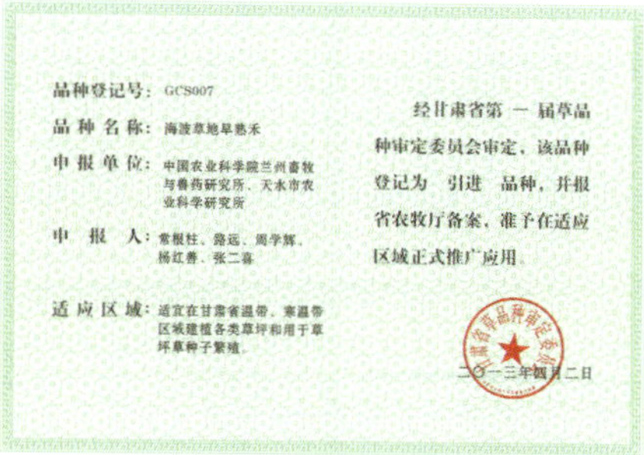
品种登记号：GCS007
品种名称：海波草地早熟禾
申报单位：中国农业科学院兰州畜牧与兽药研究所、天水市农业科学研究所
申报人：常根柱、路远、周学辉、杨红善、张二喜
适应区域：适宜在甘肃省温带、寒温带区域建植各类草坪和用于草坪草种子繁殖。
经甘肃省第一届草品种审定委员会审定，该品种登记为 引进 品种，并报省农牧厅备案，准予在适应区域正式推广应用。
二〇一三年四月二日

品种证书

完成单位：中国农业科学院兰州畜牧与兽药研究所、天水市农业科学研究所
主要完成人：常根柱、路远、周学辉、杨红善、张二喜
通信地址：甘肃省兰州市七里河区硷沟沿335号
联系电话：0931-2112050
E-mail：mykyc204@126.com

海波草地早熟禾群体

海波草地早熟禾种子生产

# 观赏草新品种——陇中黄花矶松

## 1. 成果审定

2014年通过甘肃省草品种审定委员会审定，登记为野生栽培品种（证书编号：GCS013）。

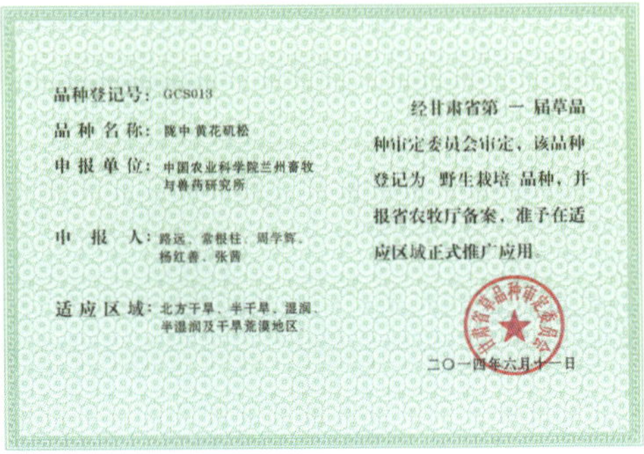
品种登记号：GCS013
品种名称：陇中黄花矶松
申报单位：中国农业科学院兰州畜牧与兽药研究所
申报人：路远、常根柱、周学辉、杨红善、张茜
适应区域：北方干旱、半干旱、湿润、半湿润及干旱荒漠地区

经甘肃省第一届草品种审定委员会审定，该品种登记为野生栽培品种，并报省农牧厅备案，准予在适应区域正式推广应用。

二〇一四年六月十一日

品种证书

## 2. 成果特点

由中国农业科学院兰州畜牧与兽药研究所培育的陇中黄花矶松属于观赏草野生驯化栽培品种。该品种的原始材料源于荒漠戈壁植物，为多年生草本，源于极干旱环境，是我国北方荒漠戈壁的广布种。这次培育成的新品种主要用于园林绿化、植物造景、防风固沙、饲用牧草和室内装饰等多种用途，具有抗旱性极强，高度耐盐碱、耐贫瘠，耐粗放管理；株丛较低矮，花朵密度大，花色金黄，观赏性强的显著特点。花期长达200天左右，青绿期210～280天（地域不同），花形花色保持力极强，花干后不脱落、不掉色，是理想的干花、插花材料与配材。能适应我国北方极干旱地区的大部分荒漠化生态条件。

完成单位：中国农业科学院兰州畜牧与兽药研究所
主要完成人：路远、常根柱、周学辉、杨红善、张茜
通信地址：甘肃省兰州市七里河区硷沟沿335号
联系电话：0931-2112050
E-mail：mykyc204@126.com

单株

群体

# 陆地中间偃麦草

■ 1. 成果审定

2013年通过甘肃省草品种审定委员会审定，登记为引进品种（证书编号：GCS006）。

■ 2. 成果特点

由中国农业科学院兰州畜牧与兽药研究所、甘肃农业大学培育的陆地中间偃麦草［*Elytrigia intermedia*（Host）Nevski.Continent］为牧草新品种。该品种为禾本科多年生草本，根系较发达，分蘖多，秆直立，叶片宽而长，叶色深绿，适口性好，是牛、羊等家畜的优质饲草。对土壤要求不严，是优良的禾本科牧草，亦可作为生态草用于草地补播。适应区域：黄土高原地区及北方类似地区。该品种具有产草量高、营养丰富、茎叶嫩绿的显著特点，有较高的产草量和种子产量，生产试验干草产量平均为8 237.7千克/公顷，比对照品种高产19.5%，种子产量为274.9千克/公顷，比对照品种增产17.6%。抗旱性较强，对土壤要求不严，耐瘠薄，较耐盐碱，宜可作为生态草用于退化草地补播。

■ 3. 推广应用

目前，该品种已经种植原种田10亩，草原补播1 000亩，今后三年可生产示范500～1 000亩，草原补播3 000～5 000亩。

完成单位：中国农业科学院兰州畜牧与兽药研究所、甘肃农业大学
主要完成人：杨红善、常根柱、师尚礼、周学辉、路远
通信地址：甘肃省兰州市七里河区硷沟沿335号
联系电话：0931-2112050
E-mail: mykyc204@126.com

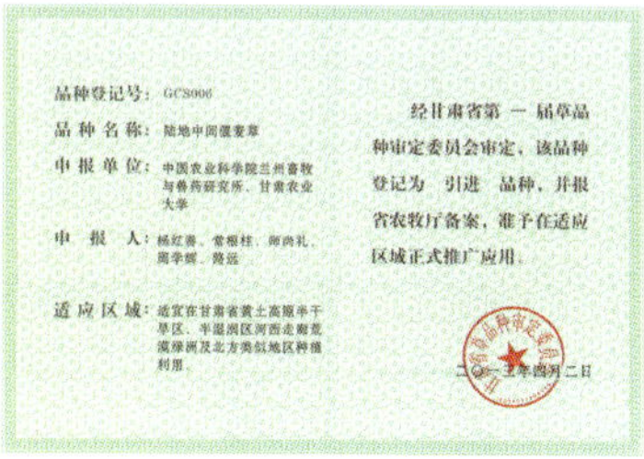
品种登记号：GCS006
品种名称：陆地中间偃麦草
申报单位：中国农业科学院兰州畜牧与兽药研究所、甘肃农业大学
申报人：杨红善、常根柱、师尚礼、周学辉、路远
适应区域：适宜在甘肃省黄土高原半干旱区、半湿润区河西走廊荒漠绿洲及北方类似地区种植利用。
经甘肃省第一届草品种审定委员会审定，该品种登记为引进品种，并报省农牧厅备案，准予在适应区域正式推广应用。
二○一三年四月二日

品种证书

陆地中间偃麦草群体

陆地中间偃麦草种子

# 烤烟新品种——K326

■ 1. 成果审定

2016年7月通过国家烟草专卖局科技司和中国烟叶公司田间鉴评。

■ 2. 成果特点

由中国农业科学院烟草研究所培育的烤烟品种K326为轮回亲本（供体亲本分别为台烟8号、FC8和抗88）。其供体亲本为多年病毒病抗性鉴定筛选出的病毒病优质抗源，对TMV表现免疫，高抗CMV，抗PVY。其中，台烟8号是由品种Hicks与GAT-2杂交后，通过严格的CMV抗性鉴定，并与Hicks连续回交培育的优质、抗病毒病烤烟品种。FC8和抗88是由青州所培育的优质、抗病毒病烤烟品系。因此，该品种具有品质优良，工业企业认可度较高的特点，为我国烤烟生产的主栽品种和卷烟企业的主选原料。K326对烟草黑胫病、青枯病等根茎类病害抗性较好，病毒病（普通花叶病毒、黄瓜花叶病毒、马铃薯Y病毒、番茄斑萎病毒等）等叶斑类病害是其主要病害。

该品种在种植时需及时灌根，做好黑胫病、青枯病的防治工作。施氮量在南方烟区可参照K326，在北方烟区需低于中烟100和NC55；采烤过程中下部叶适熟早采，中部叶成熟采收，上部叶充分成熟采收，参照“三段式”烘烤工艺进行烘烤，注意烟叶黄干协调。

该品种适应性较广，适宜在我国南北方原K326种植区域种植，在这些区域中病毒病发生较普遍的烟区种植，防病效果良好。

完成单位：中国农业科学院烟草研究所
通信地址：山东省青岛市崂山区科苑经四路11号
电话：13655420926（张玉）
传真：0532-88701032
E-mail：ycskjc@126.com

# 优质抗病不育系中18S及系列组合

## 1. 成果审定

2010年通过浙江省农作物品种审定委员会现场技术鉴定（浙育鉴：2010020）；2016年通过国家农作物品种委员会审定（国审稻：2016007）。

## 2. 成果特点

由中国水稻研究所完成的优质抗病不育系中18S及系列组合成果，具有完全自主知识产权。采用起点温度较低、制繁种特性较好两系不育系陆18S与优质、抗病中间材料05RP-14杂交，选育出了米质优、抗病性好、不育起点温度低、制繁种特性好、配合力好的两系不育系中18S。所配组合米质优、抗性强，解决了一般杂交组合米质差、抗性一般的问题。该品种具有：①其组合表现为米质优、稻瘟病抗性较强、抗倒性强、后期转色尤其漂亮。经浙江省农业科学院植物保护与微生物研究所抗性鉴定，对稻瘟病的抗性为叶瘟平均级0.4级，最高级3.0级。现已经配制出大批生育期与五优308相仿或更早的晚稻组合以及生育期与天优华占相仿或略早的中、晚兼用组合。②中18S柱头外露率高、育性稳定、起点温度较低，制种安全期较长，利于制种；米质优、稻瘟病抗性好、配合力好，可早晚稻兼用；所配组合优质、高产，综合性状优良，应用前景较好。适宜区域在长江中下游稻区种植。

## 3. 推广应用

目前，利用中18S配制的多个早稻杂交稻组合进入各级区域试验和绿色通道试验。现已经配制出大批双季晚稻或早熟中稻组合，其中，中两优284、中两优9号等组合已参加联合品比等试验。

完成单位：中国水稻研究所
联系地址：杭州市体育场路359号
联系人：唐绍清（0571-63370381；13388608191）
E-mail：sqtang@126.com

# 优质安全高效杂交稻华浙优系列组应用

## ■ 1. 成果审定

2015年通过浙江省水稻不育系审定（浙育审：2015002；浙育审2015001）。

## ■ 2. 成果特点

由中国水稻研究所和浙江勿忘农种业股份有限公司完成的优质安全高效杂交稻华浙优系列组应用，为两个广适型优质三系不育系“华浙A”“华浙2A”培育而成。优质香型不育系“中浙A”是本研究团队于20世纪90年代从引进的印度香稻资源中选择鉴定，并通过大群体单株成对测交筛选和系统选择转育的优质稻不育系（2000年通过浙江省成果鉴定）。本项目核心技术是两个广适型优质不育系华浙A、华浙2A。该技术包括以下几个方面的工作：①华浙A、华浙2A不育系的提纯、繁殖和制种，提炼并完成华浙优组合高产制/繁种关键技术研究及相关技术规程的制订；②华浙优系列组合丰产稳产安全高效栽培技术研究、轻简化生产技术研究及集成；③华浙优系列组合机械化制种关键技术研究；④通过构建遗传群体（华浙B×中浙B的F2：3加系、华浙B、华浙2B片段置换系）等材料，结合代谢组学（转录组分析）、基因组学（测序分析）等手段，开展华浙A产量、抗性、品质等相关性状的深入剖析，探索其遗传基础，为分子设计育种提供依据；⑤中浙优系列组合田间表现出株型新颖，叶片长、窄、挺、凹，后期丰产性好，高产稳产，被誉为“超级稻的株型、泰国米的品质”。中浙A为野败型籼稻不育系，具有株型紧凑、剑叶挺直、米质优良等优点。作为广适型优质杂交稻品种，华浙优系列组合尤其适宜于中等肥力水平田块种植，在肥力较高田块种植，应适当控制氮肥用量。适宜区域在南方杂交籼稻区种植。

## ■ 3. 推广应用

用其配组的中浙优1号、中浙优8号、中浙优10号等组合已在生产上大面积推广。其中，中浙优1号于2010年成为全国推广面积最大的三系杂交稻品种，近年来中浙优1号、中浙优8号年推广面积一直保持在200万亩左右，中浙优系列组合年推广面积超400万亩。

完成单位：中国水稻研究所、浙江勿忘农种业股份有限公司
联系人：童汉华
联系地址：杭州富阳区水稻所路28号
电话：13386530565
E-mail：htonghz@126.com

# 水稻高温热害预警及防控技术

■ 1. 成果审定

该技术针对全球气候变化、种植制度演变及应用的新品种导致水稻高温灾害频发，制订了高温热害监测标准和鉴定方法，创建高温热害预警系统，研发高温热害防控技术，为水稻耐高温品种布局、高温热害预警分析、灾损评估、防灾减灾提供实用的信息平台和技术支撑，为我国水稻稳产提供了重要技术支持。

■ 2. 成果特点

（1）选用耐高温水稻品种。水稻品种多，开花结实的耐高温能力存在差异。选用耐高温品种是减轻高温灾害的有效途径。

（2）水稻高温易发期防控技术。选择适宜的播栽期，调节开花期，避开孕穗、抽穗期高温。采用旱育秧，长江流域地区为避开花期高温，双季早稻应选用中熟早籼品种，适当早播，使开花期在6月下旬至7月初完成，而中稻可选用中、迟品种，适当延迟播期，使籼稻开花期在8月下旬，粳稻开花期在8月下旬至9月上旬结束，这样可以避免或减轻夏季高温危害。

（3）采用科学肥水措施减轻高温危害。针对抽穗扬花高温敏感时期应及时采取应急措施，减轻损失。

（4）受极端高温伏旱危害的水稻，可采用蓄留再生稻方法。高温再生稻因较正季中稻收割后蓄留的再生稻在时间上早20天左右，低位节苗不会受到低温阴雨影响而降低结实率，割苗时应低留稻桩，留桩20厘米左右，促进倒3～5叶中、低位节腋芽萌发，有效地增加再生稻苗、穗数和穗粒数，更有利于提高产量。

（5）改种其他作物。若蓄留再生稻可能还会因高温伏旱而失败，此类稻田应选择机割苗耕地，待高温伏旱过去后及时改种秋季作物，如秋红苕、秋玉米或各种秋季蔬菜，以弥补大春损失。

（6）高温热害预警平台信息预警。通过建立的历史和实时气象数据库、生育期数据库及主栽品种抗逆特性数据库，研发水稻生产热害监测预警系统平台，提供水稻生产相关的气象数据、高温热害监测预警和灾损评估、播期调整及高温热害防御措施等信息，同时也提供品种查询和推广面积分布图表，以及农业数据的地图表示工具，可以通过邮件和手机短信进行高温热害预警信息推送，为农业主管部门、推广系统及种植户提高主要水稻高温热危防控提供决策支持。

■ 3. 推广应用

适宜全国高温易发地区，特别是长江中下游和西南稻区。

完成单位：中国水稻研究所

联系地址：浙江省杭州市富阳区水稻所路28号

联系人：朱德峰、张玉屏、王磊

电话与邮箱：0571-63370373，cnrice@qq.com

# 高细度苎麻新品种“中苎3号”

## 1. 成果审定

2014年通过湖南省非主要农作物品种登记，2015通过国家苎麻新品种鉴定。

## 2. 成果特点

中苎3号平均亩产191.51千克，居当年国家区试首位；年平均单纤维细度2 067支，比对照圆叶青高25.65%，纤维细度提升极显著。头麻单纤维细度一般在2 400支以上，单纤维强力为34.75cN，品质优良。该品种叶片椭圆形，叶色深绿，主叶脉红色，叶面皱纹多，叶柄红色，有托叶，微红，夹角小，叶片分布均匀，冠层结构合理。该品种分株能力中等强，无效分株少，植株挺拔，茎秆粗壮，上下均匀一致，群体结构整齐协调；抗逆性强。株高一般185～205厘米，茎粗1.0～1.3厘米。雌花红色，果穗长10～15厘米，瘦果即种子黄褐色，千粒重0.052克，结果量较少。全年三季合计工艺成熟期185天，其中，头麻70天、二麻50天、三麻65天。麻骨微红色；原麻青白色，手感柔软，锈脚少，含胶量低，品质优良。抗苎麻花叶病、中抗根腐线虫病，抗风抗倒性强；耐旱耐肥能力强，丰产性好，适应性强，能在全国苎麻产区推广应用。

大田照片

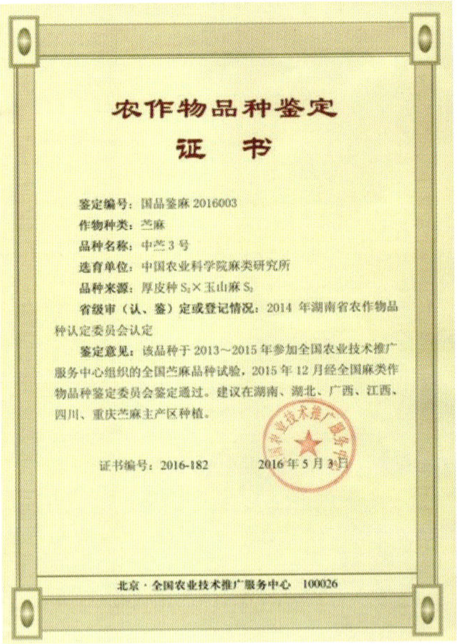

农作物品种鉴定

证　书

鉴定编号：国品鉴麻 2016003

作物种类：苎麻

品种名称：中苎 3 号

选育单位：中国农业科学院麻类研究所

品种来源：厚皮种 $S_2$× 玉山麻 $S_2$

省级审（认、鉴）定或登记情况：2014 年湖南省农作物品种认定委员会认定

鉴定意见：该品种于 2013～2015 年参加全国农业技术推广服务中心组织的全国苎麻品种试验，2015 年 12 月经全国麻类作物品种鉴定委员会鉴定通过。建议在湖南、湖北、广西、江西、四川、重庆苎麻主产区种植。

证书编号：2016-182　　2016 年 5 月 3 日

北京·全国农业技术推广服务中心　100026

证书

## 3. 推广应用

该品种在湖南省张家界、常德、益阳进行示范，还未大面积推广。

完成单位：中国农业科学院麻类研究所

主要完成人：陈平、喻春明、熊和平

通信地址：湖南省长沙市岳麓区咸嘉湖西路348号

电话：0731-88998535

E-mail：chenping02@caas.cn

# 苎麻与肉鹅种养结合技术

## 1. 成果审定

2015年获得中国农业科学院青年科技创新奖。

## 2. 成果特点

苎麻鲜草的肉鹅养殖技术模式，精料投料量低于圈养的50%，通过后期集中育肥，充分利用补偿性生长原理达到稳产增效的目的。并依据苎麻的营养特征，配套了专用的精料和饲喂方法，具有高能量、低蛋白、微量营养与苎麻互补的特点，并添加益生菌制剂和复合酶制剂增强饲料利用效率。

## 3. 推广应用

该成果通过提高品质、节约饲料成本、减少人工投入等，每只肉鹅可新增纯收益38.5元。2012—2015年在湖南、四川、重庆、湖北、江西等地进行了推广应用，共养殖66万余只肉鹅，产生了3 427万元的经济效益，科研成果投资年纯收益率达2.31万元。累计推广苎麻15万亩，产出鹅肉297万千克，节约粮食812万元，节约其他成本800余万元，产生显著社会效益。

完成单位：中国农业科学院麻类研究所
主要完成人：陈继康、熊和平、喻春明
通信地址：湖南省长沙市岳麓区咸嘉湖西路348号
电话：0731-88998535
E-mail：chenping02@caas.cn

苎麻与肉鹅

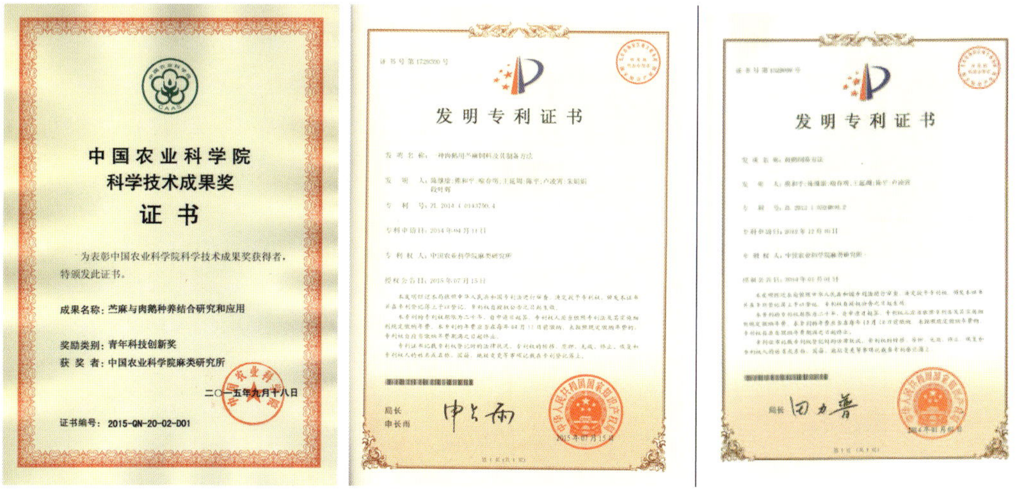


证书

# 大麻新品种选育与推广

■ 1. 成果审定

品种鉴定登记："中皖杂麻1号""中皖杂麻3号""中大麻2号""中大麻4号。

■ 2. 成果特点

进行大麻分子育种及高效聚合育种，并在引进大麻资源中发现了双胚种质，筛选出单倍性材料，通过加倍获得DH系用于遗传研究，丰富了我国大麻遗传育种的理论，提高了育种效率与水平。参加欧盟第七框架项目大麻多用途研究，通过国际合作引进大麻雌雄同株及高CBD药用大麻特优异种质，解决了我国急需的雌雄同株及高CBD药用资源，克服了亲本遗传基础的单一性，实现多项优良性状聚合。"中皖杂麻1号""中大麻2号""中大麻4号等系列大麻品种具有纤用、纤药（高CBD）兼用的特点，能满足生产对大麻专用、兼用品种的需求。

■ 3. 推广应用（区域、面积与经济效益等）

2016—2017年"中皖杂麻1号""中大麻2号"等大麻品种在山东、山西、安徽等地推广，大麻累计推广面积3万公顷，增产纤维1.35万吨，新增产值1.62亿元；增产麻骨1.5万吨，新增产值0.27亿元；节约剥制人工14.0万个，节省劳动成本0.098亿元，共计增收节支1.988亿元。

完成单位：中国农业科学院麻类研究所
主要完成人：李德芳、赵立宁、陈安国、李建军、唐慧娟、黄思齐、李辉
电话：0731-88998538；0731-88998548
E-mail：chinakenaf@126.com；csbtzln@163.com

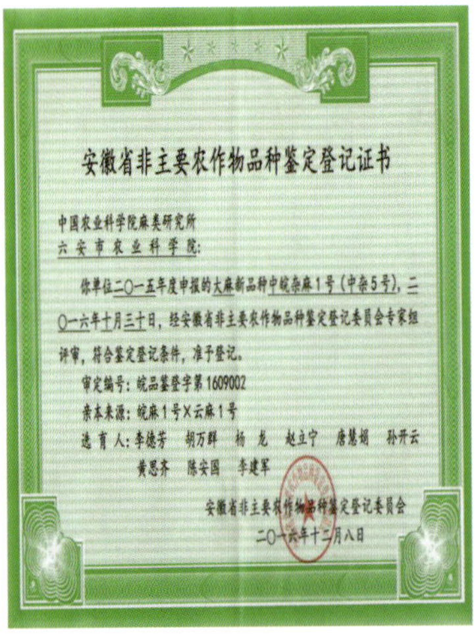

安徽省非主要农作物品种鉴定登记证书

中国农业科学院麻类研究所
六安市农业科学院：

你单位二〇一五年度申报的大麻新品种中皖杂麻1号（中杂5号），二〇一六年十月三十日，经安徽省非主要农作物品种鉴定登记委员会专家组评审，符合鉴定登记条件，准予登记。

审定编号：皖品鉴登字第1609002
亲本来源：皖麻1号×云麻1号
选育人：李德芳 胡万群 杨龙 赵立宁 唐慧娟 孙开云 黄思齐 陈安国 李建军

安徽省非主要农作物品种鉴定登记委员会
二〇一六年十二月八日

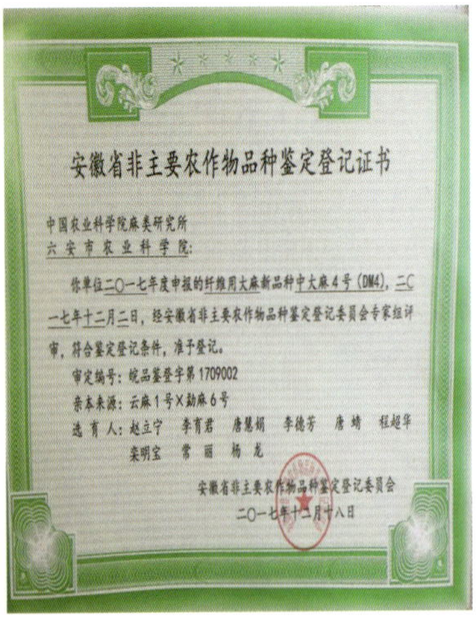

安徽省非主要农作物品种鉴定登记证书

中国农业科学院麻类研究所
六安市农业科学院：

你单位二〇一七年度申报的纤维用大麻新品种中大麻4号（DM4），二〇一七年十二月二日，经安徽省非主要农作物品种鉴定登记委员会专家组评审，符合鉴定登记条件，准予登记。

审定编号：皖品鉴登字第1709002
亲本来源：云麻1号×勐麻6号
选育人：赵立宁 李育君 唐慧娟 李德芳 唐婧 程超华 栾明宝 常丽 杨龙

安徽省非主要农作物品种鉴定登记委员会
二〇一七年十二月十八日

证书

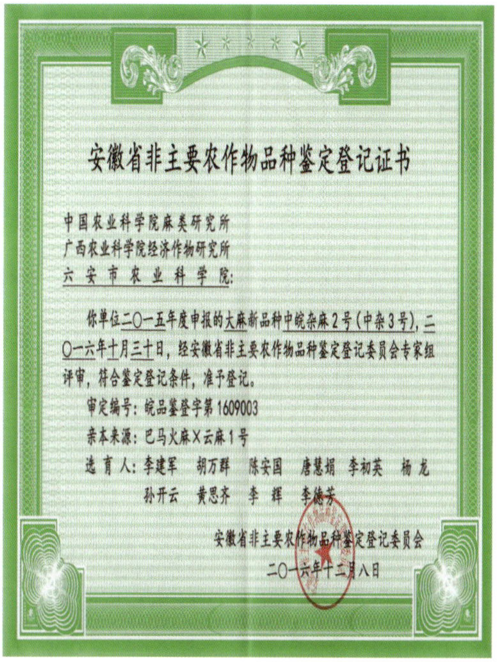

安徽省非主要农作物品种鉴定登记证书

中国农业科学院麻类研究所
广西农业科学院经济作物研究所
六安市农业科学院:

你单位二○一五年度申报的大麻新品种中皖杂麻2号(中杂3号),二○一六年十月三十日,经安徽省非主要农作物品种鉴定登记委员会专家组评审,符合鉴定登记条件,准予登记。

审定编号:皖品鉴登字第1609003
亲本来源:巴马火麻×云麻1号
选育人:李建军 胡万群 陈安国 唐慧娟 李初英 杨龙 孙开云 黄思齐 李辉 李德芳

安徽省非主要农作物品种鉴定登记委员会
二○一六年十二月八日

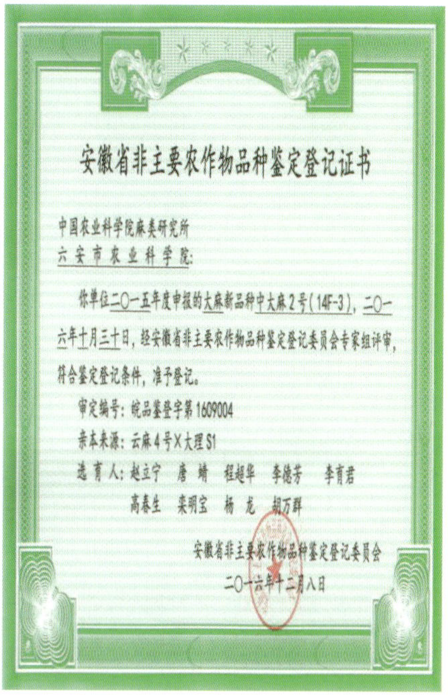

安徽省非主要农作物品种鉴定登记证书

中国农业科学院麻类研究所
六安市农业科学院:

你单位二○一五年度申报的大麻新品种中大麻2号(14F-3),二○一六年十月三十日,经安徽省非主要农作物品种鉴定登记委员会专家组评审,符合鉴定登记条件,准予登记。

审定编号:皖品鉴登字第1609004
亲本来源:云麻4号×大理S1
选育人:赵立宁 唐婷 程超华 李德芳 李育君 高春生 栾明宝 杨龙 胡万群

安徽省非主要农作物品种鉴定登记委员会
二○一六年十二月八日

证书

中皖杂麻1号山东推广种植照片

# 红麻新品种选育与推广

■ 1. 成果审定

国审品种："中杂红368"（编号：国品鉴麻2014002）；"中红麻16号"（国品鉴麻2014002）。

发明专利：光钝感型红麻雄性不育系261N5-18A的选育方法（专利号：CN104798679A）

■ 2. 成果特点

创建我国红麻、大麻高效聚合育种技术新体系，该体系以种质资源和遗传理论研究为基础，系统集成配合力育种、混合系谱法、穿梭育种法技术，丰富了我国红麻遗传育种的理论与实践，提高了育种效率与水平。克服了亲本遗传基础的单一性，打破了优质与高产性状负相关的传统育种难题，实现多项优良性状聚合。

红麻杂种优势利用。建立了红麻杂种优势利用技术体系，率先实现红麻杂交组合多代利用于生产，构建了红麻质核互作雄性不育三系配套制种技术体系和红麻单显性基因细胞核雄性不育二系制种模式，对红麻雄性不育开展了深入的研究，拓展了红麻杂种优势利用新途径，红麻光钝感性红麻新品种的成功育成可满足低纬度地区大面积种植红麻的需求。

■ 3. 推广应用

红麻制种

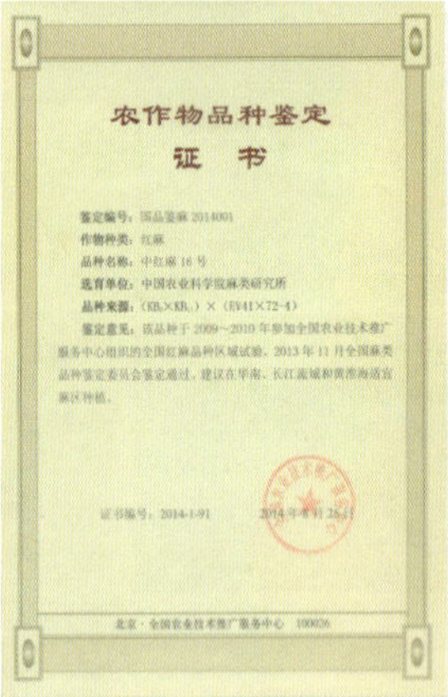

农作物品种鉴定

证　书

鉴定编号：国品鉴麻 2014001

作物种类：红麻

品种名称：中红麻 16 号

选育单位：中国农业科学院麻类研究所

品种来源：（KB×KB）×（EV41×72-4）

鉴定意见：该品种于 2009～2010 年参加全国农业技术推广服务中心组织的全国红麻品种区域试验，2013 年 11 月全国麻类品种鉴定委员会鉴定通过，建议在华南、长江流域和黄淮海适宜麻区种植。

证书编号：2014-1-91　　2014 年 8 月 26 日

北京·全国农业技术推广服务中心　100026

证书

在2011—2017年期间"中杂红368""中红麻16号""中红麻13号"等品种由于显著增产，快速得到了市场的认可，先后在广西的合浦、柳州、玉林、贵港、崇左和来宾、海南三亚、广东湛江和福建漳州等地建立良种繁、制种基地4 860公顷，繁制良种490万千克，在河南的息县、淮滨、固始，安徽的六安、霍邱、阜南、淮北、淮南，广西的合浦、柳州、玉林、贵港、崇左和来宾，浙江萧山，新疆阿拉尔、山东、山西和湖北等地建立种植基地推广，红麻累计推广面积38.5万公顷，增产纤维30.8万吨，新增产值11.704亿元；增产麻骨38.5万吨，新增产值6.93亿元；节约剥制人工577.5万个，节省劳动成本4.043亿元，共计增收节支22.667亿元。

完成单位：中国农业科学院麻类研究所

主要完成人：李德芳、陈安国、李建军、赵立宁、唐慧娟、黄思齐、李辉

电话：0731-88998538；0731-88998548

E-mail：chinakenaf@126.com；csbtzln@163.com

# 环保型系列黄麻品种选育与创新利用

## 1. 成果审定

环保型系列黄麻品种中黄麻3号、4号、5号、6号、7号、9号由中国农业科学院麻类研究所种质资源创新团队培育，其中，中黄麻4号、5号，2014年由全国农业技术推广服务中心鉴定（国审），证书编号为2014-1-101和2014-1-102。中黄麻3号、6号、7号、9号，由安徽省非主要农作物品种鉴定登记委员会认定，证书编号为皖品鉴登字第1209006、1509006、1509007和1709010。

## 2. 成果特点

环保型系列中黄麻品种是用于开发重金属污水吸附剂生产的专用品种。其优点是植株高大粗壮，晚熟（生育期165天以上），高产（亩干茎1.2吨以上），适应性广。其产品对水体中铜、镉、铅等重金属去除率98%以上，镍可达80%，且沉降速度快、淤泥量少，符合工业标准。与其他植物吸附剂原料相比，具有生物产量大，种植成本较低等优点。适宜在长江流域、黄淮海流域、华东、华南等地区种植。

据测算，我国70%的电子厂使用黄麻吸附剂处理污水，则黄麻年需量达7 700万吨，黄麻种植面积要求9 000万亩以上。还可开发南方重金属污染土地治理中的应用，市场前景很好，产业化潜力巨大。符合新时代建设青山绿水国家的发展理念和环保健康宜居等重大需求。

## 3. 推广应用

“十二五”以来，在湖南沅江建立了环保专用黄麻生产基地，累计推广种植近400亩，生产重金属吸附剂原料约400吨。麻农纯收入每亩3 000元，为农民增收120万元，原料增效近6 000元/吨，为公司创收纯利240万元。

完成单位：中国农业科学院麻类研究所
主要完成人：粟建光、龚友才、陈基权、戴志刚
通信地址：湖南省长沙市岳麓区咸嘉湖西路348号
联系人：戴志刚
电话：18274851013
E-mail：dzgmonkey@126.com

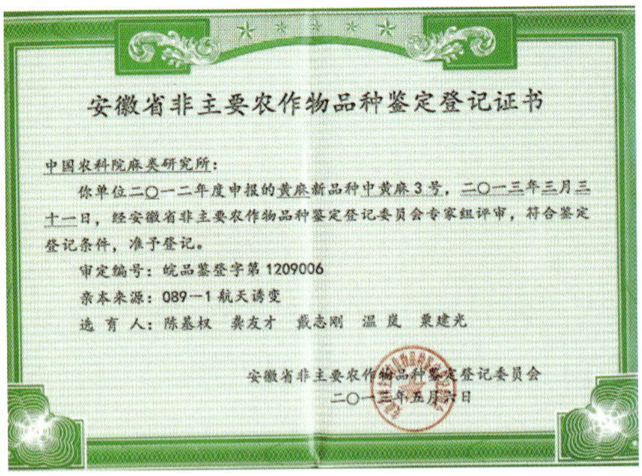

安徽省非主要农作物品种鉴定登记证书

中国农科院麻类研究所：

你单位二〇一二年度申报的黄麻新品种中黄麻3号，二〇一三年三月三十一日，经安徽省非主要农作物品种鉴定登记委员会专家组评审，符合鉴定登记条件，准予登记。

审定编号：皖品鉴登字第1209006

亲本来源：089—1航天诱变

选 育 人：陈基权 龚友才 戴志刚 温 岚 粟建光

安徽省非主要农作物品种鉴定登记委员会

二〇一三年五月六日

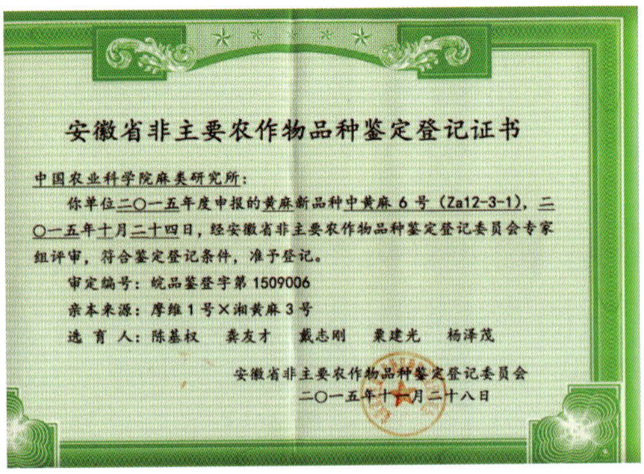

安徽省非主要农作物品种鉴定登记证书

中国农业科学院麻类研究所：

你单位二〇一五年度申报的黄麻新品种中黄麻6号（Za12-3-1），二〇一五年十月二十四日，经安徽省非主要农作物品种鉴定登记委员会专家组评审，符合鉴定登记条件，准予登记。

审定编号：皖品鉴登字第1509006

亲本来源：摩维1号×湘黄麻3号

选 育 人：陈基权 龚友才 戴志刚 粟建光 杨泽茂

安徽省非主要农作物品种鉴定登记委员会

二〇一五年十一月二十八日

农作物品种鉴定

证 书

**鉴定编号：**国品鉴麻2014011

**作物种类：**黄麻

**品种名称：**中黄麻4号

**选育单位：**中国农业科学院麻类研究所、江苏紫荆花纺织科技股份有限公司

**品种来源：**（湘黄麻3号×0-4（Ⅰ））杂交F1代与湘黄麻3号回交

**鉴定意见：**该品种于2011～2012年参加全国农业技术推广服务中心组织的全国黄麻品种区域试验，2013年11月全国麻类品种鉴定委员会鉴定通过。建议在湖南、湖北、河南、江西、江苏、广西、广东等适宜麻区种植。

证书编号：2014-1-101　　2014年8月25日

北京·全国农业技术推广服务中心　100026

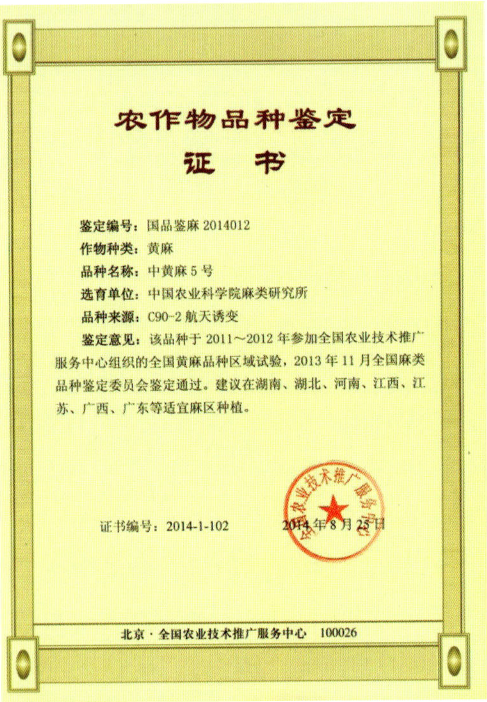

农作物品种鉴定

证 书

**鉴定编号：**国品鉴麻2014012

**作物种类：**黄麻

**品种名称：**中黄麻5号

**选育单位：**中国农业科学院麻类研究所

**品种来源：**C90-2航天诱变

**鉴定意见：**该品种于2011～2012年参加全国农业技术推广服务中心组织的全国黄麻品种区域试验，2013年11月全国麻类品种鉴定委员会鉴定通过。建议在湖南、湖北、河南、江西、江苏、广西、广东等适宜麻区种植。

证书编号：2014-1-102　　2014年8月25日

北京·全国农业技术推广服务中心　100026

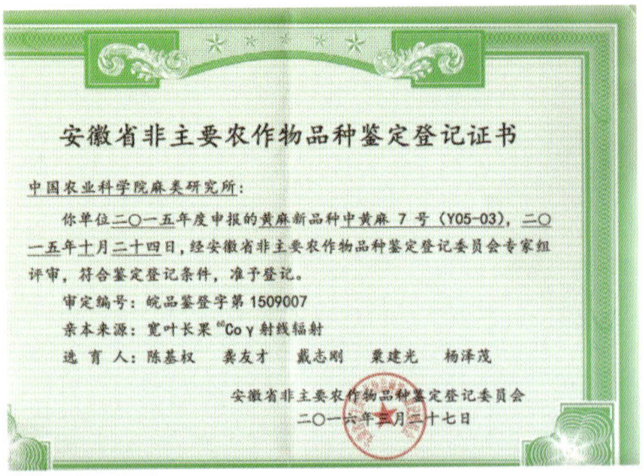

安徽省非主要农作物品种鉴定登记证书

中国农业科学院麻类研究所：

你单位二〇一五年度申报的黄麻新品种中黄麻7号（Y05-03），二〇一五年十月二十四日，经安徽省非主要农作物品种鉴定登记委员会专家组评审，符合鉴定登记条件，准予登记。

审定编号：皖品鉴登字第1509007

亲本来源：宽叶长果$^{60}$Coγ射线辐射

选 育 人：陈基权 龚友才 戴志刚 粟建光 杨泽茂

安徽省非主要农作物品种鉴定登记委员会

二〇一六年三月二十七日

安徽省非主要农作物品种鉴定登记证书

中国农业科学院麻类研究所

长沙锦农生物科技有限公司：

你单位二〇一七年度申报的黄麻新品种中黄麻9号（Za5-2-1），二〇一七年十二月二日，经安徽省非主要农作物品种鉴定登记委员会专家组评审，符合鉴定登记条件，准予登记。

审定编号：皖品鉴登字第1709010

亲本来源：摩维1号×湘黄麻3号

选 育 人：陈基权 龚友才 戴志刚 粟建光 杨泽茂 高红 文海兵 方冬兵

安徽省非主要农作物品种鉴定登记委员会

二〇一七年十二月十八日

鉴定证书

# 中大麻5号新品种

## 1. 成果审定

2017年12月2日选育出优异品系GS-2通过安徽省非主要农作物品种鉴定登记委员会专家组评审，进行了品种登记，名称为中大麻5号。

## 2. 成果特点

中大麻5号品种是在山东省泰安地区当地农家品种变异单株系选而来，经过6年选种，品种群体趋于稳定，植株较高大，达到3.8～4.5米，田间长势整齐，株形适中，出麻率高，抗逆性好，适应性强纤维品质好等优点，有较好的推广价值。2015—2016年在湖南、黑龙江和山东品比试验中，纤维产量2 362～2 743千克/公顷，比对照云麻5号增产6.29%～8.02%，干茎产量达到15.2～16.8吨/公顷，增产显著；是一个具有高产、抗逆、适应性广的优异大麻新品系。

适应区域：作为纤用大麻，从长江流域到东北地区都适宜种植。

## 3. 推广应用

中大麻5号品种适合我国长江流域到黄河流域种植，近两年在安徽、河南及山东地区示范种植上万亩，植株较高大，达到3.8～4.5米，田间长势整齐，株形适中，纤维产量高比当地对照品种提高5%以上，纤维品质好，每亩增加种植效益100元左右。

完成单位：中国农业科学院麻类研究所

主要完成人：龙松华、王玉富、邱财生、郭媛、李俊刚、杨龙、胡万群

通信地址：湖南省长沙市岳麓区咸嘉湖西路348号

电话：0731-88998512

E-mail：longsonghua79452@163.com

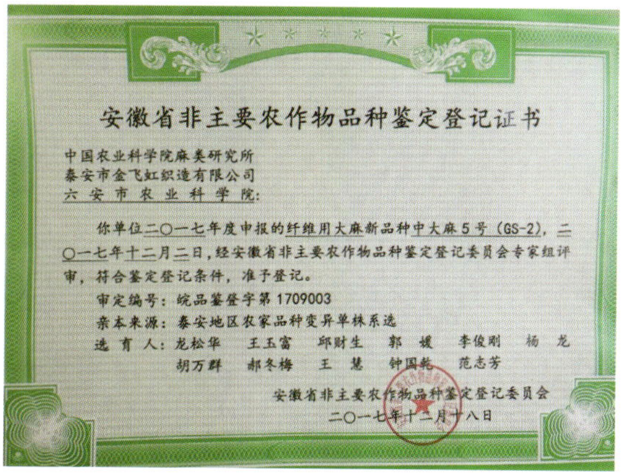

安徽省非主要农作物品种鉴定登记证书

中国农业科学院麻类研究所
泰安市金飞虹织造有限公司
六安市农业科学院：

你单位二〇一七年度申报的纤维用大麻新品种中大麻5号（GS-2），二〇一七年十二月二日，经安徽省非主要农作物品种鉴定登记委员会专家组评审，符合鉴定登记条件，准予登记。

审定编号：皖品鉴登字第1709003

亲本来源：泰安地区农家品种变异单株系选

选育人：龙松华　王玉富　邱财生　郭媛　李俊刚　杨龙　胡万群　郝冬梅　王慧　钟国乾　范志芳

安徽省非主要农作物品种鉴定登记委员会

二〇一七年十二月十八日

证书

# 人参适宜连作新品种选育及其白浆土栽培技术

## 1. 成果审定

2015年通过吉林省农业委员会对“长白山区白浆土非林地栽参安全生产技术研究与示范”项目的鉴定，吉林省品种委员会审定人参新品种“中农皇封参”。

## 2. 成果特点

由中国农业科学院特产研究所、抚松县参王植保有限责任公司、长白山皇封参业股份有限公司、北京理工大学、吉林农业大学完成的人参适宜连作新品种选育及其白浆土栽培技术成果，取得了多项突破性技术进展。一致认为在白浆土与腐殖土理化性状分析、土壤改良为宜参土壤方面具有创新性，使白浆土壤完全适宜人参生长，五年生人参保苗率达到90.9%；五年生人参（鲜）产量2.23千克/平方米；六年生鲜参产量2.75千克/平方米，技术水平处于国际先进水平。该成果具有：①人参种质资源收集及保存；从中国和韩国、俄罗斯等多个国家和地区收集到人参种质资源5 000余份，建立了专业的人参种质资源圃（库）。对收集到的人参种质资源从抗性、丰产稳产性、有效成分稳定性等方面进行整理和评价：开发与人参性状相关的分子标记，并应用于人参育种，缩短了育种周期。②选育出“中农皇封参”新品种，品种来源清楚，遗传稳定，性状一致性好，产量高达2.75千克/平方米，比对照增产23.08%，对锈腐病、抗性强，适合非林地连作栽培，填补了国内非林地连作人参品种的空白。③系统比较了腐殖土与白浆土的各项理化性状指标，研制出白浆土农田栽参新技术体系。④进行了白浆土与腐殖质土栽培人参量评价，二者人参质量几乎没有差异。本成果培育出适合非林地连作的人参新品种“中农皇封参”抗性强、稳产性好、商品性好、填补了国内非林地人参适宜连作品种选育的空白；同时对白浆土与腐殖土进行系统对比研究，形成全新的白浆土人参栽培技术体系。

## 3. 应用推广

研究成果在长白山区得到大面积推广，使白浆土利用率大幅提高，实现人参栽培联作，三年累计推广面积达到1.5万余亩，总产值11 760万元，利润6 250万元；可增加产量16.4万千克，增加收入1 312.5万元。

完成单位：中国农业科学院特产研究所、抚松县参王植保有限责任公司、长白山皇封参业股份有限公司、北京理工大学、吉林农业大学

主要完成人：许世泉、刘振蛟、张浩、纪骁菲、姜晓莉、肖盛元、侯玉兵、马有德、佟心、雷秀娟、宋明海、杨艳文、张秀莲

通信地址：吉林省长春市聚业大街4899号

电话：13756521786

E-mail：jlzjxsq@126.com

中农皇封参与生产种老参地对比

连作五年生照片

推广照片

# 养殖技术

# 葡萄糖氧化酶分子改良技术

## ■ 1. 成果审定

由中国农业科学院生物技术研究所完成的葡萄糖氧化酶分子改良与产业孵化成果是在国家自然科学基金的资助下，构建了高效表达葡萄糖氧化酶的毕赤酵母菌株，并在实验室小试阶段摸索了重组酵母菌株的高密度发酵工艺和后加工工艺。其发酵液上清中葡萄糖氧化酶活力可达到5 000单位/毫升，远高于国内外的报道水平。本成果获得了热稳定性优于野生型酶的突变酶，在60℃的半衰期达到60分钟，是野生酶的2倍。该酸性耐热的葡萄糖氧化酶能够满足饲料制粒过程中的热处理要求和动物胃肠道酸性环境需求，在饲料添加剂中有很广阔的市场前景。

## ■ 2. 成果特点

具有①酶基因的创新：新型酸性耐热葡萄糖氧化酶及基因，经蛋白质分子设计并改造后，提升了热稳定性，该基因具有自主知识产权。②产酶能力创新：在正常重组酵母菌株的基础上，通过密码子优化、分子伴侣等技术手段大幅提升了葡萄糖氧化酶的分泌表达量，开创了葡萄糖氧化酶廉价生产的新途径。发酵效价的提高意味着单位生产成本降低，使得该酶在饲料中的添加成本大幅降低，有更广阔的商业化生产应用潜力和市场竞争力。③酶学性质的创新：经改造的葡萄糖氧化酶较商品酶具有更高的耐热性，在pH值为3～6的稳定性良好。与商业化的黑曲霉葡萄糖氧化酶相比，在热稳定性、比活力、酸稳定性均具有优越性，解决了当前商品葡萄糖氧化酶经饲料高温制粒后酶活力损失严重的问题，适宜畜禽水产养殖和工业化生产推广。

## ■ 3. 推广应用

低成本生产的葡萄糖氧化酶制剂，将推动该酶在饲料添加剂领域的应用广度和深度，有望打破进口酶制剂的垄断局面，生产拥有自主知识产权的国产葡萄糖氧化酶制剂，且市场潜力巨大。可减少猪、鸡等动物养殖过程中的疾病发生率，降低死淘率，产生显著的间接经济效益。

完成单位：中国农业科学院生物技术研究所
主要完成人：张宇宏、张伟
通信地址：北京市海淀区中关村南大街12号
电话：010-82106141；010-82109850
E-mail：zhangyuhong@caas.cn；wangyouhua@caas.cn

科为博与生物所签约

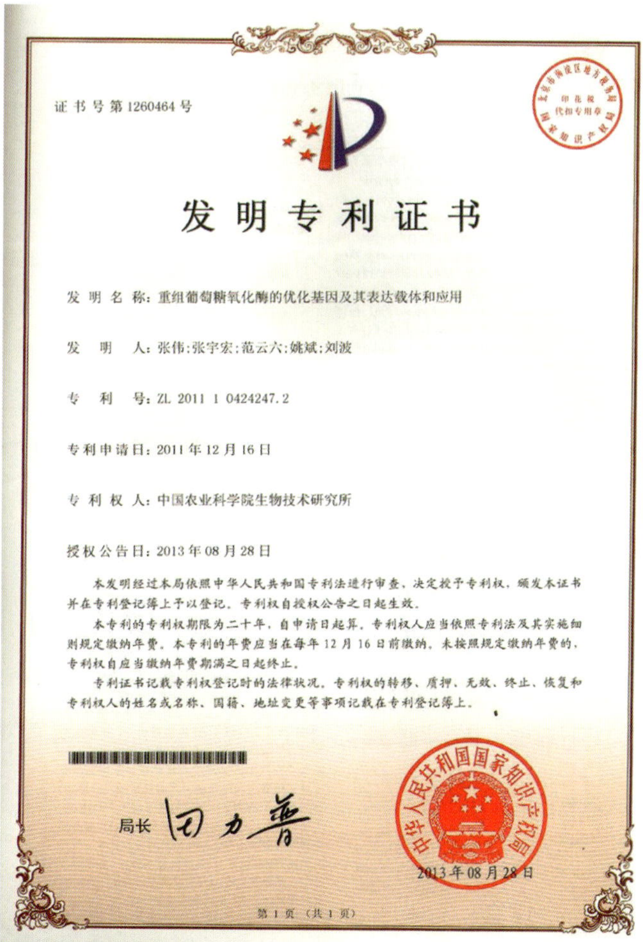

证书号第1260464号

# 发明专利证书

发 明 名 称：重组葡萄糖氧化酶的优化基因及其表达载体和应用

发 明 人：张伟；张宇宏；范云六；姚斌；刘波

专 利 号：ZL 2011 1 0424247.2

专利申请日：2011年12月16日

专 利 权 人：中国农业科学院生物技术研究所

授权公告日：2013年08月28日

本发明经过本局依照中华人民共和国专利法进行审查，决定授予专利权，颁发本证书并在专利登记簿上予以登记。专利权自授权公告之日起生效。

本专利的专利权期限为二十年，自申请日起算。专利权人应当依照专利法及其实施细则规定缴纳年费。本专利的年费应当在每年12月16日前缴纳。未按照规定缴纳年费的，专利权自应当缴纳年费期满之日起终止。

专利证书记载专利权登记时的法律状况。专利权的转移、质押、无效、终止、恢复和专利权人的姓名或名称、国籍、地址变更等事项记载在专利登记簿上。

局长 田力普

中华人民共和国国家知识产权局

2013年08月28日

第1页（共1页）

葡萄糖氧化酶专利

# 京星黄鸡103配套系

■ 1. 成果审定

2016年通过国家畜禽遗传资源委员会审定，获得［畜禽新品种（配套系）证书［（农09）新品种证字第69号］。

■ 2. 成果特点

由中国农业科学院北京畜牧兽医研究所、北京百年栗园有限公司联合培育的京星黄鸡103配套系为优质慢速型黄羽肉鸡。采用两系杂交，提高肌内脂肪含量、降低腹脂率，提高其综合性能的新品种肉鸡。京星黄鸡103配套系父母代公鸡为黄羽偏红，具有冠羽、髯羽和胫羽的典型外貌特征，呈S冠形，成年公鸡冠大鲜红，羽毛丰满，背部羽毛偏红色，有光泽，胫长11.9厘米。父母代母鸡为矮小型，羽毛浅黄，部分羽尖带有黑色斑点；单冠，黄喙、黄脚、黄肤；体型紧凑，胸宽，胫长8.1厘米。父母代母鸡开产日龄为136～150天；开产体重约1 950克；28～30周龄达到产蛋高峰，80%～85%产蛋率维持4～7周；66周龄入舍母鸡产蛋数166个以上，全期种蛋合格率92%以上，受精率92%以上，66周龄提供苗鸡数133只。商品代鸡90日龄出栏，黄羽，尾羽尾部黑色；冠、肉垂、耳叶鲜红色，喙、胫黄色，皮肤黄色，体型紧凑，有明显的冠羽、髯羽和胫羽。公鸡上市体重1 500～1 730克，胫长8.9～11.1厘米，饲料转化比2.8：1，全净膛率70.3%～74.1%，胸肌率10.7%～12.7%，腿肌率15.8%～19.6%，胸肌肌内脂肪含量达到2.97%；母鸡上市体重1 200～1 400克，胫长7.3～8.0厘米，全净膛率67.7%～71.1%，胸肌率11.9%～15.5%，腿肌率15.9%～18.7%，胸肌肌内脂肪含量达到3.10%。近几个世代对肉质性状、产肉率、均匀度的综合选择，商品代肉鸡具有肉质风味优良、胴体皮肤紧凑、产肉量适中的优点。京星黄鸡103配套系适应性强，抗病力好，不仅适合规模化养殖，也适宜林地、果园的生态散养方式。适宜在北京、河北、山东等北方地区饲养。

■ 3. 推广应用

多年来，“宫廷黄鸡”在北方享有盛誉，曾一度出口日本，被日本《朝日新闻》称为“天下第一鸡”。合作培育单位通过扩建基地，建立稳定的销售网络，使配套系的市场占有量逐年提高。自2011年以来，累计中试父母代20万套，饲养商品肉鸡1 000万只，企业获得了较好的经济效益，品种具有较大的推广价值。

完成单位：中国农业科学院北京畜牧兽医研究所、北京百年栗园生态农业有限公司

主要完成人：文杰、赵桂苹、刘成军、陈继兰、刘冉冉、李冬立、郑麦青、李庆贺、孙研研、谢昭军、任海义、王智博、李东、吕连山

联系人：文杰

通信地址：北京市海淀区圆明园西路2号（中国农业科学院北京畜牧兽医研究所）

电话：010-62720017
E-mail: qli2014@126.com

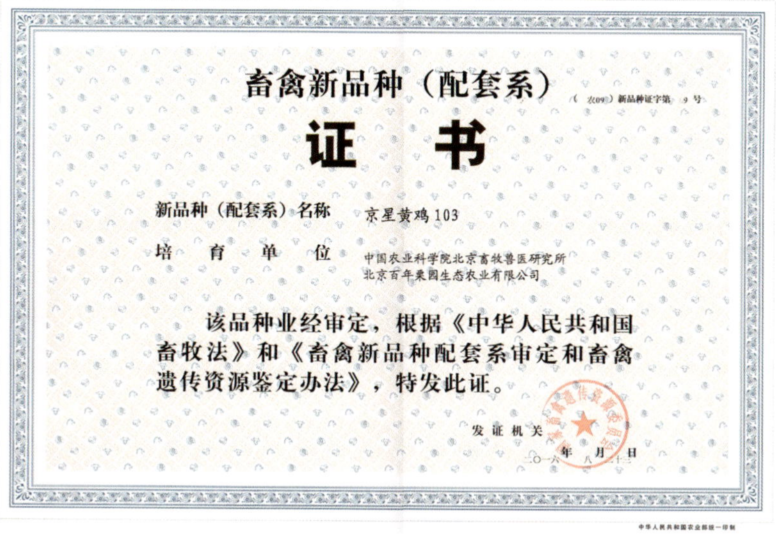

畜禽新品种（配套系）

（农09）新品种证字第 9 号

证 书

新品种（配套系）名称 京星黄鸡103

培育单位 中国农业科学院北京畜牧兽医研究所
北京百年栗园生态农业有限公司

该品种业经审定，根据《中华人民共和国畜牧法》和《畜禽新品种配套系审定和畜禽遗传资源鉴定办法》，特发此证。

发证机关

二〇一六年八月十三日

中华人民共和国农业部统一印制

京星103配套系证书

京星103商品鸡群体图

# 栗园油鸡蛋鸡配套系

■ 1. 成果审定

2016年8月通过国家畜禽遗传资源委员会审定［证书编号：（农09）新品种证字第70号］。

■ 2. 成果特点

由中国农业科学院北京畜牧兽医研究所、北京百年栗园生态农业有限公司、北京百年栗园油鸡繁育有限公司培育的栗园油鸡蛋鸡配套系为畜禽新品种（配套系）。父系来自国家级保种场的北京油鸡保种群，重点提高群体均匀度、胸肌比率和胴体的体脂沉积；母系来自申报单位培育的矮小型黄鸡D2系，重点提高产蛋数和种蛋合格率，采用闭锁家系选育方法，并同时采用分子标记辅助选择。①商品代公雏育成后具有北京油鸡典型外貌特征及肉品质，生长速度与中速黄羽肉鸡相当，作为优质鸡鸡苗出售，增加了父母代种鸡场的收益，同时淘汰母鸡作为优质老母鸡，售价较传统淘汰老母鸡高30%以上，商品代鸡蛋售价比普通鸡蛋高16%以上。②新配套系的构成品系中采用了矮小品系（D系），商品代母鸡为矮小型，节约饲料和养殖空间，降低养殖成本约15%，增加养殖者的收益。③商品代蛋鸡实现羽速自别雌雄：根据羽速伴性遗传原理，终端父本为快羽，第一父本和母本为慢羽，商品代母雏为快羽，公雏为慢羽，雌雄自别率99%以上，降低了人工翻肛对雏鸡造成的应激，并减少雏鸡性别鉴定成本。④对纯系的种公鸡繁殖性能开展世代选育，降低制种成本5%～8%。

■ 3. 推广应用

自2012年起“栗园油鸡”蛋鸡配套系在北京市密云、大兴、昌平、怀柔和平谷等地区进行了中试，包括父母代种鸡26.5万套，商品代蛋鸡184.2万只，中试市场反馈良好。2016年起在北京、东北和西南等地区，每年推广40万只商品代蛋鸡，年新增销售额9 842万元，年新增总利润1 245万元。

完成单位：中国农业科学院北京畜牧兽医研究所、北京百年栗园生态农业有限公司、北京百年栗园油鸡繁育有限公司

主要完成人：陈继兰

联系方式：010-62816005；13681290706

通信地址：北京市海淀区圆明园西路2号

E-mail：chen.jilan@163.com

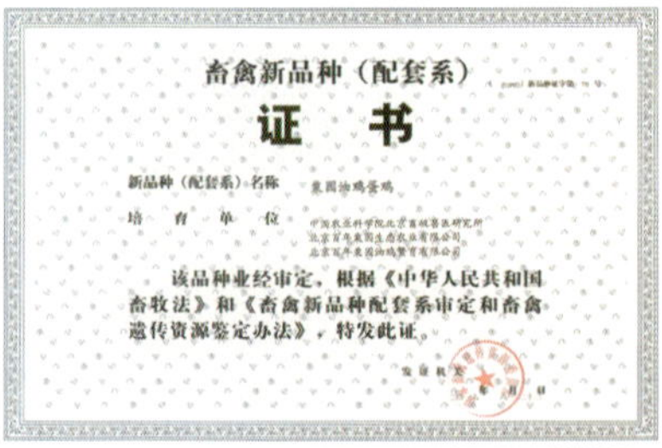
畜禽新品种（配套系）

证　书

新品种（配套系）名称　栗园油鸡蛋鸡

培　育　单　位　中国农业科学院北京畜牧兽医研究所
北京百年栗园生态农业有限公司
北京百年栗园油鸡繁育有限公司

该品种业经审定，根据《中华人民共和国畜牧法》和《畜禽新品种配套系审定和畜禽遗传资源鉴定办法》，特发此证。

发证机关

年　月　日

栗园油鸡蛋鸡配套系品种证书

# 肉牛全基因组选择分子育种技术体系的建立与应用

## 1. 成果审定

2015年获得中国实用新型专利（ZL 201520872285.8）；2016年11月由中国农学会组织专家对“肉牛全基因组选择分子育种技术体系的建立与应用”进行了评价［中农（评价）字【2016】第53号］；2017年10月获得国家版权局计算机软件著作权登记（证书号：2015SR084228），并获得中华农业科技一等奖。

## 2. 成果特点

由中国农业科学院北京畜牧兽医研究所，北京农学院，全国畜牧总站，内蒙古锡林郭勒盟乌拉盖管理区农牧林业科技局，内蒙古奥科斯牧业有限公司完成的肉牛全基因组选择分子育种技术体系的建立与应用，该成果具有：①创建了肉牛全基因组选择技术平台。构建了我国第一个肉牛基因组选择参考群，群体规模为1 570头，测定了生长发育、育肥、屠宰、胴体、肉质、繁殖6类87个重要经济性状，建立770K的基因型数据库，为我国实施肉牛全基因组选择奠定了基础；建立了用于肉牛基因组选择相应的软、硬件平台并应用于育种实践；研制并开发了一款10K低密度生物芯片可有效替代770K高密度芯片对重要经济性状进行遗传评估，降低了肉牛全基因组选择成本，低密度芯片推广应用前景广阔。②提出了预测基因组育种值的新方法。创建了适合我国肉牛（西门塔尔牛）群体的重要经济性状基因组育种值的评估方法，并研发了相配套的应用Bayes的自适应多链并行全基因组育种值估计技术，使Bayes方法的运算速度提高了10倍以上，为我国实施肉牛基因组选择提供了重要的技术支撑。该技术可用于后备种牛早期选择以及后备种公牛的育种值估计，应用前景十分广阔。

## 3. 推广应用

本项目采取研究和推广相结合的策略，依托中国农业科学院北京畜牧兽医研究，分别在内蒙古、吉林、新疆、河南、山东等省区11个种公牛站及西门塔尔牛核心育种场推广。2013—2015年，应用该项技术体系累计对784头西门塔尔青年公牛进行基因组育种值评估，依据基因组评估结果选出优秀种公牛395头。项目推广至今，公牛评估准确性、断奶重和宰前活重年遗传进展显著增高。自肉牛基因组选择分子育种技术推广以来，经中国农业科学院农经所测算，已获得经济效益13.82亿元，新增收益11.48亿元，科研投资年均纯收益率达到13.88元/元，产生非常显著的经济效益。

完成单位：中国农业科学院北京畜牧兽医研究所、北京农学院、全国畜牧总站、内蒙古锡林郭勒盟乌拉盖管理区农牧林业科技局、内蒙古奥科斯牧业有限公司

主要完成人：李俊雅、高会江、高雪、张路培、倪和民、刘海良、郭勇、陈燕、徐凌洋、朱波、刘剑锋、金生云、宝金山、郭鹏、马海滨

联系人：高雪
通信地址：北京市海淀区圆明园西路2号
电话：010-62816065
E-mail: gaoxue76@126.com

中华人民共和国国家版权局

计算机软件著作权登记证书

证书号：软著登字第0971314号

软件名称：肉牛数量性状基因组选择BayesLasso计算软件
[简称：BayesLasso]
V1.0

著作权人：中国农业科学院北京畜牧兽医研究所

开发完成日期：2015年03月20日

首次发表日期：未发表

权利取得方式：原始取得

权利范围：全部权利

登记号：2015SR084228

根据《计算机软件保护条例》和《计算机软件著作权登记办法》的规定，经中国版权保护中心审核，对以上事项予以登记。

中华人民共和国国家版权局 计算机软件著作权登记专用章

No. 00720616

2015年05月18日

肉牛全基因组选择分子育种技术体系的建立与应用——提出bayesLasso新算法

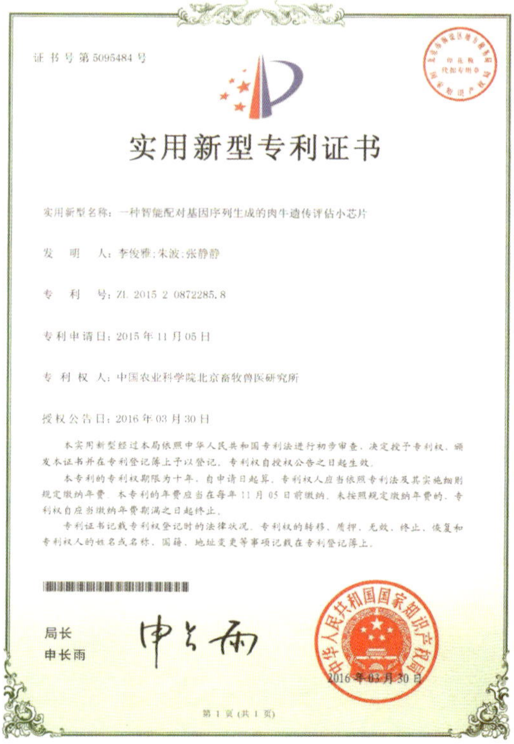

证书号第5095484号

实用新型专利证书

实用新型名称：一种智能配对基因序列生成的肉牛遗传评估小芯片

发明人：李俊雅；朱波；张静静

专利号：ZL 2015 2 0872285.8

专利申请日：2015年11月05日

专利权人：中国农业科学院北京畜牧兽医研究所

授权公告日：2016年03月30日

本实用新型经过本局依照中华人民共和国专利法进行初步审查，决定授予专利权，颁发本证书并在专利登记簿上予以登记。专利权自授权公告之日起生效。

本专利的专利权期限为十年，自申请日起算。专利权人应当依照专利法及其实施细则规定缴纳年费。本专利的年费应当在每年11月05日前缴纳。未按照规定缴纳年费的，专利权自应当缴纳年费期满之日起终止。

专利证书记载专利权登记时的法律状况。专利权的转移、质押、无效、终止、恢复和专利权人的姓名或名称、国籍、地址变更等事项记载在专利登记簿上。

局长
申长雨

中华人民共和国国家知识产权局

2016年03月30日

第1页（共1页）

肉牛全基因组选择分子育种技术体系的建立与应用——研发的10K低密度小芯片

肉牛全基因组选择分子育种技术体系的建立与应用——应用全基因组选择技术选育的后备犊牛

# 猪禽饲料养分效价仿生消化评定技术

■ 1. 成果审定

2011年11月9日获得国家发明专利授权（专利号：ZL 200910078147.7）。

■ 2. 成果特点

由中国农业科学院北京畜牧兽医研究所、湖南中本智能科技发展有限公司、广东温氏食品集团股份有限公司完成的猪禽饲料养分效价仿生消化评定技术，是在猪禽饲料养分效价快速评定技术的创新上，围绕着发明全自动模拟猪禽饲料养分消化的技术方法，创建了并批量生产全自动单胃动物仿生消化系统（仪器）、发明了基于单胃动物仿生消化系统测定猪禽饲料养分效价的技术体系。①建立了家禽肠道食糜的连续采集方法，开发了基于医用硅橡胶材料的禽用套管和基于食品级聚丙烯材料的高强度猪用肠道套管组件。在解决了可大量获取肠道食糜样品的套管技术的基础上，探明了猪、鸡、鸭肠道食糜的组成变异规律及日粮营养水平对肠液组成成分的影响，获得了生长猪体内小肠液、盲肠液组成参数各1套，黄羽肉鸡、成年蛋鸡、北京鸭体内小肠液的组成参数3套，建立了猪禽消化液仿生的基础参数。②根据食糜的组成特性，设计出了可模拟猪、鸡、鸭消化吸收功能、以生物膜分离水解产物与非水解物的仿生消化器及具有消化液分泌、水解产物清洗、恒温控制、消化过程控制的电脑程控仿生消化系统。通过跨学科协作，开发了第一至第三代全自动单胃动物仿生消化系统这一大型仪器。通过发明专利的独占性许可实现了仿生消化系统的批量生产。③建立了从猪、鸡、鸭肠液中纯化主要消化酶的方法。根据动物体内消化液的组成参数，创建了基于提纯的消化酶粉剂添加少量试剂酶制备模拟肠液的方法，开发的仿生消化液试剂盒产品达到了体内消化液活力的98.5%。研究了仿生消化液试剂盒的保质条件与保质期技术规范，得到了仿生消化液试剂盒在4℃下储存10个月内水解活力稳定。④建立了基于单胃动物仿生消化系统及仿生消化液试剂盒评定猪、鸡、鸭饲料养分消化率的技术规程。该方法与国家标准方法（GB/T 26437—2010、GB/T 26438—2010）测值比较，精度提高了5倍，测定效率提高了66倍。达到了饲料养分效价测定“精、准、快”的新颖性。实现了仿生消化方法“标准化、仪器化、自动化”的创造性。至2016年已在中国饲料数据库发布了24类514个常用饲料原料样品的仿生消化法有效能值数据供行业使用。

■ 3. 推广应用

目前，该成果已获得。本成果的发明专利于2014年独占许可实施，生产的单胃动物仿生消化系统（仪器）已在国内24家大型农牧企业（其中上市企业8家）、10家科研单位应用，在我国饲料行业的应用覆盖面达到了1/3，每年为我国饲料生产企业节约的生产成本在10亿元以上。

完成单位：中国农业科学院北京畜牧兽医研究所、湖南中本智能科技发展有限公司、

广东温氏食品集团股份有限公司
主要完成人：赵峰、张宏福、张子仪、邓耀辉、谭会泽
通信地址：北京市海淀区圆明园西路2号
电话：010-62816013
E-mail：zhaofeng@caas.cn

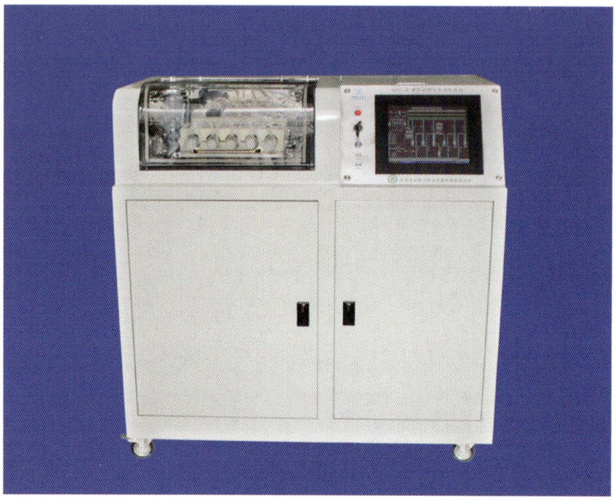

第二代单胃动物仿生消化系统实物图

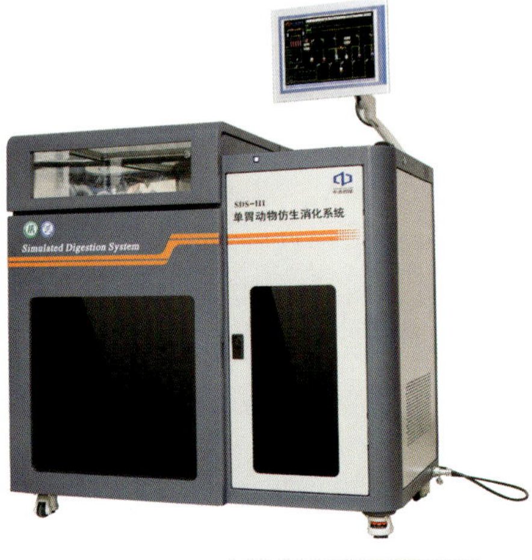


第三代单胃动物仿生消化系统实物图

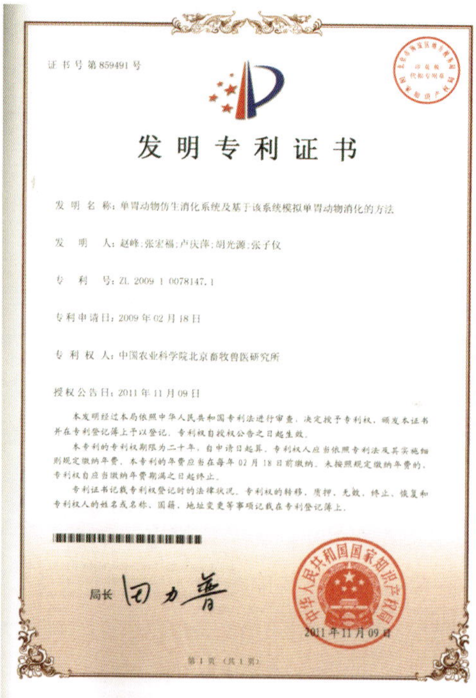

证书号第859491号

发明专利证书

发明名称：单胃动物仿生消化系统及基于该系统模拟单胃动物消化的方法

发明人：赵峰；张宏福；卢庆萍；胡光源；张子仪

专利号：ZL 2009 1 0078147.1

专利申请日：2009年02月18日

专利权人：中国农业科学院北京畜牧兽医研究所

授权公告日：2011年11月09日

本发明经过本局依照中华人民共和国专利法进行审查，决定授予专利权，颁发本证书并在专利登记簿上予以登记。专利权自授权公告之日起生效。

本专利的专利权期限为二十年，自申请日起算。专利权人应当依照专利法及其实施细则规定缴纳年费。本专利的年费应当在每年02月18日前缴纳。未按照规定缴纳年费的，专利权自应当缴纳年费期满之日起终止。

专利证书记载专利权登记时的法律状况。专利权的转移、质押、无效、终止、恢复和专利权人的姓名或名称、国籍、地址变更等事项记载在专利登记簿上。

局长 田力普

2011年11月09日

第1页（共1页）

核心发明专利

# 羊优异繁殖性状分子遗传标记筛选及应用

■ 1. 成果审定

2008年颁布了农业农村部行业标准（NY/T 1672—2008）。

■ 2. 成果特点

由中国农业科学院北京畜牧兽医研究所完成的羊优异繁殖性状分子遗传标记筛选及应用成果为绵羊多羔主效基因*FecB*分子标记运用于多羔绵羊新品系选育，携带一个B等位基因的突变杂合子和两个B等位基因的突变纯合子母羊每胎平均产羔数可分别提高0.5只和0.9只。将鉴定出的*MTNR1A*基因突变应用于绵羊和山羊，预期可使季节性发情绵羊转变为常年发情，从而提高年生产力。与山东省农业科学院合作，利用常规育种与*FecB*分子标记辅助育种相结合，选育出了多羔肉用绵羊新品种——鲁西黑头羊。本成果的推广应用能提高单产，减少母羊饲养量，减轻环境压力，达到“绿色增产增效”，可产生显著的社会经济效益。

ICS 65.020.30
B 44

NY

中华人民共和国农业行业标准

NY/T 1672—2008

绵羊多胎主效基因$Fec^B$
分子检测技术规程

Technical specification of molecular detection
for prolificacy major gene $Fec^B$ in sheep

2008-08-28 发布　　2008-10-01 实施

中华人民共和国农业部 发布

绵羊多胎主效基因FecB分子检测技术规程

■ 3. 推广应用

2009—2017年*FecB*分子检测技术已被内蒙古、山东、北京、河北、江苏、宁夏、吉林、安徽、新疆等地20个单位应用于绵羊多羔育种实践中，对4万多只绵羊进行了*FecB*突变检测，建立了湖羊、昭乌达肉羊、巴美肉羊、小尾寒羊多羔核心群和肉用多羔绵羊核心群。我国现有绵羊18 500万只，若按适繁母羊占20%、每年产一胎计算，其中一半母羊的产羔数增加0.5只/胎，每年可增加羔羊925万只，按每出栏一只肉羊平均盈利100元计算，则可增加经济效益9.25亿元。

完成单位：中国农业科学院北京畜牧兽医研究所
主要完成人：储明星、狄冉、刘秋月
联系人：储明星
通信地址：北京市海淀区圆明园西路2号（100193）
电话：010-62819850；13681285159
E-mail：chumingxing@caas.cn

羊优异繁殖性状分子遗传标记筛选及应用+利用FecB分子标记选育的鲁西黑头羊新品种

羊优异繁殖性状分子遗传标记筛选及应用+在荧光定量PCR仪上进行基因分型

# Z型北京鸭配套系

■ 1. 成果审定

2005年通过了国家畜禽品种审定委员会审定，2006年6月获国家畜禽新品种（配套系）证书（证书编号：农10新品种证书第4号）。

■ 2. 成果特点

Z型北京鸭商品代肉鸭由4个品系配套生产。其特点是生长速度快、饲料转化效率高、肉质鲜嫩、胸腿肉率高、胸部丰满、皮肤细腻光滑、羽毛孔细小、头大、颈粗短、体躯椭圆。肉鸭全身羽毛丰满，羽色纯白。商品代35日龄肉鸭的体重达到2.92千克，饲料转化率（饲料/增重）为1.90∶1；42日龄肉鸭的体重达到3.30千克，饲料转化率为2.10∶1，42日龄的胸肉率达到13.0%，腿肉率达到13.0%。父母代种鸭的开产日龄（5%产蛋日龄）为165天，母鸭的开产体重为3.15千克，产蛋率50%的周龄为26～27周龄。种鸭70周龄的产蛋量约为220枚。种蛋的受精率为87%～95%。受精蛋的孵化率为85%～92%。入孵蛋的孵化率为74%～82%。种蛋蛋重平均为85～95克。Z型北京鸭配套系42日龄体重可达到3.30千克，饲料转化率为2.10∶1，42日龄的胸肉率达到13.0%，腿肉率达到13.0%。种鸭70周龄的产蛋量约为220枚。Z型北京鸭配套系适宜在全国推广。

■ 3. 推广应用

Z型北京鸭配套系肉鸭已经推广到北京、河北、辽宁、吉林、黑龙江、新疆、安徽、浙江、广东9省市和地区。近5年来累计推广商品代肉鸭100多万只，父母代种鸭35.35万只，可生产商品代肉鸭约5 000万只，可为农民创纯收入6 000多万元。

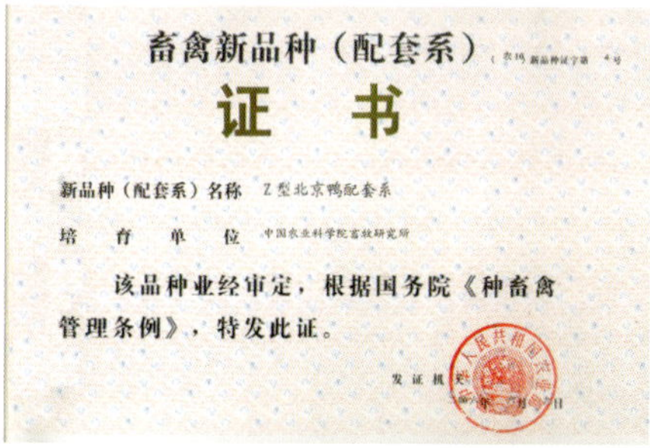
畜禽新品种（配套系）
证　书
新品种（配套系）名称　Z型北京鸭配套系
培　育　单　位　中国农业科学院畜牧研究所
该品种业经审定，根据国务院《种畜禽管理条例》，特发此证。

Z型北京鸭配套系+畜禽新品种（配套系）证书

Z型北京鸭配套系+公母鸭

完成单位：中国农业科学院北京畜牧兽医研究所
主要完成人：侯水生
通信地址：北京市海淀区圆明园西路2号
电话：010-62815832
E-mail：houss@263.net

# 蜜蜂种用蜂王高效繁育技术

## 1. 成果审定

2015年通过中国农学会科技成果鉴定（中农（评价）字〔2015〕第01号）；小型交尾箱获中国专利（ZL 201220332735.0.）。

## 2. 成果特点

蜜蜂种用蜂王高效繁育技术是目前国际上主要采用的种蜂王繁育方法。该技术应用1/8朗氏蜂箱的改良型蜜蜂交尾箱及蜜蜂种用蜂王高效繁育技术，可有效提高种蜂王繁育效率，降低种蜂王繁育成本。该技术可以有效地减少蜂群交尾用蜂量，提高蜂王交尾成功率，缓解交尾场地限制，增加单位场地的种用蜂王交尾数量及繁育数量，自此显著提高了种蜂王的繁育效率，降低种蜂王繁育成本。蜜蜂种用蜂王高效繁育推广技术简单易用易学，应用前景广阔。以中蜜一号蜜蜂配套系中试试验情况为例，在同等饲养、育王条件下，应用该高效繁育技术，种蜂王培育效率可以提高3～4倍，有效提高繁育效率，节省人工，又能有效减少蜜蜂分蜂可能性，缩短育王时间。同时对秋季蜂螨的防控亦起到一定作用。

完成单位：中国农业科学院蜜蜂研究所
主要完成人：石巍、丁桂玲、刘之光、王顺海、祁文忠、刘世东、陈晓、吕丽萍、郭海坤、腾跃中、王彪、刘进祖
通信地址：北京市海淀区香山北沟一号
电话：010-62599935；18600033590
E-mail：shiweibri@126.com

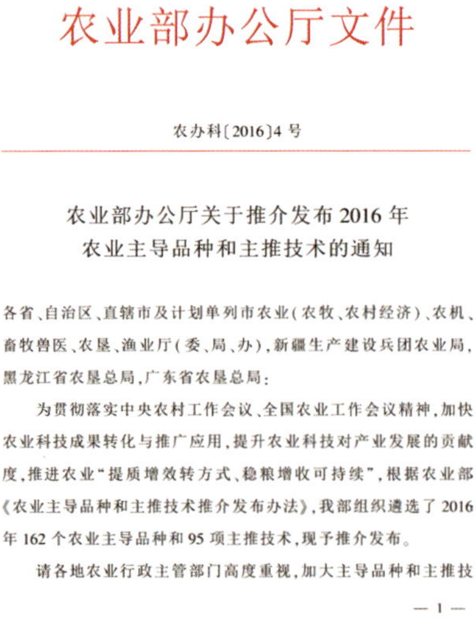

农业部办公厅文件

农办科〔2016〕4号

农业部办公厅关于推介发布2016年农业主导品种和主推技术的通知

各省、自治区、直辖市及计划单列市农业（农牧、农村经济）、农机、畜牧兽医、农垦、渔业厅（委、局、办），新疆生产建设兵团农业局，黑龙江省农垦总局，广东省农垦总局：

为贯彻落实中央农村工作会议、全国农业工作会议精神，加快农业科技成果转化与推广应用，提升农业科技对产业发展的贡献度，推进农业“提质增效转方式、稳粮增收可持续”，根据农业部《农业主导品种和主推技术推介发布办法》，我部组织遴选了2016年162个农业主导品种和95项主推技术，现予推介发布。

请各地农业行政主管部门高度重视，加大主导品种和主推技

— 1 —

2016年主推技术

B. 奶牛品种间杂交生产技术
C. 蜜蜂种用蜂王高效繁育技术
（二）人工授精技术
A. 猪人工授精技术
B. 水牛同期发情人工授精技术
C. 奶牛同期排卵－定时输精技术
D. 奶牛性控精液人工授精技术
E. 山羊和绵羊人工授精技术
F. 兔人工授精技术
G. 牦牛高效繁殖技术
Ⅲ. 饲料营养技术
（一）全混合日粮（TMR）生产技术
A. TMR调制技术
B. TMR评价技术
（二）畜禽营养调配技术
A. 猪高效饲料配制技术
B. 猪健康养殖关键营养技术
C. 家禽高效饲料配制技术
D. 犊牛酸化奶制作与饲喂关键技术
E. 提高泌乳奶牛饲料转化效率的综合技术
F. 基础日粮仿生消化评价技术
Ⅳ. 饲料添加剂与饲料资源开发技术

— 37 —

主推技术所在页

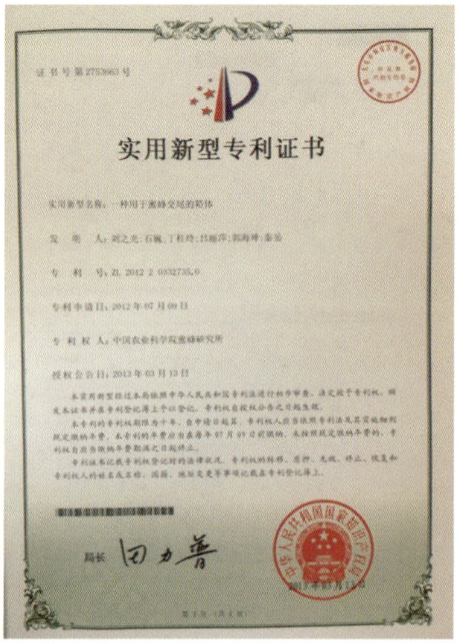


一种用于蜜蜂交尾的箱体

# 中蜜一号蜜蜂配套系

## ■ 1. 成果审定

2015年10月通过国家畜禽遗传资源委员会现场审定，11月经国家畜禽遗传资源委员会审定通过；2016年荣获国家农业农村部2016农业主导品种。

## ■ 2. 成果特点

中蜜一号蜜蜂配套系成果，为新中国成立以来我国首个通过国家审定的蜜蜂配套系。“中蜜一号”蜜蜂配套系具有产蜜量高、抵抗蜂螨能力强的优势，能够显著降低秋季大蜂螨的寄生率，同时繁殖力和采集力强，蜂王产卵能力强，能维持较大群式，采集能力强，适合我国大部分地区饲养，“中蜜一号”蜜蜂配套系的推广应用能够降低杀虫剂的使用，降低蜂产品污染的概率，提高蜂产品品质，同时加大了蜜蜂植物授粉的广度和力度，有助于生态环境的持续发展。经过11年的中试推广证明，“中蜜一号”蜜蜂配套系蜂蜜产量高、抗螨能力强、性情温驯，能够满足我国大部分地区养蜂者对抗螨高产蜂种的需求，其推广技术简单，具有广阔的推广前景。

## ■ 3. 推广应用

自2004年以来，“中蜜一号”蜜蜂配套系在全国累计推广蜂群115万余群，占全国饲养蜂群数的1/8，平均每年为社会增加1 955万元的经济效益。自“十二五”以来累计推广蜂群115.8万群，新增产值为12 877万元。

完成单位：中国农业科学院蜜蜂研究所

主要完成人：石巍、丁桂玲、刘之光、王顺海、祁文忠、刘世东、陈晓、吕丽萍、郭海坤、腾跃中、王彪、刘进祖

通信地址：北京市海淀区香山北沟一号

电话：010-62599935；18600033590

E-mail：shiweibri@126.com

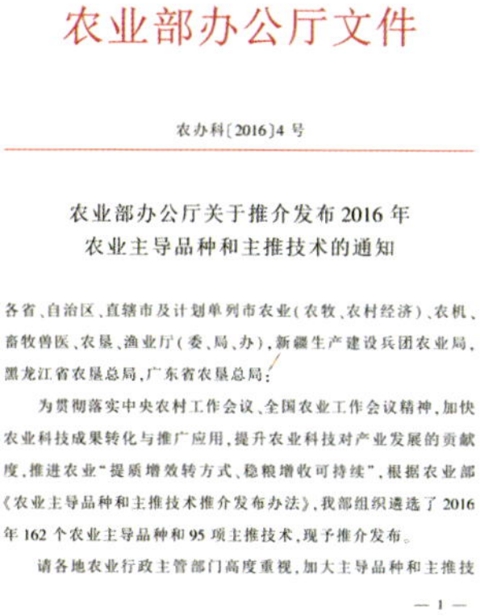

农业部办公厅文件

农办科〔2016〕4号

农业部办公厅关于推介发布2016年
农业主导品种和主推技术的通知

各省、自治区、直辖市及计划单列市农业（农牧、农村经济）、农机、畜牧兽医、农垦、渔业厅（委、局、办），新疆生产建设兵团农业局，黑龙江省农垦总局，广东省农垦总局：

为贯彻落实中央农村工作会议、全国农业工作会议精神，加快农业科技成果转化与推广应用，提升农业科技对产业发展的贡献度，推进农业“提质增效转方式、稳粮增收可持续”，根据农业部《农业主导品种和主推技术推介发布办法》，我部组织遴选了2016年162个农业主导品种和95项主推技术，现予推介发布。

请各地农业行政主管部门高度重视，加大主导品种和主推技

— 1 —

2016年主推技术主导品种

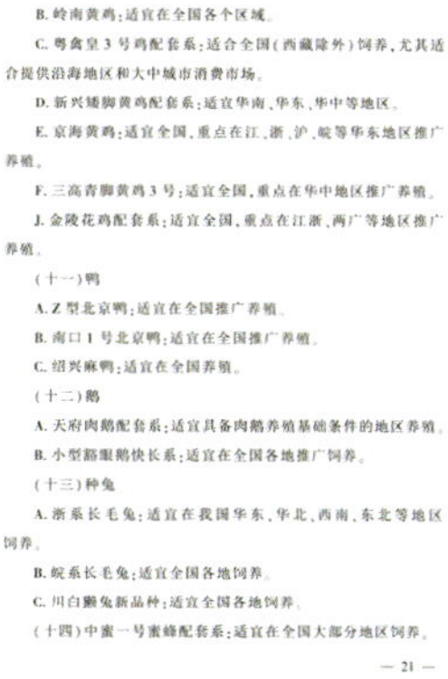

B. 岭南黄鸡：适宜在全国各个区域。

C. 粤禽皇3号鸡配套系：适合全国（西藏除外）饲养，尤其适合提供沿海地区和大中城市消费市场。

D. 新兴矮脚黄鸡配套系：适宜华南、华东、华中等地区。

E. 京海黄鸡：适宜全国，重点在江、浙、沪、皖等华东地区推广养殖。

F. 三高青脚黄鸡3号：适宜全国，重点在华中地区推广养殖。

J. 金陵花鸡配套系：适宜全国，重点在江浙、两广等地区推广养殖。

（十一）鸭

A. Z型北京鸭：适宜在全国推广养殖。

B. 南口1号北京鸭：适宜在全国推广养殖。

C. 绍兴麻鸭：适宜在全国养殖。

（十二）鹅

A. 天府肉鹅配套系：适宜具备肉鹅养殖基础条件的地区养殖。

B. 小型豁眼鹅快长系：适宜在全国各地推广饲养。

（十三）种兔

A. 浙系长毛兔：适宜在我国华东、华北、西南、东北等地区饲养。

B. 皖系长毛兔：适宜全国各地饲养。

C. 川白獭兔新品种：适宜全国各地饲养。

（十四）中蜜一号蜜蜂配套系：适宜在全国大部分地区饲养。

— 21 —

主导品种所在页

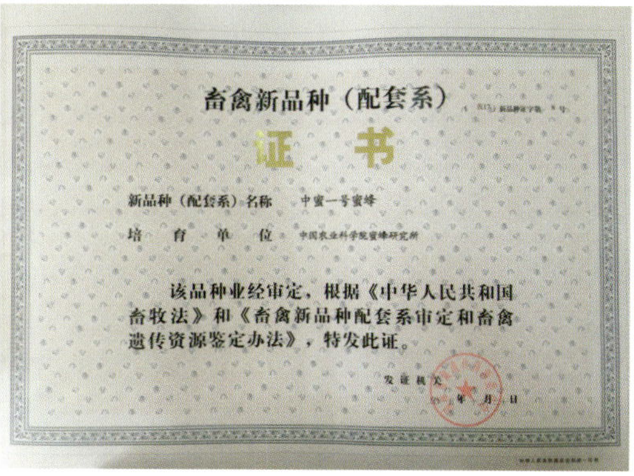

畜禽新品种（配套系）

证 书

新品种（配套系）名称 中蜜一号蜜蜂

培 育 单 位 中国农业科学院蜜蜂研究所

该品种业经审定，根据《中华人民共和国畜牧法》和《畜禽新品种配套系审定和畜禽遗传资源鉴定办法》，特发此证。

发证机关

年 月 日

中蜜一号蜜蜂配套系

# 蜂王浆优质高效生产技术

## 1. 成果审定

本成果已获2014—2015年度中华农业科技奖一等奖，2012年度北京市科学技术奖三等奖，2012年度中国农业科学院科学技术成果奖二等奖，国际蜂业联合会Eva Crane奖。

具有很高幼虫接受率和王浆产量的王浆框（10个浆条）

## 2. 成果特点

（1）通过研究王浆生产蜂群的高效健康管理和饲料补给技术，利用分子辅助标记优选母群和哺育群，创新多王群饲养技术和日龄一致幼虫供给方法，研制成功蜂王浆优质高效生产关键配套技术，提高了生产效率，推动了蜂王浆生产模式的变革。

（2）在蜂王浆新鲜度评价领域取得突破，建立了6项蜂王浆新鲜度评价新技术，提出了相关的评价指标和阈值，为科学评价蜂王浆新鲜度提供了理论依据和技术手段。

（3）研究建立了蜂王浆中四环素族、氯霉素、链霉素、磺胺类、氟喹诺酮类等兽药残留的简易检测方法，适用于小企业和地方质检部门推广使用；研究建立了能同时测定蜂王浆中27种主要抗生素类药物的检测方法，可满足生产加工及出口企业快速检测蜂王浆兽药残留的需求。

## 3. 推广应用

成果已获得大面积推广应用，有效改善了蜂王浆生产和贮存方式，提高了生产效率和产量，提升了品质和安全水平，增加了产品附加值。据中国农业科学院农业经济研究所成果效益分析：在经济效益计算年内，平均每年能为社会增加收入5 574.61万元。

完成单位：中国农业科学院蜜蜂研究所

主要完成人：吴黎明、胡福良、薛晓锋、彭文君、郑火青、赵静、周萍、金水华、李熠、陈兰珍、张翠平、陈芳、周金慧、张金振

通信地址：北京市海淀区香山北沟1号

电话：010-62594643；13811778749

E-mail：apiswu@126.com

多个蜂王在一张巢脾上

（突破常规状态下一个蜂群只有一只蜂王的生物学特性，实现多王同巢）

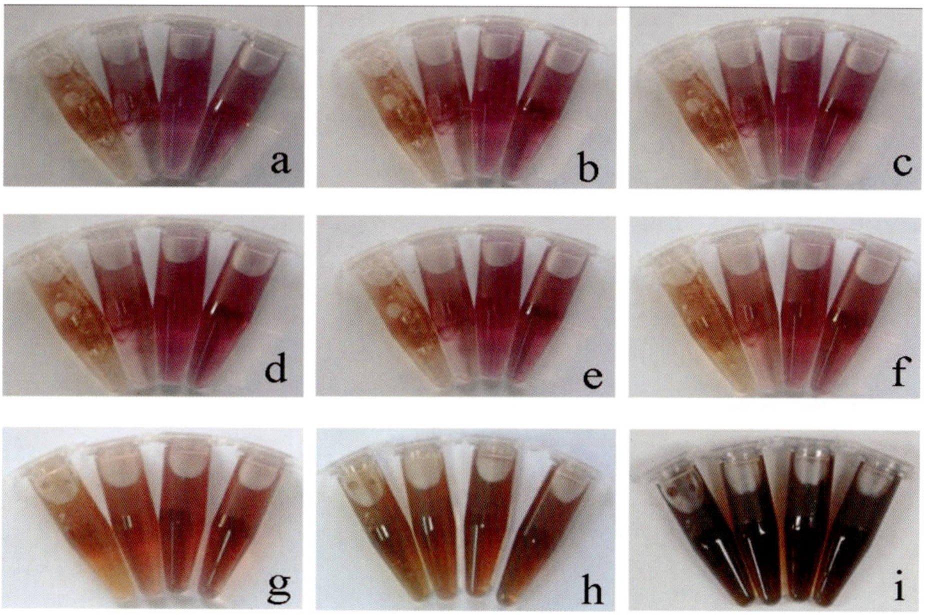


蜂王浆新鲜度快速判定示意图

# 中国蜜蜂种质资源的收集、评价、保护与利用

## 1. 成果审定

2015年获得北京市科学技术奖三等奖（证书编号：2015农-3-001）；2015年成果通过中国农学会科技成果评价。

## 2. 成果特点

由中国农业科学院蜜蜂研究所联合10家单位协作，历时10年共同完成的中国蜜蜂种质资源的收集、评价、保护和利用”项目，创建了我国蜂资源评价的技术标准体系，对我国18个省，45 000份蜜蜂种质资源进行了标准化整理以及数字化表达，建立了国际上最大的“蜜蜂资源信息库”和“中国特有蜜蜂资源全基因组信息库数据库”。依托于该项目获得了6项软件著作权授权；对9 600余个蜂场进行了年度蜂群消减量动态监测，建成了我国唯一“中国蜜蜂资源动态监控信息库”，并形成开放平台；新发现西方蜜蜂的2个类型，东方蜜蜂的13个类型；首次在新疆北部新源县等地区发现了西方蜜蜂的野生种群，是我国特有的西方蜜蜂新亚种——西域黑蜂。建立了列入《国家级畜禽遗传资源保护名录》中的中华蜜蜂、东北黑蜂和新疆黑蜂等11个蜂种的保种方案；同时编制了蜜蜂遗传资源保护技术规范，构建了国家级保种场保护区绩效考评体系；形成了“蜜蜂种质资源评价规范”等两项行业标准，在全国科研单位、蜂业管理机构、国家级保种场保护区广泛应用，取得了显著的经济、社会和生态效益。

完成单位：中国农业科学院蜜蜂研究所
主要完成人：石巍
通信地址：北京市海淀区香山北沟一号
电话：010-62599935；18600033590
E-mail：shiweibri@126.com

北京市科学技术三等奖

2015证书（蜜蜂资源数据标准化系统）

2016软著（基于DNA条码的可容错序列分拣软件）

2016软著（蜜蜂数据采集系统）

# 高山美利奴羊

■ 1. 成果审定

2015年通过国家畜禽遗传资源委员会审定［证号编号：（农03）新品种证字第14号］。

■ 2. 成果特点

繁育的高山美利奴羊（高山毛肉兼用美利奴羊）是以澳洲美利奴羊为父本，甘肃高山细毛羊为母本，集成创新现代绵羊先进育种技术，历经20年系统育成的国内外唯一一个适应海拔2 400～4 070米青藏高原高山寒旱生态区的羊毛纤维直径以19.1～21.5微米为主体的毛肉兼用美利奴羊新品种。高山美利奴羊的生产性能和综合品质达到了国际同类生态区细毛羊的领先水平，填补了我国青藏高原生态区及类似地区羊毛纤维直径以19.0～21.5微米为主体的细毛羊品种空白；育种技术和设备的创新发明领先国内外，突破了利用现代先进育种技术BLUP选择种羊和分子标记技术评估群体遗传稳定性的技术瓶颈，实现了澳洲美利奴羊在青藏高原生态区及类似地区的国产化，是世界独特生态区先进羊品种培育的成功范例。

高山美利奴羊育成母羊群体

高山美利奴羊种公羊

高山美利奴羊种母羊

■ 3. 推广应用

新品种育成后，在青藏高原生态区及类似地区近5年累计可推广种公羊约40 000只，累计改良细毛羊约800万只，改良羊毛纤维直径由21.6～25.0微米（60～64支）降低到19.0～21.5微米（66～70支），体重提高10.0千克/只。

完成单位：中国农业科学院兰州畜牧与兽药研究所、甘肃省绵羊繁育技术推广站

主要完成人：杨博辉、郭健、李范文、岳耀敬、王天翔、刘建斌、李桂英、孙晓萍、牛春娥、李文辉、黄静、冯瑞林、张军、王学炳、安玉峰、张万龙、陈灏、郭婷婷、王喜军、刘继刚、王凯、梁育林、冯明廷、张海明、王建军、刘长明、苏文娟、文亚洲、罗天照、杨剑锋、王丽娟、袁超、郎侠、梁春年、王延宏、陈永华、金智、李吉国、常伟、汪磊、刘发辉、何梅兰、马秀山、陈宗芳

通信地址：甘肃省兰州市七里河区硷沟沿335号

联系电话：0931-2115272

E-mail：mykyc204@126.com

# 饲料用酶技术

■ 1. 成果审定

饲料用酶是一类应用效果极为显著的新型绿色饲料添加剂，可显著提高饲料利用效率、降低氮磷等有机物排放及减少药物性添加剂的使用，从而节约饲料粮、保障环境和动物产品安全，是从养殖业源头——饲料层面解决上述问题的有效途径。技术成果使生产成本大幅度降低，如植酸酶的市场售价从2003年的40元/千克下降到目前的5元/千克，下降8倍。由于酶性能的提升，使其实际应用成本进一步下降了15倍。木聚糖酶等其他酶的应用成本也较10年前降低了10倍以上，从而有力推动了饲料用酶的普及应用。该成果先后获得国家科技进步二等奖、北京市科技一等奖等国际及省部级奖项。

■ 2. 成果特点

具有高比活、耐高温、嗜酸、抗蛋白酶等特性的饲料用酶新基因百余个。解决了酶难以满足饲料高温制粒要求，易被胃酸和消化道蛋白酶降解，以及产业化生产成本高等瓶颈问题。

■ 3. 推广应用

该成果得到了很好的推广应用。近3年已累计生产销售单酶及复合酶产品20余万吨，在全国31省区上千家饲料及养殖企业推广应用，并出口欧美等多个国家。产品已应用于全国80%以上的猪、鸡、水产等动物饲料，并节约饲料粮5 000万吨，磷资源1 000万吨，减少养殖业磷氮等有机物排放1 300万吨。实现了经济效益、社会效益、生态效益“三赢”。

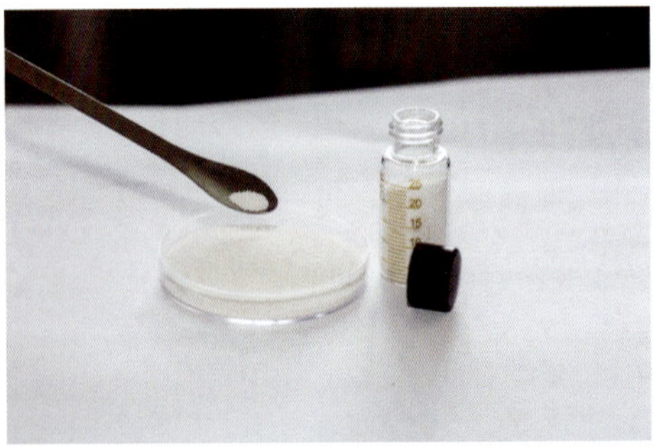

酶制剂产品

技术转让合同

完成单位：中国农业科学院饲料研究所

主要完成人：姚斌、罗会颖、黄火清、杨培龙、柏映国

通信地址：北京市海淀区中关村南大街12号

电话：010-82106082

E-mail: luohuiying@caas.cn

# 犊牛营养生理调控与早期培育技术

## 1. 成果审定

2014年、2011年、2003年分别通过农业农村部成果鉴定，达到国际先进水平。核心技术陆续获得2016年农业农村部农牧渔业丰收一等奖和中国专利优秀奖、2013年中华农业科技奖二等奖、2011年北京市科技进步一等奖，并获发明专利8项（专利号：ZL 201210366241.9；ZL 02128844.5；ZL 200710097789.7；ZL 200810097548.7；ZL 201110196262.6；ZL 201510050779.2）、实用新型专利12项，取得计算机软件著作权10项。

## 2. 成果特点

犊牛营养生理调控与早期培育技术成果是在国家科技支撑计划、农业农村部跨越计划和北京市奶牛产业创新团队专项的研究成果为基础上，经过一系列严谨的试验研究而研制的。在促进犊牛营养生理和消化道系统发育、提高初生犊牛培育质量、人工哺喂的营养和免疫物质配制与组方设计、高档代乳粉原料与加工工艺选用等方面都具重大创新，填补了我国在犊牛早期培育方面的空白。创立了犊牛健康培育营养生理和瘤胃发育调控基础理论，突破关键技术瓶颈，构建了犊牛早期营养调控技术。①揭示了犊牛消化和免疫系统发育规律，探明了基础生理参数，为我国犊牛的早期营养调控奠定了理论基础。②确立犊牛日粮关键营养参数，确定哺乳期犊牛日粮中植物原料的高效利用新技术，突破依赖乳制品的技术瓶颈，以植物原料为主导的犊牛代乳粉产品饲喂哺乳期犊牛，实现早期断牛奶。③发明了调控犊牛胃肠道健康的营养调控剂，在哺乳期犊牛日粮中以推荐比例添加，调整胃肠道发育，提高消化率，保障犊牛健康。④联合被动免疫监控、生长性能监测、标准化饲养程序建立养殖场目标生长管理规范；提出配套轻简化配套饲养设施制备方案；构建饲养效果数字化监测评价技术。该成果适宜推广区域为全国各地奶牛和肉牛养殖场。

## 3. 推广应用

目前犊牛代乳粉已规模化生产，培育了国内最大的代乳粉品牌。技术和产品在我国31个省区示范，市场竞争力强。近年来示范数据显示，每头犊牛可节约饲养成本440 ~ 800元，新增经济效益85.4亿元。

完成单位：中国农业科学院饲料研究所
主要完成人：刁其玉、屠焰、张乃锋、张卫兵、马涛、姜成钢
联系人：屠焰、刁其玉
通信地址：北京市海淀区中关村南大街12号
电话：010-82106090
E-mail：tuyan@caas.cn

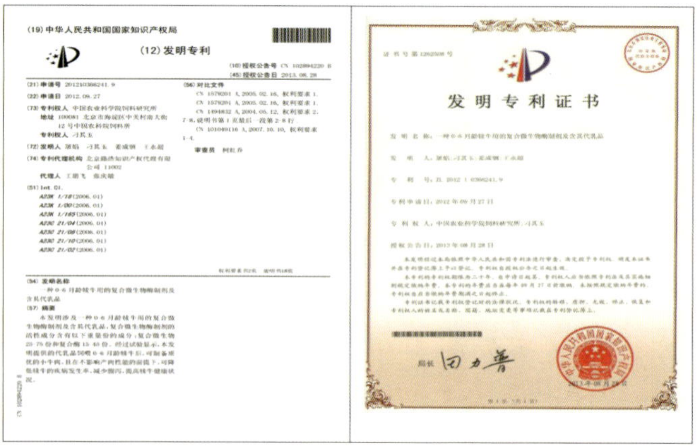


专利证书

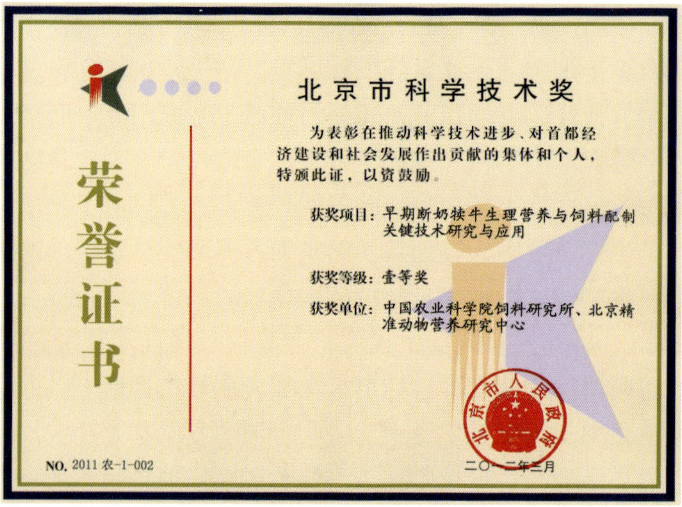

北京市科学技术奖

荣誉证书

为表彰在推动科学技术进步、对首都经济建设和社会发展作出贡献的集体和个人，特颁此证，以资鼓励。

获奖项目：早期断奶犊牛生理营养与饲料配制关键技术研究与应用

获奖等级：壹等奖

获奖单位：中国农业科学院饲料研究所、北京精准动物营养研究中心

NO. 2011 农-1-002

二〇一二年三月

荣誉证书

现场照片

# 高效生物饲料的产业化技术集成与示范推广

## 1. 成果审定

获得授权专利75项（其中发明专利47项）；获国家重点新产品3项，省高新技术产品25项完成6项科技技术成果；完成19项饲料工业标准的制定修订和饲料安全性评价工作，建立应用23种生物饲料添加剂和猪鸡牛羊水产系列21种生物饲料生产工艺及集成应用技术。

## 2. 成果特点

本成果是依托国家农业科技创新工程、国家支撑计划课题“安全高效饲料添加剂研发与产业化示范”“863”课题“农用微生物制剂和酶制剂产品开发前沿共性技术研究”、省星火“无抗乳猪教槽饲料的研发与应用示范”等获得新技术。该成果建立了理想蛋白质体系理论、可溶性养分优先营养理论，研制和生产氨基酸平衡日粮、维生素营养强化剂、饲用酶制剂、益生制剂、天然色素抗氧化剂等，开发出了高效生物饲料。初步形成了产业体系，通过建立院士工作站、技术示范区、关键专利技术转化、科技特派员专家授课、产品应用实证示范，构建专业养猪、养鸡、养羊、养牛服务平台企业，为广大养殖户推出更具科技含量的产品和服务，做给养殖户看，带着企业干，让养殖农民成为直接受益者。2016年通过农学会组织的成果评价。

## 3. 推广应用

团队服务产业，牵头近3年新增产值540亿元，新增利税15亿元，新增出口1亿美元；提高我国主要配合饲料猪鸡玉米豆粕日粮的转化效率5%～6%，减少养殖排放6%，节约豆粕193万吨。累计推广高新产品44种，在全国30个省事应用，培训农民约5万人，推广应用生猪12 111.5万头，家禽273 740万只，水产2 400万亩，2013年以来取得总经济效益446 327.8万元。

完成单位：中国农业科学院饲料研究所、全国畜牧总站、中国科学院亚热带农业生态研究所、福建傲农生物科技集团股份有限公司、广州立达尔生物技术股份有限公司、广东海大集团股份有限公司、禾丰牧业股份有限公司、黑龙江八一农垦大学、盐城市畜牧兽医站、扬州市畜牧兽医站

主要完成人：丁宏标、沙玉圣、印遇龙、陈刚、粟胜兰、陶正国、温庆琪、邵彩梅、钱雪桥、李士泽、杨玉英、肖俊峰、艾晓杰、卞国志、郭庆、朱明、赵剑、黄铁生

通信地址：北京市海淀区中关村南大街12号

电话：010-82106074

E-mail: dinghongbiao@caas.cn

# 羔羊生理营养和快速育肥关键技术

## 1. 成果审定

2015年11月获得中国专利优秀奖（专利号：ZL.201210365927.6）；2016年11月获得北京市科学技术奖二等奖（证书编号：2016农-2-001）；该成果获知识产权10余项，其中授权发明专利3项，实用新型专利2项，软件著作权8项中国农业科学院杰出科技创新奖（最高奖）（2015）。

## 2. 成果特点

该项成果具有：①揭示了羔羊胃肠道发育特点及基于组学的断奶应激信号通路，为羔羊营养调控奠定了理论基础。②发明了早期断母乳羔羊健康生长营养调控技术，为羔羊健康生长提供了保障。明确了羔羊蛋白质和能量营养需要参数，提出了羔羊日粮蛋白、能量、氨基酸、维生素和微量元素供给模式，发明了植物营养素的日粮配制技术；创制了羔羊代乳品、复合益生菌及酸度调节剂等技术产品。③建立了羔羊早期培育和快速育肥技术模式，为羊肉的高效生产提供了技术支撑。

## 3. 推广应用

在全国20多个省区市推广应用，建立了产业化生产线和产品品牌，市场占有率50%以上。累计新增产值1.3亿元，利润2 600多万元，产生社会效益13余亿元。形成了操作性强、效益高的羔羊早期培育和直接育肥的技术体系。2017年被农业农村部列为主推技术。

完成单位：中国农业科学院饲料研究所
主要完成人：刁其玉、张乃锋、屠焰、马涛、姜成刚、邓凯东、崔凯
联系人：张乃锋、马涛
通信地址：北京市海淀区中关村南大街12号
电话：13811105508；15210968695
E-mail：zhangnaifeng@caas.cn；matao@caas.cn

国家知识产权局
中国专利优秀奖
专利号 ZL.201210365927.6

专利优秀奖

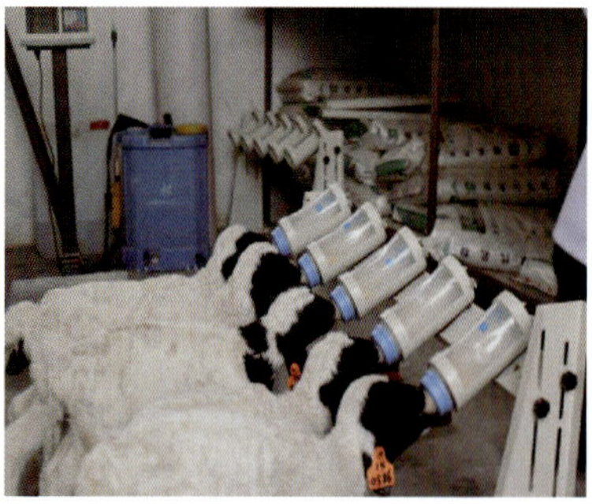

现场照片

荣誉证书
北京市科学技术奖
为表彰在推动科学技术进步，对首都经济建设和社会发展作出贡献的集体和个人，特颁此证，以资鼓励。
获奖项目：羔羊生理营养和快速育肥关键技术研究及应用
获奖等级：贰等奖
获奖单位：中国农业科学院饲料研究所、北京精准动物营养研究中心、北京市畜牧兽医总站
NO. 2016农-2-001
二〇一六年十一月

荣誉证书

# 水貂新品种——明华黑色水貂

## 1. 成果审定

2013年11月经国家畜禽遗传资源委员会办公室组织其他畜禽专业委员会部分委员和专家对由中国农业科学院特产研究所、大连明华经济动物有限公司联合培育的明华黑色水貂新品种进行了现场审定，专家组考查了大连名威貂业有限公司，通过现场查看、听取汇报、查阅相关资料。与会专家一致认为“明华黑色水貂”已达到《畜禽新品种配套系审定和畜禽遗传资源鉴定技术规范（试行）》的要求，同意通过初审。

## 2. 成果特点

明华黑色水貂是国内通过产学研结合培育的自主知识产权的水貂新品种，针毛短、平、齐、细、密，绒毛浓厚致密，针绒毛比例适宜，适应性强，遗传性能稳定。水貂新品种的育成，标志我国水貂产业从依赖引种走向自主创新的新阶段。打破长期依赖进口水貂品种的局面，促进了我国水貂产业升级，提升了我国水貂养殖业的市场竞争力。

## 3. 推广应用

随着我国养貂业向规模化、集约化、商品化方向发展，养殖企业对优质水貂品种的需求越来越迫切。目前国内的水貂品种难以满足市场需求，本品种具有广阔的市场空间和推广前景。

完成单位：中国农业科学院特产研究所、大连明华经济动物有限公司
主要完成人：杨福合、邢秀梅、张志明、吴琼、涂建锋、刘宗岳
通信地址：吉林省长春市聚业大街4899号
电话：0431-81919508
E-mail：yangfh@126.com

明华黑色水貂

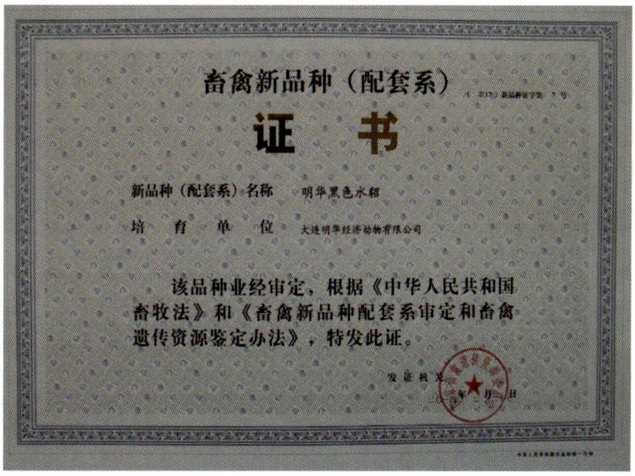

畜禽新品种（配套系）

证　书

新品种（配套系）名称　明华黑色水貂

培　育　单　位　大连明华经济动物有限公司

该品种业经审定，根据《中华人民共和国畜牧法》和《畜禽新品种配套系审定和畜禽遗传资源鉴定办法》，特发此证。

发证机关

年　月　日

证书

# 梅花鹿产业化关键技术开发与应用

■ 1. 成果审定

2014年获得吉林省科技进步二等奖（证书编号：2014J2K081）。

■ 2. 成果特点

由中国农业科学院特产研究所完成的梅花鹿产业化关键技术开发与应用成果，为国家自然科学基金委和吉林省科技厅的项目的研究成果。该成果技术要点：通过分析不同时期的梅花鹿TMR饲料消化代谢水平及生理参数，建立了适合不同时期的TMR饲料配方，TMR饲料已经在吉林省内部分鹿场推广使用。利用梅花鹿精子分离和人工输精技术建立了优良梅花鹿快速繁殖新模式，组建了梅花鹿核心育种群，已经为部分鹿场提供快速繁殖技术和优良种鹿。建立了布鲁氏杆菌、坏死杆菌快速诊断方法，能够快速准确诊断患病鹿只，该技术已经在吉林，内蒙古等地推广应用。制定了梅花鹿鹿茸质量检测标准，对不同加工方式的鹿茸从尖部到基部水溶性和脂溶性提取物进行了数据定义，同时对鹿茸的灰分进行了分析，得出了数据上的定值，该技术在鹿茸相关制品厂已经得到推广。对酶解产物进行了理化性质和部分药理学分析研究，以去势大鼠和小鼠为模型，证实鹿茸胶原酶解产物有防治骨质疏松的作用，同时对小鼠有抗疲劳，抗应激和增强免疫力的作用。主要应用于梅花鹿养殖业和鹿茸产品加工业，针对梅花鹿产业发展中的关键问题，紧紧围绕饲料营养、疫病防控、育种繁殖、产品质量控制及深加工等制约鹿产业发展的瓶颈问题开展。

■ 3. 推广应用

本项目通过对所取得的研究成果进行了集成和示范，成果中的各项技术和产品已经在吉林、辽宁、内蒙古、山东等省区二十多个示范基地进行了应用。并在我国主要梅花鹿产区的300多个养殖场进行了示范推广，取得了显著的经济效益。

吉林省科学技术奖

证书

编号：2014J2K081

为表彰在促进科学技术进步工作中做出重大贡献的单位，特颁发此证书，以资鼓励。

获奖项目：梅花鹿产业化关键技术开发与应用

获奖单位：中国农业科学院特产研究所、长春中医药大学、吉林农业大学

获奖等级：二等奖

二○一四年十一月四日

2014年省奖二等奖梅花鹿产业

完成单位：中国农业科学院特产研究所
主要完成人：李春义
通信地址：吉林省长春市净月区聚业大街4899号
电话：17790067914
Emai：lichunyi1959@163.com

# 鹿茸再生干细胞的发现与哺乳动物断肢再生模型的建立

## 1. 成果审定

吉林省自然科学一等奖；该研究发表于《Current Stem Cell Research & Therapy》《PLoS ONE》《Birth Defects Research》《The International Journal of Biochemistry》《Cell Biology》等国际知名刊物中，多次被他人引用。

## 2. 成果特点

由中国农业科学院特产研究所，北华大学完成的鹿茸再生干细胞的发现与哺乳动物断肢再生模型的建立的成果，围绕“阐明鹿茸再生的机制，建立哺乳动物断肢再生模型”的研究目标。通过系统、深入的研究，发现并精确定位了鹿茸再生的功能细胞团，即角柄（鹿头部的骨桩，鹿茸再生的组织基础）骨膜细胞团。对角柄骨膜细胞定性研究发现，它们是介于成体干细胞和胚胎干细胞之间的一种特殊干细胞类型，并将其定义为鹿茸再生干细胞；同时发现并定位了鹿茸再生干细胞的微环境，即角柄皮肤的内皮层。确定了构成鹿茸干细胞微环境的几种关键细胞类型。从而建立了鹿茸再生干细胞与其微环境细胞的离体共培养体系，用以分离和鉴别刺激鹿茸再生的相关分子；首次提出了“干细胞依赖性”哺乳动物断肢再生假说。该假说不同于现行的低等动物肢体再生的“胚芽依赖性”观点。干细胞依赖性”假说将整个再生过程定位到一种细胞，即断端的骨膜细胞（干细胞）。据此提出如果能够利用现代技术赋予骨膜细胞巨大的分裂潜力，很有可能会实现哺乳动物（包括人）断肢的再生；并利用鹿茸干细胞治疗了大鼠及宠物狗的皮肤损伤，获得了惊人的治疗效果。该研究具有很强的创新性。揭示了复杂哺乳动物器官鹿茸的再生机制，并由此提出了新的哺乳动物断肢再生假说。为诱导哺乳动物（包括人）断肢再生提出了新的思路，对最终实现哺乳动物乃至人类器官再生具有重要的借鉴意义。达到国际先进水平。

吉林省科学技术奖

证书

编号：2017Z10013

为表彰在促进科学技术进步工作中做出重大贡献的单位，特颁发此证书，以资鼓励。

获奖项目：鹿茸再生干细胞的发现与哺乳动物断肢再生模型的建立

获奖单位：中国农业科学院特产研究所、北华大学

获奖等级：一等奖

二〇一七年十一月十日

获奖证书

完成单位：中国农业科学院特产研究所、北华大学

主要完成人：李春义、孙红梅、褚文辉、赵海平、王大涛

电话：17790067914

E-mail：lichunyi1959@163.com

# 五指山小型猪近交系技术

## ■ 1. 成果审定

一种获得近交系小型猪的方法（五指山小型猪），专利号：ZL02149030.9。

该研究成果曾获农业农村部“七五、八五、九五、种猪资源场”，科技部“863、973、攻关、公益、重点”，北京市、国家自然科学基金委重大、重点20余项目资助。先后三次通过农业农村部组织的专家鉴定与成果登记。由二头猪为系祖培育的近交系1998年列入国家首次畜禽资源保种名录、制定、颁布五指山国家标准，并依据该品种和场地制定、颁布了北京地区实验用小猪标准推向全国。目前，获得国家重大专项2项资助（2017YFC11037000、2017YFD0501600）。

## ■ 2. 成果特点

（1）技术突破性。世界唯一高度近交系小型猪，在国际上第一次在大动物近交上获得成功，具有最高近交代数（26代）与近交系数（0.996）；建立了大动物近交系的技术标准；在动物遗传规律上实现突破。并在小型猪上获得世界唯一的猪内源性逆转录病毒非传染性品系。小型猪近交系列入国家资源名录，并建立了国家五指山小型猪近交系保种基地。

（2）产品替代性。近交系小型猪的繁育成功，将有望打开异种器官移植领域的产业化大门。

（3）市场广泛性。小型猪在生物科技与生物医药领域具有广泛的用途，除用作异种移植供体来源外，还是优质的疾病模型、新药评价、生物孵化器等的载体。

（4）产业变革性。近交系在生物医药与医疗产业中的独特与广泛价值，集合与凝聚了先进动物繁育技术、基因编辑克隆技术、临床产品创新性开发等一系列科学技术。

## ■ 3. 推广应用

该近交系成果已向国内的北京、天津、大连、河北、四川等地，以及澳大利亚等国家的70多个单位，提供实验用猪上千头，已成功应用于动物疾病模型、新药鉴定、食品安全、异种移植等方面的科学研究、产品开发等方面。

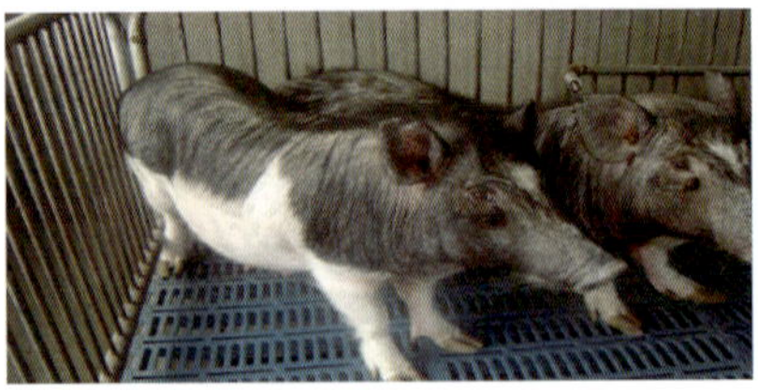

培育的近交系猪

完成单位：中国农业科学院北京畜牧兽医研究所、北京盖兰德生物科技有限公司

完成人：冯书堂、牟玉莲、李奎

联系电话：13520741166

# 奶牛重要细菌病防治药物创制

## 1. 成果审定

该成果获得9项国家新兽药证书（其中二类5项），形成了9个兽药国家标准，打破了国外同类产品的垄断。发表论文76篇，获国家授权专利6项（专利号：ZL 201510315976.2、ZL 201510316219.7、ZL 201310665166.0、ZL 201620728975.0、ZL 201620737289.X、ZL 201310664982.X），转化成果27项（次）；经中国农学会组织的科学技术成果评价，综合评分94.81分，成果居国际先进水平。

## 2. 成果特点

由中国农业科学院饲料研究所（第一单位）完成的奶牛重要细菌病防治药物创制的成果，是针对我国奶牛重要细菌病病原本底不清、高效防治药物缺乏等突出问题，重点开展了奶牛乳房炎、子宫内膜炎、呼吸道疾病的病原菌调查、药物筛选和新兽药创制等研究和应用工作，历时19年，取得了重大突破。开发了9种安全、高效、低残留、低成本的新兽药。筛选出氟苯尼考、盐酸沃尼妙林、盐酸头孢噻呋及硫酸头孢喹肟等6种高活性抗菌原料药；建立了9个原料及制剂新工艺，创新了2种局部给药新剂型，成本较国外产品降低了2/3；开发了2种配套给药装置。创制了9个新兽药（其中5个国家二类新兽药），极大地填补了国内空白，市场占有率53%；针对奶牛乳房炎药物，从干乳期预防到泌乳期治疗，全方位系统的建立了奶牛乳房炎的防治体系，奶牛乳房炎发病率降低7.2%，有效率达85.5%；子宫内膜炎药物，与同期对照产品比较，使用由4次降为2次，疾病有效率由58.5%提高到了81.5%；奶牛呼吸道疾病药物，有效率达82.3%；形成了9个国家兽药标准，为我国奶牛细菌性疾病防治提供了重要的技术手段，为产品的标准化生产和兽药行业监管提供了技术依据。

## 3. 推广应用

已在北京、山东、天津、河北、黑龙江等22个省（市）区，225个奶牛养殖场（户）进行了示范推广，经济社会效益显著，应用前景广阔。

完成单位：中国农业科学院饲料研究所（第一完成单位）

主要完成人：李秀波*、路永强、刘义明*、徐飞*、陈孝杰*、石波*、赵炳超*、马书宇*、郭江鹏、任康、杨宇泽、张正海、李萌、王峥、梁景乐（*为第一完成单位）

通信地址：北京市海淀区中关村南大街12号

电话：010-82106059

E-mail：lixiubo@caas.cn

# 新型饲用抗生素替代品

## ■ 1. 成果审定

在农业科技创新工程、国家科技支撑计划“新型微生态制剂的创制与应用”和8项国家自然科学基金的支持下，创制30余种新型饲用抗生素替代品。2项农业行业标准，5项饲料添加剂生产许可，授权专利14项。

## ■ 2. 成果特点

新型寡糖产品创制首次建立蔗果及菊粉寡糖纯化新工艺，纯度分别达84.45%和83.6%；发现菊粉及衍生物促嗜酸乳杆菌生长；率先建立菊糖快速检测鉴定法；创制系列新型改性菊粉，揭示新产品构效关系。

新型微生态制剂创制首次引入多用防腹泻酵母，创制动物用防腹泻、益生双效布拉酵母制剂；创制约氏乳杆菌制剂；揭示益生菌与抗菌肽配伍禁忌，解决二者拮抗失效问题。创制含虾壳—植物—担子菌三菌三效寡糖特用培养基及复合益生菌制剂，提高肉鸡成活率1.5%，降低料肉比6.2%，消减鸡舍臭气。突破氨基酸不平衡和蛋白变性等瓶颈，建立丰产多肽的花生粕固态发酵技术体系。

## ■ 3. 推广应用

该项目技术成果得到了很好的推广应用。总计替抗量50%以上，生产各类产品21.17万吨，产值13.18亿元，直接经济效益1.37亿元，间接经济增量300亿元。符合国家绿色农业产业化政策，经济效益和生态效益显著，具有巨大的潜在市场需求和广阔的应用前景。

饲料和饲料添加剂

新

新产品证书

新饲证字 （2015）03号

经审查，该产品安全、有效、不污染环境，符合《新饲料和新饲料添加剂管理办法》的规定，特发此证。

产品名称：约氏乳杆菌　产品类别：微生物饲料添加剂

申　请　人：北京大北农科技集团股份有限公司　适用范围：断奶仔猪、蛋雏鸡

二〇一五年十月

新产品证书

完成单位：中国农业科学院饲料研究所、北京大北农科技集团股份有限公司

主要完成人：王建华、王安如、滕达、王秀敏、毛若雨、郝娅、杨雅麟、管庆丰、张勇

通信地址：北京市海淀区中关村南大街12号

电话：010-82106081

E-mail: wangjianhua@caas.cn

河北廊坊三河抗菌肽奶牛治疗评价

北京通州抗菌肽肉鸡试验

中国科学院过程所
抗菌肽中试

# 鸡胚源H5亚型禽流感系列灭活疫苗

## 1. 成果审定

2014年通过新兽药评审（农业农村部公告第2093号）。

## 2. 成果特点

由中国农业科学院哈尔滨兽医研究所独立完成的鸡胚源H5亚型禽流感系列灭疫苗，系获得新兽药证书产品进行种毒更新的研究成果。重组禽流感病毒灭活疫苗（H5N1亚型，Re-6株）、重组禽流感病毒H5亚型二价灭活苗（H5N1亚型，Re-6株+Re-4株）和禽流感二价灭活苗（H5N1亚型，Re-6株+H9N2 Re-2株）于2012年通过新兽药评审（农业农村部公告第1735号），重组禽流感病毒H5亚型二价灭活苗（H5N1亚型，Re-6株+Re-7株）均通过新兽药评审。本成果居世界先进水平，疫苗种毒均是采用反向遗传操作技术重组构建，具有免疫原性好、生长滴度高、不具有致病性和对流行病毒针对性强的特点。本成果适用于家禽养殖业进行禽流感的防控。

## 3. 推广应用

上述疫苗是解决特定时间段禽流感变异毒株危害的重要产品，已经在农业农村部批准的8个禽流感疫苗定点生产企业进行转化，在全国范围内多种家禽应用约515亿羽份，销售额约30亿元。Re-7株疫苗于2014年下半年开始应用，目前已经连续两年未分离到该类病毒，为清除7.2分支H5亚型禽流感病毒做出了重要贡献。

完成单位：中国农业科学院哈尔滨兽医研究所

主要完成人：陈化兰、田国彬、曾显营、邓国华、李雁冰、施建忠、姜永萍、刘丽玲、陈普成

通信地址：黑龙江省哈尔滨市香坊区哈平路678号

电话：0451-51997168

E-mail：chenhualan@caas.cn

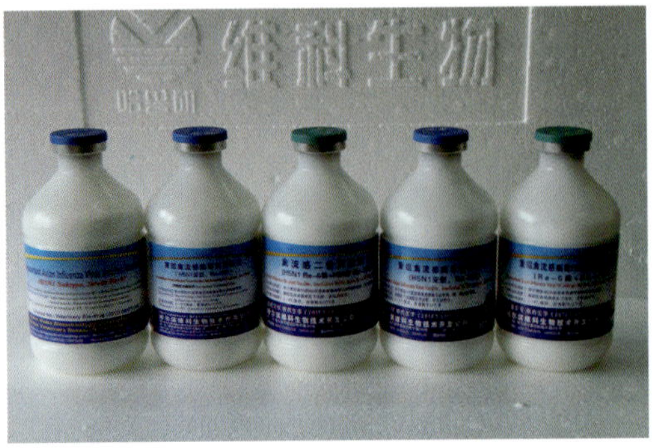

鸡胚源（Re-6）（Re-6+Re-4）（H5+H9）

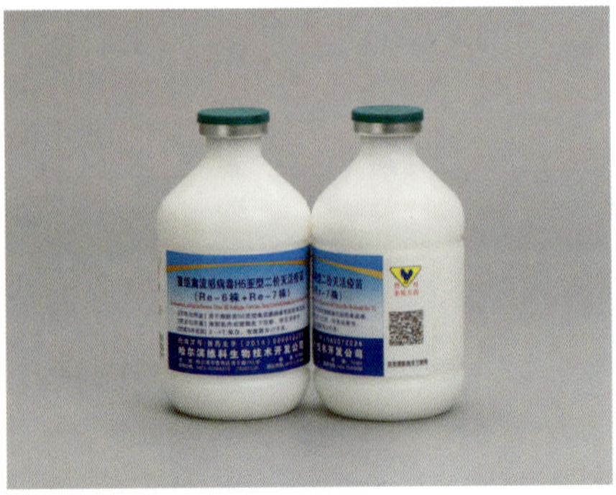

鸡胚源Re-6+Re-7

# 中华人民共和国农业部公告

第 1735 号

根据《兽药管理条例》规定，我部组织制定了重组禽流感病毒灭活疫苗（H5N1 亚型，Re-6 株）、重组禽流感病毒 H5 亚型二价灭活疫苗（Re-6 株+Re-4 株）、禽流感二价灭活疫苗（H5N1 Re-6 株+H9N2 Re-2 株）和禽流感、新城疫重组二联活疫苗（rLH5-6 株）等 4 种兽用生物制品制造及检验试行规程、质量标准、说明书和内包装标签，现予发布，自发布之日起执行。

特此公告。

附件：1. 制造及检验试行规程

2. 质量标准

3. 说明书和标签

中华人民共和国农业部

二〇一二年三月二日

— 1 —

1735号公告（Re-6株系列疫苗）

# 中华人民共和国农业部公告

第 2093 号

根据《兽药管理条例》规定，我部组织制定了重组禽流感病毒灭活疫苗（H5N1 亚型，Re-7 株）和重组禽流感病毒 H5 亚型二价灭活疫苗（Re-6 株+Re-7 株）等 2 种兽药产品制造及检验试行规程、质量标准、说明书和内包装标签，现予发布，自发布之日起执行。

特此公告。

附件：1. 试行规程

2. 质量标准

3. 说明书和标签

中华人民共和国农业部

农业部

2014 年 4 月 11 日

— 1 —

2093号公告（鸡胚源Re-6+Re-7）

# 细胞源H5亚型禽流感系列灭活疫苗

## 1. 成果审定

2015年获得新兽药证书［（2015）新兽药证字20号］；重组禽流感病毒（H5N1亚型）灭活疫苗（细胞源，Re-5株）于2012年获得新兽药证书［（2012）新兽药证字15号］，同年进行种毒更新为重组禽流感病毒（H5N1亚型）灭活疫苗（细胞源，Re-6株）（农业农村部公告第1857号）。重组禽流感病毒H5亚型二价灭活疫苗（细胞源，Re-6株+Re-4株），于同年进行种毒更新为重组禽流感病毒H5亚型二价灭活疫苗（细胞源，Re-6株+Re-7株）（农业农村部公告第2284号）。

## 2. 成果特点

由中国农业科学院哈尔滨兽医研究所、山东信得动物疫苗有限公司和哈尔滨维科生物技术开发公司共同研发完成的细胞源H5亚型禽流感系列灭活疫苗，采用MDCK细胞为基质增殖禽流感病毒研发的灭活疫苗。该成果是一种新型的禽流感灭活疫苗生产工艺，与传统工艺相比具有无外源因子污染、易于规模化生产、生产线占用空间小、生产效率高、病毒抗原稳定等优点；可以避免大量鸡胚的使用和鸡胚残体的处理，降低环保压力。该疫苗的成功研制，标志着用细胞培养禽流感病毒生产疫苗的工艺已经成熟，对行业发展具有较大的推动和引领作用。本成果适用于家禽养殖业进行H5亚型禽流感的防控。重组禽流感病毒（H5N1亚型）灭活疫苗（细胞源，Re-6株）用于预防2.3.2分支H5禽流感病毒引起的禽流感。重组禽流感病毒H5亚型二价灭活疫苗（细胞源，Re-6株+Re-7株）注射一次便同时预防2.3.2分支和7.2分支H5亚型禽流感病毒引起的禽流感。

## 3. 推广应用

本成果获得了两个新兽药证书，并及时进行了疫苗种毒的更新。相关产品为禽流感强制免疫用疫苗，已经纳入政府采购并开始应用。本成果从2013年开始应用，已经在全国20多个省、自治区或直辖市应用约22亿羽份，有效地预防了禽流感的暴发和流行。在国内率先采用细胞培养技术生产禽流感疫苗，有力地促进了我国动物疫苗产品的提质升级，对行业具有带动作用，取得了明显的经济效益和社会效益。

完成单位：中国农业科学院哈尔滨兽医研究所、山东信得动物疫苗有限公司、哈尔滨维科生物技术开发公司

主要完成人：陈化兰、李明义、田国彬、曾显营、邓国华、李雁冰、施建忠、姜永萍、刘丽玲

通信地址：黑龙江省哈尔滨市香坊区哈平路678号

电话：0451-51997168

E-mail: chenhualan@caas.cn

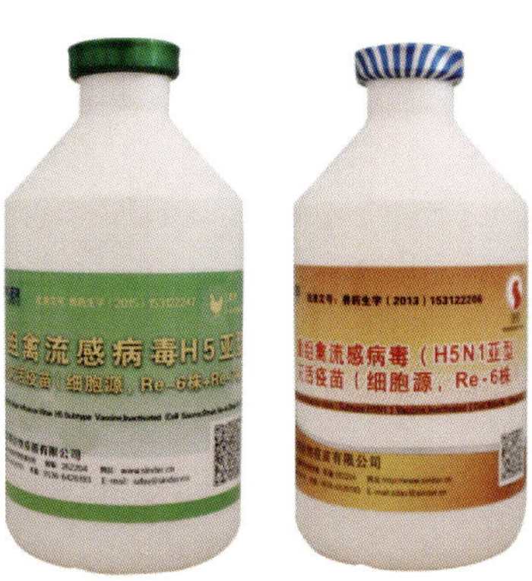

产品

中华人民共和国

新兽药注册证书

证号：（2012）新兽药证字 15 号

新兽药名称 ：重组禽流感病毒（H5N1 亚型）灭活疫苗（细胞源，Re-5 株）

注 册 分 类 ：三类

研 制 单 位：中国农业科学院哈尔滨兽医研究所、山东信得动物疫苗有限公司、哈尔滨维科生物技术开发公司

根据《兽药管理条例》，该兽药符合规定，准予注册，特发此证。

发证日期：二〇一二年六月二十一日

重组禽流感病毒（H5N1亚型）灭活疫苗（细胞源，Re-5株）

中华人民共和国

新兽药注册证书

证号：（2015）新兽药证字 20 号

新兽药名称 ：重组禽流感病毒H5亚型二价灭活疫苗（细胞源，Re-6株+Re-4株）

注 册 分 类 ：三类

研 制 单 位：中国农业科学院哈尔滨兽医研究所、山东信得动物疫苗有限公司、哈尔滨维科生物技术开发公司

根据《兽药管理条例》，该兽药符合规定，准予注册，特发此证。

发证日期：二〇一五年四月二十七日

重组禽流感病毒H5亚型二价灭活疫苗（细胞源，Re-6株+Re-4株）新兽药证书

# 新城疫、传染性支气管炎、禽流感（H9亚型）三联灭活疫苗

## 1. 成果审定

2015年11月获得新兽药证书［（2015）新兽药证字20号］。

## 2. 成果特点

由普莱柯生物工程有限公司、中国农业科学院哈尔滨兽医研究所和哈尔滨维科生物技术开发公司共同完成的新城疫、传染性支气管炎、禽流感（H9亚型）三联灭活疫苗是预防鸡新城疫、鸡传染性支气管炎和H9亚型禽流3种主要传染病的有效方法。新城疫、传染性支气管炎、禽流感（H9亚型）三联灭活疫苗（La Sota株+M41株+Re-9株）一次免疫，能同时预防鸡新城疫、传染性支气管炎和H9亚型禽流感3种重要禽病。该疫苗抗原含量高，免疫效果好，为控制复杂的呼吸道类疾病提供了有效产品，对保障养禽业健康有重要作用。本成果适用于家禽养殖业，用于预防鸡新城疫、鸡传染性支气管炎和H9亚型禽流感。这3种病均是目前流行范围较广、危害比较大的鸡的疫病，是养鸡必防之病。新城疫、传染性支气管炎、禽流感（H9亚型）三联灭活疫苗一针防三病，比使用单苗或二联苗可节约大量的人力、物力和财力，还可以减少对家禽的应激反应，是养殖者喜欢使用的疫苗产品。

## 3. 推广应用

普莱柯生物工程有限公司生产的疫苗于2016年开始应用，哈尔滨维科生物技术开发公司生产的疫苗于2017年开始应用，在全国范围内推广应用超过4.5亿羽份，销售额达4 200余万元。

完成单位：普莱柯生物工程有限公司、中国农业科学院哈尔滨兽医研究所、哈尔滨维科生物技术开发公司

主要完成人：洪素梅、曾显营、田国彬、陈化兰、薛景景、田辉、朱庆虎、闫丽辉、鞠妍

通信地址：黑龙江省哈尔滨市香坊区哈平路678号

电话：0451-51997168

E-mail：chenhualan@caas.cn

中华人民共和国

新兽药注册证书

证号：（2015）新兽药证字 52 号

新兽药名称 ：鸡新城疫、传染性支气管炎、禽流感（H9亚型）三联灭活疫苗（La Sota株+M41株+Re-9株）

注 册 分 类： 三 类

研 制 单 位：普莱柯生物工程股份有限公司、中国农业科学院哈尔滨兽医研究所、哈尔滨维科生物技术开发公司

根据《兽药管理条例》，该兽药符合规定，准予注册，特发此证。

发 证 日 期： 二〇一五年十一月十八日

中华人民共和国农业部

鸡新城疫、传染性支气管炎、禽流感（H9亚型）三联灭活疫苗（LaSota株+M41株+Re-9株）

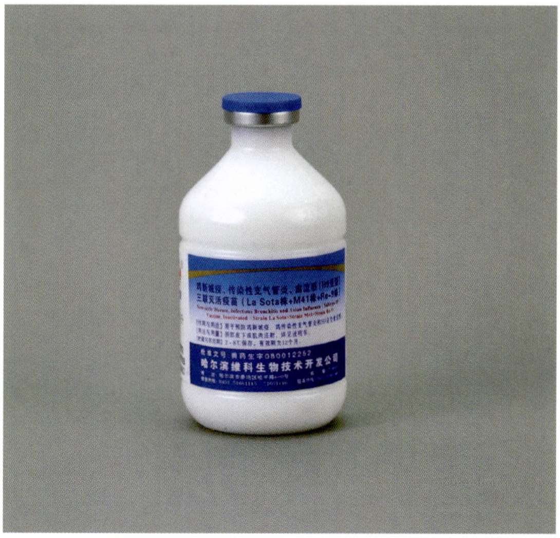


鸡新城疫、传染性支气管炎、禽流感（H9亚型）
三联灭活疫苗（La Sota+M41+Re-9株）

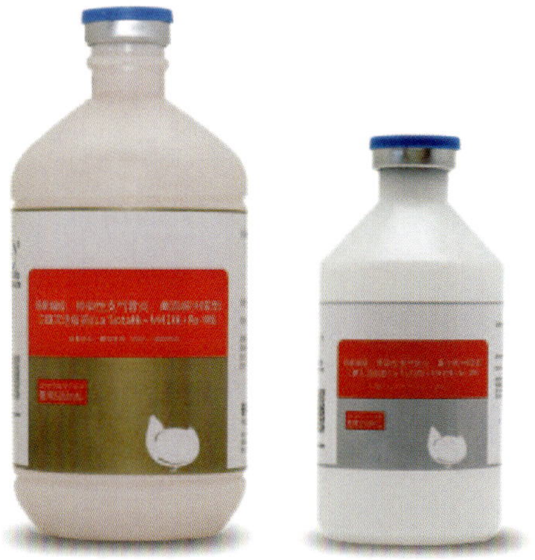

普莱柯新支流Re-9

# 鸡传染性支气管炎活疫苗（LDT3–A株）

■ 1. 成果审定

2011年鸡传染性支气管炎病毒弱毒疫苗株及其应用获得国家发明专利。2011年鸡传染性支气管炎活疫苗（LDT3-A株）获得三类新兽药注册证书（新兽药证字51号）。

■ 2. 成果特点

由中国农业科学院哈尔滨兽医研究所研制完成的鸡传染性支气管炎活疫苗（LDT3-A株），是在对我国鸡传染性支气管炎流行病学调查和系统的病原学研究基础上研制而成的。培育的疫苗株具有良好免疫原性，其不仅能够有效免疫预防我国主要流行的鸡传染性支气管炎病毒毒株类型，与其他型病毒也具有良好交叉保护，其免疫保护效力明显优于市售商品化同类疫苗，更加符合我国实际应用的需要，尤其是在传染性支气管炎持续发生和流行的地区，应用该疫苗重点预防免疫和加强免疫将对减少该病的发生起到重要作用，具有很大的技术优势和市场优势。

■ 3. 推广应用

目前该产品已经转让包括国际知名动保企业梅里亚在内的4家动物疫苗生产企业生产销售，通过技术转让在全国大面积推广应用，技术转让收益已达1 000余万元。目前已经累计销售超过2亿羽份，销售额达500余万元。该成果为防控禽呼吸道疫病提供了有效手段，获得了良好的社会效益。

完成单位：中国农业科学院哈尔滨兽医研究所
主要完成人：刘胜旺、孔宪刚、韩宗玺、邵昱昊
通信地址：黑龙江省哈尔滨市香坊区哈平路678号
电话：0451-51051619
E-mail：liushengwang@caas.cn；hanzongxi@caas.cn

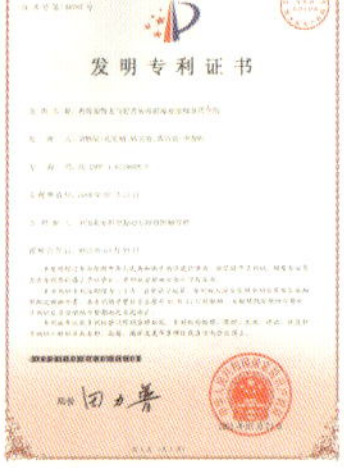


国家发明专利

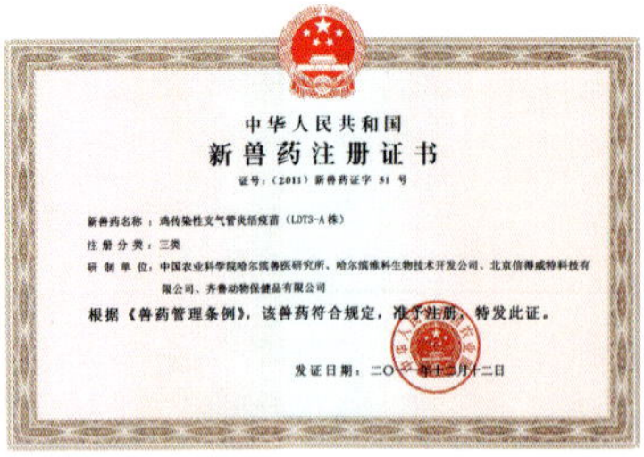


新兽药证书

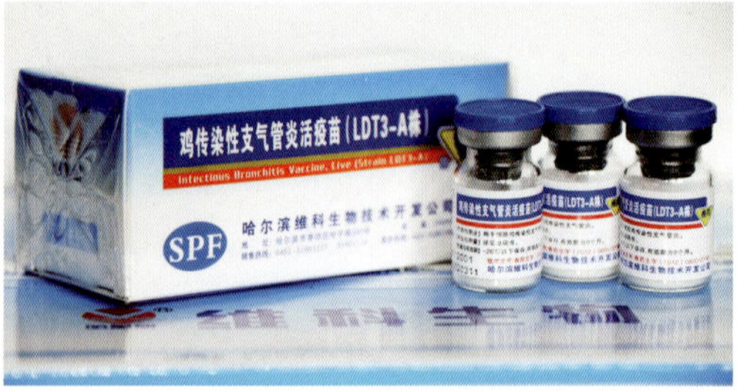


疫苗成品及包装

# 高致病性猪繁殖与呼吸综合征活疫苗（HuN4-F112株）

## 1. 成果审定

2010年获得国家发明专利授权（专利号：ZL 200810097546.8）；2011年获得二类新兽药注册证书（新兽药证字09号）；2012年获得中国农业科学院科技进步一等奖；2013年获得黑龙江省技术发明二等奖；2013年荣获第十一届中国国际农产品交易会参展产品金奖。

## 2. 成果特点

由中国农业科学院哈尔滨兽医研究所完成的高致病性猪繁殖与呼吸综合征活疫苗（HuN4-F112株）成果，是将HP-PRRSV HuN4株在Marc-145细胞上系列传代和3次蚀斑克隆纯化，成功创制了安全、有效、临床保护率超过90%的高致病性猪繁殖与呼吸综合征活疫苗（HuN4-F112株），针对不同猪群（种猪群和商品猪群）制定了科学的免疫程序和相应的鉴别诊断技术，疫苗免疫猪群出栏率提高10%以上，为我国有效控制HP-PRRS发生提供了重要的技术保障。

## 3. 推广应用

研制的高致病性猪繁殖与呼吸综合征活疫苗（HuN4-F112株）已获得国家二类新兽药证书和农业农村部批准生产文号，并纳入《国家动物疫病强制免疫计划》用苗。该疫苗已转让4家动物疫苗生产企业生产，获专利技术转让费3 200万元。截至2015年，在全国25个省、市培训各级政府动物疫病管理人员和猪场技术人员超过28 000人，销售疫苗58 380.87万头份，免疫猪群有效地控制了高致病性猪繁殖与呼吸综合征的发生，养猪经济效益显著提高。企业疫苗销售额达60 979万元以上，实现利润18 265万元，创社会经济效益70亿元以上。

完成单位：中国农业科学院哈尔滨兽医研究所
主要完成人：童光志、田志军、周艳君、安同庆、彭金美
通信地址：黑龙江省哈尔滨市香坊区哈平路678号
电话：0451-51051765；13946058661（田志军）
E-mail：tianzhijun@caas.cn

中华人民共和国
新兽药注册证书
证号：（2011）新兽药证字 09 号
新兽药名称：高致病性猪繁殖与呼吸综合征活疫苗（HuN4-F112 株）
注册分类：二类
研制单位：中国农业科学院哈尔滨兽医研究所、哈尔滨维科生物技术开发公司、上海海利生物药品有限公司、吉林正业生物制品股份有限公司、哈药集团生物疫苗有限公司
根据《兽药管理条例》，该兽药符合规定，准予注册，特发此证。
发证日期：二〇一一年三月四日

新兽药证书

科学技术奖证书
为表彰在推动科技进步、促进我省经济和社会发展中做出贡献的科技工作者，特颁发此证书。
项目名称：高致病性猪蓝耳病防控技术的研究及应用
奖励等级：二等　（发明）
获奖者：田志军
证书号：2013-144-02
二〇一三年十一月

黑龙江省发明二等奖证书

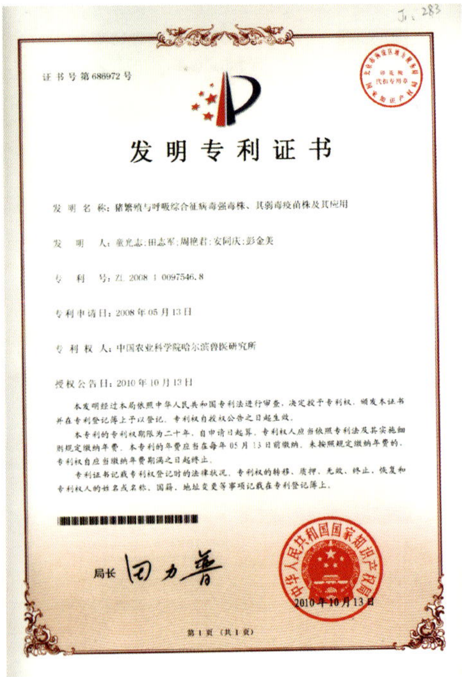
证书号第686972号
发明专利证书
发明名称：猪繁殖与呼吸综合征病毒强毒株、其弱毒疫苗株及其应用
发明人：童光志；田志军；周艳君；安同庆；彭金美
专利号：ZL 2008 1 0097546.8
专利申请日：2008年05月13日
专利权人：中国农业科学院哈尔滨兽医研究所
授权公告日：2010年10月13日
本发明经过本局依照中华人民共和国专利法进行审查，决定授予专利权，颁发本证书并在专利登记簿上予以登记。专利权自授权公告之日起生效。
本专利的专利权期限为二十年，自申请日起算。专利权人应当依照专利法及其实施细则规定缴纳年费。本专利的年费应当在每年05月13日前缴纳。未按照规定缴纳年费的，专利权自应当缴纳年费期满之日起终止。
专利证书记载专利权登记时的法律状况。专利权的转移、质押、无效、终止、恢复和专利权人的姓名或名称、国籍、地址变更等事项记载在专利登记簿上。
局长 田力普
2010年10月13日
第1页（共1页）

发明专利

中国农业科学院
科学技术成果奖证书
为表彰中国农业科学院科学技术成果奖获得者，特颁发此证书。
成果名称：高致病性猪繁殖与呼吸综合征病原分离鉴定及弱毒疫苗的研制与应用
奖励等级：一等
获奖者：田志军
二〇一二年十一月三十日
证书编号：2012-1-06-R02

中国农业科学院科技进步一等奖证书

获奖证书
中国农业科学院哈尔滨兽医研究所：
你单位“哈兽研”高致病性猪繁殖与呼吸综合征活疫苗（HuN4-F112株）荣获第十一届中国国际农产品交易会参展产品金奖。
特颁此证
第十一届中国国际农产品交易会组委会
二〇一三年十一月

第十一届中国国际农产品交易会参展产品金奖

# 禽流感、新城疫重组二联活疫苗（rL H5–6株）

## 1. 成果审定

新城疫LaSota疫苗株反向遗传操作系统及其应用获得国家发明专利（专利号：ZL 200510097997.8）；表达禽流感病毒H5亚型HA蛋白的重组新城疫LaSota弱毒疫苗株获得国家发明专利（专利号：ZL 200610075781.6）。2007年荣获国家科学技术发明二等奖。“禽流感、新城疫重组二联活疫苗（rL-H5株）”于2007年获得一类新兽药注册证书。“禽流感、新城疫重组二联活疫苗（rL H5-6株）”于2012年经农业农村部批准进行疫苗更新（农业农村部公告第1735号）。

## 2. 成果特点

由中国农业科学院哈尔滨兽医研究所研制完成的禽流感、新城疫重组二联活疫苗（rL H5-6株），是运用反向遗传操作技术，构建了以新城疫病毒为疫苗载体、携带禽流感病毒HA基因的重组病毒。是世界上首个规模化应用的负链RNA病毒活载体疫苗，一次接种疫苗即可同时预防H5亚型禽流感和新城疫两种一类重大动物疫病，具有安全有效、使用方便、成本低廉的突出优点。

## 3. 推广应用

该疫苗拥有独立知识产权。该疫苗可同时有效预防新城疫和H5亚型高致病力禽流感，可经滴鼻、点眼、饮水等多种途径给苗，能有效激发免疫鸡群的细胞免疫机能，提高油佐剂疫苗的抗体水平。使用该疫苗预防H5亚型禽流感，制造成本与新城疫弱毒疫苗相当，不再需要额外疫苗制造和使用成本，具有安全有效、使用方便、成本低廉的突出优点。

完成单位：中国农业科学院哈尔滨兽医研究所
主要完成人：步志高、陈化兰、葛金英
通信地址：黑龙江省哈尔滨市香坊区哈平路678号
电话：0451-51051727
E-mail：buzhigao@caas.cn；chenhualan@caas.cn；gejinying@caas.cn

国家奖证书

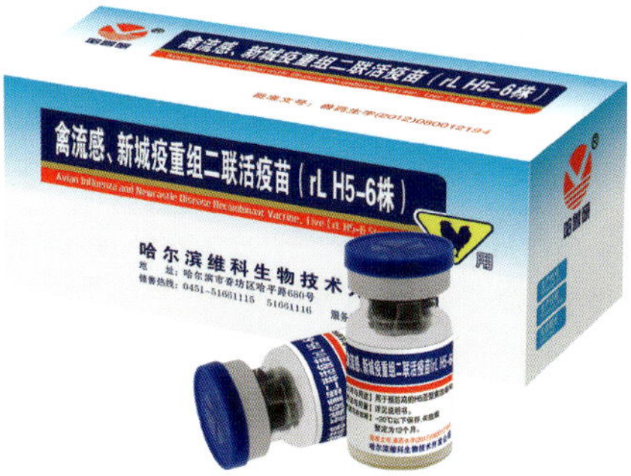


新禽产品

新兽药注册证书

# 猪传染性胃肠炎、猪流行性腹泻、猪轮状病毒（G5）三联活疫苗

## 1. 成果审定

猪流行性腹泻病毒弱毒疫苗株及其应用（专利号：ZL200710003047.3）、猪传染性胃肠炎华毒弱毒疫苗株及其应用（专利号：ZL200710003045.4）；猪传染性胃肠炎、猪流行性腹泻、猪轮状病毒（G5型）三联活疫苗于2014年2月荣获哈尔滨市科技成果（证书编号：9232014Y0037-1），于2014年12月获得国家二类新兽药注册证书（证书编号：新兽药证字54号），于2017年荣获黑龙江省技术发明一等奖。

## 2. 成果特点

由中国农业科学院哈尔滨兽医研究所、哈尔滨维科生物技术开发公司、哈尔滨国生生物科技股份有限公司共同完成的猪传染性胃肠炎、猪流行性腹泻、猪轮状病毒（G5）三联活疫苗，为我国首个针对猪传染性胃肠炎病毒、猪流行性腹泻病毒、猪轮状病毒混合感染的疫苗。该疫苗对仔猪、母猪均安全，主动免疫保护率为96.15%、被动免疫保护率为88.67%；与同类产品相比，其免疫保护率提高5%～6%；实现了一针防三病，减少了猪只的免疫应激，降低了疫苗接种的劳动强度和养殖成本，并对预防三种病原单一感染或混合感染均具有显著效果，促进了生猪健康养殖，解决了生猪腹泻对养殖行业的困扰。根据中国农业科学院农业经济与发展研究所《农业科研成果经济效益测评报告》结果表明，该项科研成果在经济效益计算年限内，共可为社会创造867 132.95万元的经济效益，平均每年能为社会增加86 713.29万元的经济效益；用于该项科研成果的每1元研制费用，在经济效益计算年限内，平均每年可为社会增加15.96元纯收益，经济效益显著。

## 3. 推广应用

该产品转让7个生物制品企业，在三家生物制品公司建立了3条生产线，为生物制品企业带来优质产品，通过企业转化在全国推广应用。在全国30个省（市、自治区）推广2 560万头份，3年实现销售产值1.96亿元，极大降低了腹泻对生猪养殖的危害，有效推动了我国养猪业发展，保障了国家肉食供应和食品安全，产生巨大社会效益。

完成单位：中国农业科学院哈尔滨兽医研究所、哈尔滨维科生物技术开发公司、哈尔滨国生生物科技股份有限公司

主要完成人：冯力、时洪艳、陈建飞、佟有恩、张鑫、王牟平、王洪峰、孙东波、石达

通信地址：黑龙江省哈尔滨市香坊区哈平路678号

电话：0451-51051836

E-mail：fengli_h@163.com；shihongyan@caas.cn；chenjianfei@caas.cn

中华人民共和国

新兽药注册证书

证号：（2014）新兽药证字 54 号

新兽药名称：猪传染性胃肠炎、猪流行性腹泻、猪轮状病毒（G5 型）三联活疫苗（弱毒华毒株+弱毒 CV777 株+NX 株）

注 册 分 类：二类

研 制 单 位：中国农业科学院哈尔滨兽医研究所、哈尔滨维科生物技术开发公司、上海海利生物技术股份有限公司、吉林正业生物制品股份有限公司

根据《兽药管理条例》，该兽药符合规定，准予注册，特发此证。

发证日期：二〇一四年十二月二十六日

猪传染性胃肠炎、猪流行性腹泻、猪轮状病毒（G5型）三联活疫苗新兽药注册证书

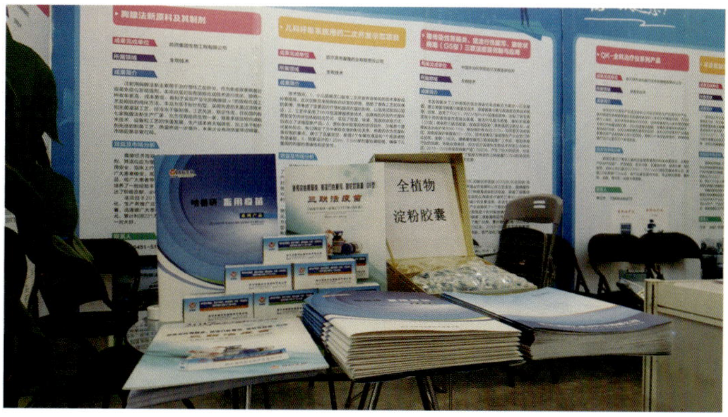


猪传染性胃肠炎、猪流行性腹泻、猪轮状病毒（G型）三联活疫苗参加14届中国-东盟博览会

冯力研究员技术讲座与推广

# 布鲁氏菌cELISA抗体检测试剂盒

■ 1. 成果审定

2013年获得二类新兽药注册证书（证书编号：新兽药证字27号）。

■ 2. 成果特点

由中国农业科学院哈尔滨兽医研究所与中国兽医药品监察所联合研制完成的布鲁氏菌cELISA抗体检测试剂盒，具有敏感性高、特异性强的特点，是世界动物卫生组织（OIE）推荐的确诊方法。我国动物检疫传染病法规定每头牛每年进行两次布病的血清学检疫，仅牛的试剂盒费用支出即达几十亿元人民币，加上羊的抽样检疫，市场应用前景巨大。该试剂盒的性能达到并超过了国外同类产品，填补了我国布病诊断产品的空白，对我国中长期规划中实施布病净化的发展目标具有重要意义，同时对于我国优化国家标准提供了技术手段。该产品具有自主知识产权、低成本、高附加值等特点，具有重要的战略意义、社会价值和经济价值。

■ 3. 推广应用

已转让给武汉科前生物股份有限公司、哈尔滨动物生物制品国家工程研究中心有限公司、洛阳莱普生信息科技有限公司、北京亿森宝生物科技有限公司、长春西诺生物科技有限公司、哈尔滨维科生物技术开发公司、北京中海生物科技有限公司等多家企业，并向全国推广应用。目前，该产品已应用全国约20万头份血清检测。

完成单位：中国农业科学院哈尔滨兽医研究所、中国兽医药品监察所

主要完成人：步志高、胡森

通信地址：黑龙江省哈尔滨市香坊区哈平路678号

电话：0451-51051727

E-mail：buzhigao@caas.cn；husen@caas.cn

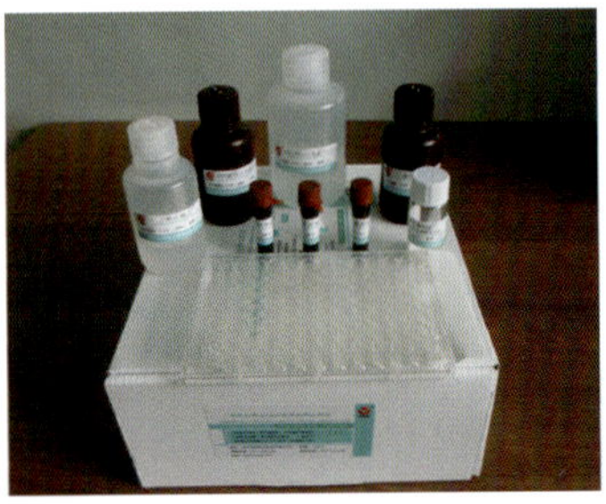
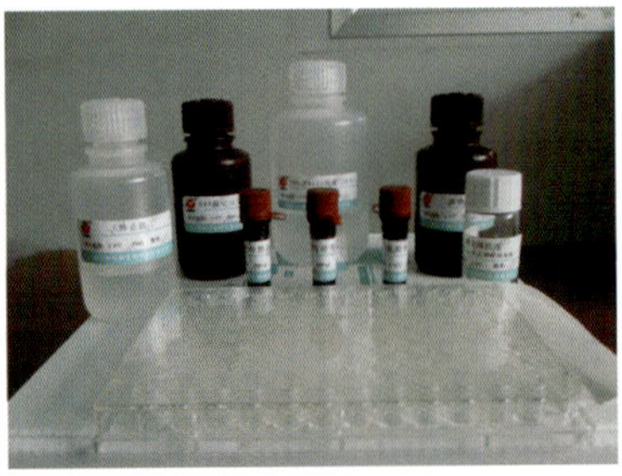
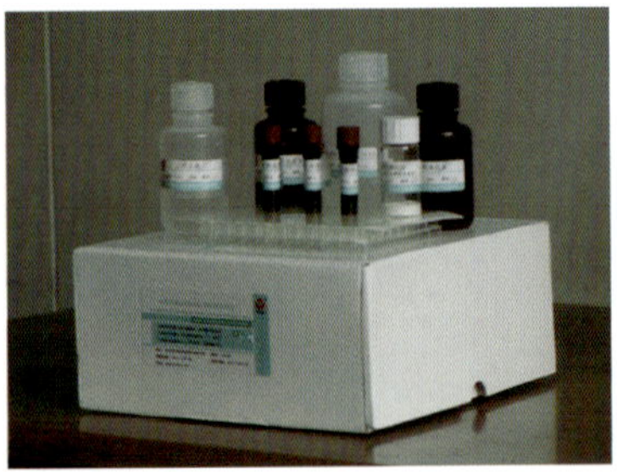

试剂盒

# 口蹄疫A型灭活疫苗

## ■ 1. 成果审定

2008年获得国家新兽药注册、生产批准［证书编号：（2008）新兽药证字19号；兽药生产批准文号［兽药生字（2009）280027052，及兽药生字（2013）280027052）］；2010年获国家发明专利（专利号：ZL200710018544.0）。

## ■ 2. 成果特点

由中国农业科学院兰州兽医研究所研制完成的口蹄疫A型灭活疫苗成果，为专门用于A型口蹄疫的免疫预防。国际上虽然有口蹄疫A型灭活疫苗的报道，但所使用的制苗毒株和生产工艺，跟本专利相差很大。我国虽然已研制成功了牛口蹄疫O型灭活疫苗、猪口蹄疫O型灭活疫苗、猪口蹄疫O型灭活疫苗（Ⅱ）和猪牛等偶蹄动物通用口蹄疫O型灭活疫苗等四种O型苗，但缺乏A型苗。本专利权人率先创制了战略储备口蹄疫A型灭活疫苗。该疫苗的安全性达国际同类产品先进水平；对A型口蹄疫的平均免疫效力为7.27$PD_{50}$/头份，超过了3$PD_{50}$/头份的国际（世界动物卫生组织，OIE）标准。因此，是高效的口蹄疫A型灭活疫苗。

## ■ 3. 推广应用

自2009年1月至2014年12月，已批量生产合格疫苗累计76 744.21万毫升，并销往全国30个省（市、区），免疫动物约3.8亿头（只），应用面积占全国应免疫A型口蹄疫地区的100%，有效遏制了我国A型口蹄疫A/HB/WH/09株的暴发流行，自2010年5月以后，我国未再发生由此毒引致的疫情，该疫苗现已作为唯一产品在全国广泛使用。

完成单位：中国农业科学院兰州兽医研究所
主要完成人：王永录、张永光、方玉珍、蒋守田、潘丽、吕建亮
通信地址：甘肃省兰州市城关区盐场堡徐家坪1号
电话：0931-8343796；13893476652
E-mail：wangyonglu@caas.cn

产品

中华人民共和国
新兽药注册证书
证号：（ 2008 ）新兽药证字 19 号

新兽药名称：口蹄疫A型灭活疫苗（AF/72株）
注册分类：三类
研制单位：中国农业科学院兰州兽医研究所

根据《兽药管理条例》，该兽药符合规定，准予注册，特发此证。

发证日期：二〇〇八年六月十八日

三类新兽药注册证书［口蹄疫A型灭活疫苗（AF72株）］

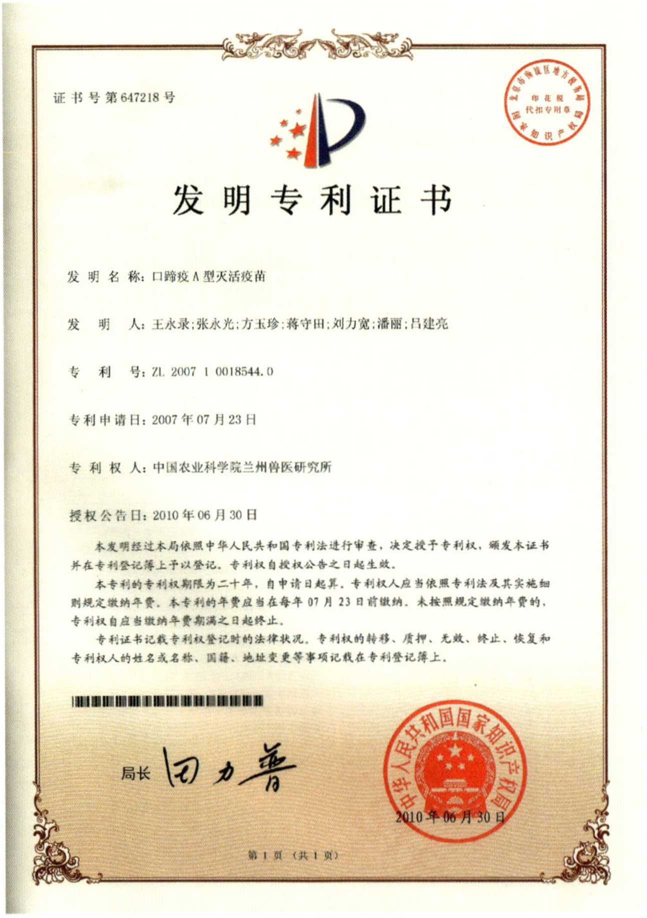

证书号第647218号

发明专利证书

发明名称：口蹄疫A型灭活疫苗

发明人：王永录;张永光;方玉珍;蒋守田;刘力宽;潘丽;吕建亮

专利号：ZL 2007 1 0018544.0

专利申请日：2007年07月23日

专利权人：中国农业科学院兰州兽医研究所

授权公告日：2010年06月30日

本发明经过本局依照中华人民共和国专利法进行审查，决定授予专利权，颁发本证书并在专利登记簿上予以登记。专利权自授权公告之日起生效。

本专利的专利权期限为二十年，自申请日起算。专利权人应当依照专利法及其实施细则规定缴纳年费。本专利的年费应当在每年07月23日前缴纳。未按照规定缴纳年费的，专利权自应当缴纳年费期满之日起终止。

专利证书记载专利权登记时的法律状况。专利权的转移、质押、无效、终止、恢复和专利权人的姓名或名称、国籍、地址变更等事项记载在专利登记簿上。

局长 田力普

2010年06月30日

第1页（共1页）

专利证书（口蹄疫A型灭活疫苗）

# A型口蹄疫重组疫苗株及其制备方法和应用

■ 1. 成果审定

2015年该成果获得国家发明专利（专利号：ZL201310175324.4）；2016年获得中国专利优秀奖（专利号：ZL201310175324.4）；曾获得甘肃省专利奖一等奖和中国农业科学院2015年度科学技术成果奖青年科技创新奖。

■ 2. 成果特点

由中国农业科学院兰州兽医研究所研制完成的A型口蹄疫重组疫苗株及其制备方法和应用的成果，为甘肃省科技重大专项“口蹄疫高效疫苗创制及产业化”（1302NKDA027）和科技部863项目“口蹄疫新型疫苗的研究与产业化”（2011AA10A211-1）及自筹资金项目。本成果发明了单质粒口蹄疫病毒拯救系统，以理论作指导，设计构建出产能增加、免疫抑制降低、抗原性增强等性能提升的制苗种毒，突破了流行毒自然属性缺陷限制疫苗发展的技术障碍，使我国口蹄疫疫苗实现了质的跨越。用高复制力型的3’UTR和3D基因构建框架，替换稳定性修饰结构蛋白基因，构建出重组制苗种毒Re-A/WH/09，抗原产量提高≥3倍，稳定性提升≥2倍，对当前A型流行毒株交叉保护，$PD_{50}$为12.51和10.05（OIE规定$PD_{50}$≥6.0为高效），创制了高效疫苗，实现国际首例构建的口蹄疫疫苗种毒应用于生产，填补了OIE抗原库的此项空白，解决了该谱系毒株防控的世界难题，被OIE/FAO口蹄疫参考实验室推荐使用。

■ 3. 推广应用

用该疫苗株创制的三价疫苗已在全国31个省市区广泛使用，并出口蒙古国，累计销售33.2亿元，为我国口蹄疫防控发挥了重要作用，并产生了显著的经济效益和社会效益。

完成单位：中国农业科学院兰州兽医研究所

主要完成人：刘湘涛、郑海学、杨帆、靳野、郭建宏、曹伟军、张克山、田宏、何继军、董海聚、才学鹏

通信地址：甘肃省兰州市城关区盐场堡徐家坪1号

电话：0931-8342166

E-mail：lsykyc@caas.cn

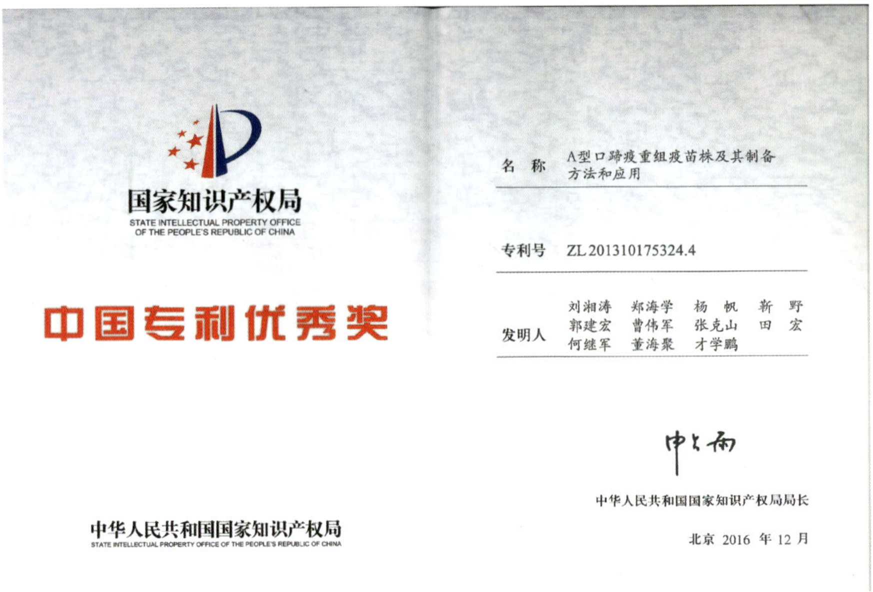

国家知识产权局
STATE INTELLECTUAL PROPERTY OFFICE OF THE PEOPLE'S REPUBLIC OF CHINA

中国专利优秀奖

中华人民共和国国家知识产权局
STATE INTELLECTUAL PROPERTY OFFICE OF THE PEOPLE'S REPUBLIC OF CHINA

名　称　A型口蹄疫重组疫苗株及其制备方法和应用

专利号　ZL 201310175324.4

发明人　刘湘涛　郑海学　杨　帆　靳　野　郭建宏　曹伟军　张克山　田　宏　何继军　董海聚　才学鹏

中华人民共和国国家知识产权局局长

北京 2016 年 12 月

中国专利优秀奖

证书号第1568770号

发明专利证书

发 明 名 称：A型口蹄疫重组疫苗株及其制备方法和应用

发　明　人：刘湘涛；郑海学；杨帆；靳野；郭建宏；曹伟军；张克山；田宏
何继军；董海聚；才学鹏

专　利　号：ZL 2013 1 0175324.4

专利申请日：2013年05月14日

专 利 权 人：中国农业科学院兰州兽医研究所

授权公告日：2015年01月14日

本发明经过本局依照中华人民共和国专利法进行审查，决定授予专利权，颁发本证书并在专利登记簿上予以登记。专利权自授权公告之日起生效。

本专利的专利权期限为二十年，自申请日起算。专利权人应当依照专利法及其实施细则规定缴纳年费。本专利的年费应当在每年05月14日前缴纳。未按照规定缴纳年费的，专利权自应当缴纳年费期满之日起终止。

专利证书记载专利权登记时的法律状况。专利权的转移、质押、无效、终止、恢复和专利权人的姓名或名称、国籍、地址变更等事项记载在专利登记簿上。

局长
申长雨

中华人民共和国国家知识产权局

2015年01月14日

第1页（共1页）

专利证书（A型口蹄疫重组疫苗株及其制备方法和应用）

# 口蹄疫O型、亚洲1型、A型三价灭活疫苗

## ■ 1. 成果审定

2013年获得获农业农村部新兽药注册（证书编号：2013新兽药证字40号）；其A型口蹄疫重组疫苗株及其制备方法和应用获得国家专利（专利号：2014，ZL 201310175324.）；口蹄疫疫苗制备方法（专利号：ZL 200910092433.3）；鉴别和定量口蹄疫双价苗以及多价苗中抗原血清型的一种方法（专利号：ZL 201310010827.6）。

## ■ 2. 成果特点

由中国农业科学院兰州兽医研究所、金宇保灵生物药品有限公司和中农威特生物科技股份有限公司联合研制完成的口蹄疫O型、亚洲1型、A型三价灭活疫苗，为甘肃省科技重大专项“口蹄疫高效疫苗创制及产业化”（1302NKDA027）和科技部863项目“口蹄疫新型疫苗的研究与产业化”（2011AA10A211-1）及自筹资金等项目成果。

## ■ 3. 推广应用

口蹄疫O型、亚洲1型、A型三价灭活苗（O/MYA98/BY/2010株+Asia1/JSL/ZK/06株+Re-A/WH/09株）转让给企业生产和推广应用，直接技术成果转让创收6 519.29万元，累计销售收入33.2亿元。2013—2016年累计销售94 051.657 5万毫升，截至2017年6月份已销售18 307.91万毫升。应用全国31个省市区，并出口朝鲜等国，社会效益显著。

完成单位：中国农业科学院兰州兽医研究所、金宇保灵生物药品有限公司、中农威特生物科技股份有限公司

主要完成人：郑海学、何继军、刘国英、郭建宏、范秀丽、靳野、杨帆、谯晓燕、王超英、张燕红、陈娟、杨亚民、刘西兰、马维民、吕律、曹伟军、张云德、徐师军、刘湘涛、才学鹏、殷宏

通信地址：甘肃省兰州市城关区盐场堡徐家坪1号

电话：0931-8342166

E-mail：lsykyc@caas.cn

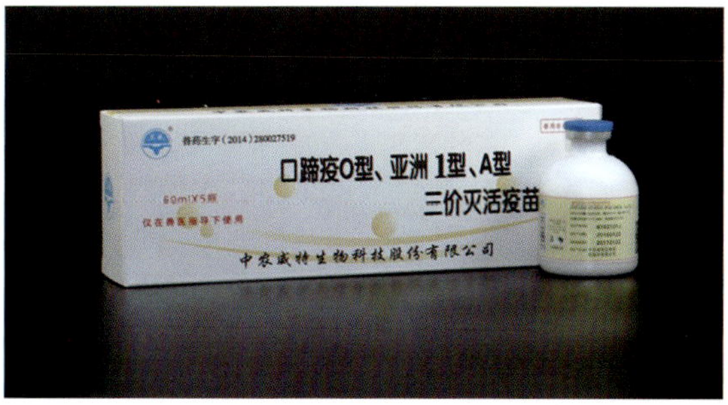


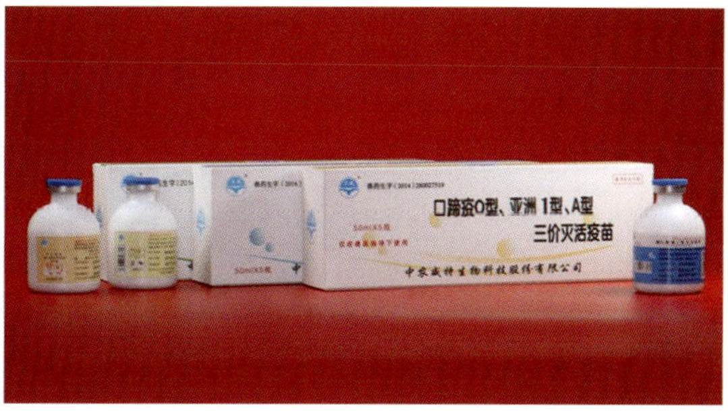


三价苗

# 口蹄疫O型缅甸98（MYA98）疫苗

## 1. 成果审定

2013获得国家新兽药注册［证书编号：（2013）新兽药证字23号］；2015年1月获得甘肃省科技进步一等奖（证书编号：2014-J1-001-D1）。

## 2. 成果特点

由中国农业科学院兰州兽医研究所和中农威特生物科技股份有限公司联合完成的口蹄疫O型缅甸98（MYA98）疫苗，为甘肃省科技重大专项“口蹄疫高效疫苗创制及产业化”（1302NKDA027）和科技部863项目“口蹄疫新型疫苗的研究与产业化”（2011AA10A211-1）及自筹资金项目成果。本项成果的突出贡献是满足国家重大需求，在国际上率先研制成功O/MYA98疫苗，为迅速控制疫情提供了科技手段。通过创新口蹄疫疫苗生产工艺，研制成功O/MYA98疫苗。提高疫苗抗原含量近5倍，疫苗保护力由3.0$PD_{50}$/头份提高至6.0$PD_{50}$/头份以上；降低杂蛋白含量到500微克/毫升以下，有效降低了副反应。获得国家新兽药注册证书和生产批文，实现了疫苗的产业化生产。

## 3. 推广应用

该疫苗于2011年1月获得农业农村部临时生产批文后，随即开始大量生产用于紧急防疫。截至2016年12月，疫苗已累计销售近30亿毫升，在全国31个省市区推广应用，销售收入12.70亿元。经测算平均年经济效益36.72亿元。它是目前我国O型口蹄疫防控的主导产品。

完成单位：中国农业科学院兰州兽医研究所、中农威特生物科技股份有限公司

主要完成人：才学鹏、殷宏、刘湘涛、王超英、郭建宏、刘西兰、何继军、张云德、靳野、张军、郑海学、翟国元、陈涓、王国平、马维民、秦健、杨亚民、黄立军、吕律、杨生海、杨帆、王宇

通信地址：甘肃省兰州市城关区盐场堡徐家坪1号

电话：0931-8342166

E-mail：lsykyc@caas.cn

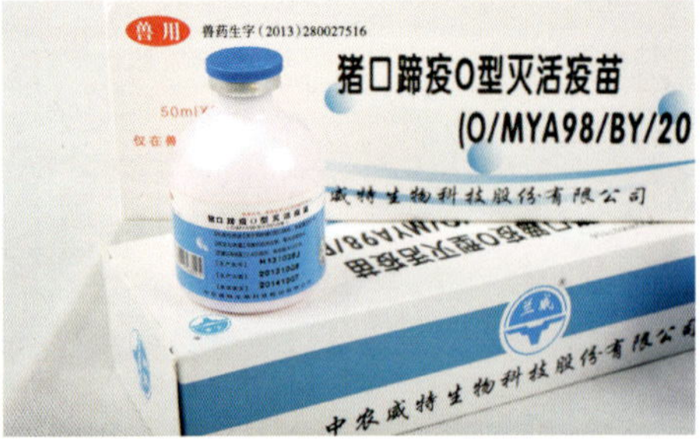


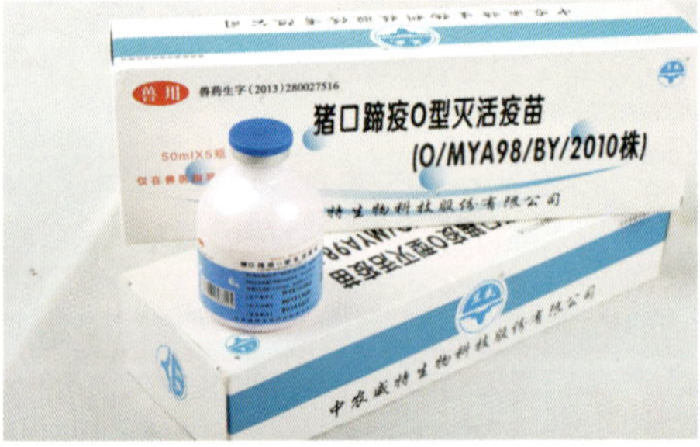


缅甸98苗产品照片

# 口蹄疫病毒非结构蛋白2C3AB抗体检测试纸条

## 1. 成果审定

2015年获得国家二类新兽药注册［证书号：（2015）新兽药证字23号］。

## 2. 成果特点

由中国农业科学院兰州兽医研究所，中农威特生物科技股份有限公司完成的口蹄疫病毒非结构蛋白2C3AB抗体检测试纸条，为公益性行业（农业）科研专项（项目编号：201103008）、国家863科技计划（项目编号：2012AA101304）等项目的成果。该成果将口蹄疫病毒2C非结构蛋白N端富含B细胞表位的区段与3AB蛋白串联，利用原核系统表达纯化产生2C3AB抗原蛋白，结合免疫层析胶体金标记技术研制而成，用于检测口蹄疫病毒非结构蛋白2C3AB抗体，评估群体感染状况。该试纸条具有良好的特异性、敏感性和重复性，不分动物种类和病毒血清型，不需特殊设备，操作极为简单方便，快捷省时（20分钟内即可判定结果），结果可眼观判定。特别适合现场检疫，尤其适于活畜交易市场、动物调运和快速通关检疫的需要。

## 3. 推广应用

按我国猪、牛、羊养殖量为8.8亿头计，以流行病学年最低抽检率5%算，则该类试剂的年产值将超过5亿元，因此可见该产品的广阔市场前景。该成果已经向全国各地兽医实验室推广使用，丰富了感染状况检测手段，满足了现场快速诊断的产品需求。

完成单位：中国农业科学院兰州兽医研究所、中农威特生物科技股份有限公司
主要完成人：刘在新、孙普、卢曾军、蒋韬、付元芳、曹轶梅、包慧芳、李平花、白兴文、李冬、陈应理、吴磊、杨亚民
通信地址：甘肃省兰州市城关区盐场堡徐家坪1号
电话：0931-8342166
E-mail：lvrikyc@vip.163.com；lsykyc@caas.cn

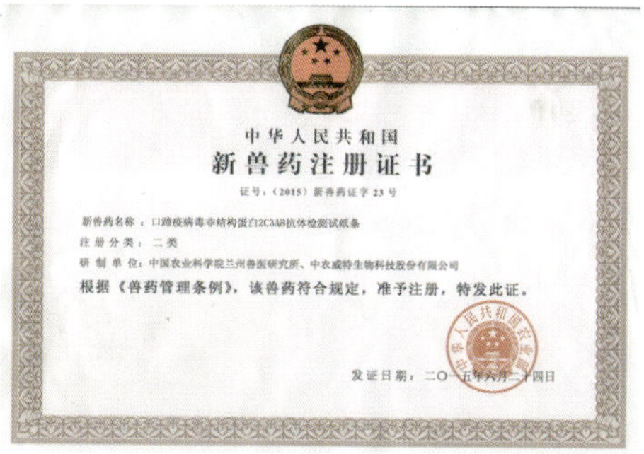
中华人民共和国
新兽药注册证书
证号：（2015）新兽药证字23号
新兽药名称：口蹄疫病毒非结构蛋白2C3AB抗体检测试纸条
注册分类：二类
研制单位：中国农业科学院兰州兽医研究所、中农威特生物科技股份有限公司
根据《兽药管理条例》，该兽药符合规定，准予注册，特发此证。
发证日期：二〇一五年六月二十四日

二类新兽药证书（口蹄疫病毒非结构蛋白2C3AB抗体检测试纸条）

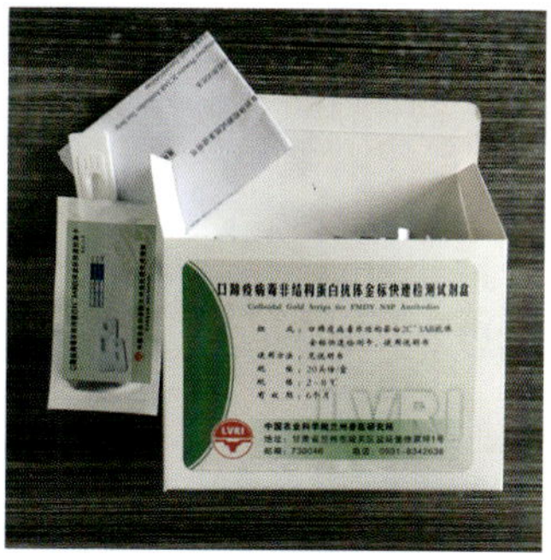


口蹄疫病毒非结构蛋白抗体金标快速检测试剂盒

# 绵羊肺炎支原体间接ELISA抗体检测试剂盒

## ■ 1. 成果审定

2012年获中华人民共和国新兽药注册［证书编号：2012新兽药证字（27）号］。

## ■ 2. 成果特点

由中国农业科学院兰州兽医研究所完成的绵羊肺炎支原体间接ELISA抗体检测试剂盒的成果，系用浓缩、灭活的绵羊肺炎支原体抗原包被酶标板，并配以绵羊肺炎支原体阴、阳性血清、兔抗羊IgG-辣根过氧化物酶结合物及相关溶液等组装而成。用于检测绵羊肺炎支原体感染抗体和免疫抗体，具有准确、敏感的特性。

## ■ 3. 推广应用

应用绵羊肺炎支原体间接ELISA抗体检测试剂盒，评估和指导了近几年困扰甘肃部分地区羊养殖中存在的疾病问题，降低了疾病发生率，减少了直接和间接损失，提高了养殖效益，为甘肃地区羊养殖业的健康发展起到了积极作用，推动了羊疾病防控技术水平的提高，促进了行业发展和增加了农牧民收益，具有良好的社会效益。

完成单位：中国农业科学院兰州兽医研究所
主要完成人：逯忠新、赵萍、储岳峰、高鹏程、贺英
通信地址：甘肃省兰州市城关区盐场堡徐家坪1号（兰州兽医研究所）
电话：0931-8342676
E-mail：zhaoping@caas.cn

中华人民共和国
新兽药注册证书
证号：（2012）新兽药证字 27 号
新兽药名称：绵羊肺炎支原体 ELISA 抗体检测试剂盒
注册分类：二类
研制单位：中国农业科学院兰州兽医研究所
根据《兽药管理条例》，该兽药符合规定，准予注册，特发此证。
发证日期：二〇一二年六月二十九日

二类新兽药注册证书（绵羊肺炎支原体ELISA抗体检测试剂盒）

# 奶牛衣原体病灭活疫苗

■ 1. 成果审定

2008年获得国家发明专利授权（专利号：ZL200510042611.3）；2011年获得农业农村部一类新兽药注册［证书编号：（2011）新兽药证字17号］；2014年获得中国农业科学院科学技术成果二等奖（2014-2-06-D01）。

■ 2. 成果特点

由中国农业科学院兰州兽医研究所完成的奶牛衣原体病灭活疫苗成果，主要用于奶牛衣原体性流产、关节炎、结膜炎及犊牛衣原体性肺炎—肠炎等衣原体病的预防，由中国农业科学院兰州兽医研究所采用衣原体外膜主蛋白（MOMP）基因克隆及序列分析技术与常规技术结合，筛选出免疫原性强而稳定的制苗菌株（SX5株）而研制成功的高效安全疫苗。该产品采用肌内注射的方法，平均保护率达到94.4%，一次免疫保护期达8个月。疫苗在4～8℃下保存12个月使用效果不变。安全试验证明本疫苗对犊牛和怀孕牛均安全；临床试验证明疫苗安全、有效。

中国农业科学院
科学技术成果奖证书
为表彰中国农业科学院科学技术成果奖获得者，特颁发此证书。
成果名称：奶牛衣原体病灭活疫苗的研究
奖励等级：二等奖
获 奖 者：中国农业科学院兰州兽医研究所
证书编号：2014-2-06-D01

中国农业科学院科技成果二等奖（奶牛衣原体病灭活疫苗的研究）

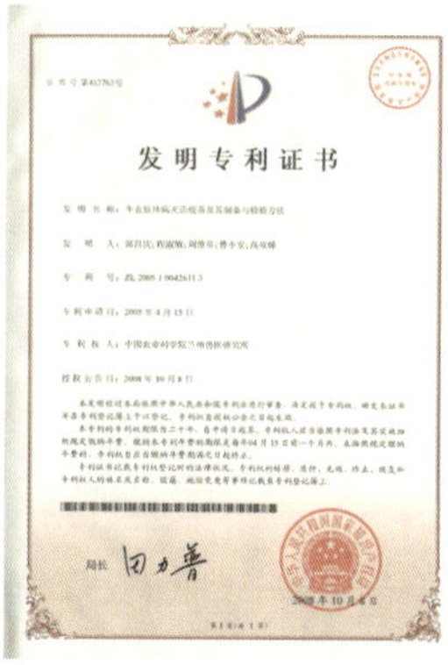
发明专利证书
局长 田力普

专利证书（牛衣原体病灭活疫苗及其制备与检验方法）

■ 3. 推广应用

2006—2014年，该产品在不同地区牛场推广使用，累计产生经济效益1.08亿元。该产品取代抗生素预防牛衣原体病，不仅提高动物源食品的安全性，使养殖户增加收入、提高奶产品质量，也从而有效地阻挡了奶牛衣原体病的进一步蔓延。

中华人民共和国
新兽药注册证书
证号：（2011）新兽药证字 17号
新兽药名称：奶牛衣原体病灭活疫苗（SX5株）
注册分类：一类
研制单位：中国农业科学院兰州兽医研究所
根据《兽药管理条例》，该兽药符合规定，准予注册，特发此证。
发证日期：二〇一一年三月十八日

一类新兽药证书［奶牛衣原体病灭活疫苗（SX5株）］

完成单位：中国农业科学院兰州兽医研究所

主要完成人：邱昌庆、周继章、曹小安、程淑敏、蔺国珍、郑福英、宫晓炜

通信地址：甘肃省兰州市城关区盐场堡徐家坪1号

电话：0931-8342673

E-mail：zhoujizhang@caas.cn

# 种鸡产业化配套系联合选育方法

1.成果审定

种鸡产业化配套系联合选育方法发明专利号：201210251099.3，2018年5月获国家知识产权局发明专利，是与广西凤翔家禽集团公司、上海申浦家禽育种有限公司等合作研发的成果。

2.成果特点

运用“杂种遗传力”原理，将自然选择与人工选择有机结合起来，在两者之间找到最佳结合点，由此选育种鸡；种鸡选育方法为“双选育种减法”，将快羽鸡作为A系，含天然dw基因的矮脚快羽鸡作为B系，慢羽黄鸡或麻鸡作为C系，同时进行A×B正交和B×C正交，观测子代的遗传育种性能并选种制种。

3.应用与推广

在国家科技攻关及研发35年来，已经在华南、华东等地区大量推广，取得了良好的经济效益。自“九五”计划至今，先后通过国家“星火计划”“丰收计划”等，已至少取得120亿元的社会经济效益。

推荐单位：中国农业科学院老科技工作者协会
主要完成人：李东、陈印权、孙素兰、徐敏
手机：13911708913；15108340355
E-mail：15108340355@163.com
微信：13911708913
通讯地址：北京市海淀区农大南路农科15楼

中黄母鸡

中黄公鸡

# 山羊传染性胸膜肺炎间接血凝试验抗原、阳性血清与阴性血清

## ■ 1. 成果审定

2015年获得新兽药注册［证号编号：（2015）新兽药证字35号］。

## ■ 2. 成果特点

由中国农业科学院兰州兽医研究所、中农威特生物科技股份有限公司完成的山羊传染性胸膜肺炎间接血凝试验抗原、阳性血清与阴性血清的成果。该成果采用优化工艺提取的山羊支原体山羊肺炎亚种分泌多糖致敏醛化鞣酸化绵羊红细胞后冻干制成，配有标准阴、阳性血清对照和稀释液。产品具有良好的特异性和敏感性，不与绵羊肺炎支原体等其他羊源支原体抗体发生交叉反应；操作简单，对实验室条件要求不高，只需要稀释棒或移液器对血清样品进行稀释混匀，37℃左右保温1～2小时肉眼观察结果即可，特别适合于基层兽医部门或养殖场临床使用；其冻干制品，易于保存运输，冻干状态下可保存数年。

## ■ 3. 推广应用

目前该试剂盒已初步在甘肃、广西、青海、四川、辽宁、内蒙古、西藏自治区（以下简称西藏）、新疆等地进行推广应用，已初现良好的经济和社会效益。

完成单位：中国农业科学院兰州兽医研究所、中农威特生物科技股份有限公司
主要完成人：逯忠新、储岳峰、赵萍、高鹏程、贺英、陈胜利、李宝玉、颜新敏
通信地址：甘肃省兰州市城关区徐家坪1号
电话：0931-8342166
E-mail：lsykyc@caas.cn

中华人民共和国
新兽药注册证书
证号：（2015）新兽药证字35号

新兽药名称：山羊传染性胸膜肺炎间接血凝试验抗原、阳性血清与阴性血清
注册分类：二类
研制单位：中国农业科学院兰州兽医研究所、中农威特生物科技股份有限公司
根据《兽药管理条例》，该兽药符合规定，准予注册，特发此证。

发证日期：二〇一五年九月八日

二类新兽药证书（山羊传染性胸膜肺炎间接血凝试验抗原、阳性血清与阴性血清）

# 山羊传染性胸膜肺炎灭活疫苗

## 1. 成果审定

2015年获得新兽药注册［证号编号：（2015）新兽药证字37号］。

## 2. 成果特点

由中国农业科学院兰州兽医研究所、山东泰丰生物制品有限公司、哈药集团生物疫苗有限公司、青岛易邦生物工程有限公司完成的山羊传染性胸膜肺炎灭活疫苗，为我国山羊传染性胸膜肺炎组织灭活疫苗的升级替代产品。该成果以病原体山羊支原体山羊肺炎亚种甘肃分离株M1601株为制苗菌株，经过多次优化和筛选培养基，解决了该病原体外培养增殖困难、生长速度缓慢、生长滴度低等技术难题后，采用该病原无细胞培养基体外培养的产物，经浓缩、灭活工艺收获抗原，并辅以新型佐剂制备而成。疫苗安全，具备良好的免疫效力，免疫保护效率可达80%以上，免疫持效期6个月以上。

## 3. 推广应用

目前该疫苗以转让三家兽用生物制品企业，部分企业已取得生产文号，但目前尚未大面积推广应用。

完成单位：中国农业科学院兰州兽医研究所、山东泰丰生物制品有限公司、哈药集团生物疫苗有限公司、青岛易邦生物工程有限公司

主要完成人：逯忠新、储岳峰、赵萍、高鹏程、贺英、陈胜利、李宝玉、颜新敏

通信地址：甘肃省兰州市城关区徐家坪1号

电话：0931-8342166

E-mail：lsykyc@caas.cn

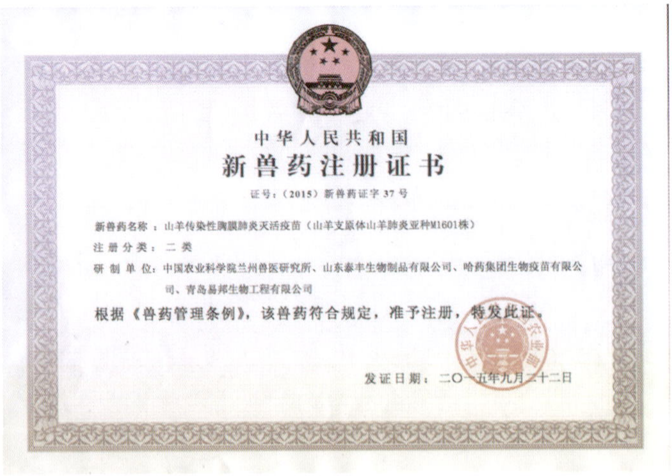
中华人民共和国
新兽药注册证书
证号：（2015）新兽药证字37号

新兽药名称：山羊传染性胸膜肺炎灭活疫苗（山羊支原体山羊肺炎亚种M1601株）

注册分类：二类

研制单位：中国农业科学院兰州兽医研究所、山东泰丰生物制品有限公司、哈药集团生物疫苗有限公司、青岛易邦生物工程有限公司

根据《兽药管理条例》，该兽药符合规定，准予注册，特发此证。

发证日期：二〇一五年九月二十二日

二类新兽药证书

# 猪口蹄疫O型合成肽疫苗

## 1. 成果审定

2014年获得国家新兽药注册［证书编号：（2014）新兽药证字24号］。

## 2. 成果特点

由申联生物医药（上海）有限公司、中国农业科学院兰州兽医研究所、中农威特生物科技股份有限公司和郑州永继生物科技有限公司联合完成的猪口蹄疫O型合成肽疫苗，为甘肃省科技重大专项“口蹄疫高效疫苗创制及产业化”（1302NKDA027）和科技部863项目“口蹄疫新型疫苗的研究与产业化”（2011AA10A211-1）项目的成果。猪口蹄疫O型合成肽疫苗（多肽2600+2700+2800），系采用固相多肽合成技术，在体外人工合成口蹄疫病毒主要抗原位点并通过赖氨酸连接人工合成的可激活辅助性T细胞的短肽，以此形成的多肽2600、2700、2800作为免疫原，加入矿物油进口佐剂混合乳化制成。用于预防猪O型口蹄疫。产品对国内不同谱系的猪O型口蹄疫流行毒株均有良好的保护效果。

## 3. 推广应用

自2014年至2015年11月，向全国31个省、市、自治区生产销售该疫苗39 382.52万毫升，实现销售收入33 905.91万元，新增利润9 494.6万元，实现利税2 079.33万元，产生良好经济社会效益。

完成单位：申联生物医药（上海）有限公司、中国农业科学院兰州兽医研究所、中农威特生物科技股份有限公司、郑州永继生物科技有限公司

主要完成人：郑海学、陈智英、杨帆

通信地址：甘肃省兰州市城关区盐场堡徐家坪1号

电话：0931-8342166

E-mail：lsykyc@caas.cn

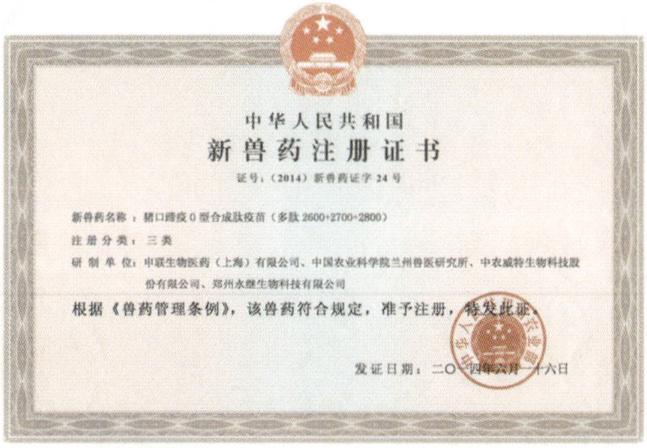

中华人民共和国
新兽药注册证书
证号：（2014）新兽药证字24号

新兽药名称：猪口蹄疫O型合成肽疫苗（多肽2600+2700+2800）
注册分类：三类
研制单位：申联生物医药（上海）有限公司、中国农业科学院兰州兽医研究所、中农威特生物科技股份有限公司、郑州永继生物科技有限公司

根据《兽药管理条例》，该兽药符合规定，准予注册，特发此证。

发证日期：二〇一四年六月一十六日

三类新兽药证书（猪口蹄疫O型合成肽疫苗–多肽2600+2700+2800）

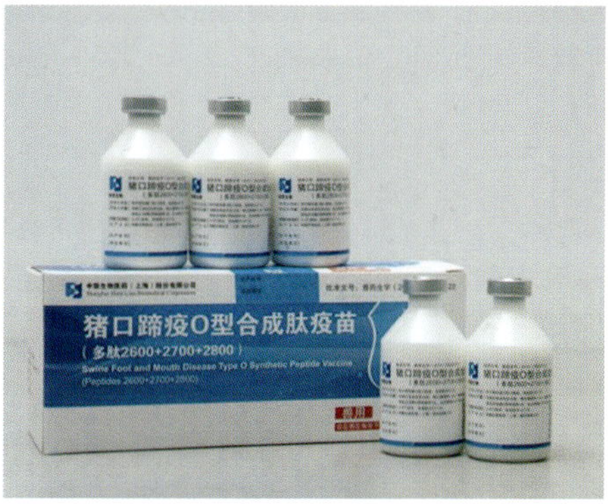


合成肽疫苗

# 益蒲灌注液

## ■ 1. 成果审定

2013年获中华人民共和国新兽药注册［证书编号：（2013）新兽药证字28号］。

## ■ 2. 成果特点

由中国农业科学院兰州畜牧与兽药研究所完成的益蒲灌注液，应用于治疗奶牛子宫内膜炎。其奶牛子宫内膜炎综合防治措施和奶牛主要疾病防治技术的推广应用，不仅有效地治疗奶牛子宫内膜炎、降低奶牛主要疾病的发病率、减少弃奶、降低奶牛饲养管理和生产成本，提高奶业效益，增加奶农收入，而且对公共卫生和食品安全具有重要意义。

完成单位：中国农业科学院兰州畜牧与兽药研究所
主要完成人：苗小楼、杨耀光、苏鹏、王瑜、焦增华
通信地址：甘肃省兰州市七里河区硷沟沿335号
联系电话：0931-2115262
E-mail：mykyc204@126.com

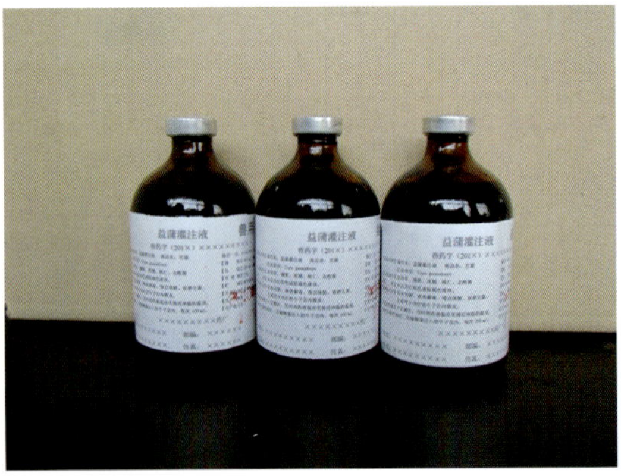
益蒲灌注液

益蒲灌注液新兽药证书

# 黄白双花口服液

## 1. 成果审定

2013年获中华人民共和国新兽药注册［证书编号：（2013）新兽药证字33号］。

## 2. 成果特点

由中国农业科学院兰州畜牧与兽药研究所完成的黄白双花口服液，是在对犊牛湿热型腹泻病的病因、发病机理、病理、诊断、治疗等研究的基础上，在传统中兽医理论指导下，结合现代中药药理与临床研究资料及传统用药经验，以清热解毒、涩肠止泻为治则研制的中兽药制剂。在兰州、青海、宁夏、西安地区的5个奶牛养殖场进行黄白双花口服液的临床应用扩大试验，共收治患湿热型腹泻病的病牛247头，治愈210头，治愈率为85.0%，总有效头数为234头，总有效率为94.7%，治疗期间未发现犊牛有任何不良反应。黄白双花口服液的研制，可为犊牛腹泻的治疗提供高效低毒、绿色环保的中兽药，有效降低临床治疗犊牛腹泻病对抗生素等化药的依赖性，切实保障公共食品安全。同时黄白双花口服液对犊牛腹泻的有效治疗，可降低犊牛的死亡率，促进奶牛养殖业的健康可持续发展，增加奶牛养殖企业和农牧民的经济收入，其经济、社会、生态效益显著。

完成单位：中国农业科学院兰州畜牧与兽药研究所

主要完成人：刘永明、王胜义、齐志明、刘世祥、荔霞、董书伟、严作廷、潘虎、王慧、王瑜、陈化琦

通信地址：甘肃省兰州市七里河区硷沟沿335号

联系电话：0931-2115268

E-mail：mykyc204@126.com

中华人民共和国
新兽药注册证书
证号：（2013）新兽药证字22号

新兽药名称：黄白双花口服液
注册分类：三类
研制单位：中国农业科学院兰州畜牧与兽药研究所
根据《兽药管理条例》，该兽药符合规定，准予注册，特发此证。

发证日期：二〇一三年六月十八日

证书

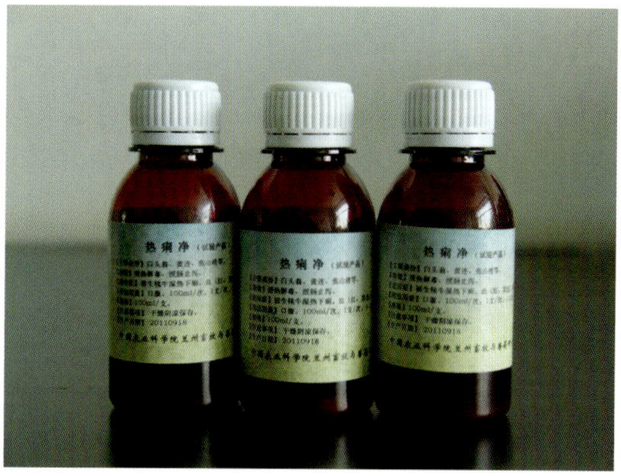

黄白双花口服液——热痢宁

# 射干地龙颗粒

## 1. 成果审定

2015年获中华人民共和国新兽药注册［证书编号：（2015）新兽药证字17号］。

## 2. 成果特点

由中国农业科学院兰州畜牧与兽药研究所完成的射干地龙颗粒是从中兽医整体观出发，在《金匮要略》射干麻黄汤的基础上，辨证加减，并根据鸡传染性支气管炎临床症状和病理表现开发的中兽药颗粒剂。该制剂治疗产蛋鸡呼吸型传染性支气管炎的效果显著；能够对抗组胺、乙酰胆碱所致的气管平滑肌收缩作用，从而起到松弛气管平滑肌和宣肺的功效；同时能明显减少咳嗽的次数，并能增强支气管的分泌作用，表现出镇咳、平喘、祛痰、抗过敏的作用。射干地龙颗粒主要由射干、地龙、北豆根、五味子中药组成，具有清咽利喉、化痰止咳、收敛固涩等功能。

## 3. 推广应用

已在甘肃、四川等省市的十多个规模化养鸡场进行示范推广与应用，推广示范规模肉鸡与蛋鸡共计达300万羽，显著提高养殖场对鸡传染性支气管炎的防治能力，提高鸡群治愈率、降低死亡率，增加鸡群生产能力，减少抗生素使用，从而减少养殖成本，提高农业产品的产品经济价值。

完成单位：中国农业科学院兰州畜牧与兽药研究所
主要完成人：郑继方、谢家声、辛蕊华、罗永江、李锦宇、罗超应、王贵波
通信地址：甘肃省兰州市七里河区硷沟沿335号
联系电话：0931-2115255
E-mail：mykyc204@126.com

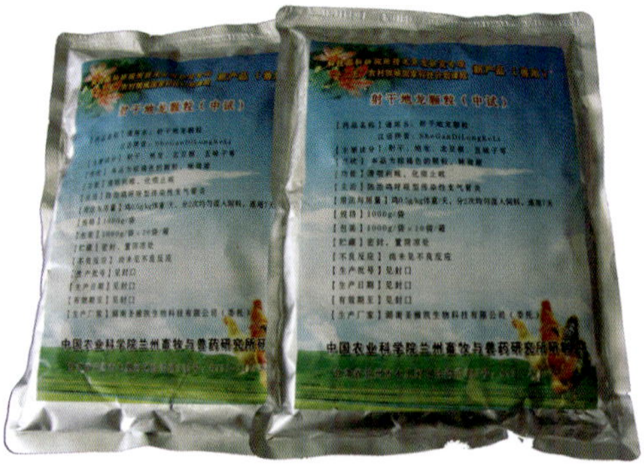

产品

射干地龙颗粒新兽药证书

# 苍朴口服液

## ■ 1. 成果审定

2015年获中华人民共和国新兽药注册［证书编号：（2015）新兽药证字48号］。

## ■ 2. 成果特点

由中国农业科学院兰州畜牧与兽药研究所完成的苍朴口服液，是针对犊牛虚寒型腹泻病的病因、病理，在传统中兽医理论指导下，结合现代中药药理研究和临床用药研究，通过诊断和治疗研究，研制的治疗犊牛虚寒型腹泻病的纯中药口服液，该药使用方便，临床疗效确实，治疗效果优于或等于同类产品。

## ■ 3. 推广应用

该成果通过区域试验和区域推广，在各区域奶牛场共收治患虚寒型腹泻的犊牛8.531万头，治愈率为84.01%，相对于其他药物治疗治愈率60.75%，治愈率提高23.26%。而且应用苍朴口服液治疗相对于其他药物治疗可节支医药费23.82元/头。经过中国农业科学院农业经济与发展研究所测算，共产生经济效益12 578.68万元。

完成单位：中国农业科学院兰州畜牧与兽药研究所

主要完成人：刘永明、王胜义、王慧、齐志明、刘世祥、王海军、刘治歧、赵四喜、荔霞、陈化琦

通信地址：甘肃省兰州市七里河区硷沟沿335号

联系电话：0931-2115268

E-mail：mykyc204@126.com

注册证书

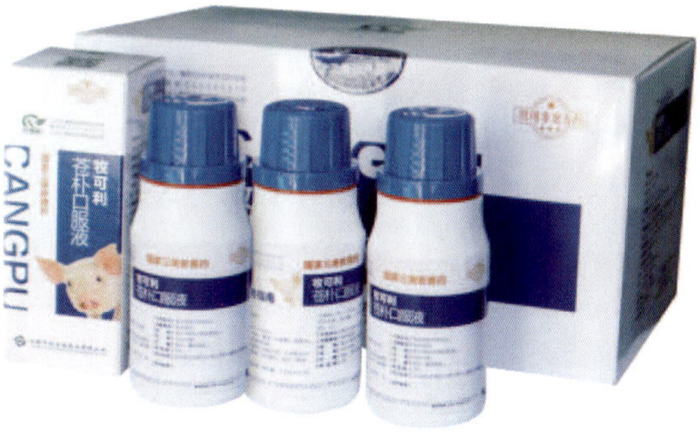


产品

# 板黄口服液

■ 1. 成果审定

2016年获中华人民共和国新兽药注册［证书编号：（2016）新兽药证字14号］。

■ 2. 成果特点

由中国农业科学院兰州畜牧与兽药研究所、湖北武当动物药业有限公司、成都中牧生物药业有限公司完成的板黄口服液成果，是针对畜禽呼吸道疾病病原包括细菌、病毒、支原体等多而杂的现状，依据本病特有的咳嗽、气喘、发烧等征候特点，以止咳、平喘、凉血、活血、通络等辨证论治原则，以板蓝根、黄连、金银花、黄芩、等为原料研制开发的新型中草药口服制剂，主要用于畜禽类呼吸道感染性疾病的预防和治疗。采用了“水煮—醇沉法”工艺，与传统的中药生产相比，生产工艺简单，药物质量可控，适合于规模化生产。该药的研制成功，为治疗畜禽呼吸道疾病增添了新药，且补充了抗生素治疗禽病的不足。“板黄口服液”给药方便，起效迅速，疗效稳定，治疗呼吸道疾病范围广，能显著增强畜禽的免疫力和抵抗力。

完成单位：中国农业科学院兰州畜牧与兽药研究所、湖北武当动物药业有限公司、成都中牧生物药业有限公司

主要完成人：张继瑜、周绪正、李剑勇、牛建荣、李冰、李金善、魏小娟、杨亚军、刘希望

通信地址：甘肃省兰州市七里河区硷沟沿335号

联系电话：0931-2115278

E-mail：mykyc204@126.com

中华人民共和国

新兽药注册证书

证号：（2016）新兽药证字14号

新兽药名称：板黄口服液

注册分类：三类

研制单位：中国农业科学院兰州畜牧与兽药研究所、湖北武当动物药业有限责任公司、成都中牧生物药业有限公司

根据《兽药管理条例》，该兽药符合规定，准予注册，特发此证。

发证日期：二〇一六年二月四日

注册证书

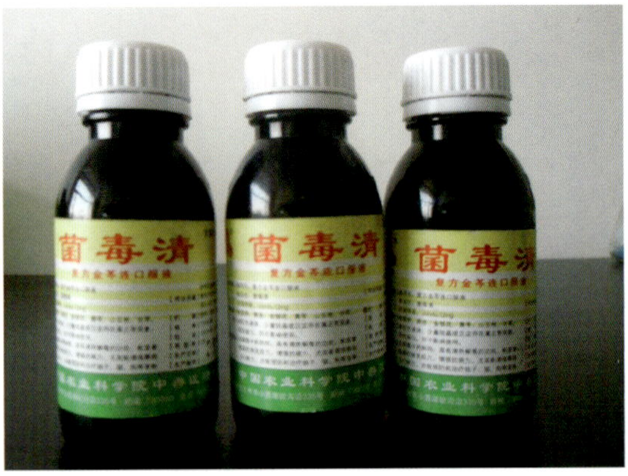


产品

# 藿芪灌注液

■ 1. 成果审定

2017年获中华人民共和国新兽药注册［证书编号：（2017）新兽药证字13号］。

■ 2. 成果特点

由中国农业科学院兰州畜牧与兽药研究所、北京中农劲腾生物技术有限公司完成的藿芪灌注液，是针对卵巢静止和持久黄体的病因复杂的现状，依据本病气滞血瘀或肾气虚的症候特点，以补肝益肾，壮阳催情为辨证论治原则，结合现代药理最新研究成果，经过临床试验筛选，研制而出的纯中药制剂，具有补肝益肾，壮阳催情功能，用于治疗奶牛卵巢静止和持久黄体。藿芪灌注液疗效确切，治愈率高。通过药理学、毒理学、质量标准研究和临床试验研究，结果表明催情助孕灌注液安全可靠。在甘肃、宁夏、青海等地奶牛场开展治疗奶牛持久黄体和卵巢静止临床试验，结果表明对卵巢静止治愈率为88.39%，总有效率94.64%；对持久黄体的治愈率为81.11%，总有效率90%。

藿芪灌注液采用水提醇沉工艺制备，生产工艺简单，药物质量可控，适合于规模化生产。该药的研制成功，为治疗卵巢静止和持久黄体增添了新药，减少了激素的使用。符合生产无公害、无污染、无残留的绿色动物源性食品的要求，符合重大动物疾病防治专用药剂的发展要求，符合中药现代化发展的方向，符合畜牧业发展方向和奶业发展方向的要求。

完成单位：中国农业科学院兰州畜牧与兽药研究所、北京中农劲腾生物技术有限公司

主要完成人：严作廷、王东升、张世栋、李世宏、苗小楼、董书伟、谢家声、陈化琦、王胜义、李锦宇、张世新、万宗敏、李明成、贾付从、刘茄莉

通信地址：甘肃省兰州市七里河区硷沟沿335号

联系电话：0931-2112161

E-mail：mykyc204@126.com

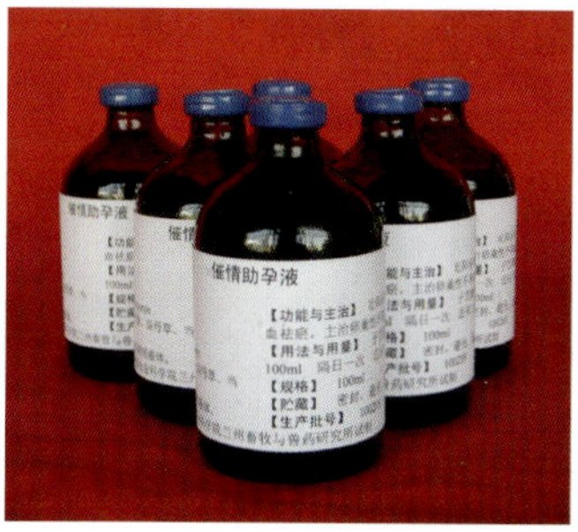


产品

中华人民共和国
新兽药注册证书
证号：（2017）新兽药证字13号
新兽药名称：藿芪灌注液
注册分类：三类
研制单位：中国农业科学院兰州畜牧与兽药研究所、北京中农劲腾生物技术股份有限公司
根据《兽药管理条例》，该兽药符合规定，准予注册，特发此证。
发证日期：二〇一七年

注册证书

# 根黄分散片

■ 1. 成果审定

2017年获中华人民共和国新兽药注册［证书编号：（2017）新兽药证字28号］。

■ 2. 成果特点

由中国农业科学院兰州畜牧与兽药研究所、四川鼎尖动物药业有限责任公司完成的根黄分散片，是根据鸡传染性喉气管炎的临床症状和病理表现，从中兽医辨证施治出发，依据中兽医理法方药理论，参考许多医学临床治疗喉痹的有效方剂，在清咽解毒汤基础上，经过临床药效学进行科学处方筛选研制而成的针对鸡传染性喉气管炎的中兽药新制剂，由中药山豆根、黄芩、射干、板蓝根、桔梗、甘草及相关的崩解剂与赋形剂经过现代制药工艺精制而成。具有很好的抗炎、解热作用，以及祛痰、止咳作用，是一种安全的、实际无毒产品。具有清咽利喉，祛痰止咳之功，主治鸡传染性喉气管炎。该药应用现代先进的遇水可迅速崩解形成均匀的黏性悬液的水分散片技术，创制了我国第一个中兽药分散片制剂，具有服用方便、用量准确、崩解迅速、吸收快、生物利用度高等独特性能。

完成单位：中国农业科学院兰州畜牧与兽药研究所、四川鼎尖动物药业有限责任公司
主要完成人：罗永江、辛蕊华、王贵波、李锦宇、郑继方、罗超应、谢家声
通信地址：甘肃省兰州市七里河区硷沟沿335号
联系电话：0931-2164179
E-mail：mykyc204@126.com

中华人民共和国
新兽药注册证书
证号：（2017）新兽药证字 28 号
新兽药名称：根黄分散片
注册分类：三 类
研制单位：中国农业科学院兰州畜牧与兽药研究所、四川鼎尖动物药业有限责任公司
根据《兽药管理条例》，该兽药符合规定，准予注册，特发此证。
发证日期：二〇一七年六月二十二日

证书

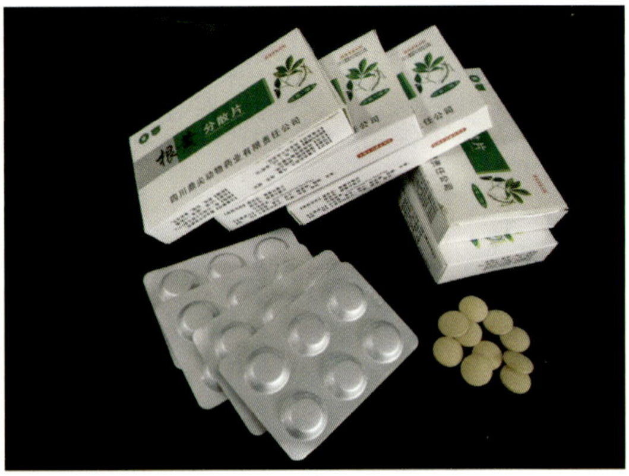

产品

# 水禽主要疫病快速诊断

■ 1. 成果审定

该项目对我国水禽主要疫病开展了流行病学调查，分离鉴定不同水禽病毒4 000余株；研发了20余种诊断方法和技术、获得了5种新兽药证书。建立疫苗中试生产线3条、疫苗生产线2条、疫苗应用示范基地15个、疫病防治示范点（区）30个；指定免疫程序2套，建立轻简化实用技术15项，制定地方标准3项，发表学术论文410篇，出版著作6部。

■ 2. 成果特点

由中国农业科学院上海兽医研究所，扬州大学，四川农业大学，中国农业大学，福建省农业科学院畜牧兽医研究所，山东省农业科学院畜牧兽医研究所，广东省农业科学院动物卫生研究所，湖北省农业科学院畜牧兽医研究所共同完成的水禽主要疫病快速诊断的成果，包括快速检测水禽流感、水禽新城疫、鸭疫里默氏杆菌病、鸭病毒性肝炎、水禽细小病毒新方法79项，其中ELISA方法20种、胶体金试纸条检测8种、LAMP快速检测方法9种、PCR及Real-time PCR快速检测方法48种、其他检测技术6种。在北京、山东、江苏等15个主要水禽养殖省市开展水禽流感、水禽新城疫、鸭疫里默氏杆菌病、鸭病毒性肝炎、水禽细小病毒病的流行病学调查，分离鉴定水禽病毒4 000余株，并开展基因测序、遗传进化分析，分析变异规律，比较分离株的抗原差异，为整体分析掌握上述病在我国流行趋势以及防控措施的制定提供了科学依据。

这些技术的研发和推广为疫情的快速诊断和及早采取控制措施提供重要的技术手段，此类技术均为原始创新或在原有基础上的跟踪创新。筛选、研发和培育流感、新城疫、鸭疫里默氏杆菌病、鸭病毒性肝炎、水禽细小病毒病等水禽重要疫病的疫苗候选株17种。其中“鸭病毒性肝炎弱毒疫苗（CH60株）”“番鸭呼肠孤病毒病活疫苗”“鸭传染性浆膜炎二价灭活疫苗”“新城疫活疫苗（V4/HB92 克隆株）”等4种疫苗已经获得新兽药证书。

■ 3. 推广应用

新城疫活疫苗（V4/H B92克隆株）在湖北共免疫0.5亿只鸡，死亡率降低至少5%，创社会经济效益1 250万元。鸭病毒性肝炎弱毒疫苗（CH 60株）共使用樱桃谷父母代种鸭10余万只，价值400余万元；商品代雏鸭1 500余万只，价值4 500余万元。共减少经济损失490万元。鸭传染性浆膜炎灭活疫苗共使用樱桃谷父母代种鸭40余万只，价值2 400余万元；商品代雏鸭18 000余万只，价值72 000万元。

完成单位：中国农业科学院上海兽医研究所、扬州大学、四川农业大学、中国农业大学、福建省农业科学院畜牧兽医研究所、山东省农业科学院畜牧兽医研究所、广东省农业科学院动物卫生研究所、湖北省农业科学院畜牧兽医研究所主要完成人员：丁铲、于圣青、邵华斌、汪铭书、张大丙、陈少莺、彭大新、黄瑜、许传田、胡奇林、秦爱建、刘光清、程安春、李泽君、仇旭升

通信地址：上海市闵行区紫月路518号

电话：021-34293441

E-mail：shoveldeen@shvri.ac.cn

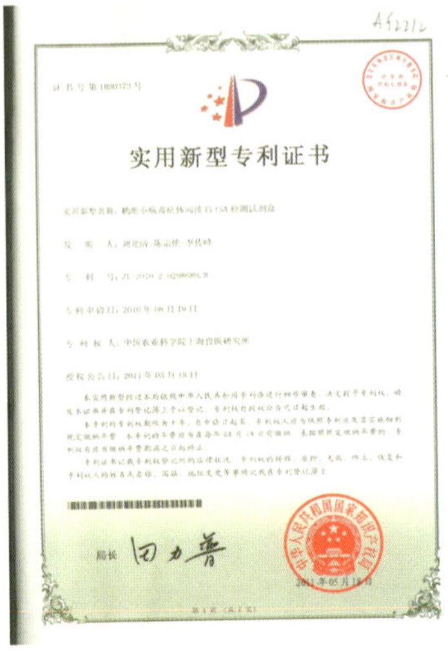


专利（鹅细小病毒抗体间接ELISA检测试剂盒）

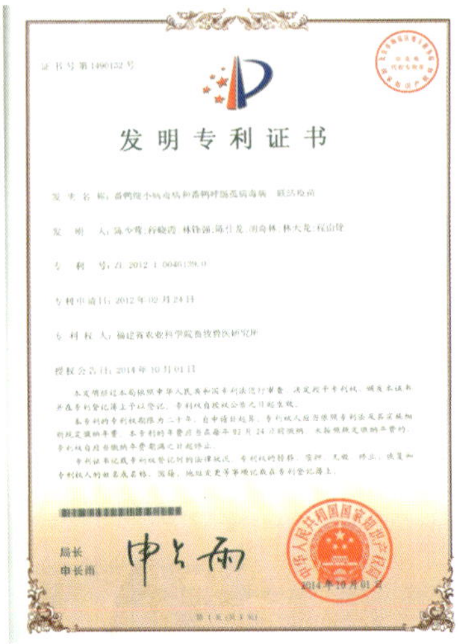


专利（番鸭细小病毒病毒和番鸭呼肠孤病毒病二联活疫苗）

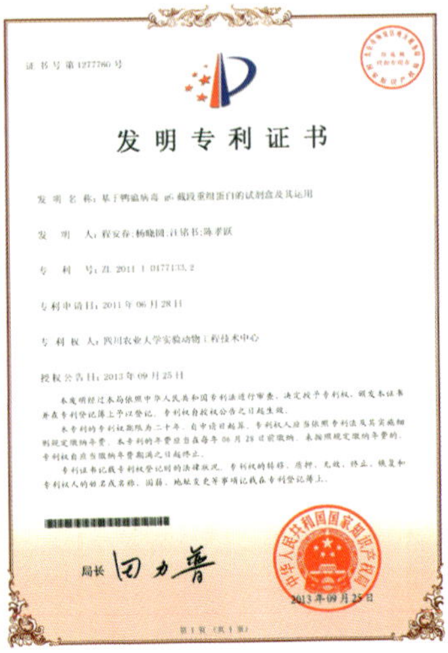


专利（基于鸭瘟病毒gG截段重组蛋白的试剂盒及其运用）

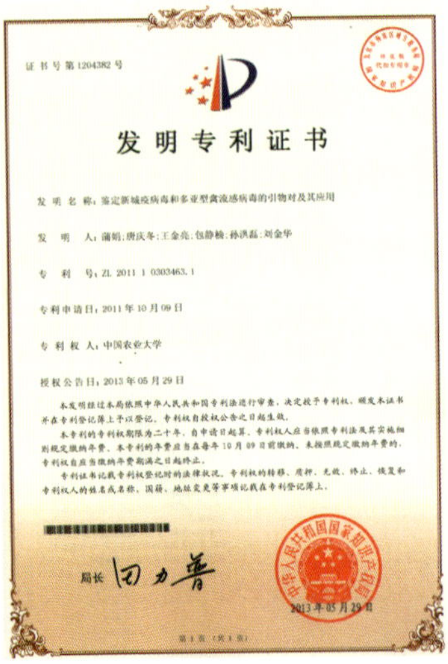


专利（鉴定新城疫病毒和多亚型禽流感病毒的引物对及其应用）

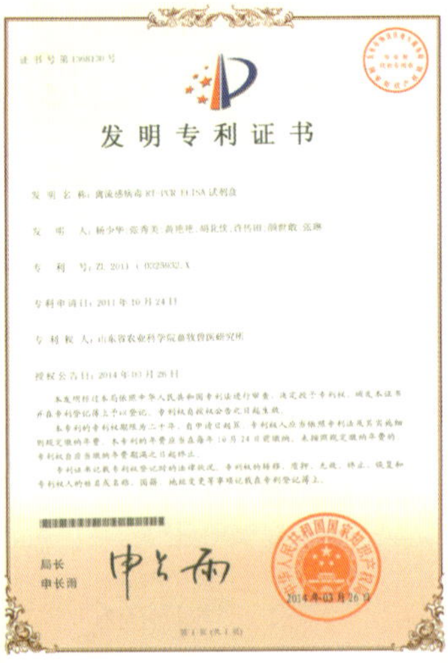


专利（禽流感病毒RT-PCR ELISA试剂盒）

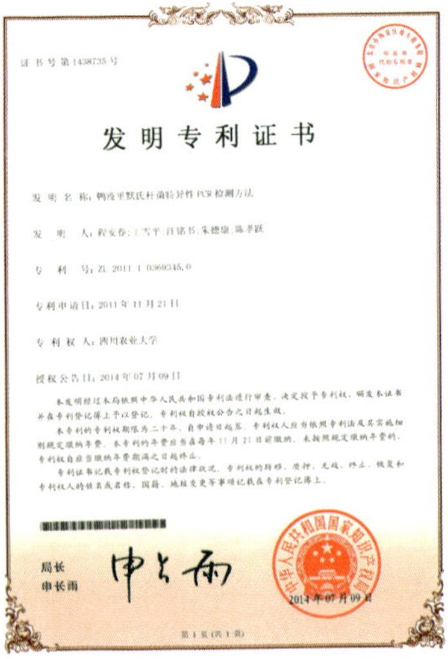


专利（鸭疫里默氏杆菌特异性PCR检测方法）

# 鸭疫里默氏杆菌毒力因子、诊断技术

## ■ 1. 成果审定

2012年获得国家发明专利（专利号：ZL 201210338236.7）；2014年获得国家发明专利（专利号：201410088918.6）；2014年获得中国农业科学院科学技术成果二等奖（证书编号：2014-2-07-D01）。

## ■ 2. 成果特点

由中国农业科学院上海兽医研究所完成的鸭疫里默氏杆菌毒力因子、诊断技术，是在国家自然科学基金面上项目“鸭疫里默氏杆菌LuxS/AI-2型密度感应系统及其对细菌毒力和生物被膜形成的调控”和农业农村部公益性行业科研专项“水禽主要疫病快速诊断与疫苗研制”的资助下，对鸭疫里默氏杆菌的毒力基因和诊断技术的研究成果。该成果建立了基于*groEL*基因的环介导等温扩增（LAMP）快速诊断方法，在65℃的反应温度下，20分钟即可完成鸭疫里默氏杆菌的检测，检测限为10个菌落形成单位（CFU），比普通PCR敏感50倍。建立的一种鸭源常见细菌（鸭疫里默氏杆菌、鸭大肠杆菌和沙门氏菌）的多重PCR鉴别诊断方法，可对上述3种细菌在2小时内进行快速鉴别诊断，检测限为1 000个CFU。该成果具有：①有效地对鸭疫里默氏杆菌进行快速检测和鉴别诊断。②有利于快速制定疫病的防控措施，最大限度地减少疫病损失。

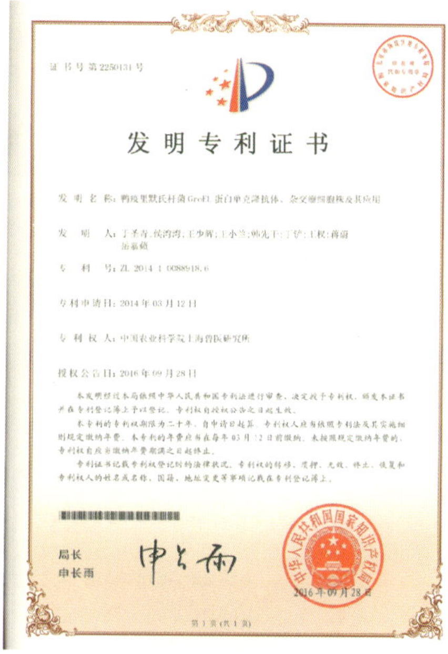


专利（鸭疫里默氏杆菌GroEL蛋白单克隆抗体、杂交瘤细胞株及其应用）

## ■ 3. 推广应用

该成果已在上海、广东、安徽、浙江、山东、广西等省（市、自治区）进行临床应用，对鸭疫里默氏杆菌感染的准确快速诊断和及时采取有效控制措施发挥了重要作用，正在开展检测试剂盒的新兽药证书申报工作。

完成单位：中国农业科学院上海兽医研究所
主要完成人：于圣青、丁铲、韩先干、胡青海、王少辉、王小兰、刘海文
通信地址：上海市闵行区紫月路518号
电话：021-34293461
E-mail：yus@shvri.ac.cn

中国农业科学院

科学技术成果奖证书

为表彰中国农业科学院科学技术成果奖获得者，特颁发此证书。

成果名称：鸭疫里默氏杆菌毒力基因、诊断技术研究及应用

奖励等级：二等奖

获 奖 者：中国农业科学院上海兽医研究所

二〇一四年六月二十五日

证书编号：2014-2-07-D01

证书（鸭疫里默氏杆菌毒力因子、诊断技术研究及应用）

证书号第1911895号

发明专利证书

发 明 名 称：鸭疫里默氏杆菌三价灭活疫苗及其制备方法

发 明 人：于圣青；丁铲；韩先干；王小兰；仇旭升；宋翠萍；谭磊

专 利 号：ZL 2012 1 0338236.7

专利申请日：2012年09月13日

专 利 权 人：中国农业科学院上海兽医研究所

授权公告日：2016年01月06日

本发明经过本局依照中华人民共和国专利法进行审查，决定授予专利权，颁发本证书并在专利登记簿上予以登记。专利权自授权公告之日起生效。

本专利的专利权期限为二十年，自申请日起算。专利权人应当依照专利法及其实施细则规定缴纳年费。本专利的年费应当在每年09月13日前缴纳。未按照规定缴纳年费的，专利权自应当缴纳年费期满之日起终止。

专利证书记载专利权登记时的法律状况。专利权的转移、质押、无效、终止、恢复和专利权人的姓名或名称、国籍、地址变更等事项记载在专利登记簿上。

局长

申长雨

2016年01月06日

第1页（共1页）

专利（鸭疫里默氏杆菌三价灭活疫苗及其制备方法）

# 水貂出血性肺炎二价灭活疫苗

## ■ 1. 成果审定

2013年获得发明专利授权（专利号：ZL 201010203879.1）；水貂出血性肺炎二价灭活疫苗（G型DL15株+B型JL08株）2011年批准进入临床试验，2016年获得国家二类新兽药注册证书［证书编号：（2016）新兽药证字49号］。

## ■ 2. 成果特点

水貂出血性肺炎二价灭活疫苗的成果，为水貂出血性肺炎是由铜绿假单胞菌（绿脓杆菌）引起水貂的急性传染病，以出血性肺炎和败血症为主要特征，发病急，死亡快，药物治疗几乎没有机会，死亡率10%～50%，是危害水貂养殖业的重要传染病之一。水貂出血性肺炎2006年在我国首度暴发流行，中国农业科学院特产研究所在国内率先开展了该病的研究，首次确定了国内水貂出血性肺炎的流行血清型为G型和B型。研究团队采用培育的G型和B型绿脓杆菌强毒菌株DL15株和JL08株，研制出了水貂出血性肺炎二价灭活疫苗，并开展水貂出血性肺炎防控技术研究。研究团队采用培育的G型和B型绿脓杆菌强毒菌株DL15株和JL08株，研制出了水貂出血性肺炎二价灭活疫苗，通过疫苗安全性和效力试验证实疫苗免疫产生快、14天产生坚强的免疫保护，免疫副作用小、安全性高；采用发酵培养工艺实现了产业化生产，疫苗推广应用证实该产品有效地控制了水貂出血性肺炎的发生，具有较好的应用前景。

中华人民共和国
新兽药注册证书
证号：（2016）新兽药证字49号
新兽药名称：水貂出血性肺炎二价灭活疫苗（G型DL15株+B型JL08株）
注册分类：二类
研制单位：中国农业科学院特产研究所、吉林特研生物技术有限责任公司
根据《兽药管理条例》，该兽药符合规定，准予注册，特发此证。
发证日期：二〇一六年五月六日

注册证书

## ■ 3. 推广应用

水貂出血性肺炎二价灭活疫苗2016年转化和推广，产品在山东、辽宁、河北、黑龙江、吉林等水貂养殖区域应用，有效地控制了水貂出血性肺炎发生，产品市场占有率30%以上，产生了较大的经济效益。

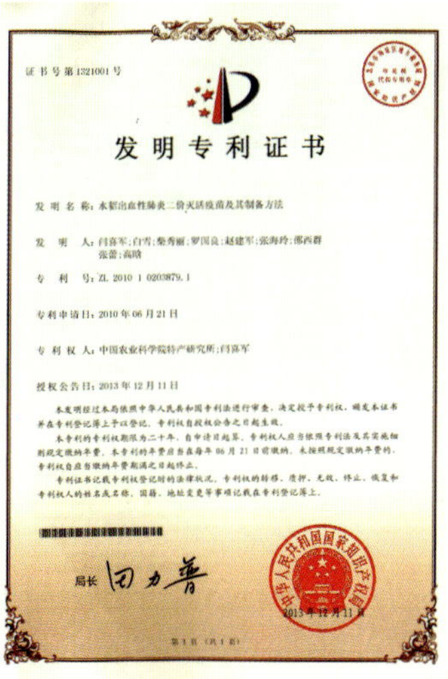
证书号第1321001号
发明专利证书
发明名称：水貂出血性肺炎二价灭活疫苗及其制备方法
发明人：闫喜军；白雪；柴秀丽；罗国良；赵建军；张海玲；邵西群
张蕾；高晗
专利号：ZL 2010 1 0203879.1
专利申请日：2010年06月21日
专利权人：中国农业科学院特产研究所；闫喜军
授权公告日：2013年12月11日
本发明经过本局依照中华人民共和国专利法进行审查，决定授予专利权，颁发本证书并在专利登记簿上予以登记。专利权自授权公告之日起生效。
本专利的专利权期限为二十年，自申请日起算。专利权人应当依照专利法及其实施细则规定缴纳年费。本专利的年费应当在每年06月21日前缴纳。未按照规定缴纳年费的，专利权自应当缴纳年费期满之日起终止。
专利证书记载专利权登记时的法律状况。专利权的转移、质押、无效、终止、恢复和专利权人的姓名或名称、国籍、地址变更等事项记载在专利登记簿上。
局长 田力普
2013年12月11日
第1页（共1页）

专利证书

完成单位：中国农业科学院特产研究所

主要完成人：闫喜军、白雪、柴秀丽、罗国良、赵建军、张海玲、张蕾、胡博、赵传芳、鲁荣光、王长凤

通信地址：吉林省长春市净月经济开发区聚业大街4899号

电话：0431-81919867

E-mail：tcskyc@126.com

# 水貂犬瘟热活疫苗（CDV3-CL株）

## 1. 成果审定

2005年“水貂犬瘟热活疫苗（CDV3株）”获得了二类新兽药注册证书。2012年水貂犬瘟热活疫苗（CDV3-CL株）获得了农业农村部颁发的三类新兽药证书［（2012）新兽药证字22号］。

## 2. 成果特点

水貂犬瘟热活疫苗（CDV3-CL株）成果是中国农业科学院特产研究所于1982年采用鸡胚成纤维细胞（CEF）研制了水貂犬瘟热活疫苗，2000年以来特产研究所将水貂犬瘟热病毒CDV3株适应于Vero细胞，并采用蚀斑克隆技术从CDV3毒种中克隆一株免疫原性良好和病毒含量稳定的CDV3-CL株；采用免疫原性良好的犬瘟热弱毒CDV3-CL株，接种Vero细胞培养，收获感染细胞培养物，加适宜稳定剂，经冷冻真空干燥制成。产品安全、有效，采用转瓶培养工艺实现了产业化生产；同时采用水貂细小病毒性肠炎灭活疫苗（MEVB株）为稀释剂与水貂犬瘟热活疫苗联合使用，有效地控制了犬瘟热和病毒性肠炎的发生，具有较好的应用前景。

## 3. 推广应用

该成果于2014年转化和推广，产品在山东、辽宁、河北、黑龙江、吉林等水貂、狐狸、貉养殖区域应用，有效地控制了毛皮动物犬瘟热的发生，产品市场占有率40%以上，产生了较大的经济效益。

完成单位：中国农业科学院特产研究所

主要完成人：闫喜军、赵建军、吴威、柴秀丽、罗国良、赵传芳、程世鹏、胡博、张海玲、张蕾

通信地址：吉林省长春市净月经济开发区聚业大街4899号

电话：0431-81919867

E-mail: tcskyc@126.com

中华人民共和国

新兽药注册证书

证号：（2012）新兽药证字 22 号

新兽药名称：水貂犬瘟热活疫苗（CDV3-CL 株）

注册分类：三类

研制单位：中国农业科学院特产研究所、吉林特研生物技术有限责任公司、吉林中特生物技术有限责任公司

根据《兽药管理条例》，该兽药符合规定，准予注册，特发此证。

发证日期：二〇一二年六月十一日

注册证书

# 植保技术

# 红壤酸化及其综合防治技术

## ■ 1. 成果审定

该技术成果是针对我国南方红壤酸化引起的土壤质量退化这一突出问题，经过近20年的系统研究，取得了突破性重大进展。2010年7月通过农业农村部组织的专家鉴定（农科果鉴字［2010］第018号），鉴定结论为国际先进水平。

## ■ 2. 成果特点

研究探明了红壤酸化对作物生长及产量的影响，明确了南方主要作物（小麦、玉米、油菜、大豆和花生）的酸害阈值；提出了红壤酸化的化学改良（主要包括施用红壤改良调理剂、白云石粉、石灰、钙镁磷肥等）、生物治理（主要包括种植耐酸作物和牧草）和施用有机肥、秸秆还田等综合防治技术；可在2～3年内，提高土壤pH值为0.5左右，平均增产15%以上。这项成果解决了长期存在的红壤酸化治理问题，成果可在我国南方红壤旱地上广泛应用。

本项目成果提出的红壤酸化综合防治技术，经初步推广应用，取得了显著的经济、生态和社会效益。自2006年以来，先后在福建、广西、湖南、江西等地进行多点试验示范和推广，多种作物上的统计结果显示，一般可增加产量15%～21%，增加产值95～194元/亩，扣除成本平均纯增收51～137元/亩。

大田照片

## ■ 3. 推广应用

该项目成果可在我国南方红壤旱地上广泛应用，据统计，我国南方红壤旱地约有耕地面积3.5亿亩，其中，大部分都存在不同程度的酸化现象，如果该技术应用到上述面积的50%，即约1.75亿亩，按每亩平均增收120元的保守估计，则每年可新增产值210亿元，其应用前景十分广阔。

完成单位：中国农业科学院农业资源与农业区划研究所

主要完成人：徐明岗、周世伟、文石林、蔡泽江、孙楠、王伯仁

通信地址：北京市海淀区中关村南大街12号

电话：010-82108663

E-mail：zhangshuqing@caas.cn

# 盐碱地“上膜下秸”控抑盐增产技术

## 1. 成果审定

该技术成果获得国家公益性行业（农业）科研专项“黄河上中游次生盐碱地农业高效利用技术模式研究与示范”项目支持，获得2016—2017年度中华农业科技奖二等奖。

## 2. 成果特点

盐碱地“上膜下秸”控抑盐增产技术是指在盐碱地以专用机械将切碎的秸秆翻埋至地下30～40厘米深处，形成秸秆隔层，秸秆用量约6 000千克/公顷，每隔2～3年翻埋一次，地表耙平后覆盖地膜，膜上种植作物，同时集成秋浇春灌压盐、种植耐盐品种、水肥优化管理、施用土壤改良剂等技术形成的盐碱地微域盐分淡化耕作技术。该技术集地表覆盖、秸秆隔层、深耕、深松和秸秆还田等措施为一体，已研发出专用的秸秆翻埋机械，简单易行，在作物关键生育时期可降低耕层土壤含盐量，控盐抑盐效果突出，蓄水保墒效果明显，同时还可改善土壤结构，提升土壤肥力，促进土壤微生物的繁殖，是一项集控抑盐、保墒、增产、改土等效果为一体的盐碱地农业高效利用技术。主要适应于西北内陆土壤蒸发强烈、盐分上行较快的地区，尤其是黄河上中游地区的广大盐碱地。

## 3. 推广应用

2010年以来，已在内蒙古河套灌区、甘肃黄灌区、宁夏黄灌区、甘肃酒泉内陆盐碱区等多盐碱程度、多土壤类型地区进行田间试验与推广应用，在内蒙古五原县、甘肃兰州、宁夏银川、甘肃酒泉等地建立核心试验示范区，并进行了大面积推广示范。累计核心试验示范区面积300亩，示范区面积20 000亩，辐射面积达100万亩。该技术在各个示范推广区域内均取得了显著的控盐抑盐和增产增收效果，直接受益农户达1 000余户，受到当地群众的一致认可。

完成单位：中国农业科学院农业资源与农业区划研究所

主要完成人：逄焕成、李玉义

通信地址：北京市海淀区中关村南大街12号

电话：010-82108663

E-mail：zhangshuqing@caas.cn

大田照片

# 防治韭蛆新技术——日晒高温覆膜

## 1. 成果特点

日晒高温覆膜防治韭蛆的新技术针对韭菜根系较耐高温，而韭蛆不耐高温的特点，在地面铺上透明保温的无滴膜，让阳光直射到膜上提高膜下土壤温度，当土壤温度超过40℃，且持续3小时以上，则可将韭蛆彻底杀死，且对韭菜生长无影响，甚至有促进韭菜根系分裂与生长的作用。该技术不使用任何化学农药，具有杀蛆彻底、成本低（膜可反复使用多年）、省工省时、绿色环保、持效期长等优点，并兼治土壤中其他不耐高温的病虫害。适合于露地韭菜、当日最高光照强度超过55 000勒克斯时使用。

## 2. 推广应用

该技术在北京、山东、天津、安徽、河北、浙江、甘肃、山西、陕西等8省市18市的100万亩韭菜地进行了试验示范，防治效果均达100%，受到老百姓的一致好评。许多省市政府下发了采用“日晒高温覆膜”技术防治韭蛆的文件，如山东省寿光市制订了“关于韭菜覆膜防治韭蛆实用技术推广实施方案”；山东省安丘市制订了“关于大力推广日晒高温覆膜防治韭蛆新技术的意见”等。《人民日报》《科技日报》《农民日报》《中国科学报》和《山东电视台》等2 000余家重大媒体或网站对该技术进行了报道与转载。

完成单位：中国农业科学院蔬菜花卉研究所
主要完成人：张友军
通信地址：北京市海淀区中关村南大街12号
电话：13311120738
E-mail：zhangyoujun@caas.cn

“日晒高温覆膜”技术处理后韭菜生长对比图

# 番茄黄化曲叶病毒病绿色防控技术

## ■ 1. 成果审定

2016—2017年荣获中华农业科技三等奖。

## ■ 2. 成果特点

由中国农业科学院蔬菜花卉研究所，江苏省农业科学院，浙江大学，广东省农业科学院植物保护研究所和中国农业大学完成的番茄黄化曲叶病毒病绿色防控技术，是针对番茄黄化曲叶病毒病在全国范围内正呈现由“点到片”发生向“面”式暴发的突发疫情，其难以防控的严峻形势，项目组整合国内从事番茄黄化曲叶病毒和蔬菜抗病毒育种的优势研究力量，系统研究了番茄黄化曲叶病毒（TYLCV）的致害变异规律、烟粉虱传毒特性、快速检测与预警、抗TYLCV优异基因资源发掘、抗病毒品种选育、利用高效生物防控与化学药物缓释调控技术等新型实用技术，并对综合防控技术体系与技术解决方案进行攻关研究，成功解决了我国番茄黄化曲叶病毒病突发致灾难题。项目研究提升了我国全面、高效防控番茄重大生物灾害的技术能力，实现我国蔬菜产业可持续高效发展。

番茄黄化曲叶病毒病绿色防控技术示范

抗TYLCV品种对比

## ■ 3. 推广应用

集成创新了“优先选用抗病毒病品种、全程切断病毒初侵染源”为核心的番茄黄化曲叶病毒病综合防控技术体系，已在番茄黄化曲叶病毒病严重发生的山东、河北、河南、北京、江苏、安徽、浙江、广东等10多个省市23点进行大面积推广，累计推广应用面积77.94万亩，经济效益和社会效益8.69亿元，解决了番茄黄化曲叶病毒病突发致灾问题，社会经济效果显著。

完成单位：中国农业科学院蔬菜花卉研究所、江苏省农业科学院、浙江大学、广东省农业科学院植物保护研究所、中国农业大学

主要完成人：谢丙炎、赵统敏、谢艳、何自福、曹永松、竺晓平、柴敏、胡琼波、刘树生、茆振川

通信地址：北京市海淀区中关村南大街12号

电话：010-82109546

E-mail：xiebingyan@caas.cn

# 氰氨化钙日光消毒防治蔬菜土传病害技术

## 1. 成果审定

2005年获得一种防治设施蔬菜土传病害的土壤消毒方法发明专利（专利号：ZL 200510012204.8）；2010年获得一种诱导剂在控制园艺作物土传病害上的应用发明专利（专利号：ZL 201010117498）；2016年获得一种用于往土壤里施颗粒农药的电动施药器实用新型专利（专利号：ZL 201620458511.2）。

## 2. 成果特点

由中国农业科学院蔬菜花卉研究所完成的氰氨化钙日光消毒技术是一种极具发展潜力的无公害土传病害防治技术。该技术能够有效维持土壤有害菌类与有益菌类的基本平衡，显著降低土壤有害菌生物种群数量至为害水平之下，从而起到防治或降低土传病害的作用。该成果具有①研究制定了适合我国国情的氰氨化钙日光消毒防治蔬菜土传病害技术规程。该技术具有使用简单、节水、安全、防效高等优点，可作为溴甲烷土壤消毒替代药剂，为我国蔬菜土传病害可持续控制提供了一条新途径。②明确了氰氨化钙对蔬菜根结线虫病、黄瓜腐霉根腐病、猝倒病，番茄茎基腐病，姜瘟病、茎基腐病等病害有明显的防治效果。③研究提出了氰氨化钙与淡紫拟青霉、阿维菌素结合有效防治蔬菜根结线虫病的技术。

## 3. 推广应用

该技术已在北京、山东、辽宁、河北、天津、湖北等我国蔬菜主产区示范推广960万亩，对蔬菜根腐病、枯萎病、疫病、根结线虫病、根肿病等土传病害具有良好的防治效果，经济、社会和生态效益显著。

完成单位：中国农业科学院蔬菜花卉研究所
主要完成人：李宝聚、石延霞、谢学文、柴阿丽
通信地址：北京市海淀区中关村南大街12号
电话：010-62197975
E-mail: shiyanxia@caas.cn

石灰氮土壤消毒处理

石灰氮土壤消毒现场观摩会

石灰氮土壤消毒过程1

石灰氮土壤消毒过程2

石灰氮消毒防治番茄根结线虫效果处理及对照

石灰氮消毒防治黄瓜根结线虫效果处理及对照

# 家蚕杆状病毒表达系统生产的干扰素在鸡抗病、促生长中的应用

## 1. 成果审定

2015年获得中华人民共和国农业转基因生物安全证书（生产应用）［证书编号：农基安证字（2015）第37号］。

## 2. 成果特点

由中国农业科学院生物技术研究所完成的家蚕杆状病毒表达系统生产的干扰素在鸡抗病、促生长中的应用，是利用具有自主知识产权的多基因家蚕杆状病毒表达系统表达的α+γ的复合干扰素，其表达量高达每头蚕2 000万国际单位以上。动物实验表明干扰素产品对马立克病毒、新城疫病、鸡传染性法氏囊病毒有很好的抗病毒效果；另外，γ干扰素还具有促进鸡生长的功效，而α+γ复合干扰素既可以抗病又可以促生长。家蚕杆状病毒表达系统生产的鸡干扰素产品具有安全性高、表达量高、生产成本低、表达的干扰素活性及效果要好于同类产品等特点。鸡的干扰素可通过喂食或饮水途径给药，可节约人工成本。更重要的是γ干扰素产品具有促进肉鸡快速增重的作用，鸡的α+γ复合干扰素联用能提升鸡的生长速率8%以上、料肉比降低5%左右、42日龄的鸡每羽比对照增重200克左右，而且还减少了因疾病发生而淘汰的鸡数，对养禽业具有巨大经济效益。尤其是干扰素与微生态制剂等联合使用可以替代或减少抗生素的使用，减少由此引发的环境污染和抗生素使用安全问题，这对于提高禽类产品品质和用药安全更具有巨大的意义。

完成单位：中国农业科学院生物技术研究所
主要完成人：张志芳
通信地址：北京市海淀区中关村南大街12号
电话：010-82105495；010-82109850
E-mail：liyinv@caas.cn；huxiaoyuan@caas.cn；wangyouhua@caas.cn

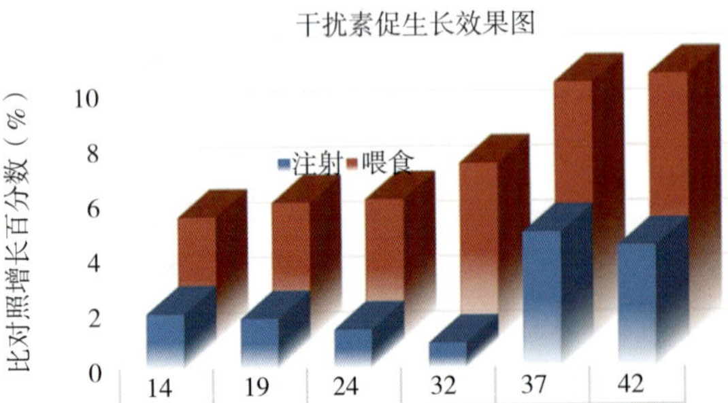


| | 14 | 19 | 24 | 32 | 37 | 42 |
|---|---|---|---|---|---|---|
| 注射 | 2 | 1.8 | 1.4 | 0.9 | 4.9 | 4.4 |
| 喂食 | 4.5 | 5 | 5.1 | 6.4 | 9.3 | 9.6 |

复合干扰素促进肉鸡生长效果

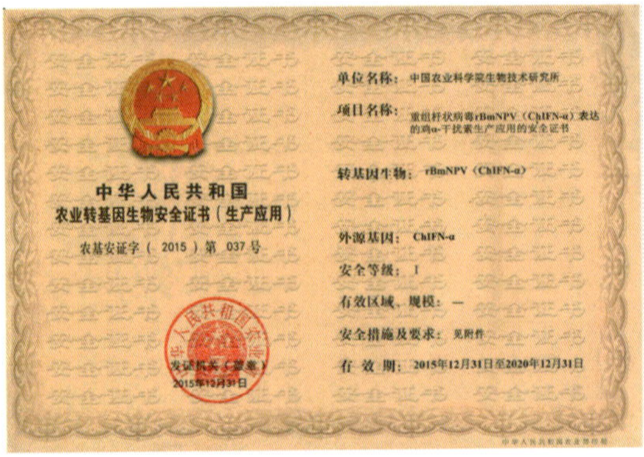


家蚕生产的鸡干扰素的安全生产应用证

# Bt杀虫基因应用

■ 1. 成果审定

2016年12月Bt cry 1Ah基因及其表达产物获得中国专利优秀奖（ZL200410009918.9）；2017年8月，经农业农村部农药检定所批准，G033A菌株产品获得农药登记证书（可同时防治鳞翅目和鞘翅目害虫）。

■ 2. 成果特点

由中国农业科学院植物保护研究所一直致力于高毒力Bt杀虫新基因资源的挖掘和新基因的应用。克隆命名了167个Bt新基因，并获得国家发明专利授权26项。利用这些具有自主知识产权的Bt新基因，构建了一系列高效、广谱的Bt工程菌。Bt *cry*杀虫基因已经广泛应用于转基因抗虫作物，并且取得了巨大的经济、社会和生态效益。在国家863计划、转基因生物新品种培育与产业化重大专项等项目的资助下，经过10年的努力，通过建立先进的Bt杀虫基因鉴定体系和高通量克隆平台，分离克隆到对我国农业生产重大害虫棉铃虫、甜菜夜蛾、水稻螟虫、玉米螟和马铃薯甲虫等有高活性的Bt新基因。与此同时，针对十字花科蔬菜和油料作物上持续猖獗危害的小菜蛾、危害多种蔬菜的黄曲条跳甲及国际检疫害虫马铃薯甲虫，中国农业科学院植物保护研究所开发了毒力高、杀虫谱广的Bt新制剂G033A来控制这些害虫的危害。该菌株通过基因重组方法构建，具有良好生物安全性，在田间对小菜蛾、甜菜夜蛾、马铃薯甲虫等重要农业害虫都表现出很高的毒力和防治效果。

完成单位：中国农业科学院植物保护研究所
主要完成人：张杰
通信地址：北京市海淀区圆明园西路2号
电话：010-62816520
E-mail：jzhang@ippcaas.cn

工程菌G033A田间效果

转cry1Ah基因玉米

专利优秀奖

# 蛋白质植物免疫诱导剂——6%寡糖·链蛋白可湿性粉剂（阿泰灵）应用

## 1. 成果审定

2017年8月获得了我国农药正式登记证，相关研究获得中国发明授权专利7例，出版专著2部，发表研究论文88篇。阿泰灵成功入围2016年全球农化最佳生物农药新品奖2015年获得产学研合作创新一等奖，2013年获得第八届大北农科技奖二等奖，2012年获得北京市科技二等奖，2012年获得中国农业科学院科技二等奖。

## 2. 成果特点

植物免疫诱导剂商品名——阿泰灵具有①提出了“植物疫苗”免疫诱导剂控制农作物病害的植保新策略，革新了以杀灭靶标进行农药创制的传统理念。②创建了定向分离活性蛋白及多功能评价技术体系。③实现了蛋白产品规模化生产工艺技术的新突破，创制了全球第一个抗植物病毒病的免疫蛋白诱导剂新产品。④建立了蛋白质植物免疫诱导剂的应用技术规程，实现了大规模推广应用。⑤植物免疫诱导剂可在多种农作物上使用，诱导抗性免疫作用具有广谱性。

## 3. 推广应用

该产品在全国28个省市区县进行了多年、多地、多作物品种的田间示范与应用推广，累计应用面积达3 000万亩。在水稻、玉米、烟草、柑橘、茶叶、草莓、蔬菜（辣椒、番茄、甘蓝、黄瓜）等作物上对病毒病、立枯病、软腐病、灰霉病和叶斑病等病害控制效果达65%以上，提高产量10%以上，并能提高农产品品质，减少化学农药使用量30%以上。

完成单位：中国农业科学院植物保护研究所

主要完成人：邱德文

通信地址：北京市海淀区圆明园西路2号

电话：010-62815924；13520642805

E-mail：qiudewen@caas.cn

大田对比照

西瓜对比照

# 高效低风险施药技术——“选、配、喷”精准施药新产品（精准选药试剂盒）

## 1. 成果审定

2016年获得国家科技进步二等奖；该系列产品国家授权专利13项。

## 2. 成果特点

历经14年科技攻关，成功研发了“科学选用、合理配药、精准喷药”的高效低风险施药技术及物化产品，发明了系列精准选药试剂盒，具有①快速（1~3小时）、准确（80%以上）。②建立了可视化液滴形态标准，发明了药液沾着展布比对卡，实时指导田间适宜剂型与桶混助剂的使用，可减少农药用量20%~30%。③研究了不同施药条件下药液浓度、雾滴大小、覆盖密度等与防效的关系，发明了系列药剂喷雾雾滴密度指导卡，实现了用“雾滴个数”指导农民用药，减少药液喷施量30%~70%。它是我国农药减量施药的重要高新技术产品。

完成单位：中国农业科学院植物保护研究所

主要完成人：郑永权

通信地址：北京市海淀区圆明园西路2号

电话：010-62815908

E-mail：yqzheng@ippcaas.cn

证书

# 土壤熏蒸消毒技术

## 1. 成果审定

2016年完成《氯化苦土壤熏蒸社会化服务模式的建立与推广》《生姜土传病害综合防控技术》科技成果评价；2017年完成，《草莓土传病害综合防控技术》《山药土传病害综合防控技术》科技成果评价；2014—2016年获得全国农牧渔业丰收奖一等奖；2015年北京市科技进步二等奖。

## 2. 成果特点

由中国农业科学院植物保护研究所曹坳程团队创建的土壤熏蒸消毒技术体系是集成一套以病害快速诊断技术为先导，病原物源头控制为重点，土壤熏蒸消毒为技术核心，作物中后期管理补充的土壤熏蒸消毒技术体系。①土壤熏蒸消毒技术对土传病害的控制具有持续稳定的效果。②大幅度增加作物产量提高农民收入。③减少作物中后期农药化肥的使用量。④无任何农药残留问题，提高了农产品质量安全。⑤推动农药现代化管理和专业化服务发展。

## 3. 推广应用

目前该技术已经在我国北京、河北、山东、辽宁等地的番茄、黄瓜、草莓、生姜、山药等作物开展了多年的示范和推广应用。从2013年开始在北京、河北保定、山东莱芜、安丘等地推广使用手动式土壤熏蒸消毒设备、两条管理机用土壤熏蒸消毒设备以及六条拖拉机用土壤熏蒸消毒设备，累计推广400余台，应用面积超过12 000亩。

完成单位：中国农业科学院植物保护研究所
主要完成人：曹坳程、王秋霞、李园、颜冬冬、欧阳灿彬、郭美霞、王桢委、郭建明
联系地址：北京市海淀区圆明园西路2号
联系人：曹坳程
联系电话：13911826293；010-62815940
E-mail：caoac@vip.sina.com

黄瓜、生姜土壤熏蒸消毒效果对比

# 蠋蝽、草蛉、蚜茧蜂等天敌昆虫的工厂化扩繁技术

■ 1. 成果审定

与合作单位共同获得国家科技进步二等奖1项、省级一等奖1项、省级二等奖5项；合作单位共同获得国家科技进步二等奖1项、省级一等奖1项、省级二等奖5项；并已获得授权发明专利20余项。成果来源与公益性行业科研专项（201103002、200803032）、948项目（2011-G4、2006-G54）、国家科技支撑项目（2006BAD08A02）、国家重点研发计划项目（SQ2017ZY060059）、国家自然科学基金项目（31572062、31071742）。基于本项目技术成果。

■ 2. 成果特点

由中国农业科学院植物保护研究所张礼生团队经过持续多年的研究探索，已掌握蠋蝽、草蛉、瓢虫、蚜茧蜂、蚜小蜂、赤眼蜂等10余种优良天敌昆虫的大规模扩繁技术。该技术革新了核心工艺，突破了人工饲料、滞育调控等技术瓶颈，进行了中试生产，优化了应用技术。技术成果较为成熟，具有良好的转化前景。具有①技术先进。革新了天敌昆虫大规模扩繁的核心技术，优化了替代寄主、人工饲料等6项扩繁技术；研发4种天敌昆虫人工饲料，直接利用人工/半人工饲料扩繁七星瓢虫、多异瓢虫、大草蛉、丽草蛉、蠋蝽等5种捕食性天敌昆虫，替代了传统的“栽培植物—繁育寄主—扩繁天敌”模式。②效率高成本低。研发获得2种替代寄主，把烟蚜茧蜂“单层平面扩繁模式”提升为“立体塔式扩繁模式”，空间利用率提高4～5倍、扩繁周期缩短60%，节省大量的人力物力；利用共性寄主扩繁共性猎物，进而扩繁多种天敌，也节约了成本，提升了效率。③产品实现系列化。扩繁的天敌既有同种的不同虫态，如卵、幼虫（若虫）、蛹（茧）或成虫，也有不同种类的天敌搭配，能从时间—空间的不同生态位，协同控制靶标害虫。技术成果能提供组合式天敌系列产品，直接应用于农作物、蔬菜、果树的害虫防治。④产品货架期长。利用滞育调控技术，掌握了滞育诱导、滞育维持、滞育解除家属，可通过调控光周期与温周期的组合，诱导天敌进入滞育状态，实现了蚜茧蜂、瓢虫、草蛉等天敌昆虫的长时间贮存，天敌产品货架期延长4～8倍。⑤市场前景广阔。天敌昆虫产品具有安全、绿色、无污染、无残留、可持续控制害虫等优点，属于生物防治的核心技术产品，利用天敌“以虫治虫”地捕食或寄生农林果蔬害虫，符合国家绿色发展战略需求，是各地推进“到2020年农药使用量零增长行动”的核心措施。

■ 3. 推广应用

通过扩繁并释放天敌昆虫产品，研发配套的天敌保育和定殖提升技术，在多省区、多作物开展了防控多种害虫的试验示范和推广应用，取得了显著的经济、生态和社会效益在天津、北京、河北等地应用天敌昆虫防控设施蔬菜害虫蚜虫、粉虱、蓟马等，实现了捕食蝽值守、瓢虫和草蛉补充接力、蚜茧蜂时空嵌合的立体长时间防控，在贵州扩繁蠋蝽防控

烟草害虫烟青虫、斜纹夜蛾、小地老虎等，2015年起指导贵州烟草系统建立天敌扩繁生产线，2017年大面积示范应用；利用扩繁的天敌昆虫，在吉林利用蠋蝽防控露地蔬菜、中药材等特种经济作物害虫；在江苏利用稻螟赤眼蜂防治水稻害虫稻纵卷叶螟；在西藏保育土著瓢虫、在山东保育臀沟土蜂防控蛴螬等，都有较好的防治效果，获得同行专家好评、主管部门认可、市场社会赞誉。

完成单位：中国农业科学院植物保护研究所
主要完成人：张礼生、陈红印、王孟卿、刘晨曦
通信地址：北京市海淀区中关村南大街12号
电话：010-62815909
E-mail：zhangleesheng@163.com

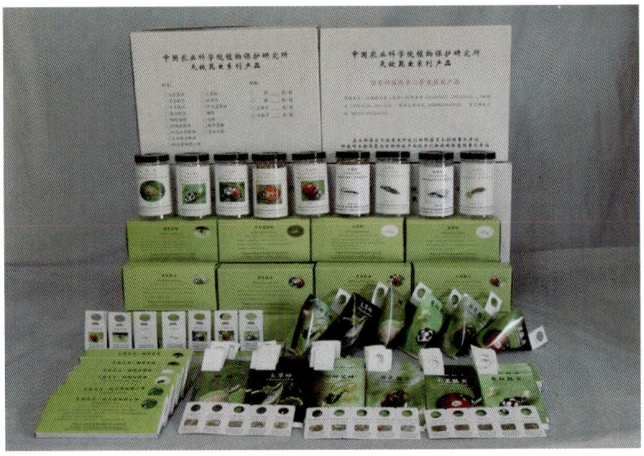

十多种天敌系列化产品

蠋蝽捕食猎物

# 智利小植绥螨繁育方法

## ■ 1. 成果审定

2016年7月获得饲养与生产专利（专利号：201310255870.9）；2016年9月获得一种大量生产智利小植绥螨的方法专利（专利号：201310255787.1）；2016年9月获得捕食螨的连续饲养方法专利（专利号：201310255789.0）；2016年9月获得一种利用叶螨大量饲养捕食螨的方法专利（201310255788.6）2016年9月获得一种利用叶螨大量生产捕食螨的方法专利（专利号：01310254454.7）；2016年8月获得捕食螨的收集方法专利（专利号：201310255857.3）；2016年11月获得捕食螨的包装及使用新方法专利（专利号：201310255867.7）；2016年4月获得一种以捕食螨为载体携带生防菌控制温室病虫害的方法专利（专利号：201310254313.5）

## ■ 2. 成果特点

由中国农业科学院植物保护研究所徐学团队自主研发其规模化大量生产技术，建成了我国最大的智利小植绥螨生产基地，年产达10亿头，并完成了智利小植绥螨产品质量行业标准制定工作。

该成果从饲养、连续饲养、大量生产、收集、包装到应用都有专利支持。在饲养和大量生产方面降低15%以上的饲养成本，首次提出连续饲养智利小植绥螨时无须接种也可实现其规模化大量饲养的方法。在收集和包装方面，解决了分离、收集和包装智利小植绥螨的方法和节约利用种植基质的办法。在应用方面，提供一种能够适于长途邮寄、快递或物流运输的捕食螨包装方法；一种以捕食螨为载体携带生防菌控制温室病虫害的方法，不仅能够避免存在生防菌在包装袋内萌发的安全隐患，而且还能提高10%以上的防效。智利小植绥螨可应用于蔬菜、草莓、水果、园艺作物等上叶螨的预防和防治。在倡导生态安全、食品安全的大环境下，减少农药的使用量成为广大人民的共识，智利小植绥螨等生物防治措施一定有广阔的发展前景。

## ■ 3. 推广应用

智利小植绥螨已在北京、辽宁、天津、河北、山东、新疆、甘肃、安徽、福建、江苏、河南、湖北、广东、云南、上海、海南等16个省（区、市）应用推广，从2013年至今5年内推广1.875万亩，成为我国防治温室叶螨最好的天敌品种、防效达到90%以上，可大大减少化学农药的使用量，增加果蔬的品质和价格，从而增加农民收入，具有很好的经济社会效益。

完成单位：中国农业科学院植物保护研究所
主要完成人：徐学农、王恩东、吕佳乐、王伯明、姜晓环
通信地址：北京市海淀区圆明园西路2号

电话：010-62815981
E-mail：xuxuenong@caas.cn；wangendong@caas.cn；lvjiale@caas.cn；

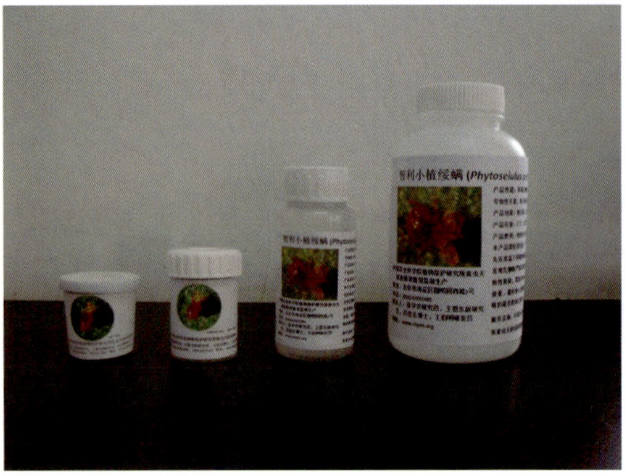

智利小植绥螨包装

智利小植绥螨捕食叶螨

智利小植绥螨防效

智利小植绥螨撒放

# 杀线虫生物制剂——淡紫拟青霉菌剂

■ 1. 成果特点

由中国农业科学院植物保护研究所李世东团队研制的淡紫拟青霉菌剂（粉剂和水剂），是针对农业生产中植物线虫病日益严重和连作障碍问题，以及设施农业的快速发展，土壤线虫等病害日益加剧、土壤退化问题尤为突出，对高效杀线剂产品的需求也日益增加研制的杀线虫生物制剂。该成果是在国家攻关/科技支撑计划和现代农业产业体系等项目的支持下，致力于发展绿色、安全、资源节约的现代农业的大背景下，开发无毒（低毒）、环境友好的生物农药；通过研发规模化生产关键技术和简便有效的田间应用技术，提高生防菌剂稳定性和对植物线虫的防治作用研发了杀线虫生物制剂——淡紫拟青霉菌剂。

■ 2. 推广应用

TC-2015-番茄根结线虫防治-1

TC-2015-番茄根结线虫防治-2

淡紫拟青霉菌剂自2014年开始推广应用，主要区域包括山东、辽宁、福建、云南、四川、内蒙古和北京等蔬菜种植大省（区、市），推广面积累计达12万亩；淡紫拟青霉生物有机肥产品在天津、陕西、湖南、北京、辽宁、山东、河南和山西等地推广面积超过10万亩，主要应用作物包括黄瓜、番茄、茄子、苦瓜、西葫芦等露地和设施蔬菜，以及中草药、烟草等。其间，在山东寿光、河北永年、广西北海、四川成都、云南昆明、内蒙古多伦县等地举办了“蔬菜土传病害生物防治”“杀线虫淡紫拟青霉制剂的研发和应用”“防病生物有机肥应用技术”等培训班，累计培训农技人员、种植大户和菜农2 000余人次，推动了相关产品和技术的应用。淡紫拟青霉菌剂平均每亩投入成本约240元，对根结线虫、穿孔线虫、茎线虫等线虫病害的防效可达70%，平均每亩挽回经济损失3 000元以上，取得了良好的经济效益和社会效益。

完成单位：中国农业科学院植物保护研究所
主要完成人：李世东、孙漫红、郭荣君、缪作清、钟增明、黄英秋、卢晓红
通信地址：北京海淀区圆明园西路2号
联系方式：010-82109573；010-82109582/83；13691060431

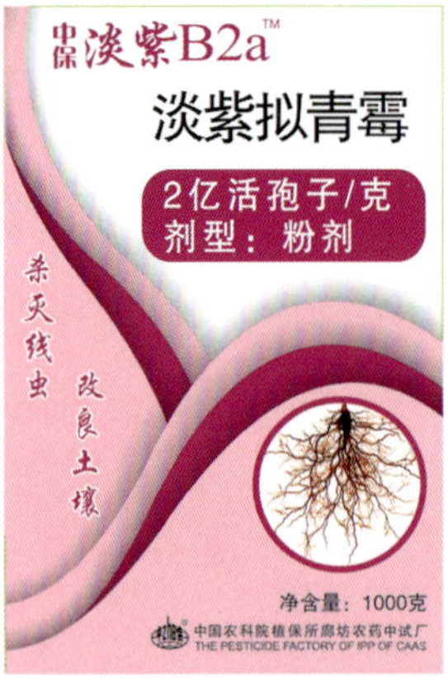


TC-淡紫拟青霉菌剂-粉剂（中保）

TC-淡紫拟青霉菌剂-粉剂

TC-淡紫拟青霉菌剂-水剂（中保）

TC-淡紫拟青霉菌剂-水剂

TC-寿光-菌剂应用-处理

TC-寿光-菌剂应用-对照

# 夜蛾科害虫食诱剂

1. 成果审定

2016年生物食诱剂获得发明专利：一种夜蛾科害虫引诱剂及其制备方法与应用（专利号：201610075196X）；棉铃虫食诱剂在2016年、2017年农作物重大病虫害防控技术方案中，被全国农业技术推广服务中心推荐使用。烟青虫食诱剂已被国家烟草专卖局列入“十三五”烟草病虫害绿色防控主推技术产品之一。

2. 成果特点

由深圳百乐宝生物农业科技有限公司与中国农业科学院植物保护研究所合作研发的夜蛾类害虫食诱剂，利用百乐宝公司的专利高分子缓释载体，持续高浓度释放植物芳香物质和昆虫信息素引诱物质，以引诱夜蛾类害虫成虫至混有少量快杀型杀虫剂（本产品不含杀虫剂，杀虫剂分开单独购买）的诱饵中。产品采用吸引夜蛾类害虫成虫至某一特定范围集中诱杀以代替传统全田喷洒的方式，因此相比较而言，农药的用量仅需要后者的1%～2%即可，大幅度减少化学农药的使用。同时，实现从夜蛾类害虫主害虫态——幼虫防治向前延伸为成虫防治，显著提高综合防控效率，充分体现出“成虫控制、预防为主”的核心思想。基于夜蛾类害虫食诱剂核心配方，已生产出棉铃虫食诱剂、烟青虫食诱剂、黏虫食诱剂等3种主打产品，对棉铃虫、烟青虫、三叶草夜蛾、甘蓝夜蛾、银纹夜蛾、黏虫、甜菜夜蛾等夜蛾类害虫以及金龟子、蝼蛄有高效诱杀作用。

3. 推广应用

夜蛾类害虫食诱剂每年推广面积约100万亩次。

完成单位：中国农业科学院植物保护研究所
主要完成人：陆宴辉、吴孔明
通信地址：北京市海淀区圆明园西路2号
电话：010-62815929
E-mail：yhlu@ippcaas.cn

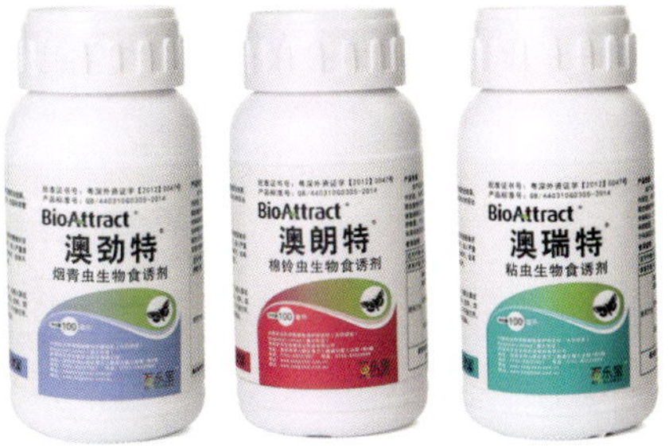


产品

大田照片

# 棉花黄萎病致/抗病机理与抗病种质创制

## ■ 1. 成果审定

获国家授权发明专利14项，植物新品种权3项获农业农村部、教育部一等奖2项、中国优秀专利奖1项。

## ■ 2. 成果特点

由中国农业科学院农产品加工研究所、中国农业科学院植物保护研究所、南京农业大学共同完成的棉花黄萎病致/抗病机理与抗病种质创制的成果，筛选出抗黄萎病海岛棉种质46份，创制出中植372等抗黄萎病新种质/材料182份，选育出聚合6个抗病位点的突破性抗黄萎病新品种中植棉2号等14个，中植棉2号被作为国家区试抗病对照品种、农业农村部和多省主导品种。2013年8月22日，由农业农村部科技教育司组织的成果鉴定认为，该成果整体处于国际先进水平，其中复合高压动态病圃鉴定与抗黄萎病棉花品种选育技术居国际领先；2014年12月19日，由中国农学会组织的成果评价认为，该成果围绕棉花黄萎病菌变异复杂、棉花抗性鉴定困难和抗病种质资源缺乏等重大问题，系统开展了病菌致病性分化、抗性遗传模式和抗病性鉴定选择技术等研究，揭示了病菌致病型变异和棉花抗病性遗传规律，创建了棉花抗病性快速鉴定、抗病基因分子检测、棉花高选择压复合病圃筛选与分子标记辅助聚合选育等技术体系，创制了中植372等一批棉花抗黄萎病新种质和中植棉2号等突破性棉花抗黄萎病新品种14个，成果整体处于国际领先水平。

## ■ 3. 推广应用

多个品种被相关棉花主产省定为主导品种，累计推广面积8 990万亩，种植区产量损失由过去年均15%以上降至1%以下，挽回直接经济损失219.2亿元，减少杀菌剂使用等间接经济效益375.1亿元，取得重大经济、社会和生态效益，引领了世界棉花抗黄萎病理论研究与技术发展。

完成单位：中国农业科学院农产品加工研究所、中国农业科学院植物保护研究所、南京农业大学

主要完成人：戴小枫、张永军、李修立、张天真、陈捷胤

通信地址：北京市海淀区圆明园西路2号

电话：010-62813566

E-mail：chenjieyin@caas.cn

中植棉2号

证书

现场实验

大田照片

# 北方草地害虫及毒害草生物防控技术

## 1. 成果审定

2016年12月经农业农村部审定获得全国农牧渔业丰收奖二等奖（证书编号：FCG-2016-2-153-01D）。

## 2. 成果特点

由中国农业科学院草原研究所创建的北方草地害虫及毒害草生物防控技术，是针对我国北方草地生物防治实用技术研究基础薄弱，可利用的天敌资源少，天敌滞育调控、替代寄主等规模化扩繁技术工艺水平落后，生物防治作用物生产技术缺少规范或产品标准，具有自主知识产权的生物防治新产品少，产品效价比低，杀虫微生物助剂工艺革新滞后，远不能满足实际生产需求开发的新技术。2002年以来，中国农业科学院草原研究所联合国内外优势单位进行联合攻关，以草地害虫及毒害草为研究对象，掌握其危害特点、发生和灾变规律，研发了草地主要害虫草地螟、蝗虫及蚜虫等的优势天敌扩繁及保护利用技术，并通过对天敌昆虫及真菌类杀虫剂防治效果的研究，制定出以生物防控技术为核心的生态控制草地害虫及毒害草治理技术，配套组装草地害虫及毒害草无害化可持续治理技术体系，将草地螟、蝗虫及毒害草等重大生物灾害的发生危害控制在经济阈值以下，实现化学农药施用量大幅度减少，降低农药残留污染，有效解决草地害虫的猖獗为害问题，实现康复草原生态环境质量的总体目标。

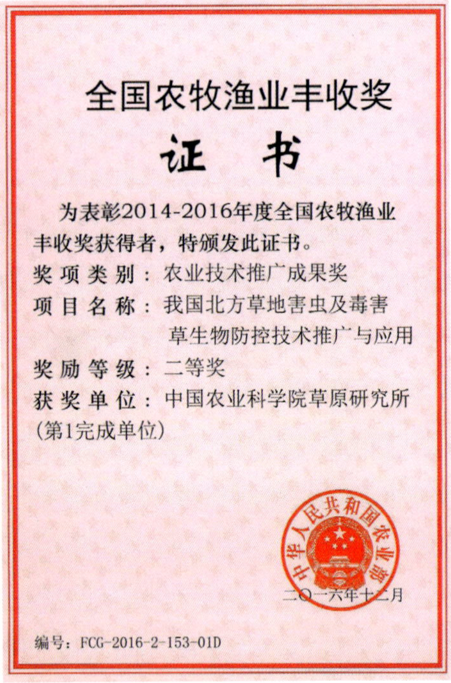
全国农牧渔业丰收奖
证书
为表彰2014-2016年度全国农牧渔业丰收奖获得者，特颁发此证书。
奖项类别：农业技术推广成果奖
项目名称：我国北方草地害虫及毒害草生物防控技术推广与应用
奖励等级：二等奖
获奖单位：中国农业科学院草原研究所（第1完成单位）
中华人民共和国农业部
二〇一六年十二月
编号：FCG-2016-2-153-01D

证书

## 3. 推广应用

自2002年以来的14年中，成果完成单位建立了以“3个核心示范区—18个推广旗县—58个应用乡镇”为主导的技术应用示范推广体系。有效控制了草地害虫及毒害草等重大生物灾害的发生危害，减少化学农药用量15%～20%，经济、生态和社会效益显著。相关技术与产品累计推广应用面积达到7 950万亩，培训技术人员1 350人次，实现总经济效益32 019.06万元，年经济效益11 584.70万元。

完成单位：中国农业科学院草原研究所

主要完成人：刘爱萍

通信地址：内蒙古呼和浩特市赛罕区乌兰察布东街120号

电话：13154880608

E-mail：liuaiping806@sohu.com

# 重大草地害虫生物防治新技术

■ 1. 成果审定

2016年经审定获得内蒙古科技进步奖二等奖。该项成果获得国家专利25项，其中发明专利13项；出版专著7部，发表学术论文71篇，其中SCI 12篇；培训技术人员550人次。

■ 2. 成果特点

由中国农业科学院草原研究所创建的重大草地害虫生物防治新技术，针对我国北方重要的生态安全屏障和草原生态保护与牧区可持续发展的重大战略需求，内蒙古草地害虫猖獗为害、农药过度使用和生物防治技术匮乏的严峻形势，以内蒙古草地重大害虫为治理对象，持续9年的联合攻关开发的新技术。该成果查清了草地重大害虫及其天敌生物类群，探明了害虫成灾与天敌利用的生态学机理，研发了具有自主知识产权的生物防治新产品及新技术，构建了草地害虫生物防控技术体系，相关成果已在内蒙古等地推广应用，取得了显著的经济、生态和社会效益。

■ 3. 推广应用

2013—2015年该项成果在内蒙古等地大面积推广应用，累计推广面积240万公顷，实现新增产值36 864.0万元，新增纯收益20 274.99万元。害虫可治理水平显著提高，化学农药施用量减少20%～30%、草原天敌昆虫及生物多样性显著提升。

完成单位：中国农业科学院草原研究所

主要完成人：刘爱萍、徐林波、张礼生、高书晶、任卫波、韩海斌、陈利、王宁、德文庆

通信地址：内蒙古呼和浩特市赛罕区乌兰察布东街120号

电话：13154880608

E-mail：liuaiping806@sohu.com

草地螟人工饲料研发应用

牧鸡治蝗技术

草原蝗虫生物防治技术集成

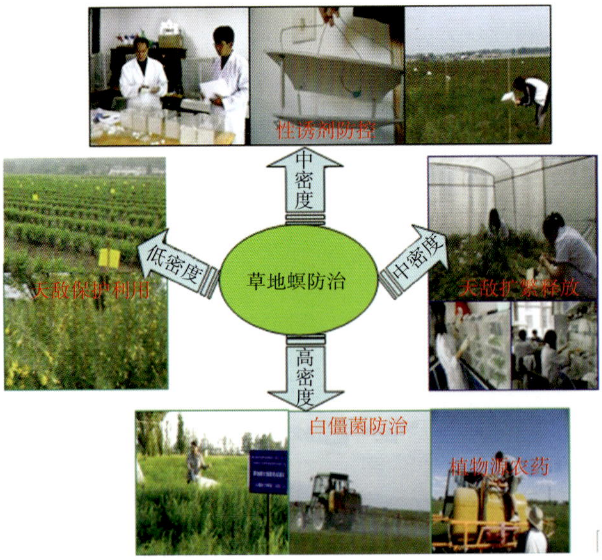


草地螟生物防治技术集成

# 水稻穗部主要病害减药增效综合防控技术

## 1. 成果审定

2012年获浙江省科技进步三等奖。

## 2. 成果特点

由中国水稻研究所完成的水稻穗部主要病害减药增效综合防控技术是针对水稻后期常发、为害重的几个病害：稻瘟病（穗颈瘟）、稻曲病、穗腐病、穗枯病、白叶枯病、细菌性条斑病。生长后期病虫害有稻纵卷叶螟、稻飞虱、纹枯病研发的。由于这些病虫害常多个复合发生，缺减药增效综合防控技术乏，很难防控。尤其是稻曲病、穗发病、穗枯病的防控很难准确掌握最佳适期打药。该技术针对种子带菌和水稻生长后期发生的多种病虫害。该技术在田间应用后，经实地考察，对稻曲病、穗腐病和穗枯病的防治效果显著。对稻曲病防效为88.92%～94.43%，对穗腐病和穗枯病防效为84.08%～90.34%。挽回稻谷损失5.61%～8.23%，减少用药1.0～2.7次，节省防控成本115.7～135.2元/亩，减轻病原菌和毒素污染，提高稻米品质。

完成单位：中国水稻研究所
联系地址：浙江省杭州市富阳区水稻所路28号
联系人：黄世文
电话：0571-63370312；13388608130
电子邮箱：huangshiwen@caas.cn

# 茶叶中农药残留安全评价及应对

## 1. 成果获奖情况

2015年获得中华农业科技奖一等奖，浙江省科学技术奖二等奖。

## 2. 成果特点

针对我国茶叶中农药残留问题以及保障茶叶质量安全和出口贸易的迫切需要，建立茶叶中农药残留安全评价体系和茶叶中农药残留控制技术体系，取得三方面创新成果。

（1）首次提出以茶汤中农药残留水平为基准制订农药MRL标准的原则，改变了茶叶中国际MRL标准的制订规则，成功制订、修订6项国际MRL标准。提高了我国在国际标准制定上的话语权。

重点研究了23种农药水浸出率，首次提出以茶汤中农药残留水平作为农药安全评价指标和制订茶叶中MRL标准的原则。以此为依据，完成了6项茶叶中农药国际MRL标准的制订、修订，包括CAC标准3项、欧盟标准1项和EPA标准2项。这是我国参与国际农药MRL标准制修订的标志性成果，提高了我国在国际标准制定上的话语权，产生了明显的社会和经济效益。

（2）构建茶园农药安全分级评价和安全使用标准体系，有效保障了我国茶叶的质量安全。

研究了43种农药在茶叶种植—加工—浸泡过程中的降解规律，根据不同类型农药在茶叶生长、加工和冲泡过程中的残留降解，分析影响农药残留降解的农药理化参数，结合毒理学参数，构建了综合农药残留半衰期、农药蒸气压、水溶解度、ADI值和大鼠急性致死中量5个参数的茶园农药选用安全分级评价体系，为确保茶园用药的安全性提供依据。制定了我国茶叶中16项农药残留MRL标准和8项农药合理使用准则，有效保证了我国茶叶的质量安全。

（3）建立茶叶中有害物质污染源研究模式，提出高风险农药预警和筛选替代农药，有效控制了我国茶叶中的农药残留，解决了我国茶叶出口的障碍。

建立茶叶中有害物质通过茶园水、空气、土壤的立体生态污染研究模式。查明空气飘移是茶叶中六六六污染的主要污染途径；查明茶叶上DDT污染的直接原因；查明茶叶上八氯二丙醚污染的主要原因。找到了降低我国茶叶中六六六、DDT和八氯二丙醚残留的关键控制点，提出了高风险农药三氯杀螨醇、氰戊菊酯、八氯二丙醚在茶叶上禁限用建议，被农业农村部采纳并实施。为茶产业挽回了大量经济损失。首先对两种高检出率的新烟碱类农药吡虫啉、啶虫脒提出风险预警，在田间药效和残留试验的基础上，提出以茚虫威、虫螨腈等农药作为替代农药的建议，走在国际前列。

成果创新了应对贸易壁垒新模式，改变了茶叶中国际MRL标准的制订规则，保障了茶叶质量安全。在我国主要茶区推广应用，产生了显著的经济效益、社会效益和生态效益。

完成单位：中国农业科学院茶叶研究所

主要完成人：陈宗懋、王运浩、罗逢健、楼正云、刘光明、汤富彬、张新忠、周利、姜亚萍

通信地址：浙江省杭州市西湖区梅灵南路9号

电话：0571-86650624

E-mail：zmchen2006@163.com

工作照

陈宗懋参加CCPR会议

研究团队

陈宗懋——第一完成人

# 茶园中水溶性农药安全替代技术的研发及应用

## ■ 1. 成果审定

经浙江省科学技术厅审定，荣获2017年度浙江省科学技术进步奖三等奖。

## ■ 2. 成果特点

首次提出在茶园中采用高效脂溶性农药替代常见的水溶性农药。筛选出唑虫酰胺、茚虫威、虫螨腈和噻虫嗪·高效氯氟氰菊酯等高效脂溶性农药替代茶园中常见的高风险水溶性农药。这4种农药在茶汤中浸出率低、对目标害虫防效高。其中，唑虫酰胺、茚虫威对茶园重要害虫茶小绿叶蝉、茶尺蠖的防效达95%以上，虫螨腈对茶橙瘿螨的防效达86%，效果明显高于吡虫啉、啶虫咪等高风险水溶性农药，并推荐这4种高效脂溶性农药作为水溶性农药替代农药，在浙江、贵州和重庆等地推广。

研发出诱杀茶园主要害虫的数字化色板。针对茶小绿叶蝉、蓟马等茶树主要害虫，筛选出最佳诱捕颜色，并研制出相关数字化粘虫色板。相较于市场上常见色板，茶小绿叶蝉数字化色板（RGB=255，215，0）、茶黄蓟马数字化色板（RGB=124，252，0）、茶棍蓟马数字化色板（RGB=0，255，0）的诱杀效果分别提高了30%～50%、279.55%、85.01%。改变了市场上色板产品颜色混乱的现象，实现了茶园粘虫色板产品的参数化、规范化和高效化。

研发出诱杀茶园主要害虫的天敌友好型LED杀虫灯。利用茶小绿叶蝉、粉虱、尺蠖、毒蛾等茶园常见害虫对特定范围光谱的趋性，以及LED灯发射光谱谱宽窄的特点，研发出天敌友好型LED杀虫灯。该灯发射光谱为（385±5）纳米和（420±5）纳米。相较于频振式杀虫灯，天敌友好型LED杀虫灯对叶蝉诱杀量提高265.9%，对主要害虫诱杀量提高127.03%，对茶园天敌的诱杀量降低40.15%。实现了对茶园害虫诱杀的精准、高效化，同时最大限度地降低了对天敌昆虫的误杀，保护了茶园生态环境。

## ■ 3. 推广应用

（1）项目实施期间，水溶性农药安全替代技术在浙江省各茶区累计推广示范37万亩，茶园产值平均提高了591.5元/亩，间接创造经济效益达2.19亿元；在全国推广面积达55万亩，间接济效益达3.22亿元。

（2）项目的实施减少了茶园中水溶性农药的使用量和农药的使用次数，提高了茶叶的质量安全水平，保障了饮茶者的健康；同时显著改善茶园的生态环境，项目示范区内益虫的数量平均提高了44.63%；项目的开展提高了广大茶农对茶树害虫的防治技术水平，累计培训人数达到2 923人。

完成单位：中国农业科学院茶叶研究所
主要完成人：陈宗懋、边磊、罗宗秀、蔡晓明、李兆群、辛肇军、罗逢健

通信地址：浙江省杭州市西湖区梅灵南路9号（中国农业科学院茶叶所3号楼401）
电话：0571-86650100
E-mail：zmchen2006@163.com

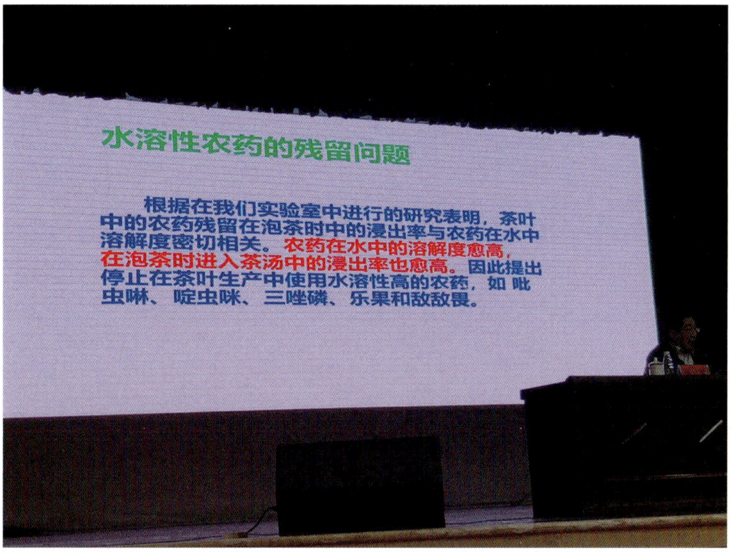


技术培训

数字化色板和LED虫灯田间示范

# 一种新型农用抗生素的开发

## ■ 1. 成果审定，鉴定、审定、认证以及获得相关授权情况

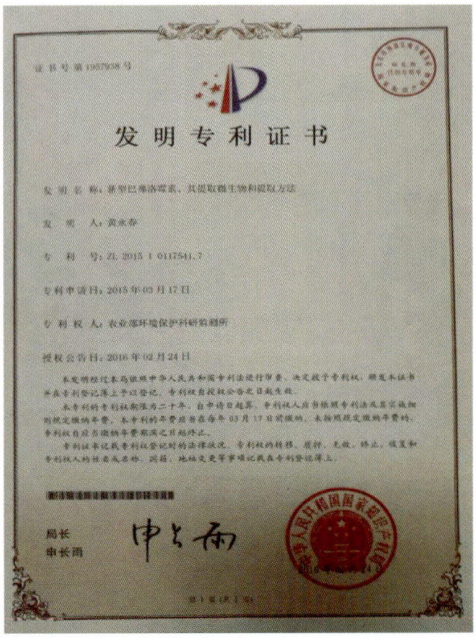


专利证书

在中央级院所基本科研业务费专项、天津市自然科学基金面上项目的自助下，课题组从土壤放线菌中，分离获得一种新型农用抗生素TJ430。2012年在天津市科委组织下，课题组对该成果进行了成果鉴定［津科成鉴字S（2012375号）］。目前该新型农用抗生素已经获得国家发明专利授权（证书编号：ZL 201510117541.7）。

## ■ 2. 成果特点，包括创新点，突出优点，适用范围及应用范围

该新型农用抗生素TJ430是一种经发酵生产的天然巴弗洛霉素类农用抗生素，其产生菌株经鉴定确定为一株卡伍尔链霉菌（S. cavourensis）。经南开大学图书馆进行的科技查新表明，该化学结构前人尚未报道过。室内抗菌谱试验表明，该农用抗生素对番茄灰霉、黑曲霉、豆角菌核、甜瓜枯萎、烟草赤星、白菜黑斑、稻瘟、番茄晚疫、花生黑斑、番茄早疫等多种真菌病害都表现出强烈抗性。经中国农业科学院蔬菜花卉研究所在温室内进行的药效试验表明，该农用抗生素素兼具抗真菌及细菌功能，对农业生产上常见多发病害如黄瓜菌核病、黄瓜炭疽病、番茄细菌性斑点病都具有良好防效，尤其对在全球范围内为害严重的晚疫病具有特殊防效，从而显示出良好的开发应用前景。委托权威认证单位天津市疾病预防控制中心进行的大白鼠急性经口毒性试验表明，该农用抗生素具有低毒性质，对雌性大鼠的$LD_{50}$值可达到4 640毫克/千克BW以上。

## ■ 3. 推广应用

2008—2011年，课题组在天津市周边宝坻、静海、西青三个区县的蔬菜大棚内进行了小规模的推广应用，累计推广面积700亩，对真菌类病害防治效果可达到75%～95%，减少化学农药用量在40%以上，节约了大量人力、物力和财力，显著提高了大棚蔬菜的商品价值。

完成单位：农业农村部环境保护科研监测所
主要完成人：黄永春、刘红梅
电话：13820723944
Email：nylab@126.com

新型抗生素对番茄晚疫病防效

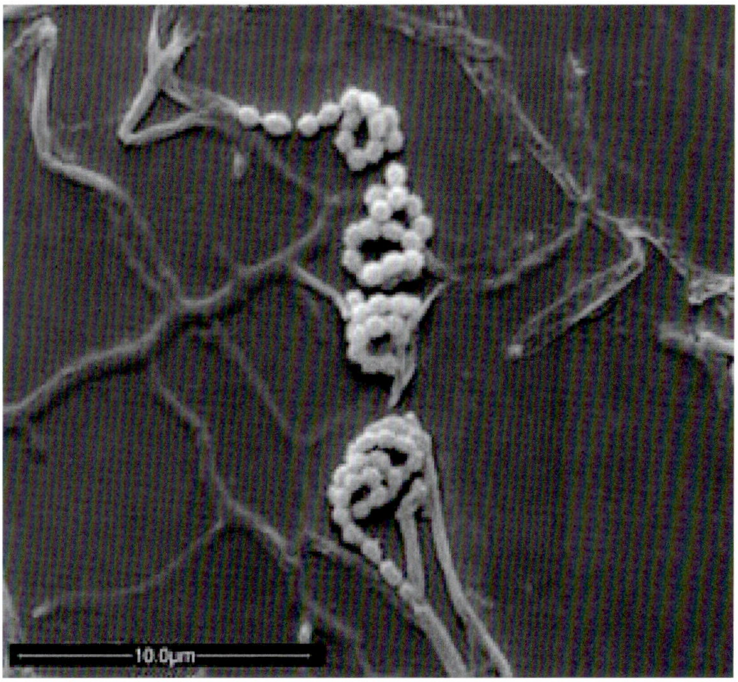


生产菌株的扫描电镜照片

# 绿色多功能助剂用于农药与液体肥料增效技术研究

## 1. 成果审定

李正、韩福宏 农药助剂及其制备方法，国家发明专利；

专利授权号：ZL2008 1 0103519•7 授权公告日：2012年12月12日。

李正、韩福宏 一种农药助剂及其制备方法，国家发明专利；专利授权号：ZL2008 1 0103522•9 授权公告日：2012年11月14日。

其中：绿色多功能农药助剂合与应用技术2009年1月10日通过科学技术部委托，农业农村部组织专家鉴定。

## 2. 成果特点

绿色多功能助剂用于农药及液体肥液面肥增效技术及产品是一种在工业化生产中：能充分发挥产品有效成分作用，提高产品理化性能，提高药效肥效并能降低有效成分用量，保持效果不变的有效实用且绿色、安全、环保系列技术产品。

该技术与系列产品推广的重要意义在于：我国是农药、液体肥、液面肥成产使用大国。各种产品门类繁多，原料来源复杂，特别是未来生物农药与第三代微生物肥药兼用产品大量生产，迫切需要一种应用范围广、使用方便、增效显著且满足有机农业生态农业生产要求的绿色安全环保功能助剂，绿色多功能助剂的合成与应用技术满足了这一当前与未来农化产品生产的市场需求。

（1）研究制定了绿色多功能助剂技术标准、产品理化性能及产品的环境安全标准；

（2）明确提出了“绿色多功能助剂”在农药与肥料生产中的定义及指标；A对生物（人、动物、植物）低毒；B对环境（土壤、水、大气）。

（3）研究了绿色多功能助剂与农药乳油、液剂、水剂、水悬剂、微乳剂配伍技术；研究了绿色多功能助剂与生物、微生物农药及第三代微生物肥药一体产品、植物生长调节剂配伍使用技术。

## 3. 已推广应用情况

该技术产品已经在北京、河北、天津、山西、山东、广西、广东 、海南、江苏、福建、辽宁、新疆、黑龙江等多省（区、市）农药肥料产品生产中使用，累计推广使用面积超过8 000（万亩）。对多种农药、（杀虫剂、除草剂）肥料（液体肥、叶面肥）植物生长调节剂增效作用明显，且低毒环保，经济社会效益、生态效益显著。

完成单位：中国农业科学院农业环境与可持续发展研究所

主要完成人：李正、任海静、曹素珍、韩福宏

通信地址：北京市海淀区中关村南大街12号

电话：010-82109759；13601022659
E-maill：LiZheng5332@aliyun.com

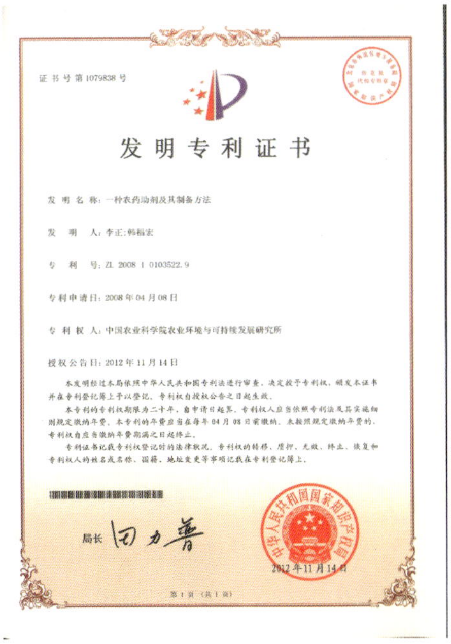

证书号第1079838号

发明专利证书

发 明 名 称：一种农药助剂及其制备方法

发 明 人：李正；韩福宏

专 利 号：ZL 2008 1 0103522.9

专利申请日：2008年04月08日

专 利 权 人：中国农业科学院农业环境与可持续发展研究所

授权公告日：2012年11月14日

本发明经过本局依照中华人民共和国专利法进行审查，决定授予专利权，颁发本证书并在专利登记簿上予以登记。专利权自授权公告之日起生效。

本专利的专利权期限为二十年，自申请日起算。专利权人应当依照专利法及其实施细则规定缴纳年费。本专利的年费应当在每年04月08日前缴纳。未按照规定缴纳年费的，专利权自应当缴纳年费期满之日起终止。

专利证书记载专利权登记时的法律状况。专利权的转移、质押、无效、终止、恢复和专利权人的姓名或名称、国籍、地址变更等事项记载在专利登记簿上。

局长 田力普

2012年11月14日

第1页（共1页）

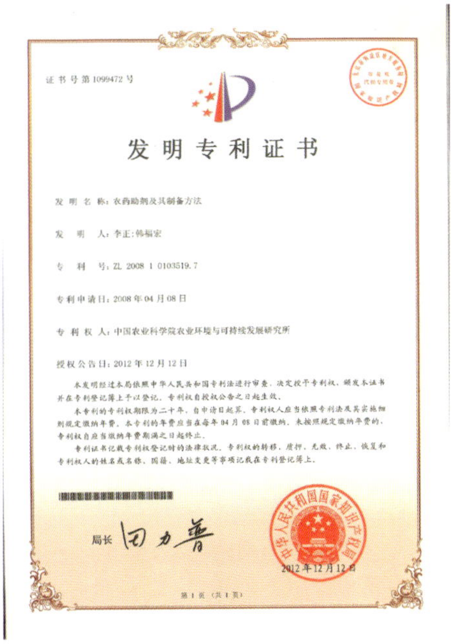

证书号第1099472号

发明专利证书

发 明 名 称：农药助剂及其制备方法

发 明 人：李正；韩福宏

专 利 号：ZL 2008 1 0103519.7

专利申请日：2008年04月08日

专 利 权 人：中国农业科学院农业环境与可持续发展研究所

授权公告日：2012年12月12日

本发明经过本局依照中华人民共和国专利法进行审查，决定授予专利权，颁发本证书并在专利登记簿上予以登记。专利权自授权公告之日起生效。

本专利的专利权期限为二十年，自申请日起算。专利权人应当依照专利法及其实施细则规定缴纳年费。本专利的年费应当在每年04月08日前缴纳。未按照规定缴纳年费的，专利权自应当缴纳年费期满之日起终止。

专利证书记载专利权登记时的法律状况。专利权的转移、质押、无效、终止、恢复和专利权人的姓名或名称、国籍、地址变更等事项记载在专利登记簿上。

局长 田力普

2012年12月12日

第1页（共1页）

专利证书

# 土壤改良技术
# 及新型肥料

# 酶法生产海藻生物肥技术

## 1. 成果审定

该技术获得2项国家发明专利（专利号：ZL201110184523.2；ZL201110184524.7）；2012年获得了国家发改委颁发的“第十四届高交会提升产业创新能力推进发展方式转变主题展览”优秀展示奖。2014年获威海市科学技术一等奖。2015年第十七届中国国际高新技术成果交易会上，该技术成果荣获本届交易会优秀产品奖。

## 2. 成果特点

由中国农业科学院农业资源与农业区划研究所等单位完成的成果是以鲜海藻为原料，通过酶解分离提取海藻多糖等营养活性物质，生产有机液肥，填补了国内外技术产业化空白。该技术成果特点：①集成创新了鲜海藻预处理系统设备，解决了原料输入问题、破碎颗粒大、人工成本高、效率低等问题。②采用鲜海藻为原料较使用干海藻原料相比，节水90%，并节省人工，避免海带等藻类晾晒、破碎、浸泡过程中造成营养损失的问题。③选配复合微生物酶水解海藻，在生产工艺技术环节攻克了现有酶解技术无法有效水解海藻的技术难题。④将海藻酶解液进行固液分离，对清液采取MVR低温浓缩，保留了海藻中活性物质。⑤按照“以菌抑菌”生物制衡原理保鲜储存海藻生物有机液肥，延长储运期。相对于化学抑制剂，避免产品对土壤环境，并提高肥效。其海藻肥料产品具有肥料养分全面均衡、促进作物根系发育、有效预防土传病害的发生、增强作物抗旱、抗涝、抗倒伏、防冻等抗逆能力、提高光合利用率、促进作物生长和增产、提高作物品质等特点。经测试，各类作物增产幅度10%～23%。

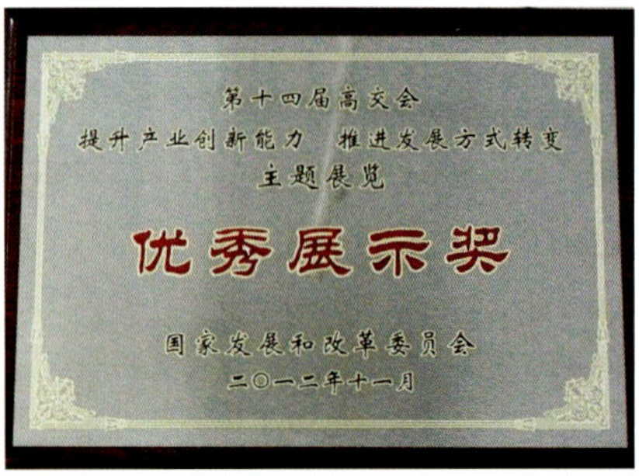

优秀展示奖

设备

## 3. 推广应用

目前产品已销往美国、日本及国内24个省区，累计销售5.3万吨，是发展有机农业、绿色农业优质的生产资料，市场潜力巨大。

完成单位：中国农业科学院农业资源与农业区划研究所

主要完成人：张树清、李健、李明潭、刘培京

通信地址：北京市海淀区中关村南大街12号

电话：010-82108663

E-mail：zhangshuqing@caas.cn

第十七届中国国际高新技术成果交易会
CHINA HI-TECH FAIR 2015
CHTF
优秀产品奖证书
获奖单位：农业资源与农业区划研究所
获奖项目：酶法生产海藻生物肥
中国国际高新技术成果交易会组委会
二〇一五年十一月

威海市科学技术奖
证 书
为表彰威海市科学技术奖获得者，特颁发此证书。
项目名称：酶法生产海藻生物肥
奖励等级：壹 等
获 奖 者：中国农业科学院农业资源与农业区划研究所 （第贰位）
证 书 号：2014-1-4-2

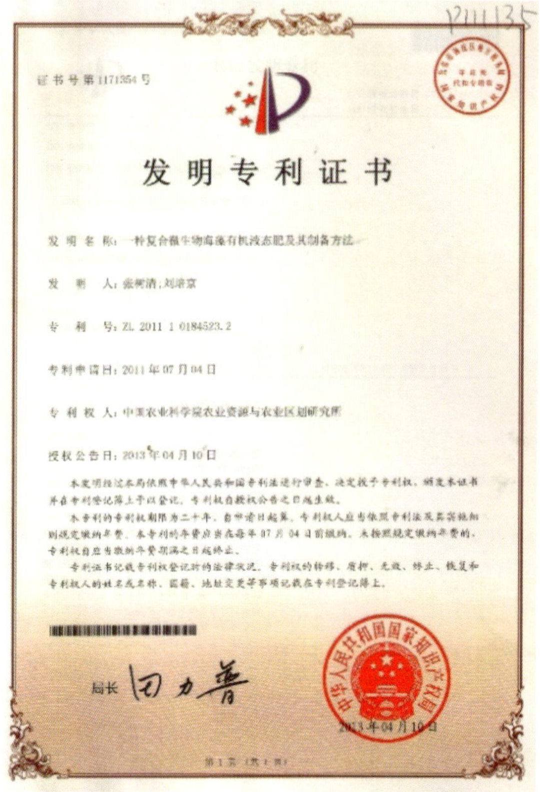
证书号第1171354号
发明专利证书
发明名称：一种复合微生物海藻有机液态肥及其制备方法
专 利 号：ZL 2011 1 0184523.2
专利申请日：2011年07月04日
专 利 权 人：中国农业科学院农业资源与农业区划研究所
授权公告日：2013年04月10日
局长

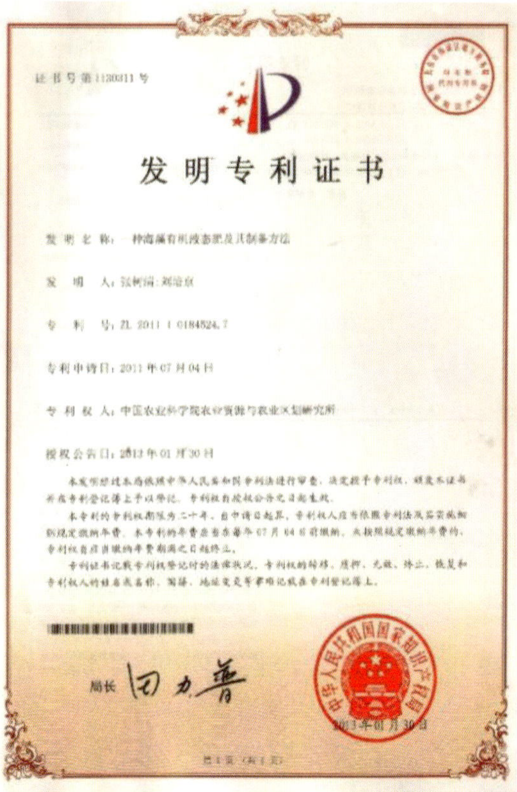
发明专利证书
专 利 号：ZL 2011 1 0184524.7
专利申请日：2011年07月04日
授权公告日：2013年01月30日
局长

证书

# 增值肥料

■ 1. 成果审定

该成果获得2项中国专利优秀奖；获得26项国家发明专利授权。

■ 2. 成果特点

由中国农业科学院农业资源与农业区划研究所完成的增值肥料成果是利用生物活性增效载体提升化肥产品性能与功能，开发出了高效肥料新产品的技术途径和增值肥料新产业。增值肥料改变了过去单纯依靠调控肥料营养功能改善肥效的技术策略，通过生物活性增效载体与肥料科学配伍，实现对“肥料—作物—土壤”进行综合调控，更大幅度提高肥料利用率。团队发明了海藻酸类、腐植酸类、氨基酸类等系列天然/植物源功能增效载体，研制出锌腐酸尿素、海藻酸尿素和禾谷素尿素以及锌腐酸磷铵、海藻酸磷铵、锌腐酸复合肥等系列增值肥料新产品20多个；制定《含腐植酸尿素》《含海藻酸尿素》《海藻酸类肥料》《腐植酸复合肥料》等企业/行业标准50多项。

■ 3. 推广应用

新产品在30多家大型肥料企业实现产业化，产能超过1 500万吨，累计产量600多万吨，推广面积过亿亩，增产粮食45亿千克，增加效益50多亿元。

完成单位：中国农业科学院农业资源与农业区划研究所
主要完成人：赵秉强、袁亮、李燕婷、林治安
通信地址：北京市海淀区中关村南大街12号
电话：010-82108663
E-mail：zhangshuqing@caas.cn

专利优秀奖

# 多功能微生物肥料——土壤解毒产品

## 1. 成果审定

获得6个中国专利技术授权（技术专利号：ZL 201110197651.0、ZL 201110197638.5、ZL 201310271794.0、201310271961.1、ZL 201310272123.6、ZL 201310271991.2）。

## 2. 成果特点

由中国农业科学院农业资源与农业区划研究所完成的多功能微生物肥料——土壤解毒产品的成果，是针对作物连茬障碍、土传病害、土壤农药污染严重等问题，从全国13省市采集植株、土壤及环境样品350余份，分离获得固氮微生物菌种资源3 500余株，系统研究了菌株的形态学、生理生化特性、利用碳源、抗逆性，以及固氮、抗病、促生、污染物降解等重要农业特性，获得具有固氮并且拮抗作物赤霉病菌、蔬菜菌核病菌和棉花黄萎病菌的菌株22株，抑菌率达到22%～70%；具有固氮及ACC脱氨酶活性的菌株28株，其中5株菌酶活性大于10微摩尔/（时·毫克）α-丁酮酸蛋白，显示提高作物抗逆巨大潜能；高效降解有机污染菌60株，对芳香烃、多菌灵、乙草胺、氯嘧黄隆、普施特、杂草焚等的降解率到达35%～95%。利用上述优良种质资源，研制新型生物有机肥料、有机污染修复菌剂、生荒地培肥菌剂和盐碱地改良菌剂等，形成4种微生物肥料，9个试验产品，3套生产技术。

大田照片

## 3. 推广应用

在全国各地开展了水稻、大豆、玉米、蔬菜、水果等多种作物田间试验示范870亩，累计推广134万亩，增产粮食2 550万千克，新增经济效益5 300万元。

完成单位：中国农业科学院农业资源与农业区划研究所
主要完成人：孙建光、徐晶、胡海燕、高淼
通信地址：北京市海淀区中关村南大街12号
电话：010-82108663
E-mail：zhangshuqing@caas.cn

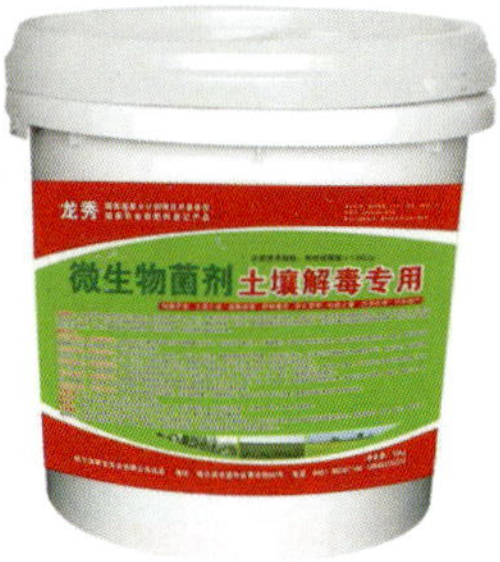

产品

# 基于稻壳废弃物的土壤调理剂制备技术

由中国农业科学院农业资源与农业区划研究所完成的基于稻壳废弃物的土壤调理剂制备技术的成果，是在院地合作“关于共同开展山药连作障碍克服技术研究”项目取得的新成果。其核心技术是利用发明专利授权产品——基于稻壳废弃物的土壤调理剂的制备方法（在九江市进行了实地山药连作种植试验，该实验通过用土壤调理剂、微生物菌肥、苜蓿草绿肥等对连作土壤进行处理，统一进行生产管理，观察记录各种生长期种地上茎叶和地下块茎差异。试验结果表明，通过使用土壤调理剂，山药地上长势良好，地下块茎线虫为害得到有效控制，平均亩产约1 000千克，每亩纯效益可达10 000元左右，经济效益可观。

江西瑞昌山药作为江西省优质特产品牌农产品，因其营养价值较高深受市场欢迎。但一直以来，瑞昌山药连作问题无法解决。瑞昌山药连作可导致地下线虫及地上病害为害加重，使山药轮作间隔期长达8～10年，此外，瑞昌山药主要种植在由石灰岩质棕红色土壤上，适宜种植优质山药的土地面积不大，严重制约了山药产业的发展。该院地合作项目的实施，将有利于探明山药连作障碍的主要因子及消除障碍因子的作用机理，为克服山药连作障碍提供技术与理论支持，积极支持地方特色农业产业发展。

完成单位：中国农业科学院农业资源与农业区划研究所
主要完成人：程宪国
通信地址：北京市海淀区中关村南大街12号
电话：010-82108663
E-mail：zhangshuqing@caas.cn

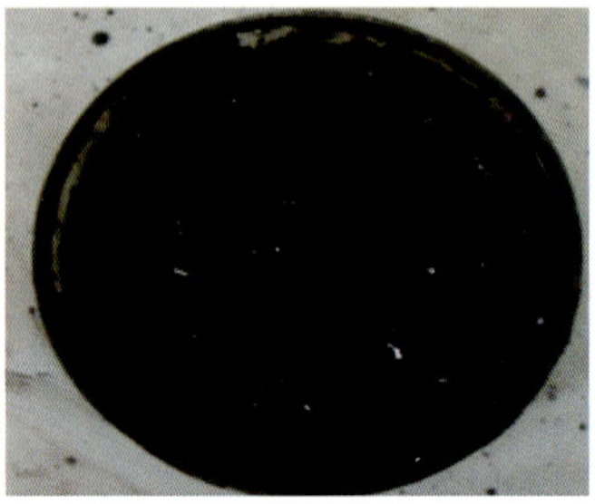

反应物

脱水洪干后

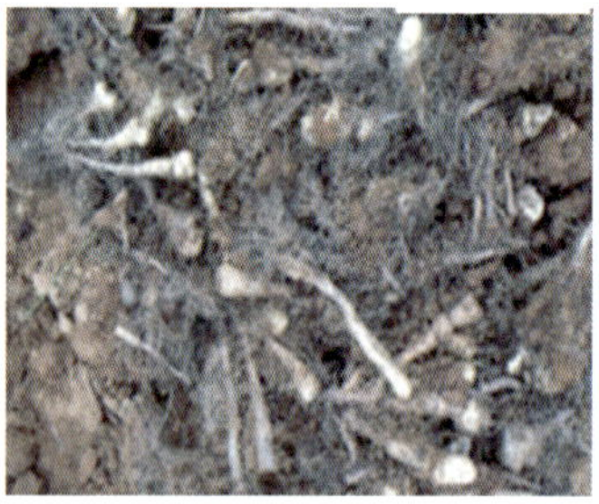

土壤处理前

脱水捣碎后

粉碎后产品

土壤处理后

# 腐殖酸缓释复合肥料生产技术及新产品

## ■ 1. 成果审定

2011年获得国家发明专利授权（专利号：ZL 2008102397335）。2016年获得中国专利优秀奖。

## ■ 2. 成果特点

由中国农业科学院农业资源与农业区划研究所完成的腐植酸缓释复合肥料生产技术及新产品的成果，为腐植酸功能缓释增效载体与氮磷钾化肥养分通过键合、胶结、螯合等作用，调控土壤脲酶活性、减少磷钾固定、提高根系活力，有机/无机共济，延长和提高肥效，减少养分流失和降低环境风险，促进绿色增产。新产品在大田作物上可实行一次性施肥，起到省工、高效的作用，可广泛应用于我国不同区域的大田粮食作物、蔬菜和果树等。在山东、河南、陕西、新疆、江西等不同区域大田粮棉作物上的大面积示范推广结果表明，腐植酸缓释复合肥料新产品对比传统复合肥料，可使小麦、玉米、水稻和棉花增产5%～15%，肥料养分利用率提高10个百分点。

## ■ 3. 推广应用

已在中农舜天、昊华骏化等大型肥料企业实现产业化。

完成单位：中国农业科学院农业资源与农业区划研究所
主要完成人：赵秉强、李燕婷、林治安、袁亮、李秀英、王丽霞
通信地址：北京市海淀区中关村南大街12号
电话：010-82108663
E-mail：zhangshuqing@caas.cn

专利优秀奖

发布会

# 抗逆高效运动发酵单胞菌生物质乙醇转化系统平台构建

■ 1. 成果审定。鉴定、审定、认证以及获得相关授权等情况

本项目成果主要来自于国家及四川省等各类科技计划项目资助。2017年，四川省农村科技发展中心组织专家对“抗逆高效运动发酵单胞菌生物质乙醇转化系统平台构建”进行了成果评价（川农科（评价）字〔2017〕第1号），主要评价结论如下：该成果具有较强的科学性和创新性，选育获得的抗逆高效运动发酵单胞菌生物质乙醇转化系统在呋喃甲醛及盐耐受性等指标处于国际领先水平。抗逆高效生物质乙醇转化系统具有较好的应用价值，可为低值生物质资源的能源化利用提供技术支撑，预期可产生良好的经济效益、生态效益和社会效益。

■ 2. 成果特点

（1）揭示了秸秆生物质转化过程中环境胁迫对运动发酵单胞菌的影响机理。

（2）获得了具有高效和抗逆等优点的生物质乙醇转化系统。

（3）搭建了基于抗逆高效生物质乙醇转化系统的秸秆燃料乙醇转化平台。

完成单位：农业农村部沼气科学研究所

主要完成人：何明雄

通信地址：四川省成都市人民南路四段13号

电话：028-85242281

E-mail：hemingxiong@caas.cn

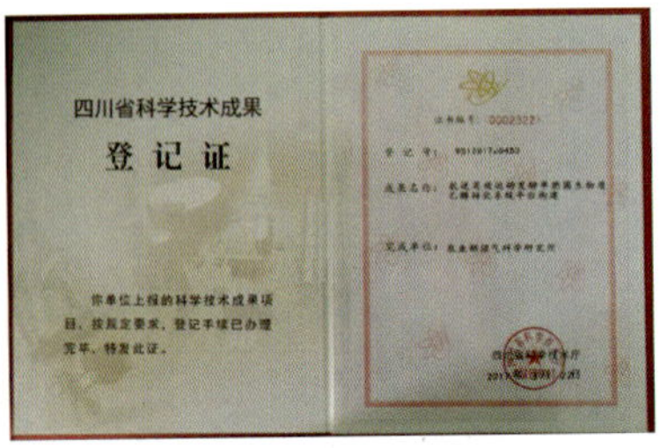


何明雄成都登记证书

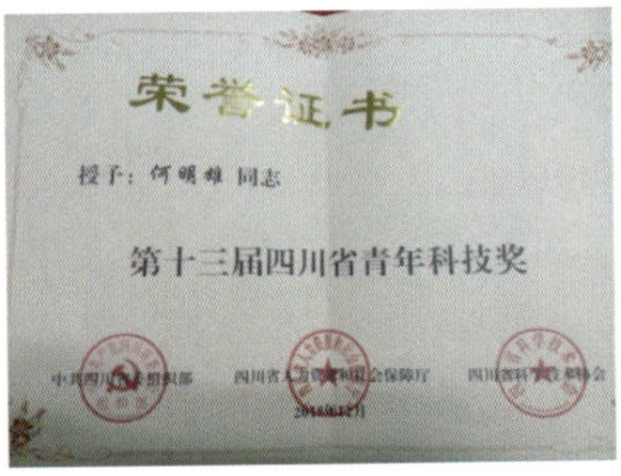


青年科技奖

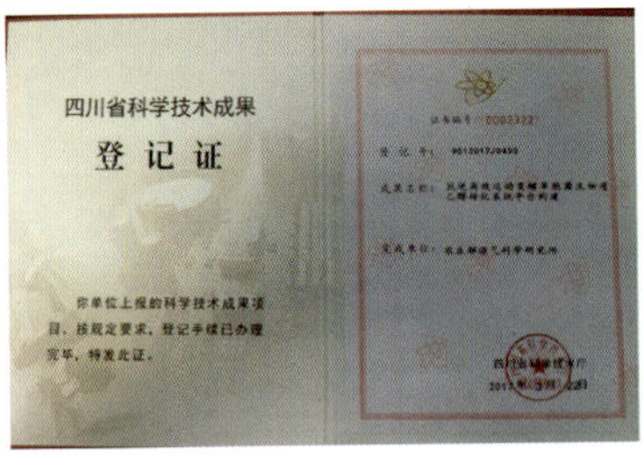


成果登记证书

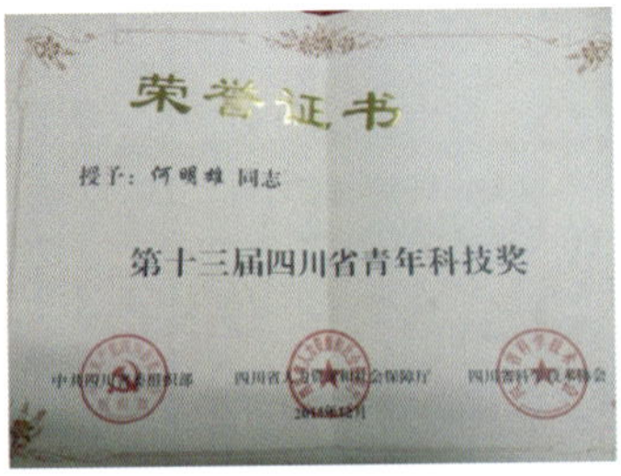


第十三届四川省青年科技奖证书

# 沼气发酵功能微生物强化技术

## 1. 成果审定

本项目成果主要来自于国家及四川省等各类科技计划项目资助。主要包括“863计划”沼气发酵过程微生物调控技术研究（2006AA10Z420），“农业科技成果转化资金项目”沼气发酵复合菌剂的中试及应用示范（2006GB23260391）和多功能纤维素降解菌在秸秆生物气化中的应用示范（2009GB23260447）。2012年，四川省科技厅组织专家对该成果进行了鉴定，专家组成员一致认为该成果达到国际先进水平。同年，该成果荣获四川省科技进步奖二等奖。

技术专利号：

①一种厌氧降解纤维素产甲烷复合菌，发明专利，ZL 200910103086.x。

②一种复合菌的制作方法，发明专利，ZL 200910103085.5。

③一种厌氧微生物转移装置，实用新型，ZL 201020109196.5。

④用于厌氧培养基制备的气路装置，实用新型，ZL 200820222804.6。

⑤一种细胞计数板，实用新型，ZL 200920126697.1。

## 2. 成果特点

（1）发明了“厌氧微生物长期保藏技术”。利用厌氧转移装置，将高度浓缩的厌氧微生物转移至无氧毛细管，并保藏于液氮中，减少了菌种污染，维持了厌氧微生物的活性，将厌氧微生物的保藏时间延长至10～20年，菌种复活率99%以上，突破了厌氧微生物难以长期保藏的技术瓶颈。

（2）集成创新了“厌氧微生物功能评价体系”。改进的厌氧微生物分离、培养装置，将其与代谢产物、酶学特性等高通量分析技术平台相结合，实现了沼气发酵微生物的生理特性、酶学、系统发育学以及发酵性能的高通量、系统性的功能评价，在产甲烷菌分离培养方面取得了重大突破。

（3）发明了“沼气发酵复合菌系构建技术”。首次获得厌氧降解纤维素产甲烷的复合菌系，构建了能够快速解除代谢产物的反馈抑制、迅速适应环境变化的沼气发酵功能微生物代谢体系，纤维素降解率提高至91.5%，沼气产量提高20%以上。

（4）创新研发了“沼气发酵复合菌剂中试生产工艺”。突破了厌氧微生物大规模发酵的难题，实现了各类沼气发酵功能微生物协调、快速增殖，获得高生物量、高活性的沼气发酵复合菌剂，其中产甲烷菌数量为$1.5\times10^{8}$个/克。

（5）集成创新了“沼气发酵功能微生物强化技术”。通过沼气发酵复合菌剂产品与沼气发酵工艺的组配，沼气发酵的启动周期缩短了1/3左右，产气量提高20%以上，快速调整和修复沼气发酵的异常情况，突破了沼气发酵冬季正常产气的技术瓶颈。

■ 3. 推广应用

研究成果普遍适用于我国华东、华中、华南、西南地区的农村户用沼气池，华北地区的“四位一体”沼气池，以及全国不同地区的沼气工程。目前已在我国的四川、西藏、北京、河北、黑龙江等11个省（区、市）1万余口沼气池及6座沼气工程中进行了推广应用。累计节约增收社会总产值2 401.7万元；处理粪水、秸秆等563万吨，工业有机废水6万吨，节约414.8万吨标准煤；在减少传染性疾病的传播和COD、$CO_2$、氮、磷、钾减排方面效果显著。本技术在一定程度上解决了发酵原料转化率低、秸秆厌氧发酵启动慢等问题，加速了新建池或大换料运行启动，缓解了我国冬季沼气池供需不足的矛盾。项目集资源挖掘、技术发明、工程应用于一体，极大地推动了我国节能减排政策的实施和农村能源结构调整。

完成单位：农业农村部沼气科学研究所
主要完成人：邓宇
通信地址：四川省成都市人民南路四段13号
电话：028-85260729
E-mail: dengyu@caas.cn

获 奖 项 目：沼气发酵功能微生物强化技术研究与集成示范
获 奖 单 位：农业部沼气科学研究所
奖 励 等 级：二 等
奖 励 日 期：二零一二年
证 书 号：环-2-02-01
四川省人民政府

四川省科技进步奖证书

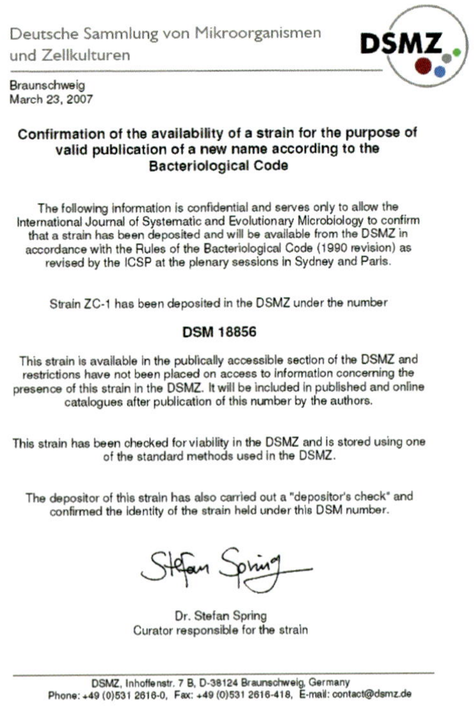
Deutsche Sammlung von Mikroorganismen und Zellkulturen

DSMZ

Braunschweig
March 23, 2007

**Confirmation of the availability of a strain for the purpose of valid publication of a new name according to the Bacteriological Code**

The following information is confidential and serves only to allow the International Journal of Systematic and Evolutionary Microbiology to confirm that a strain has been deposited and will be available from the DSMZ in accordance with the Rules of the Bacteriological Code (1990 revision) as revised by the ICSP at the plenary sessions in Sydney and Paris.

Strain ZC-1 has been deposited in the DSMZ under the number

**DSM 18856**

This strain is available in the publically accessible section of the DSMZ and restrictions have not been placed on access to information concerning the presence of this strain in the DSMZ. It will be included in published and online catalogues after publication of this number by the authors.

This strain has been checked for viability in the DSMZ and is stored using one of the standard methods used in the DSMZ.

The depositor of this strain has also carried out a "depositor's check" and confirmed the identity of the strain held under this DSM number.

Stefan Spring

Dr. Stefan Spring
Curator responsible for the strain

DSMZ, Inhoffenstr. 7 B, D-38124 Braunschweig, Germany
Phone: +49 (0)531 2616-0, Fax: +49 (0)531 2616-418, E-mail: contact@dsmz.de

德国菌种保藏库（DSMZ）颁发的菌种保藏证书

# 棉花水肥药一体化化学调控技术研究和示范

## 1. 成果审定

该成果获得4项获国家发明专利。发表文章20多篇。

## 2. 成果特点

（1）该技术建立了棉花化学调控技术的熟性和株型标准，明确了我国主产棉区不同区域的可数量化的全生育期的农艺性状指标，用于确定量化化控的熟性和株型标准，明确了水肥一体化化学调控的关键时间节点，避免传统全程化控的前期浓度和熟性人为把握错误而导致的棉花生长停滞，产量损失的风险。关键节点的熟性和株型特征，具有可操性。

（2）确定了黄河流域和西北内陆棉区的简化化控方案，明确了最佳简化化学调控的时间点，试剂施用浓度。确定了一般长势棉田的化学调控的时间在初花期和打顶前后。

（3）研究开发了新型化学调节剂产品，并获得了系列国家发明专利。目前生产上还没有出现能滴灌施用的化学调节剂产品。

（4）建立了西北内陆棉区的集成滴灌系统灌溉施肥化学调控一体化的简化化学调控技术体系，提出了水肥药化控一体化的技术规程，明确了水肥药化控一体化的简化化控的滴灌系统操作流程。明确了棉花水肥一体化的化学调控技术适宜日期、最佳熟性和株型标准，制定了西北内陆棉区棉花水肥一体化简化化学调控技术规程。

（5）建立了水肥药一体化的棉花简化化学调控技术研究、示范和推广相结合的科企合作新模式。

## 3. 推广应用

据统计，2011—2012年，两年在长江、黄河流域示范推广50多万亩，2011—2017年在西北内陆棉区推广水肥一体化简化化学调控技术200万亩左右。试验和示范表明，新技术在西北内陆棉区具有促进棉花提早成熟、集中成熟、显著提高霜前花率和棉花机械采收和纤维品质，水肥一体化化学调控技术大幅度减少了机械和人工的投入，由于减少机械进地操作，对保护以沙性土为主的新疆农田的土壤结构和滴灌设施具有很大的作用。在新疆各地示范平均增产值160元/亩，节本100元/亩，实现新增产值30 000万元，增收节支总额52 000万元。

完成单位：中国农业科学院棉花研究所

主要完成人：李亚兵、韩迎春、王国平、毛树春、范正义、杨北方、冯璐、杜文丽、雷亚平

通信地址：河南安阳开发区黄河大道38号

电话：0372-2562299

E-mail：criliyabing@163.com

# 水稻秸秆纤维化减量技术与农业应用

## 1. 成果审定

中国农业科学院，2017；浙江省农业厅，2017；安徽省农委，2017。

## 2. 技术概述

我国的农作物秸秆年产量约为6亿吨，大部分被作为废弃物焚烧掉或是仅当作燃料，造成了自然资源的浪费和污染环境。随着农业集约化程度增加，秸秆等废弃物渐趋集中，农业烧荒日趋严重，行政部门“禁烧”难以解决秸秆焚烧。秸秆原位还田短时间内难以腐烂，会影响后茬作物生长。“大量、分散、蓬松、季节强”等特点，使得减量化技术与方式成为限制秸秆利用的制约性因素。本项成果采用通用机械设备，经散碎和孔压将秸秆进行纤维化减量处理，复配养分等，分别制备成机插水稻育秧基质、大田秸秆复混肥等农用生产资料。秸秆纤维化设备工艺趋臻完善，并集成的了“移动箱式秸秆纤维化减量处理机”，实现了农作物规模种植秸秆不出户，现场加工成作物生产需要的肥料和基质等。创新了一种秸秆处理和利用的新方式和方法。采用本项技术制备的机插水稻基质育秧简便、秧苗健壮、秧龄弹性大、成本低廉；制备的秸秆复混肥整地前基施，全生育期无追肥，肥料利用率超过70%，稻谷产量略有增加。本项技术成果获1项PCT国际发明专利、4项国家发明专利和5项实用新型专利。

本项技术多年多地试验示范均取得较好的生产效果、经济和社会效益。育秧基质已经孵化两个生产企业，其中安徽省绿福农业股份公司的机插水稻育秧基质，2017年产销超过130万亩；2017年稻秸复混肥中试面积2万余亩。其他农作物生产应用，如马铃薯覆盖有机质、花生专用复混肥、生姜专用复混肥等，也达到轻简高效的生产应用效果。

## 3. 技术要点

秸秆等废弃物不需晾晒等处理；散碎和孔压的技术参数因秸秆不同而调整；纤维化秸秆制备基质和复混肥需要控制/减量化学养分的配比；使用纤维化秸秆复混肥的农作物（如水稻，中后期不可追施化学肥料）等，是为本项成果的技术关键。

## 4. 注意事项

纤维化秸秆制备农用生产资料和产品需经生产性试验后实施。

## 5. 适宜区域

主要农作物优势产区。

完成单位：中国水稻研究所
联系地址：浙江省杭州市富阳区富春街道水稻所路28号
联系人：欧阳由男
联系电话：18966172609（微信）；0571-63370002
电子邮箱：younan.oy@qq.com

# 全株玉米及秸秆菌酶联用发酵技术

## ■ 1. 成果审定

2015年获得中国专利授权（ZL201310495579.9；ZL200410037947.6）核心技术2017年通过成果鉴定，达到国际先进水平。并获发明专利2项、申请发明专利4项，取得计算机软件著作权3项。

## ■ 2. 成果特点

由中国农业科学院饲料研究所完成的全株玉米及秸秆菌酶联用发酵技术成果是在以公益性行业（农业）科研专项、北京市奶牛产业技术创新团队、中国农业科学院农业创新工程的研究成果为基础，针对全株玉米青贮制备过程中pH值需要快速降低以减少营养物质损失、开窖后抑制二次发酵保证青贮品质，青玉米秸青贮保藏保鲜提高利用率、干玉米秸秆木质纤维素降解以提高营养物质利用率等的技术问题获得的。该成果的创造性体现在：①确立了全株玉米秸秆青贮过程关键影响因素，指导青贮制作过程。②优化全株玉米青贮中活菌接种剂组合，提高青贮品质。③优化玉米秸秆菌酶复合制剂，提高秸秆消化率。针对全株玉米及秸秆发酵过程，以秸秆空间结构变化、瘤胃降解率、动物机体营养物质消化率为指标，优化其微生物、酶复合发酵制剂，并投入中试生产，研究过程接近生产，提出的菌酶复合制剂实际应用效果显著。

将项目筛选出的微生物接种剂产品用于生产实际，以饲养试验验证植物乳杆菌+戊糖片球菌+复合酶制剂、植物乳杆菌、布氏乳杆菌、布氏乳杆菌+复合纤维酶、复合酶制剂在奶牛或肉羊生产中的实际效果。结果显示：①植物乳杆菌+戊糖片球菌+复合酶制剂可提高奶牛产奶量。②植物乳杆菌、布氏乳杆菌处理后全株玉米青贮饲喂奶牛，可提高产奶量和乳脂率。③布氏乳杆菌+复合纤维酶发酵玉米秸秆，可抑制全株玉米青贮暴露于空气中24小时内的二次发酵，保证肉羊的饲养效果。④复合酶制剂处理玉米秸秆的肉羊饲养效果，纤维素酶+木聚糖酶+β-葡聚糖酶+果胶酶+漆酶组合，可提高肉羊干物质、中性洗涤纤维和酸性洗涤纤维消化率约11%、10%、19%。

## ■ 3. 推广应用

该成果关键技术和产品在北京、河北、天津、内蒙古、河南等地示范推广，饲喂泌乳牛，可提高产奶量5%以上，乳脂率提高0.11个百分点，折算4%标准乳产量提高0.95千克/天；饲喂育肥羊，可提高营养物质消化率，促进羔羊日增重达到173.01克/天，比当地同期同日粮饲喂的羔羊提高23.51%，降低料重比20.77%。

完成单位：中国农业科学院饲料研究所
主要完成人：屠焰、刁其玉、闫贵龙、陶莲、王红梅、司丙文、张乃锋、马涛、崔凯
联系人：屠焰

通信地址：北京市海淀区中关村南大街12号
电话：010-82106090
E-mail：tuyan@caas.cn

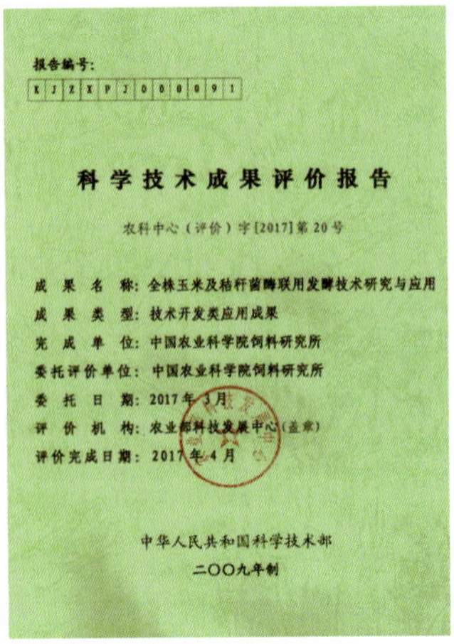

报告编号：
KJZXPJ000091

科学技术成果评价报告

农科中心（评价）字[2017]第20号

成果名称：全株玉米及秸秆菌酶联用发酵技术研究与应用
成果类型：技术开发类应用成果
完成单位：中国农业科学院饲料研究所
委托评价单位：中国农业科学院饲料研究所
委托日期：2017年3月
评价机构：农业部科技发展中心（盖章）
评价完成日期：2017年4月

中华人民共和国科学技术部
二〇〇九年制

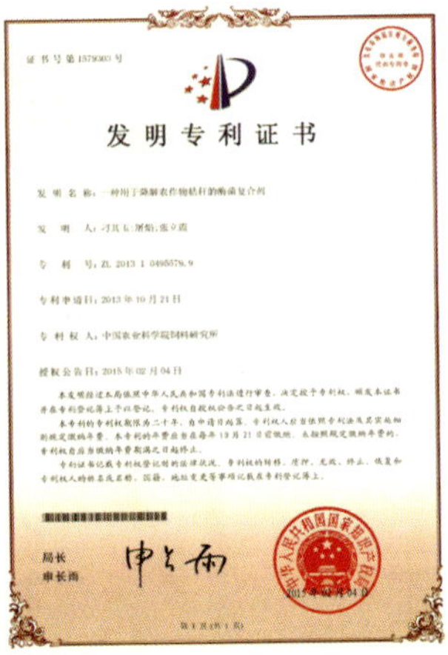

发明专利证书

专利申请日：2013年10月21日

专利权人：中国农业科学院饲料研究所

授权公告日：2015年02月04日

局长
申长雨

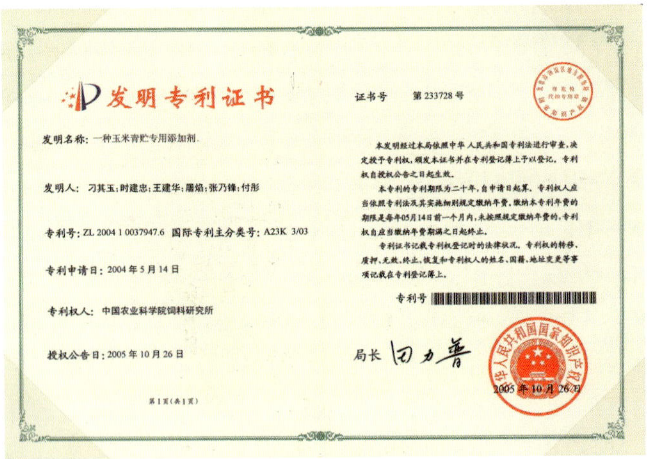

发明专利证书

证书号 第233728号

发明名称：一种玉米青贮专用添加剂

发明人：刁其玉；时建忠；王建华；屠焰；张乃锋；付彤

专利号：ZL 2004 1 0037947.6 国际专利主分类号：A23K 3/03

专利申请日：2004年5月14日

专利权人：中国农业科学院饲料研究所

授权公告日：2005年10月26日

本发明经过本局依照中华人民共和国专利法进行审查，决定授予专利权，颁发本证书并在专利登记簿上予以登记。专利权自授权公告之日起生效。

本专利的专利期限为二十年，自申请日起算。专利权人应当依照专利法及其实施细则规定缴纳年费。缴纳本专利年费的期限是每年05月14日前一个月内，未按照规定缴纳年费的，专利权自应当缴纳年费期满之日起终止。

专利证书记载专利权登记时的法律状况。专利权的转移、质押、无效、终止、恢复和专利权人的姓名、国籍、地址变更等事项记载在专利登记簿上。

专利号

局长 田力普

2005年10月26日

第1页（共1页）

证书

产品

# 基于微生物发酵处理的养殖废弃物资源化与全循环利用成套技术方案

## 1. 成果审定

2010年该成果相关研究获得福建省科技进步二等奖，2015年由环保部颁布实施《畜禽养殖污染发酵床治理工程技术指南》（环办〔2014〕111号）；开发了畜禽粪尿异位发酵床管理软件V1.0（2016SR394362）。

## 2. 成果特点

基于微生物发酵处理的养殖废弃物资源化与全循环利用成套技术方案成果，是在“十一五”相关课题研究成果的基础上，针对农业面源污染控制与治理中存在的主要问题，以畜禽养殖污染控制为核心，契入畜禽废弃物易处理、附加值高的思路，以兼顾经济与环境效益为切入点，建立有机废弃物资源化利用中心，实现农业面源污染控制的新思路。①创新了农业面源污染控制的新思路，即通过建立生态循环农业经济产业链，通过经济效益来带动环境效益，实现农业面源污染治理的可持续发展。②创新了大通栏原位发酵床畜禽养殖方式和异位发酵床控制养殖污染相结合的模式，实现养殖污染饲料源头控制和污染零排放。③创新了畜禽养殖废弃物微生物发酵技术，研发的养殖场固体废弃物一体化发酵设备，对粪便和废弃垫料进行大规模连续发酵，并资源转化为固体有机肥产品。针对养殖废弃物资源化问题，开发了养殖废弃物发酵腐熟菌剂，筛选了拮抗生防菌株，并进行了生物药肥和生物腐植酸肥料产品的研发，建立了相应产品的生产线，最大限度提高废弃物的处理率和资源化价值；同时进行了牛粪养殖蚯蚓和种植蘑菇的多渠道废弃物资源化模式。④建立了物质或养分循环为体系的系统农业面源污染控制方案。小流域面源控制方案阐述了总体目标即通过流域污染控制技术的集成示范，削减入河污染负荷，使流域水质达到地表Ⅳ类水目标，实现流域范围内清洁生产。

## 3. 推广应用

原位发酵床养猪技术和异位发酵床污染控制技术已经推广到福建、江苏、山东、北京、四川和浙江等省市，推广应用1 300多万头猪、300多万羽鸡和鸭；同时资源化产品延伸推广农田500万亩次以上，累计削减COD、TN和TP排放72.76万吨、7.95万吨和1.29万吨。

完成单位：中国农业科学院农业环境与可持续发展研究所、开创阳光环保科技（北京）有限公司、中国农业科学院农业资源与农业区划研究所、安徽农业大学、中国科学院地理与资源研究所

主要完成人：朱昌雄、耿兵、刘雪、叶婧、田云龙、李红娜、李峰、俞晓芸、龚明波、胡宏祥、刘军志

通信地址：北京市海淀区中关村南大街12号

电话：010-82109561

# 一种软网状好氧发酵设备

## 1. 成果审定

一种软网状好氧发酵设备；专利号：2016200230489。

## 2. 成果特点

该成果有以下九大优点：①发酵快：仅需要7~10天。②工艺不翻堆。③产品质量好；④工艺占地少，与常规摊晒粪便发酵方法相比，占地仅为其1/30。⑤产品无臭味。⑥设备可移动。⑦设备成本低：不锈钢软网圆筒状发酵框平均加工成本仅100元/立方米，以塑料软网状圆筒形发酵框和塑料透气发酵袋最为廉价。⑧设备便拆装。⑨设备用途广：可以用在田间地头、畜禽场、食用菌基地、城镇街道、公园绿地、房前屋后将各种生物质废弃物就地转化为微生物有机肥料。

## 3. 推广应用

（1）解决农业环境污染问题、土地贫瘠问题、病虫害频繁问题、农产品安全问题发展高级循环农业是必由之路。即要将生物质废弃物在其产生的3~4天内，及时地、普遍地、全部地通过微生物发酵，杀死其中的病虫草害，分解毒素，转化为微生物有机肥料归还土壤。达到从生物、化学、物理方面全面净化环境和提供新型有机肥料的目的。目前，生物质废弃物再利用多数没有无害化还田，造成病虫毒害严重，必然大量使用化学农药，引发农产品安全危机。微生物发酵生产的微生物有机肥料具有提高地力、防控病虫草害、防控旱涝风寒热等自然灾害和改善农产品品质及进一步提高产量的作用。微生物有机肥料是替代化肥农药进行安全优质高产栽培的重要新型有机肥料。

（2）规模化集中发酵多采用槽式堆肥机械翻堆。面对分散的小农经济为主的面源污染问题，缺少小型发酵设备。本发明正适合这一需要。国家政策导向非常有利于发展有机肥产业，是本项技术应用的大好时机。

（3）本专利技术需要配套的机械是：秸秆粉碎机、粪草搅拌传送机。最好将种植业秸秆收割保存，作为发酵粪便调节水分材料。

完成单位：中国农业科学院老科技工作者协会
主要完成人：郑兴耘
通信地址：北京市海淀区中关村南大街12号
电话：010-82109759；18511372131（微信号）
E-mail：zhengxingyun45@qq.com

圆筒形不锈钢网发酵框发酵现场

覆盖保温保湿被的圆筒形不锈钢网发酵框发酵现场

果园采用圆筒形不锈钢网发酵框发酵现场

# 作物秸秆高效炭化还田关键技术

## ■ 1. 成果审定

该技术获得国家发明专利4项，实用新型专利24项，软件著作权1项。发表研究论文30余篇，其中SCI收录3篇。整体达到国际先进水平。

## ■ 2. 成果特点

（1）适用性。技术旨在转化利用秸秆，潜在资源量大，覆盖广大农区。

（2）可操作。研发的设备便捷，且配有智能化操作系统，集成的技术工艺在理论和方法上均以通用模式。

（3）先进性。技术应用有效减排农业源温室气体排放，增加农田碳库贮量，这恰与国家低碳减排战略主旨不谋而合。

（4）创新性。项目研发内热炭化炉、设计连续炭化工艺、合成氮杂化及锰复合生物炭材料、制备炭基缓释肥料等在理论和方法上是对传统的革新。

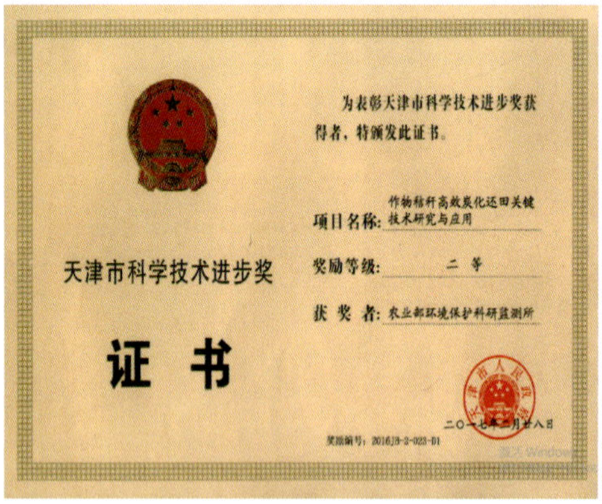


证书

炭基缓释氮肥

（5）系统性。技术环节包括秸秆炭化设备、工艺、生物炭改性及炭基肥料制备过程，研发过程包括理论创新、机制探索与实践验证等。

## ■ 3. 推广应用

近三年建设秸秆炭化生产线5条，建成改性生物炭生产线1条，建成炭基缓释肥生产线1条，累计转化作物秸秆90余万吨，区域秸秆利用率达85%以上，减排$CO_2$ 125.1万吨，相关产品（炭基缓释肥、改性炭材料）在河南、山东、天津及湖南等地推广应用76.05万亩，其中修复污染农田4.76万亩，炭基肥施用区，淋失到100厘米土体下的土壤无机氮量减少了41.8%，氮肥利用率达到35.7%～41.2%，共获得直接经济效益17.65亿元。

完成单位：农业农村部环境保护科研监测所、天津德塔生态炭发展有限公司、商丘三利新能源有限公司

主要完成人：张贵龙

联系方式：022-23611819

Email：zhangguilong@caas.cn

# 城郊环保型高效农业关键技术研究与应用

## 1. 成果审定

针对我国城郊集约化农业资源约束趋紧、环境污染严重、生态系统退化等突出问题，开展了区域养分投入总量控制与分区施肥、农田氮磷养分流失阻控、秸秆饲肥双向转化、畜禽粪便清洁处理与安全利用等关键技术研究。取得如下成果：①基于区域养分投入与输出平衡，研究养分盈余的环境风险及安全阈值，构建其风险分级指标并形成数字化系统，科学控制区域养分投入总量。②研发了炭基缓释肥料，结合填闲作物种植，提高养分利用效率，消减土壤养分残留负荷，控制养分淋失。筛选出氮磷富积量高、适应性强、兼有景观功能和经济价值的常绿植物，构建生态拦截系统，充分吸收转化农田流失的氮磷养分。③收获玉米上部秸秆粉碎用做青贮作饲料，下部粉碎还田，实现肥—饲两向转化利用，有效避免秸秆焚烧。④利用复合菌剂促进畜禽粪便发酵，并控制养分损失。养殖废水通过生态净化，实现安全回灌。研发出集沉沙净化、稳定储蓄、稀释匀化及落差导流为一体的清洁、低能耗收储运设施，实现沼渣、沼液农田便捷施用。示范区化肥用量减少20%～50%，肥料利用率提高3～5个百分点；降低农田氮磷养分流失13.5%～17.1%；技术覆盖区，秸秆和畜禽粪便资源化率90%以上，沼渣沼液利用率100%。在生产中大面积推广，产生了显著的经济、社会和生态效益。

## 2. 成果特点

（1）适用性。旨在解决城郊环保型资源高效农业生产关键技术，潜在需求大，覆盖范围广。

（2）可操作。研发的技术和装置操作便捷，实用性强，适用范围广。

（3）先进性。发明了氮磷拦截潜流坝、地表径流自动计量装置、农田地下淋溶和地表径流原位监测一体化装置、农田地下淋溶原位监测装置、自流式农田地下淋溶液收集装置、水旱轮作条件下的径流收集管和径流收集装置、农田养分流失途径模拟装置等。

（4）创新性。项目发现氮磷高效富集填闲作物及水生植物，构建农田氮磷地下淋失消减与地表流失拦截综合防控机制。筛选畜禽粪便快速发酵高效菌剂及养分损失控制材料，发现同时具有硝化与反硝化功能的污水净化特异菌株，研发沼渣沼液便捷施用设施，丰富废弃物资源化利用技术体系。

（5）系统性。成果包括区域养分投入总量控制与分区施肥、农田氮磷养分流失综合阻控、秸秆饲肥双向转化、畜禽粪便清洁处理与安全利用等关键技术研究，涵盖了城郊农业各个环节等。

## 3. 推广应用

2011—2013年，通过在北京、天津和苏州等市郊区农业生产中大面积示范推广，建立了城郊环保型资源高效农业生产关键技术示范区，项目覆盖区环境污染得到有效控制，作物产量、品质明显提升与改善，农业废弃物实现了生态转化利用，节约农业资源，增加农业收入，促进城郊区生态文明建设。据统计，技术应用区粮食作物（小麦、玉米）较传统生产方式平均增产337.5千克/公顷，净增产值759.4元/公顷；蔬菜作物平均增产1 695千克/公顷，净增产值5 424元/公顷。粮食作物较传统生产方式节约化肥投入46.5元/公顷，蔬菜作物平均节约化肥投入83.7元/公顷。氮磷拦截率在40%以上，出水水质提高1～2级别。建成年产5 000吨有机肥生产线1套，农业废弃物得到了充分转化与利用，单位面积施肥量较传统方式显著降低，有效的消减了因化肥过量施用引发的环境污染，规避了生态风险，开辟了城郊生态、经济和社会效益结合的新途径。

完成单位：农业农村部环境保护科研监测所、中国农业科学院农业资源与农业区划研究所、苏州市绿色食品行业协会、天津市农业环境保护管理监测站

主要完成人：任天志

联系方式：022-23611819

Email: zhangguilong@caas.cn

沼肥一体化施用技术及设备

农田氮磷拦截系统

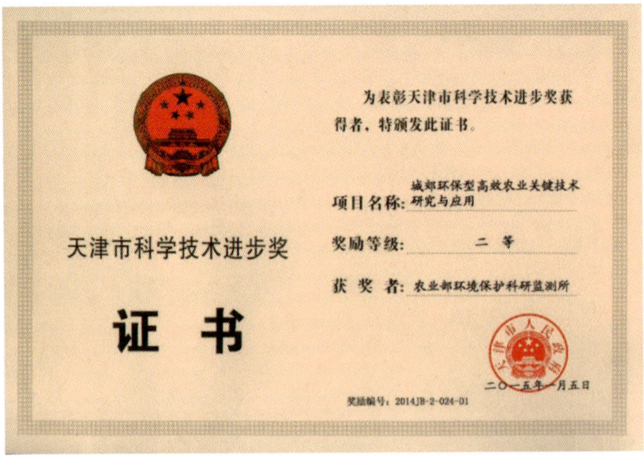


证书

# 食用菌种植技术

# 食用菌种质资源鉴定评价技术

## 1. 成果审定

该技术成果育成新品种31个，获发明专利9项，制定国（行）标15项，出版专著5部，发表学术论文52篇，获得国家科技奖二等奖、中华农业科技奖一等奖各1项。

## 2. 成果特点

由中国农业科学院农业资源与农业区划研究所等单位完成的食用菌种质资源鉴定评价技术成果，创建了世界最大的菌种实物和可利用信息同步的国家食用菌标准菌株库，解决了我国食用菌育种长期种质资源匮乏问题。库藏菌株8 000余个，隶属于418种，涵盖全部可栽培种类，占全国保藏野生种质的85%以上，占国内外栽培品种90%以上；全部具DNA指纹和特征特性双数据；对外提供种质2 284份。建立了物种、菌株、经济性、菌种质量等多层级精准鉴定评价技术体系，突破了种质资源属性特性不清制约高效利用的技术瓶颈，解决了菌种管理中品种鉴定和菌种质量判别的技术难题。澄清近缘种19个；明确库藏菌株遗传特异性和重要性状，鉴评获得广温、高温、抗冻、抗病、丰产等优异种质274株；鉴评生产用种2 100余份，正名388个；支撑了农业农村部《食用菌菌种管理办法》的制定实施，显著促进了全国菌种质量的提高。首创结实性、丰产性、广适性“三性”为核心“五步筛选”高效育种技术，室内预测缩时90%，田间筛选工作量缩减79%，育种效率显著提高。突破性状预测难、田间筛选量大导致效率低的技术瓶颈，促进了食用菌育种技术的发展。育成适合我国园艺设施条件生产的平菇、金针菇、毛木耳等广适性新品种，促进了我国食用菌品种的更新换代。本成果开展“资源搜集—鉴定评价—高效育种—广适性品种—示范推广”系列研究与推广示范，重点突破食用菌种质资源精准鉴定评价和高效育种两大技术瓶颈，创建菌种与信息同步的种质资源库，创新种质资源鉴定评价和高效育种技术体系，选育广适性新品种，在全国示范推广。

## 3. 推广应用

该成果在全国19省（市、区）推广，近三年累计新增利润129.45亿元。

完成单位：中国农业科学院农业资源与农业区划研究所

主要完成人：张金霞、黄晨阳、陈强、高巍、赵梦然、张瑞颖

通信地址：北京市海淀区中关村南大街12号

电话：010-82108663

E-mail：zhangshuqing@caas.cn

食用菌

# 白灵菇——中农1号

## 1. 成果审定

2014年11月被授予植物新品种权（品种权号：CNA20060445.7）。

## 2. 成果特点

由中国农业科学院农业资源与农业区划研究所培育的白灵菇——中农1号，为食用菌遗传育种与栽培团队选育，其籽实体色泽洁白，菌盖贻贝状，平均厚4.5厘米；长宽比约1∶1，菌柄的长宽比约1∶1，菌盖长和菌柄长之比约2.5∶1；菌柄侧生，白色，表面光滑。出菇的整齐度高，一茬菇一级优质菇在80%以上。白灵菇栽培技术要点：东北地区初夏至夏季接种，华北及黄河流域8—9月接种，长江流域9月中至10月上旬接种。以棉籽壳90%，玉米粉6%，石灰2%，石膏1%，磷酸二氢钾1%为配方栽培时，含水量为料水比1∶（1.5～1.6）。喜大水环境，出菇期以环割覆土法提高料内含水量为好。料内水分充足和偏低温条件下，菇质紧密，基质含水量70%以上和≤12℃条件下生长的籽实体质地紧密；栽培密度以地面≤40袋/平方米为宜。

## 3. 推广应用

目前，该成果在东北、华北、黄河流域及长江流域等区域进行了农业式栽培和工厂化栽培方式的推广应用，占同类品种生产面积的80%以上。

完成单位：中国农业科学院农业资源与农业区划研究所
主要完成人：张金霞
通信地址：北京市海淀区中关村南大街12号
电话：010-82108663
E-mail：zhangshuqing@caas.cn

中农1号

工厂化栽培

PVP

植物新品种权证书

品种名称： 中农 1 号

属或者种： 白灵侧耳

品种权人： 中国农业科学院农业资源与农业区划研究所

培 育 人： 张金霞

品种权号： CNA20060445.7

申 请 日： 2006 年 8 月 6 日

授 权 日： 2014 年 11 月 1 日

证书号： 第 20144845 号

证书

# 苎麻副产物饲料化与食用菌基质化高效利用技术

## 1. 成果审定

该技术整个研究过程及推广示范，均由中国农业科学院麻类研究所独立研发而成。采用青贮技术、食用菌培养技术经过多次试验与反复研究，最后才确定青贮配方、青贮条件、培养基配方、培养参数，已获得国家农业农村部农业科技成果鉴定，并于2013年获得湖南省科技进步一等奖。

证书

## 2. 成果特点

本技术以机剥苎麻副产物为原料，首次将青贮技术和食用菌栽培有机结合，研究形成苎麻副产物饲料化与食用菌基质化高效利用技术。本技术成果突破了苎麻单一纤维用途的瓶颈，研发了苎麻副产物青贮饲料加工技术以及苎麻青贮料栽培食用菌技术，实现了南方蛋白饲料、食用菌基质原料的营养流失控制、防霉变、减少干燥成本与保存的目的，并以显著提升苎麻生物质资源利用率为特点，达到增加植麻效益、产出绿色食品、提升产业发展的目的。

## 3. 推广应用

项目研发和推广依托国家现代农业产业技术体系和当地农村专业合作社等平台，联合湖南天华实业有限公司，达州市农业科学研究所，湖北省咸宁市农业科学院，湖南省张家界市农业科学研究所等国内科研和生产单位，采取企业带动、技术培训、生产示范等方式，先后在湖南涟源、常德、益阳、张家界、四川达州、江西宜春和湖北咸宁等地推广应用，累计创经济效益41 273.9万元，新增纯收益18 107.9万元。

完成单位：中国农业科学院麻类研究所
主要完成人：熊和平、喻春明、彭源德
通信地址：湖南省长沙市岳麓区咸嘉湖西路348号
电话：0731-88998535
E-mail：chenping02@caas.cn

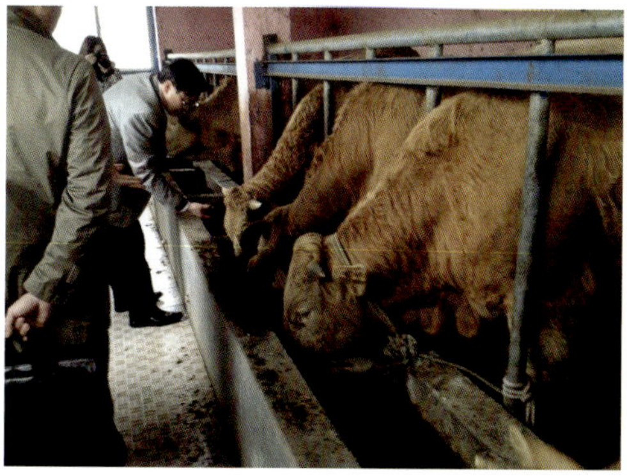

肉牛采食苎麻青贮饲料

中饲苎1号

原麻剥制与副产物收集

副产物简单晾晒

与其他作物秸秆混合圆捆

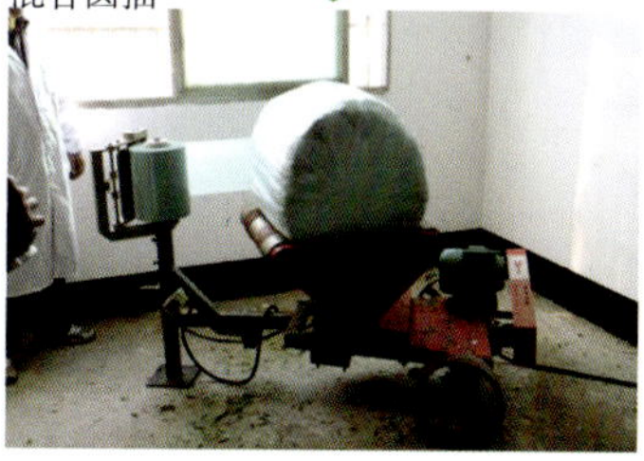

塑料拉伸膜裹包或窖藏

青贮饲料成品

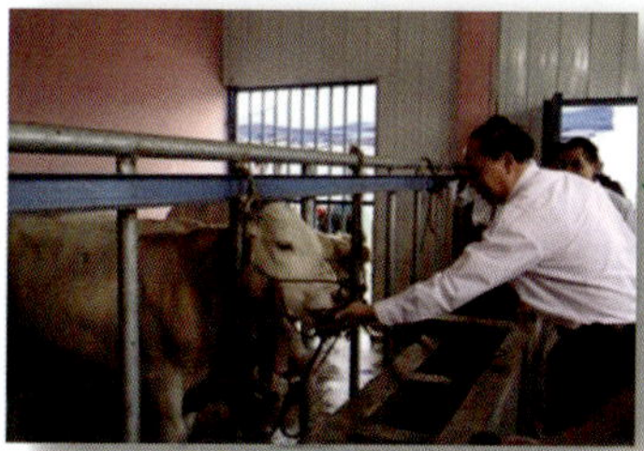

苎麻青贮饲料喂养肉牛

青贮饲料加工工艺流程

# 麻类副产物栽培高档食用菌技术

## 1. 成果审定

主要知识产权情况：

一种茶树菇栽培基质及其制备与栽培方法；

一种秀珍菇栽培基质及其制备方法与应用；

食用菌栽培装置。

## 2. 成果特点

项目团队依托中国农业科学院科技创新工程、国家现代农业产业技术体系开展麻类副产物栽培高档食用菌技术研究，研制出了高效栽培茶树菇、秀珍菇和杏鲍菇等培养基配方，形成高档食用菌栽培技术。与棉籽壳相比，杏鲍菇生物学效率提高20%以上，蛋白质含量提高30%、脂肪和糖含量分别降低33%和24%；生长周期缩短6～8天，降低了成本，且无农药残留。实现变废为宝，资源节约、环境友好，既开辟了高档食用菌基质新来源，又使麻类资源利用率由原来的20%提高到80%以上。

本项目生产食用菌管理人员能共享，按照有关推算准则计算，每吨鲜菇分摊期间费用20.00元，项目达到正常稳定生产后，预计每吨鲜菇的生产成本为7 175元。目前食用菌的销售价格每吨约10 000.00元；另每吨食用菌有副产品菌渣燃料1.20吨，用作生物肥料或者动物饲料，市场价格200.00元，销售收入240.00元。按照每年生产食用菌900吨规模计算，项目实施3年，可以生产食用菌1 500吨，可实现销售收入1 536.00万元，可获净利润459.90万元。

## 3. 推广应用

该技术采用以点带面，依托国家麻类产业技术体系试验站和农业合作社的支撑平台，先后在湖南、四川和湖北等地推广应用，累计创经济效益1 351.4万元。麻类副产品是栽培杏鲍菇的很好原料，与传统的棉籽壳作为主料栽培杏鲍菇相比，该技术具有培养基质配方简单、成本低、生长速度快、生物学效率高和经济效益好等特点。

证书

完成单位：中国农业科学院麻类研究所

主要完成人：彭源德、龚文兵、谢纯良、朱作华

通信地址：湖南省长沙市岳麓区咸嘉湖西路348号

联系人：彭源德、龚文兵

电话：13874956501

E-mail：ibfcpyd313@126.com

苎麻青贮副产品栽培杏鲍菇技术工艺流程

# 农产品加工

# 花生加工黄曲霉毒素全程绿色防控技术及应用

## 1. 成果审定

本成果获得授权发明专利12项、实用新型专利5项、软件著作权3项。

## 2. 成果特点

由中国农业科学院农产品加工研究所完成的花生加工黄曲霉毒素全程绿色防控技术及应用，为公益性行业（农业）科研专项、973计划、国家科技支撑计划等项目支持下，突破了花生加工黄曲霉毒素防控科技瓶颈，建立了全程绿色防控技术体系并应用的成果。该成果研发了花生黄曲霉毒素植物精油抑制和换向通风干燥抑制技术与装备，实现了花生黄曲霉毒素的绿色高效防控，解决了花生原料黄曲霉毒素污染问题。确保了本项目技术成果衍生的技术产品具有完全自主知识产权，保障了花生加工黄曲霉毒素全程绿色防控技术创新及应用的顺利进行，维护了消费者身体健康，推动了我国花生加工产业健康发展。

## 3. 推广应用

该成果在山东鲁花集团、青岛天祥食品集团等5家大型企业示范应用，受到企业用户和消费者的一致认可和好评。5年来累计创造直接经济效益67.67亿元，新增利税9.01亿元。该成果的成功示范，具有良好的带动作用，助推科技成果广泛应用，为全程解决花生加工黄曲霉毒素污染问题，发挥了极其重要的作用。

完成单位：中国农业科学院农产品加工研究所

主要完成人：刘阳、邢福国、赵月菊、谢焕雄、刁恩杰、杨庆利、宫旭洲、王龑、周露、董海洲、颜建春、于强、杜祖波、李秋

通信地址：北京市海淀区圆明园西路2号

电话：010-62815874

E-mail: liuyangg@hotmail.com

推广现场

# 花生低温压榨制油与饼粕蛋白高值化利用关键技术及装备

## 1. 成果审定

2014年国家技术发明二等奖。

## 2. 成果特点

花生低温压榨制油与饼粕蛋白高值化利用关键技术及装备的成果来源于国家科技支撑、863项目。历经10年，取得以下创新成果：①发明了花生低温压榨制油与饼粕蛋白联产技术及装备，实现了传统制油技术的革新。通过对调质、低温压榨等技术研究及双螺杆榨油机关键部件改进、出油缝隙和出饼厚度的适度调节，建立了低温压榨制油技术与工艺，出油率达47.0%、饼粕残油6.5%、饼粕蛋白氮溶指数（NSI）73.6%，攻克了高温压榨花生油品质差（低温比高温花生油过氧化值低50%、β-谷甾醇高53%）与蛋白变性（低温粕蛋白NSI是高温的6.3倍）的问题；突破了现有低温压榨出油率低、残油高的技术难题。创新设计了快开门萃取罐与可编程序控制系统，发明了亚临界流体萃取装置，利用该装置与短链烷烃萃取、微波灭菌等技术制备出残油率0.8%、NSI 70.6%的蛋白粉，有效解决了萃取罐开启繁琐、自动化程度低、蛋白粉残油高的问题，并建立了国内最大的花生低温压榨制油与蛋白联产生产线。②发明了花生伴球蛋白与浓缩蛋白制备与改性技术，填补了国内空白。③发明了功能性花生短肽制备技术，大幅提高了产品附加值。

## 3. 推广应用

项目在9家企业转让应用，3年累计销售收入148.5亿元，新增利润8.0亿元、税收2.1亿元。获国家发明专利7项，制定农业行业标准2项，出版专著2部，发表论文43篇（SCI/EI收录17篇），他引总次数406次。

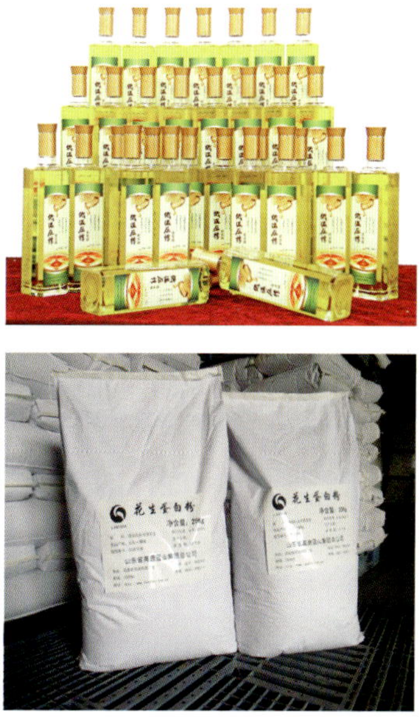

低温压榨花生油与低变性蛋白粉产品

完成单位：中国农业科学院农产品加工研究所、山东省高唐蓝山集团总公司、河南省亚临界生物技术有限公司、中国农业机械化科学研究院

主要完成人：王强、许振国、刘红芝、祁鲲、朱新亮、相海

通信地址：北京市海淀区圆明园西路2号

电话：010-62815837；010-62815844

E-mail：wangqiang06@caas.com；shiaimin@caas.cn

# 畜禽骨全组分高值化加工关键技术

■ 1. 成果审定

2008年以来，在科技部、农业农村部、河南省科技专项资助下，项目突破了技术与装备瓶颈，创制了系列高附加值产品，实现了原创性技术突破。

■ 2. 成果特点

由中国农业科学院农产品加工研究所完成的畜禽骨全组分高值化加工关键技术的成果针对我国骨加工企业面临的产业问题，突破了同步提取、高效分离、高值加工等技术与装备瓶颈，对原料骨进行高效前处理与营养组分同步提取，经固液分离，液相用于骨油、硫酸软骨素、骨素调味料及骨肽类的联产加工；固相用于生产纳米骨粉，通过全组分高值化加工，实现资源“吃干榨尽”全利用。

■ 3. 推广应用

成果先后应用于河南、山东、内蒙古等10余个省（区）的20余家动物骨加工企业，产品出口到日、韩、欧美等10多个国家和地区，成套设备先后出口到越南、阿根廷等国家，深受国内外用户好评，近3年10家应用单位新增销售额17.99亿元，新增利润3.76亿元，显著提升了我国骨源食品产业的国际竞争力，引领骨源食品加工技术跨越。

完成单位：中国农业科学院农产品加工研究所
主要完成人：张春晖、张德权、贾伟、李侠、王航、米思
通信地址：北京市海淀区圆明园西路2号
电话：010-62819469
E-mail：dr_zch@163.com

骨加工技术装备

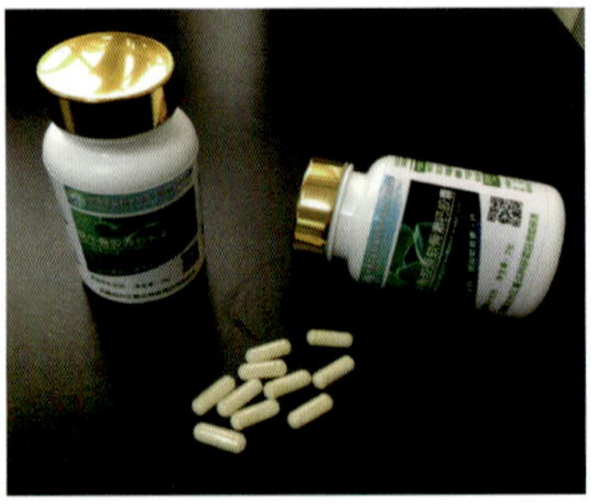

骨胶原软骨素钙胶囊

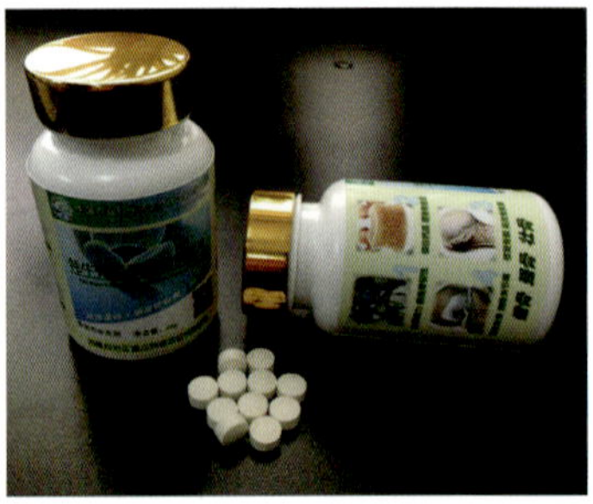

骨胶原软骨素钙片

# 羊肉加工增值关键技术创新与应用

## 1. 成果审定

2015年通过中国农学会组织的成果评价［中农（评价）字〔2015〕第17号］；2015年获得中华农业科技奖一等奖（证书编号：KJ2015-R1-033）；2014年获得中国商业联合会科技进步奖特等奖（证书编号：2014-T-03-D01）。本技术成果获省部级和社会力量奖8项，授权专利42项，制定农业行业标准9项。

## 2. 成果特点

该成果具有：①创建羊胴体标准化分级分割技术，解决了分级分割方法缺失、损耗大的难题，实现了标准化分级分割，分割产品冰温保鲜20天仍符合鲜羊肉品质要求，汁液损失率降低50%以上，增值20%以上。②创制变压腌制—瞬时减菌—高阻隔包装成套调理调质技术，解决了调理羊肉调质不均匀、货架期短的难题，调质均匀度提高40.6%，货架期延长3～4倍，增值15%以上。③发明变频解冻—质构成型—人工模拟气候工业化风干技术，解决了风干羊肉原料利用率低、品质不均一的难题，利用率提高10百分点，品质均匀度提高16.3%，增值20%以上。研发出精细分级分割、高品质调理和风干羊肉三大类新产品，增值20%以上，使我国羊肉加工从“以手工、经验为主”跨越到“以机械化、标准化为主”的新时代。该成果适用于所有肉羊屠宰和羊肉加工企业。

## 3. 推广应用

在20余家羊肉加工企业成功转化应用，技术推广到阿根廷、毛里塔尼亚等国，产品远销马来西亚、巴基斯坦和阿联酋等10个国家。本技术在应用企业新增产值超过10亿元，新增利润3 000万元，效益提高30%以上。

风干羊肉人工模拟气候智能风干

冷冻羊胴体低温高湿变温解冻

完成单位：中国农业科学院农产品加工研究所、内蒙古农业大学

主要完成人：张德权、张春晖、陈丽

通信地址：北京海淀区圆明园西路2号（中国农业科学院农产品加工研究所）

电话：010-62818740

E-mail: wangzhenyu@caas.cn

# 高品质菜籽油产地绿色高效加工技术装备与自控系统

■ 1. 成果审定

2017年通过了中国农学会组织的专家组对本技术成果进行评价，认定整体技术处于国际领先水平。

■ 2. 成果特点

①基于原料形状、大小、密度等物化性质差异，研制出了集筛选、风选、磁选、比重去石和除尘的多功能精选组合装置，实现了油菜籽高效精选装备的一体化。②耦合微波物理场与热风传热传质技术，开发出了微波调质与热能高效循环利用技术装备，突破了微波能耗高等技术难题。③运用螺旋与锥圈耦合压榨原理，研制出了集剪切锥圈、油渣自动清理和回榨机构一体化的低温低残油榨油机，提升了产地压榨设备的自动化水平，压榨温度<90℃，菜籽饼残油<8.0%。④基于选择性物理吸附磷脂、游离脂肪酸等杂质，集气动自动投料和强化搅拌效一体。⑤基于微波生香，促进美拉德供应，产生焙烤香味等愉快风味。⑥基于分布式系统控制原理，集传感器、PLC工作站、中央服务器控制系统三层网络架构和物联网感知系统，实现生产的实时全面感知和监控。⑦基于高品质浓香菜籽油的质量标准和生产技术规范，联用数字远传、无线传输和互联网云技术，实现APP远程产品质量和标准化管理。

■ 3. 推广应用

近几年，分别在武汉中油宏大科技产业股份公司、湖北枝江市天清水稻专业合作社、江西瑞昌市上湖油菜种植专业合作社、湖南沅江市港湾现代农业专业合作社等企业建成生产线；部分技术成果已经应用到湖北、湖南、江西、内蒙古等省区油料加工企业。

完成单位：中国农业科学院油料作物研究所、武汉中油康尼科技有限公司、武汉中油宏大科技产业股份公司

主要完成人：黄凤洪、李文林、刘昌盛、万楚筠、郭萍梅、周琦、许继取、陈洪、魏芳、邓乾春

通信地址：湖北省武汉市武昌区徐东二路2号

联系人：李文林

电话：027-86827874；18971461132

E-mail：wenlinli2005@163.com

高品质菜籽油产地加工生产照片

# 功能脂质特色资源高值化利用关键技术的研究与应用

## 1. 成果审定

2016年获得国家科学技术进步二等奖（证书编号：2016-J-25013-02-D01）。

## 2. 成果特点

①创建了微波调质压榨—物理精炼制备功能脂质技术，探明了脂类伴随物的溶出变化规律，突破了油料功能脂质绿色高效制备的技术瓶颈。②发明了广适高效的脂质分子修饰与物理改性技术，创制出结构稳定、功效突出的新型功能脂质。研发了低不饱和脂肪酸的无溶剂真空酯化技术和连续塔式反应装备，酯化率达95%以上，突破了脂质修饰助剂不安全、副产物多、效率低等难题。③建立了功能脂质构效、量效、组效评价利用技术，创制出了适于不同人群的功能脂质系列产品。

## 3. 推广应用

该成果已成功应用不同领域的30多家企业，分布于湖北、湖南、江西、云南、河北、内蒙古、广东、辽宁等10多个省（区），建立了示范生产线20条。产品分别销往美国、德国、丹麦等全球50多个国家和地区，其中10余家应用企业近3年新增销售额52亿元，新增销售利润6.7亿元。

完成单位：中国农业科学院油料作物研究所、无限极（中国）有限公司、嘉必优生物技术（武汉）股份有限公司、大连医诺生物有限公司、西安中粮工程研究设计院有限公司、湖南大三湘茶油股份有限公司、武汉轻工大学

主要完成人：黄凤洪、邓乾春、汪志明、马忠华、吴文忠、曹万新、刘大川、郑明明、赖琼玮、杨湄

通信地址：湖北省武汉市武昌区徐东二路2号

联系人：邓乾春、郑明明

电话：027-86827874；13163317335

E-mail：30219586@qq.com

油料功能脂质高效制备关键技术与产品创制

# 牛肉分类分级与精准分割增值技术

■ 1. 成果特点

由中国农业科学院北京畜牧兽医研究所完成的牛肉分类分级与精准分割增值技术成果，以国家肉牛牦牛产业技术体系任务为基础，联合肉牛主产区生产企业陕西秦宝牧业股份有限公司、宁夏夏华肉食品有限公司、科尔沁牛业股份有限公司等进行示范应用，形成具有科学性、可操作性、实用性及具有明显增值作用的牛肉分类分级与精准分割增值技术方法。该方法结合目前国内流行的主流观点，首先将牛胴体分为雪花肉类型、花纹肉类型、西餐红肉类型、小牛红肉类型、犊牛白肉类型5个类型，逐个类型分别指定适合本类胴体要求的分级与精准分割增值技术。技术主要针对大中城市牛肉分类分级与精准分割增值，提出了可增值雪花牛肉胴体等级与分割标准1部；花纹牛肉胴体分级标准与精细分割方法精细分割方法各1部；红肉胴体质量分级标准与部位精细分割方法各1部；本地黄牛胴体质量分级标准及精细增值分割技术规程；乳用淘汰牛胴体分级与精细增值分割技术规程。此成果适用于全国肉牛主产区生产加工企业，依据不同地区牛肉消费特点可适当调整技术方法。

■ 2. 推广应用

自2012年，陕西秦宝牧业股份有限公司开始中试示范该项目，通过对秦宝牛的特定部位的精深分割，使其有别于传统的分割技术，在部位肉块数及价值方面得到了提升。2012年至2013年10月秦宝牛精深分割累计创收5 384万元，单头增值1 163.46元左右，累计新增利税20万元左右。有关外血杂交牛、本地黄牛、乳用淘汰牛精细分割技术方法研究形成的肉牛胴体精细分割技术在宁夏夏华肉食品有限公司、科尔沁牛业股份有限公司等地进行了推广示范。其中，宁夏夏华肉食品有限公司在2012—2016年屠宰的4 000头乳用淘汰牛采用此技术实现增值创收140万元，3 000头红牛胴体采用此技术实现增值创收300万元，共440万元。科尔沁牛业股份有限公司2013—2016年生产的雪花牛肉胴体和花纹牛肉胴体2 000头采用此技术实现增值创收200万元。

完成单位：中国农业科学院北京畜牧兽医研究所
主要完成人：孙宝忠、张松山、谢鹏、李海鹏
联系人：孙宝忠
通信地址：北京市海淀区圆明园西路2号
电话：13911041950
E-mail: baozhongsun@163.com

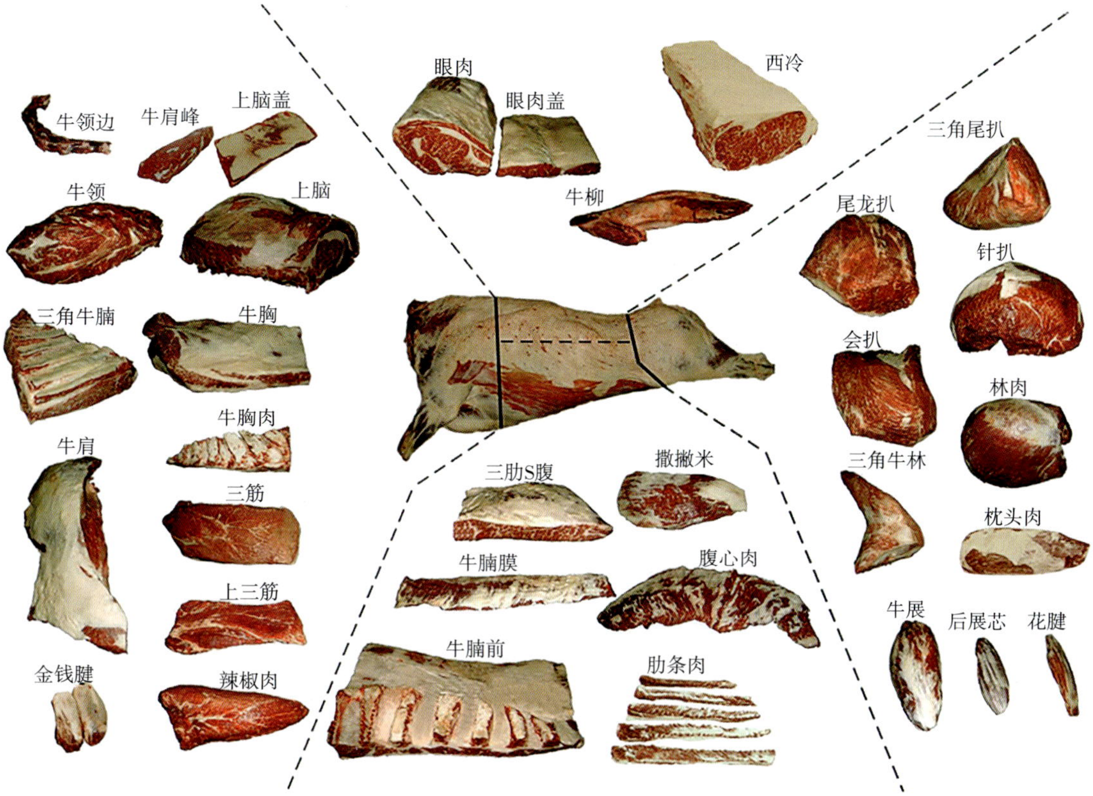


牛肉分类分级与精准分割增值技术研究与应用+肉牛
胴体分割增值方法

# 优质蜂产品安全生产加工与质量控制技术

## 1. 成果审定

成果获得2017年度国家技术发明奖二等奖、2014—2016年度全国农牧渔业丰收奖一等奖和2014—2015年度中华农业科技奖一等奖。

## 2. 成果特点

1.发明了蜜蜂多王群组建技术，创建了低温炼蜂和定量繁蜂新技术，实现了高效生产蜂群饲养技术的革新。创建了早春控制蜂团表面温度（7±1）℃的低温炼蜂技术和以哺育比（越冬蜂/幼虫1∶1，新蜂/幼虫1∶3）为指标控制蜂王产卵量的定量繁蜂技术，早春蜂群发病率下降71.7%、蜂蜜生产能力提高31.0%。

2.创建了蜂胶低温湿法超微粉碎技术、物理法抗结晶蜂蜜生产技术，实现了蜂产品高值化利用。通过优化磨介量、装填量等技术参数，发明了蜂胶低温湿法超微粉碎技术，实现了低温冲击剪切超微粉；建立了蜂胶胶囊加工新工艺（产品总黄酮含量≥4.5%，生物利用度提高30%以上），攻克了传统蜂胶粉碎方式粒度大、易分层的难题。设计低温高速气切装置，集多种换热方式于一体，创制了气体射流冲击蜂蜜解晶装备，率先实现了蜂蜜解晶自动化和标准化，与传统解晶方式相比，时间缩短60%以上，能耗降低50%以上；创建了去300目以下晶核抗结晶蜂蜜生产技术，实现了蜂蜜货架期内不结晶。研制蜂胶蜜膏、蜂胶大蜜丸等功能性蜂制品。

完成单位：中国农业科学院蜜蜂研究所
主要完成人：吴黎明、彭文君、胡福良、薛晓锋、田文礼、张中印
通信地址：北京市香山北沟1号
电话：010-62594643；13811778749
E-mail：apiswu@126.com

多只蜂王同巢和平共处

气体射流冲击蜂蜜解晶装备

集多种换热方式于一体，实现了蜂蜜解晶自动化和标准化，解晶效率、蜂蜜品质均显著提升，能耗显著下降

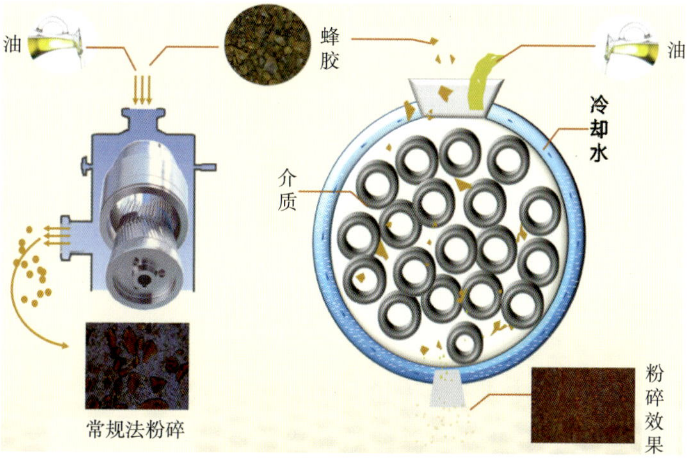


蜂胶低温湿法超微粉碎效果图

实现了低温冲击剪切超微粉，攻克了传统蜂胶粉碎方式粒度大、易分层的难题，产品粒度大于1 000目、生物利用度提高30%以上

# 高效节能清洁型麻类工厂化生物脱胶技术

## 1. 成果审定

该技术获得授权发明专利7项（其中2项获中国专利优秀奖）、实用新型专利2项、鉴定成果1项，获得中国农业杰出科学技术奖1项，发表论文80余篇。

（1）主要知识产权情况。

①欧文氏杆菌工厂化发酵快速提取苎麻纤维工艺。

②一种红麻韧皮工厂化生物脱胶工艺。

③一种功能菌株用于工厂化发酵快速提取草本纤维方法。

④苎麻生物脱胶工艺技术与设备。

⑤一种草本纤维脱胶/制浆用高效菌剂制备工艺。

⑥利用欧文氏杆菌提取甘露聚糖酶工艺。

⑦苎麻生物脱胶综合治废方法与设备。

⑧生物脱胶原料预处理机组。

⑨生物脱胶碾压水冲耦合洗麻机组。

鉴定（评价）成果1项：高效节能清洁型麻类工厂化生物脱胶技术。

（2）成果获奖情况。

①中国专利奖。欧文氏杆菌工厂化发酵快速提取苎麻纤维工艺。

②中国专利奖。苎麻生物脱胶综合治废方法与设备。

③中国农业杰出科学技术奖。高效节能清洁型麻类工厂化生物脱胶技术。

## 2. 成果特点

苎麻、红麻、黄麻、工业大麻等麻类农产品必须经过脱胶才能用作纺织、造纸、现代生物质产业等制造业的基础材料。传统的沤麻和化学脱胶方法存在环境污染严重等突出问题，已成为产业发展的制约因子。经过22年不断创新与完善，首次选育到麻类脱胶广谱性高效菌株，具备繁殖速度快、胞外分泌脱胶关键酶、嗜好甘露糖、工艺成熟标志明显等特点；创立高效菌剂制备方法并首次阐明生物脱胶作用机理；整体发明麻类工厂化生物脱胶工艺与关键设备，在工厂化可控条件下，可获得保留固有形态结构和优良特性的天然纤维，实现工业废水达标排放。

苎麻、红麻、黄麻、工业大麻等纤维作物适宜边际土地种植具有高产、优质等特点，是极具发展潜力的可再生天然纤维资源。与化学脱胶方法比较，该技术节省原煤70%、水耗60%，减轻无机、有机污染物处理负荷90%，减少废气、废渣排放量70%，减少工艺辅料用量90%，降低生产成本200%，提高苎麻纤维资源利用率40%，企业盈利率58%。

■ 3. 推广应用

目前已在13家企业推广应用，建成示范工程5个，应用规模占全国麻类工厂化脱胶产能36%。

完成单位：中国农业科学院麻类研究所
主要完成人：刘正初、彭源德、冯湘沅、段盛文、郑科
通信地址：湖南省长沙市岳麓区咸嘉湖西路348号
联系人：段盛文
电话：13055162487
E-mail：hunandsw@163.com

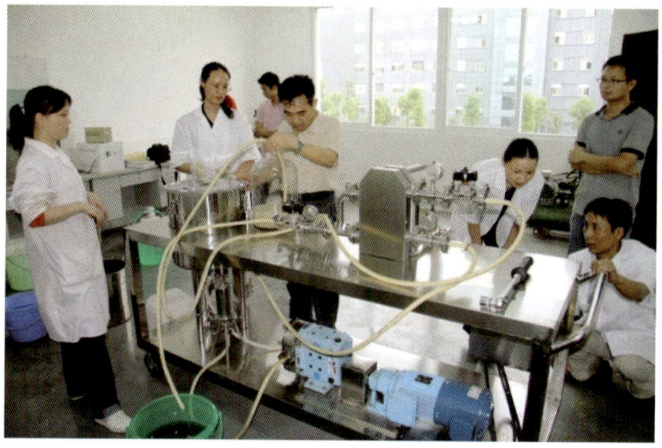

微生物制剂制备

脱胶菌种培养

苎麻生物脱胶

苎麻精干麻

# 环保型农用麻纤维膜产品及其应用技术

2005年科技部将“环保型麻地膜的生产示范”列入国家科技成果重点推广计划；麻地膜及其制备装置获得2项发明专利和1项实用新型专利授权，其中“一种麻地膜的制造工艺及其制备的麻地膜”2010年获中国专利优秀奖；2015年该成果获中国农业科学院杰出科技创新奖，2016年，“麻育秧膜研制及其在水稻机插育秧中的应用”获湖南省科技进步三等奖，2017年，“环保型农用麻纤维膜产品及其应用技术”获神农中华农业科技三等奖。

2005年以来，环保型麻地膜覆盖栽培技术在全国多地进行示范应用和推广。2009年在国家发改委产业项目支持下，建成了国内首条年产万吨麻地膜生产线。2007—2015年，全国累计推广30万亩，农民增产收益达11 275万元。

完成单位：中国农业科学院麻类研究所
主要完成人：王朝云、易永健、周晚来、李懋、汪洪鹰、谭志坚、杨媛茹、余旺
通信地址：湖南省长沙市岳麓区咸嘉湖西路348号
联系人：谭志坚
电话：15111335465
E-mail：tanzhijian@caas.cn

专利优秀奖

中国农业科学院
科学技术成果奖
证书

为表彰中国农业科学院科学技术成果奖获得者，特颁发此证书。

成果名称：麻育秧膜研制及其在水稻机插育秧中的应用

奖励类别：杰出科技创新奖

获 奖 者：中国农业科学院麻类研究所

二〇一五年九月十八日

证书编号：2015-JC-20-08-D01

湖南省科学技术进步奖
证书

为表彰湖南省科学技术进步奖获得者，特颁发此证书。

获奖项目：麻育秧膜研制及其在水稻机插育秧中的应用

奖励等级：三等奖

获奖单位：中国农业科学院麻类研究所（第1完成单位）

二〇一七年二月十五日

证书号：20164110-J3-136-D01

证书

大田照片

# 高类胡萝卜素鸡蛋

■ 1. 成果审定

2012年通过了农业农村部科技成果评价鉴定（农科中心（评价）字［2012］第001号）。

■ 2. 成果特点

室内通过筛选类胡萝卜素含量高的胡萝卜品种，优化胡萝卜与常规饲料的配比，以蛋鸡为生物转化器，成功地将类胡萝卜素转入到鸡蛋中。经测定，研发的鸡蛋蛋黄中β-胡萝卜素含量增加了5.3倍，叶黄素含量增加了1.4倍。本成果产品适合长期用眼工作者、青少年及老年人食用，能改善视力、预防白内障等生理活性。本成果产品投资成本少，风险低，收益高，各种规模的养殖场均可投资生产。

■ 3. 推广应用

已分别转让山东百家兴农业科技有限公司在山东地区的高类胡萝卜素鸡蛋生产经营权，和内蒙古蒙蛋农业发展有限公司在内蒙古自治区的高类胡萝卜素鸡蛋生产经营权产品已经上市销售。

完成单位：中国农业科学院作物科学研究所东海县苏禾畜禽养殖专业合作司
主要完成人：任贵兴、徐勤标、张瑞、杨楠、么杨、杨修仕、秦培友、桑伟
通信地址：北京市海淀区学院南路80号
电话：010-62115596
E-mail：renguixing@caas.cn

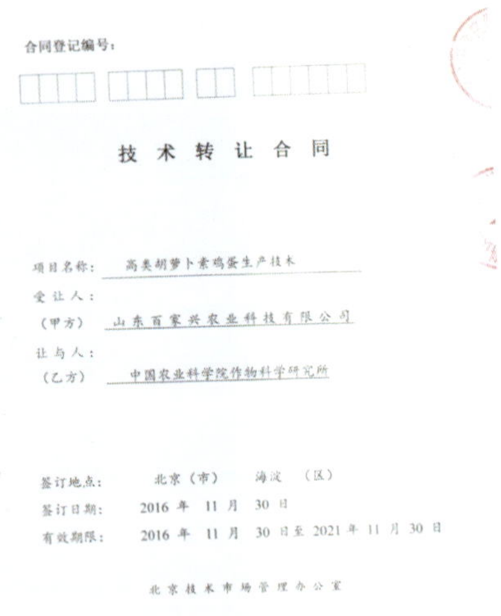

合同登记编号：

技术转让合同

项目名称：高类胡萝卜素鸡蛋生产技术
受让人：（甲方）山东百家兴农业科技有限公司
让与人：（乙方）中国农业科学院作物科学研究所

签订地点：北京（市）海淀（区）
签订日期：2016年11月30日
有效期限：2016年11月30日至2021年11月30日

北京技术市场管理办公室

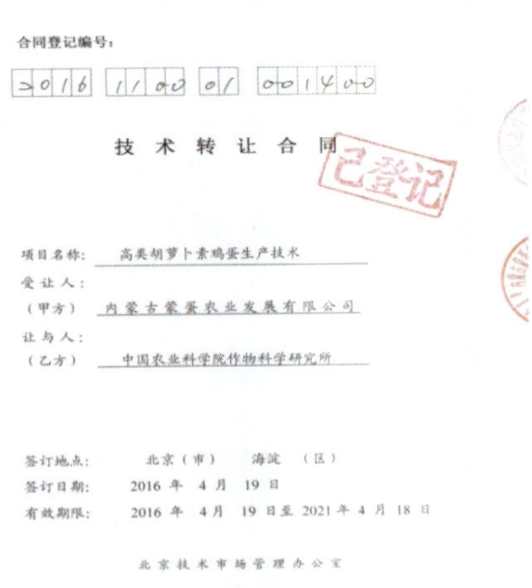

合同登记编号：2016 1100 01 001400

技术转让合同

已登记

项目名称：高类胡萝卜素鸡蛋生产技术
受让人：（甲方）内蒙古蒙蛋农业发展有限公司
让与人：（乙方）中国农业科学院作物科学研究所

签订地点：北京（市）海淀（区）
签订日期：2016年4月19日
有效期限：2016年4月19日至2021年4月18日

北京技术市场管理办公室

山东百家兴农业科技有限公司转让合同　　内蒙古蒙蛋农业发展有限公司转让合同

# 新型高效乳糖酶产品的创制

## 1. 成果审定

ZL021081417；ZL200510080492.0；ZL201010255234.2；ZL201210195026.7。

在“863计划”、国家自然科学基金和农业科技成果转化资金项目的资助下，开展了新型高效乳糖酶产品的创制与应用。开发了一项廉价规模化生产新型高效乳糖酶的新技术，首次在国际上利用毕赤酵母表达系统作为高效生物反应器分泌表达乳糖酶，表达水平达到国际领先。开发了廉价规模化生产乳糖酶的新技术。2010年获得了农业农村部颁发的生产应用安全证书，2013年获得了卫生部颁发的食品添加剂新品种的行政许可，继而获得了江苏省质量技术监督局颁发的工业产品生产许可证。使利用毕赤酵母生产乳糖酶成功地进入我国食品添加剂使用标准（GB 2760）中。建立了利用乳糖酶生产低乳糖奶的应用技术。相关研究成果获得4项中国发明专利授权。

## 2. 成果特点

创立了高效的基因资源挖掘技术体系，筛选获得了酶学性质更优良的新型乳糖酶。首次在国际上利用毕赤酵母表达系统作为高效生物反应器分泌表达乳糖酶，表达水平达到国际领先。开发了廉价规模化生产乳糖酶的新技术。完成了乳糖酶这一新型食品添加剂的安全性评价及生产许可的审批。确定了乳糖酶稳定的产品剂型，建立了利用乳糖酶生产低乳糖奶的应用技术。

## 3. 推广应用

本成果核心专利（ZL021081417）于2009年转让给中诺生物科技发展江苏有限公司，技术转让费300万元。中诺公司于2010年年底建成了乳糖酶发酵及后加工生产线，并进行了生产销售。

由于乳糖酶产品的带动，该公司生产基地新增就业人数60人，其中，带动农民增收208万元，完成培训人数40人次。截至2014年年底，共生产销售乳糖酶产品60吨，销售额1 170万元，净利润总额为439万元，缴税总额为214万元。间接经济效益1.2亿元。

完成单位：中国农业科学院生物技术研究所

主要完成人：张伟、张宇宏

电话：010-82106141；010-82109850

E-mail：zhangwei02@caas.cn；wangyouhua@caas.cn

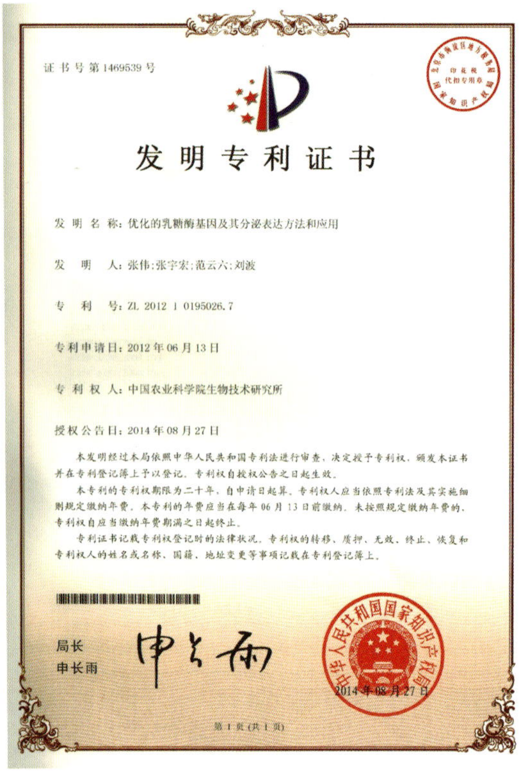
证书号第1469539号

发明专利证书

发 明 名 称：优化的乳糖酶基因及其分泌表达方法和应用

发 明 人：张伟；张宇宏；范云六；刘波

专 利 号：ZL 2012 1 0195026.7

专利申请日：2012年06月13日

专 利 权 人：中国农业科学院生物技术研究所

授权公告日：2014年08月27日

本发明经过本局依照中华人民共和国专利法进行审查，决定授予专利权，颁发本证书并在专利登记簿上予以登记。专利权自授权公告之日起生效。

本专利的专利权期限为二十年，自申请日起算。专利权人应当依照专利法及其实施细则规定缴纳年费。本专利的年费应当在每年06月13日前缴纳。未按照规定缴纳年费的，专利权自应当缴纳年费期满之日起终止。

专利证书记载专利权登记时的法律状况。专利权的转移、质押、无效、终止、恢复和专利权人的姓名或名称、国籍、地址变更等事项记载在专利登记簿上。

局长 申长雨

2014年08月27日

第1页（共1页）

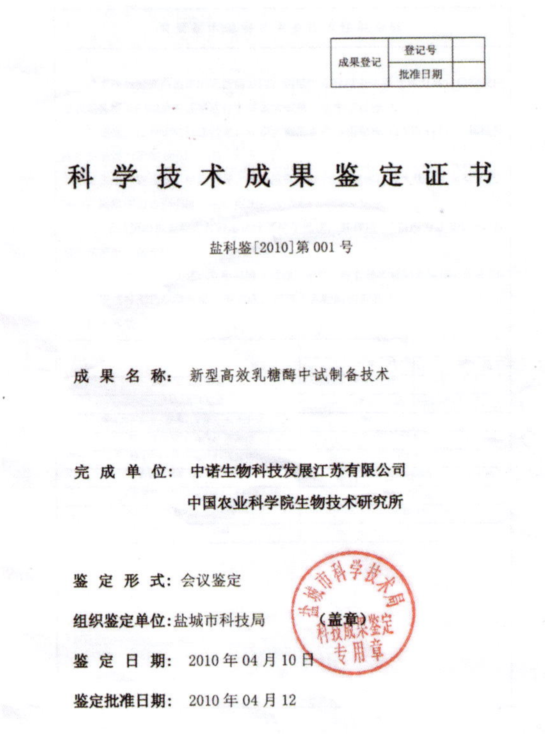
| 成果登记 | 登记号 | |
|---|---|---|
| | 批准日期 | |

科学技术成果鉴定证书

盐科鉴[2010]第001号

成 果 名 称：新型高效乳糖酶中试制备技术

完 成 单 位：中诺生物科技发展江苏有限公司

中国农业科学院生物技术研究所

鉴 定 形 式：会议鉴定

组织鉴定单位：盐城市科技局 （盖章）

鉴 定 日 期：2010年04月10日

鉴定批准日期：2010年04月12

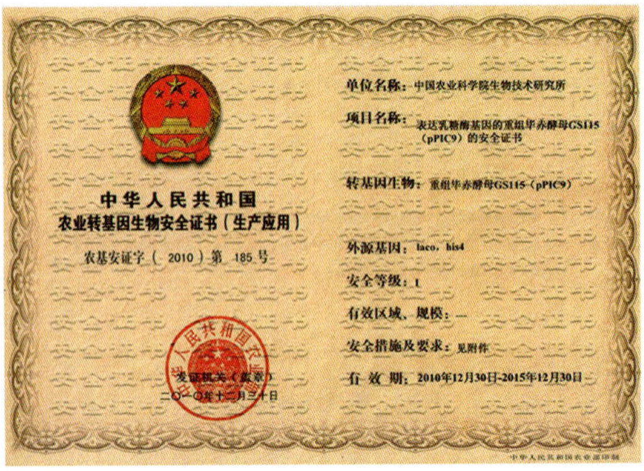
中华人民共和国

农业转基因生物安全证书（生产应用）

农基安证字（2010）第185号

单位名称：中国农业科学院生物技术研究所

项目名称：表达乳糖酶基因的重组毕赤酵母GS115（pPIC9）的安全证书

转基因生物：重组毕赤酵母GS115（pPIC9）

外源基因：lacø，his4

安全等级：I

有效区域、规模：—

安全措施及要求：见附件

有 效 期：2010年12月30日-2015年12月30日

发证机关（盖章）

二〇一〇年十二月三十日

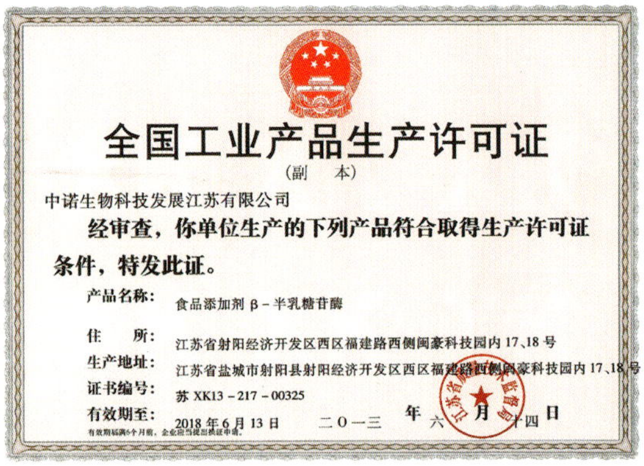
全国工业产品生产许可证

（副 本）

中诺生物科技发展江苏有限公司

经审查，你单位生产的下列产品符合取得生产许可证条件，特发此证。

产品名称：食品添加剂β-半乳糖苷酶

住 所：江苏省射阳经济开发区西区福建路西侧闽豪科技园内17、18号

生产地址：江苏省盐城市射阳县射阳经济开发区西区福建路西侧闽豪科技园内17、18号

证书编号：苏XK13-217-00325

有效期至：2018年6月13日 二〇一三年六月十四日

证书

# 新型食品压差闪蒸干燥技术及装备

## 1. 成果审定

2007年在北京通过了农业农村部的成果鉴定（农科果鉴字［2007］第008号）；2012年获得中国食品科学技术学会科技创新奖——技术发明二等奖；2013年获得中国商业联合会科学技术一等奖；2013年获得北京市科学技术发明三等奖；同年获得中国农业科学院科技成果二等奖；相关技术获得专利16项。

① 一种脉动压差闪蒸干燥果蔬的方法ZL201410670429.1。

② 一种膨化桃及其制备方法ZL200610165346.2。

③ 一种膨化哈密瓜及其制备方法ZL200610165347.7。

④ 一种膨化柑橘及其制备方法ZL200610165349.6。

⑤ 一种膨化菠萝及其制备方法ZL200610165348.1。

⑥ 一种膨化芒果及其制备方法ZL201110049026.1。

⑦ 一种膨化槟榔芋条及其制备方法ZL201110049484.5。

⑧ 一种非油炸膨化菠萝蜜及其制备方法ZL201110049882.7。

⑨ 一种非油炸甘薯酥脆片及其制备方法ZL201110049878.0。

⑩ 一种膨化黑莓及其制备方法ZL201310717132.1。

⑪ 一种桑葚脆果及其制备方法ZL201310717802.X。

⑫ 一种真空冷冻联合压差膨化技术干燥果蔬方法ZL201310666433.6。

⑬ 一种火龙果脆片及其制备方法ZL201310654343.5。

⑭ 一种番木瓜脆片及其制备方法ZL201310654329.5。

⑮ 一种猕猴桃片及其制备方法ZL201310717804.9。

⑯ 一种大蒜脆片及其加工方法ZL201310721983.3。

## 2. 成果特点

由中国农业科学院农产品加工研究所完成的新型食品压差闪蒸干燥技术及装备成果，是在变温压差膨化干燥基础上发展的一种新型干燥技术，又称爆炸膨化干燥（explosion puffing drying）、气流干燥或压差膨化干燥等，属于一种新型、环保、节能的非油炸快速干燥技术。该技术主要应用领域有：①可生产新型、天然的绿色休闲食品。②可生产新型营养全粉或速溶饮品。③可生产新型营养咀嚼片。经过非油炸酥脆产品质地酥脆，可以直接加工成营养粉，并进一步经过调配加工营养咀嚼片，不仅营养丰富，而且保质期长，食用方便。④可作为方便食品的调料。⑤可作为生产新型保健食品的原料。膨化后的原料经过超微粉碎后，可以作为营养粉，加入其他食品原料中，生产出更富营养的食品，用于婴儿、老年人或病人等特殊人群的饮食中。

■ 3. 推广应用

该技术适用的农产品原料来源非常广泛，果品如苹果、梨、香蕉、葡萄、柑橘、菠萝、榴莲、猕猴桃、桑葚、哈密瓜、草莓、杨梅、树莓、蓝莓、桃、杏、枣、枸杞、芒果、杨桃、菠萝蜜等，蔬菜如胡萝卜、马铃薯、甘薯、芋头、菠菜、黄瓜、甘蓝、番茄、芹菜、大蒜等；其他如畜产品（牛肉、羊肉）、水产品（鱼、虾、贝、藻等）、食用菌（蘑菇、木耳、银耳等）、特色农产品（茶叶、人参等）等也有较好的效果。该成果已经在正宁县金牛实业有限责任公司、河北美客多食品集团有限公司等10余家转化应用，累计为企业新增产值近2亿元。

完成单位：中国农业科学院农产品加工研究所
主要完成人：毕金峰
通信地址：北京市海淀区圆明园西路2号
电话：010-62812584；18501283185
E-mail：bijinfeng2010@163.com

多种果蔬脆片

苹果脆片

设备图片

压差闪蒸大型成套设备

# 甘薯淀粉生产及副产物高值化利用关键技术

■ 1. 成果审定

2014年通过科技部科学技术成果评价（中农（评价）字［2014］第08号），专家组一致认为，该成果整体技术达到国际先进水平，其中筛分法制备膳食纤维及磷酸氢二钠法提取果胶的连续化生产工艺处于国际领先水平。

■ 2. 成果特点

甘薯淀粉生产及副产物高值化利用关键技术研究与应用的成果是以甘薯为原料，经清洗、破碎、磋磨、离心、旋流分离、脱水等工艺制备淀粉，通过对锉磨机、分离筛、脱水机等关键部件、气流干燥装置进料自动打散功能的创新设计，合理调节淀粉乳浓度、流量及压力等关键参数，攻克了传统工艺淀粉出粉率低、品质差、浆液量大、浆液蛋白浓度低等技术难题，使甘薯淀粉出粉率和白度均达90%以上，能耗降低约30%。此外，以甘薯淀粉加工副产物薯浆为原料，经过离心、浓缩、变性以及喷雾干燥处理，得到蛋白含量超过60%的甘薯蛋白粉，该技术可大大减少淀粉加工浆液中的有机物含量；以甘薯蛋白粉为原料，采用酶技术与超滤分级技术相结合的方法，可以生产出具有生物活性的甘薯多肽。以淀粉加工副产物薯渣为原料，通过将物理筛分法与磷酸氢二钠法相结合，创建了连续化生产甘薯膳食纤维与果胶新技术，使其提取率分别达83.18%和91.28%，纯度分别达81.25%和95.87%，该技术具有节能、降耗的优点；并建立了甘薯膳食纤维及果胶的超微粉碎、热及pH值改性处理关键技术，使其物化功能特性得到显著改善。

■ 3. 推广应用

本成果推广到山东、河北、河南、山西、江苏等甘薯主产区，目前已建成了世界第一条甘薯蛋白生产线和我国第一条甘薯膳食纤维生产线。

完成单位：中国农业科学院农产品加工研究所
主要完成人：木泰华
通信地址：北京市海淀区圆明园西路2号
电话：010-62815541
E-mail：mutaihua@126.com

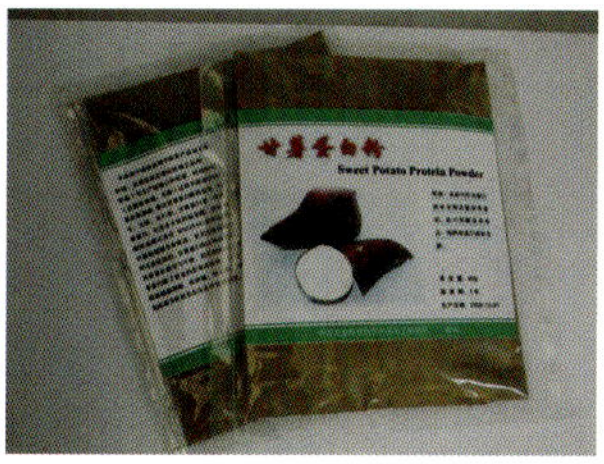
甘薯蛋白粉

甘薯蛋白肽

膳食纤维、果胶

# 挂面生产关键技术与设备

## 1. 成果审定

2014年4月13日通过了农业农村部组织的鉴定。鉴定委员会专家一致认为，项目技术、设备、工艺具有自有知识产权；生产线设计增效、节能和降损效果显著；关键技术和核心设备创新性突出，推广应用意义重大；整体达到了国际领先水平；2014年获得国家专利（专利号：ZL201410102745.9）。

## 2. 成果特点

由中国农业科学院农产品加工研究所、河北金沙河面业有限责任公司、邢台金沙河面业有限责任公司、河南东方面机集团有限公司、山东江泷面条机械研究所、青岛海科佳电子设备制造有限公司完成的挂面生产关键技术与设备的成果，根据谷物化学理论和系统工程原理，利用质量控制技术分析和稳定原料和产品质量；利用工序能力分析手段判断和调整工序；利用原料改性技术开发新产品。重点开展小麦产地籽粒质量分析评价、关键技术和设备联合攻关，改进和稳定产品质量，开发新产品和新工艺；通过技术开发和设备集成，实现挂面生产自动化。其创新点：①通过小麦籽粒质量性状与面条质量关系研究，筛选出挂面专用小麦、专用粉质量控制指标，建立企业原粮质量内控标准。基于近红外光谱分析技术，建立了原粮、面粉、挂面质量在线或准在线监测和控制技术。通过集成自动扦样、自动检测和自动分类设备，建成了原粮自动检测分级系统。②采用工序能力分析方法，结合生产线和工序流程，建立了挂面加工质量控制技术，编制和实施了挂面良好生产操作规范（GMP）、企业良好实验室操作规范（GLP）和挂面生产危害分析和关键控制点（HACCP）。③通过动态监测和分析烘房温度、湿度、风速等与挂面干燥速率、质量、能耗的关系，提出挂面干燥工艺参数，使挂面干燥吨料煤耗低于50千克。研制了挂面干燥同步直接上架、卸架机构，以及同步柔性上架机械手，使挂面上架掉杆率降至1/1 000以下，落面率降至0.3%以下。企业节能降耗效果突出。④设计制造了连续真空和面机，130米直排式挂面烘房干燥工艺，挂面自动送料、分料、包装一体化等设备，突破了真空连续和面、烘房干燥工艺节能、挂面包装自动化分料关键技术。挂面自动包装设备产量达到120包/分钟，在线动态计量精度（±2）克/包。⑤通过研发杂粮挤压改性工序，在杂粮挂面生产中实现了杂粮添加量达到20%～25%时，产品烹调和感官质量满足消费需求，开发了杂粮面片工业化生产工艺和设备。⑥经技术、设备、工艺研发，建成日产45吨挂面自动化生产线，实现了小麦收购—储藏—制粉—制面—包装—贮运一体化和自动化。

## 3. 推广应用

完成的专利、软件、技术、工艺和产品等在河北金沙河面业有限责任公司、邢台金沙河面业有限责任公司等企业示范和应用。3年实现销售额766 867万元，利润15 262万元，上缴税收5 277万元。实现就业11 551人。挂面产品合同经销商1 100家，3年经销量分别为

35万吨、36万吨和39万吨。按平均效益计算，3年实现销售额545 629万元，利润54 563万元，上缴税收10 913万元。设备用户3年实现销售额1 691 910万元，利润117 630万元，上缴税收49 500万元。

完成单位：中国农业科学院农产品加工研究所、河北金沙河面业有限责任公司、邢台金沙河面业有限责任公司、河南东方面机集团有限公司、山东江泷面条机械研究所、青岛海科佳电子设备制造有限公司

主要完成人：魏益民

通信地址：北京市海淀区圆明园西路2号

电话：010-62815956

E-mail: weiyimin36@126.com

分类仓储

高速和面

柔性上架

自动包装

# 马铃薯主食加工关键技术与产业化

## ■ 1. 成果审定

2017年由中国农学会组织的成果评价认为，该成果整体技术达到国际领先水平。该成果获国家授权发明专利26件、实用新型专利5件，制定行业标准2项、企业标准3项。获2015年农业农村部农产品加工业十大科技创新推广成果，2017年中国农业科学院科学技术成果奖杰出创新奖。

## ■ 2. 成果特点

由中国农业科学院农产品加工研究所完成的马铃薯主食加工关键技术与产业化的成果，马铃在专用品种评价、加工关键技术、核心装备与生产线、重大产品创制与应用等开取得了突破，示范应用成效显著，引领了我国马铃薯主食产业发展。该成果特点：①阐明马铃薯主要成分与小麦蛋白互作形成“类面筋”结构的规律及其机制；创建马铃薯主食原料的评价方法，为马铃薯主食生产和专用品种选育提供参考依据。提出了马铃薯主食加工品种“三高一低一白”的筛选指标，为马铃薯主食加工和专用品种选育提供参考依据。②突破了马铃薯主食加工黏度大、发酵难、成型难等技术瓶颈，为马铃薯中式主食产品创制奠定了基础。创建了马铃薯面带强筋技术、高温调质/梯度变温变湿联用干燥技术，马铃薯面条断条率由10%以上降低至5%以下；明确不同植物源蛋白对马铃薯面条品质的影响规律，证明了小麦蛋白对面条品质改善最佳；发明了恒温恒湿面带熟化核心装备、连续高温高湿调质装备等马铃薯面条类产品加工核心装备；研制出馒头类系列马铃薯主食的全粉添加比例和配方，创建了精准温度与湿度调控的面团发酵技术；发明了挤压一步成型技术，马铃薯米粉产品生产成本降低30%以上；发明了马铃薯米粉连续精准定量挤丝装备、智能仿生连续化松丝机，粉条直径误差±5%以内，成品率提高30%；创建了马铃薯复配米双螺杆多阶段变温挤压、中温高湿多阶段干燥技术，米粒酥化率降低50%，米粒黏结率降低30%，蒸煮损失由15%降至5%以下。③创建了马铃薯主食最优占比阈限、产品标准；创制了六大类300余种产品，实现了工业化、自动化、规模化生产。

## ■ 3. 推广应用

近3年在9省7市50多家企业生产，总量达18.9万吨，累计销售额45.4亿元，为社会创造新增经济效益8.9亿元。带动20万户农民种植马铃薯，增加农民收入4.0亿元。

完成单位：中国农业科学院农产品加工研究所

主要完成人：戴小枫、胡宏海、木泰华、张泓、孙红男

通信地址：北京市海淀区圆明园西路2号

电话：010-62811401

E-mail：huhonghai@caas.cn

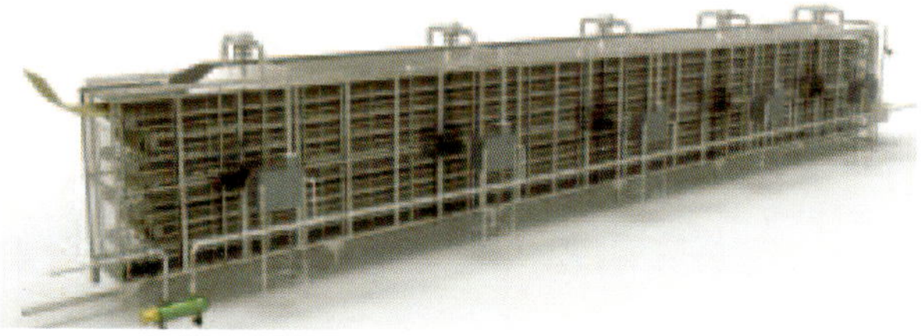

恒温恒湿面带熟化装备

连续化精准定量挤丝机

马铃薯主食系列产品

# 假眼小绿叶蝉诱捕色的筛选及数字化标准色板的制作色板

## 1. 成果审定

经国家知识产权局审定，荣获2017年度中国专利奖优秀奖。

## 2. 成果特点

本专利技术首先采用RGB模式将色板颜色参数化、数字化和标准化，再通过正交试验筛选出假眼小绿叶蝉的最佳诱捕色，最后通过PP塑料制成筛选颜色的粘虫色板。相较于市场上购置的茶园多种粘虫色板，该专利技术首次提出采用RGB参数模式将粘虫色板颜色进行数字化和规范化，所研发的叶蝉数字化色板（RGB=255，215，0）能够准确的描述自身产品的颜色，极大地促进色板产品的标准生产和规范交流；首次采用交互式正交试验设计筛选假眼小绿叶蝉的最佳诱捕，显著提高了粘虫板对叶蝉的诱杀效果，避免了直接通过田间试验筛选目标害虫诱捕颜色过程中所选颜色范围选择的盲目性。

该专利技术目前已转化为茶小绿叶蝉数字化色板，并应用在茶树植保领域。该专利技术还可以拓展到其他的茶树目标害虫以及其他作物的害虫，除茶树叶蝉外，目前已通过该专利技术筛选出茶棍蓟马、茶黄蓟马、广柿蜡蝉、黑刺粉虱等茶树害虫的最佳诱捕色并制成相应的数字化色板，其中茶棍蓟马的数字化色板已经转化为实际产品并开始推广销售，因此该专利技术还可以应用到其他害虫的色板颜色筛选及色板产品开发中，具有广泛的应用前景。

## 3. 推广应用

本专利的技术方案能够在色板的生产中重复使用，假眼小绿叶蝉数字化色板已在2012年转化为实际产品并在茶产业中进行推广使用，相较于市场上购置的茶园粘虫色板，茶小绿叶蝉数字化色板（RGB=255，215，0）的诱杀效果提高了30%～50%，截至2016年年底，福建漳州市英格尔农业科技有限公司总计售出叶蝉数字化色板9 345 341块，应用面积达397 655亩，销售额达到2 933.57万元。

数字化色板田间应用

完成单位：中国农业科学院茶叶研究所、漳州市英格尔农业科技有限公司

主要完成人：陈宗懋、边磊、孙晓玲、罗宗秀、辛肇军、林志平、陈丽萍

通信地址：浙江省杭州市西湖区梅灵南路9号（中国农业科学院茶叶所3号楼401）

电话：0571-86650100

E-mail：zmchen2006@163.com

# 不易结晶蜂蜜生产工艺

## ■ 1. 成果审定

获国家发明专利（专利号：ZL 200910259202.7）；2010年通过农业农村部科学技术成果鉴定（农科果鉴字［2010］第032号）；本成果为引进国际先进农业科学技术“948”项目（2006—G19）；科研院所技术开发研究专项资金（2009EG134274）；国家现代蜜蜂产业技术体系（NYCYTI-43-KXJ17）。

## ■ 2. 成果特点

由中国农业科学院蜜蜂研究所、北京中蜜科技发展有限公司、国家农产品加工技术研发中心蜂产品分中心完成的不易结晶蜂蜜生产工艺的研究取得了重要突破，总体达到国际先进水平，具有很好的市场前景。研究成果对处理温度、清洗条件、包装材料、脱气、过滤等因素与蜂蜜结晶的关系进行了系统研究，建立了不易结晶蜂蜜生产的工艺流程和工艺参数，实现了不添加任何物质延缓蜂蜜结晶，使蜂蜜的货架期延长了10个月以上。本成果通过对蜂蜜生产中的融蜜、过滤、浓缩、破结晶核、精滤、灌装等工艺流程和工艺参数进行调整和优化，制定了延缓蜂蜜结晶的技术解决方案，实现了不添加任何物质延缓蜂蜜结晶，延长蜂蜜的货架期10个月以上，提高其市场价值，还未见国内外文献报道，属于国内领先或国际先进水平。

## ■ 3. 推广应用

本成果已在北京中农蜂蜂业技术开发中心推广应用。根据2008—2017年的销售情况来看，应用该技术生产的不易结晶蜂蜜销售额达1亿元。

完成单位：中国农业科学院蜜蜂研究所、北京中蜜科技发展有限公司、国家农产品加工技术研发中心蜂产品分中心

主要完成人：彭文君、田文礼、韩胜明

通信地址：北京市海淀区香山北沟1号

电话：010-62597059

E-mail：pengwenjun@vip.sina.com

不易结晶蜂蜜预处理罐

# 蜂胶湿法超微粉碎关键技术

■ 1. 成果审定

该成果获得了国家发明专利（专利号：ZL 200710302091.4）；2009年通过了农业农村部组织的科学技术成果鉴定（农科果鉴字［2009］第50号）。

■ 2. 成果特点

①提高了蜂胶软胶囊的食用安全性：采用纯天然的食用油替代了聚乙二醇、吐温、司盘等，提高了蜂胶软胶囊的食用安全性。②改善了蜂胶软胶囊的品质：采用纯天然的食用油替代聚乙二醇可以避免使用聚乙二醇作为软胶囊分散剂时，由于聚乙二醇吸收软胶囊壳中的水分而使软胶囊变硬，内容物外漏。同时还可避免胶囊贮存过程中聚乙二醇吸收囊壳中的水分造成的“瘪丸”现象。③避免了蜂胶中的挥发油组分的损失：本产品采用低温微粉技术，避免了蜂胶中主要功效成分——萜烯类物质的挥发，更大程度地保持了蜂胶中的功效成分，产品功效更加显著。④提高了生物利用度：本产品采用了湿法超微粉碎技术，蜂胶粒径非常小，比表面积大，能更大面积地接触人体的各个部位，易于吸收，提高了生物利用度。

■ 3. 推广应用

蜂胶湿法超微粉碎关键技术已在北京中农蜂蜂业技术开发中心推广应用，根据2007—2017年的销售显示，采用该技术生产的新一代蜂胶软胶囊销售额达3亿元。

完成单位：中国农业科学院蜜蜂研究所、北京中蜜科技发展有限公司、国家农产品加工技术研发中心蜂产品分中心

主要完成人：田文礼、彭文君、韩胜明

通信地址：北京市海淀区香山北沟1号

电话：010-62597059

E-mail：pengwenjun@vip.sina.com

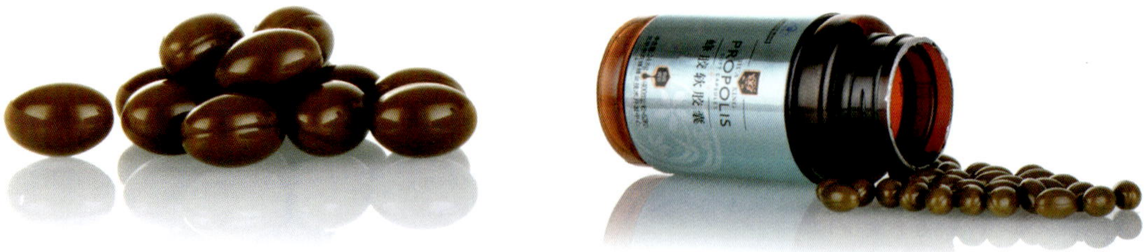


油溶蜂胶软胶囊

# 优质乳工程技术及应用

■ 1. 成果审定

2007年获得国家发明专利（专利号：ZL 200510102918.8）；2016年发布了国家农业行业标准（NY/T 939—2016）。

■ 2. 成果特点

该成果包含3套技术规范，分别为《奶源质量安全全程控制规范》《加工工艺全程控制规范》和《优质乳产品储存运输销售全程控制规范》。实施优质乳工程，是解决国产奶市场需求乏力、产业链利益分配不平衡、进口冲击太大的根本途径。具有：增产增效。实施优质乳工程，生鲜乳品质得到显著提升，销售量稳步提高。降低能耗。以实施优质乳工程的现代牧业为例，在乳品加工工艺方面进行了创新，删除预巴杀和闪蒸两道工序。每加工1吨UHT灭菌乳节约用电约18.67元，节约用水约0.35元，节约用气约28.58元，节约耗冷0.95元，共计节约48.55元，大大降低了加工成本。每加工1吨UHT灭菌乳显著减少$CO_2$和$SO_2$排放，为节能减排、低碳环保做出了贡献。

■ 3. 推广应用

优质乳工程技术体系已在光明乳业、新希望乳业、现代牧业、长富乳业等全国21家乳品企业示范应用截至2017年10月份，新希望乳业、现代牧业等10家企业通过了优质乳工程专家组验收，光明乳业等11家企业正在应用优质乳工程技术体系，对奶源、加工、产品冷链物流、宣传销售等关键点进行改进和优化。

完成单位：中国农业科学院北京畜牧兽医研究所
联系人：王加启
通信地址：北京市海淀区圆明园西路2号
电话：010-62816069；13910585618
E-mail：jiaqiwang@vip.163.com

ICS 67.050
X04

NY

中华人民共和国农业行业标准

NY/T 939—2016
代替 NY/T 939—2005

巴氏杀菌乳和 UHT 灭菌乳中复原乳的鉴定

Identification of reconstituted milk in pasteurized and UHT milk

2016-03-23 发布 2016-04-01 实施

中华人民共和国农业部 发布

优质乳工程技术及应用+标准+NYT 939-2016巴氏杀菌乳和UHT灭菌乳中复原乳的鉴定

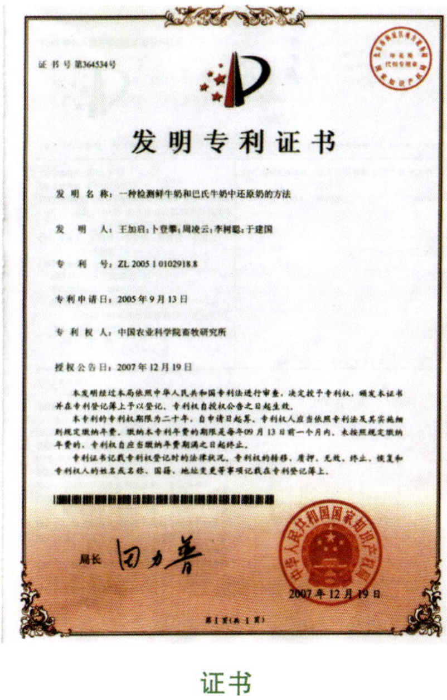

证书号第364534号

发明专利证书

发明名称：一种检测鲜牛奶和巴氏牛奶中还原奶的方法

发明人：王加启；卜登攀；周凌云；李树聪；于建国

专利号：ZL 2005 1 0102918.8

专利申请日：2005年9月13日

专利权人：中国农业科学院畜牧研究所

授权公告日：2007年12月19日

本发明经过本局依照中华人民共和国专利法进行审查，决定授予专利权，颁发本证书并在专利登记簿上予以登记。专利权自授权公告之日起生效。

本专利的专利权期限为二十年，自申请日起算。专利权人应当依照专利法及其实施细则规定缴纳年费。缴纳本专利年费的期限是每年09月13日前一个月内。未按照规定缴纳年费的，专利权自应当缴纳年费期满之日起终止。

专利证书记载专利权登记时的法律状况。专利权的转移、质押、无效、终止、恢复和专利权人的姓名或名称、国籍、地址变更等事项记载在专利登记簿上。

局长 田力普

2007年12月19日

第1页（共1页）

证书

# γ-氨基丁酸茶加工技术研究及系列产品开发

## 1. 成果审定

浙江省科技成果登记号13081002；国家发明专利ZL200310109054.3，一种提高γ-氨基丁酸含量的茶叶加工方法，授权日期2009年7月8日；国家发明专利ZL201110007686.3，一种γ-氨基丁酸茶粉加工方法，授权日期2012年9月8日。

## 2. 成果特点

（1）研发出具自主知识产权的γ-氨基丁酸茶加工关键技术——鲜叶真空厌氧处理技术，较日本的氮气嫌气处理技术，简便易行、成本低、效果好，可使茶鲜叶中GABA含量达到2毫克/克以上。

γ-氨基丁酸茶

（2）筛选出7个适制γ-氨基丁酸茶的茶树品种；集成创新1套γ-氨基丁酸茶系列产品加工技术，开发出GABA含量在2毫克/克以上，感官品质优异的γ-氨基丁酸绿茶/红茶/乌龙茶/白茶系列新产品。技术水平处于国际领先。

（3）集成创新了一套γ-氨基丁酸茶粉加工技术，开发出γ-氨基丁酸超微绿茶粉和速溶茶粉2个深加工产品。其中γ-氨基丁酸超微绿茶粉的GABA含量≥2毫克/克，粒度（D84）55～70微米；γ-氨基丁酸速溶茶粉的GABA含量≥1.5%，10℃以下的水中速溶时间≤30秒。技术水平处于国际先进。

## 3. 推广应用

该项技术已在浙江、江苏、福建、云南、湖北、广西、陕西等地进行了专利技术许可和示范推广，取得显著的社会效益和经济效益。

完成单位：中国农业科学院茶叶研究所
主要完成人：林智、谭俊峰、吕海鹏
通信地址：浙江省杭州市梅灵南路9号
电话：0571-86650617
E-mail：linz@tricaas.com

# 保健食品——随爽牌赛尔林片

## 1. 成果审定

国家食品药品监督管理总局，国食健字G20130440。

## 2. 成果特点

本品是以茶叶提取物、黄芪提取物、黄精提取物、枸杞子提取物为主要原料制成的保健食品，经动物功能试验证明，具有缓解体力疲劳、增强免疫力的保健功能。

（1）主要原料：茶叶提取物、黄芪提取物、黄精提取物、枸杞子提取物、微晶纤维素、淀粉、薄膜包衣预混剂。

（2）标志性成分及含量：每100克含：茶氨酸4.38克、粗多糖6.3克。

（3）保健功能：缓解体力疲劳、增强免疫力。

（4）适宜人群：易疲劳者、免疫力低下者。

（5）不适宜人群：少年儿童、孕期及哺乳期妇女。

（6）食用方法及食用量：每日2次，每次2片，口服。

（7）规格：350毫克/片。

（8）保质期：24个月。

## 3. 推广应用

自行生产。

完成单位：中国农业科学院茶叶研究所
主要完成人：林智、谭俊峰、彭群华
通信地址：浙江省杭州市梅灵南路9号
电话：0571-86650617
E-mail：linz@tricaas.com

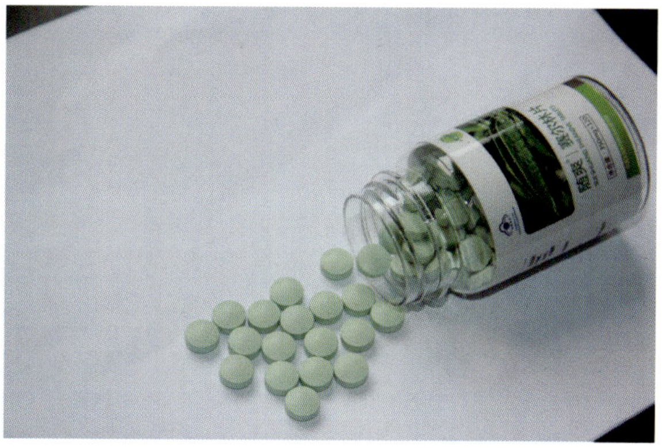

赛尔林片

# 扁形和针芽形名优绿茶品质提升关键加工技术与集成应用

■ 1. 成果审定

2011年4月25日，对成果“扁形和针芽形名优绿茶品质提升关键加工技术与集成应用”进行了鉴定。2011年12月，该成果获得了浙江省科技进步二等奖。

■ 2. 成果特点

①对鲜叶摊放品质调控技术开展系统研究。首次研制出摊放贮青机、自控摊青室等摊放设备，实现鲜叶摊放精准调控与连续作业。②组合式双向杀青技术研究。对生产上杀青常用技术和新技术进行比较研究，确定了滚筒/微波组合式杀青技术为最优杀青技术，提出杀青的优化技术参数和适度控制指标。③名优绿茶做形设备研制。研制出扁形茶炒制机、全自动炒茶机、可调式连续理条机及配套技术，解决了扁形茶、针芽形机械化连续化做形的难题，其品质达到手工产品。④名优绿茶提香技术研究。研制出新型远红外提香设备，提出配套工艺参数，不仅明显提高茶叶香气，而且实现连续化作业。

■ 3. 推广应用（区域、面积、经济社会效益等）

项目研制的机械设备实现产业化，累计销售5.1万台，在省内外推广名优绿茶连续化生产线32条。该成果在开化、新昌、宁海、武义、嵊州、松阳、缙云、安吉、富阳等名优绿茶主产县广泛推广应用，取得直接经济效益7.6亿元，间接经济效益27.5亿元，对提升当地茶叶加工技术水平，促进当地茶业发展和茶农增收发挥了重要作用。

完成单位：中国农业科学院茶叶研究所
主要完成人：江用文、尹军峰、叶阳、袁海波
通信地址：浙江省杭州市西湖区梅灵南路9号
电话：0571-85102505
E-mail：192168092@tricaas.com

自控摊青室

全自动炒制机

扁茶炒制机

连续化清洁化自动化茶叶加工生产线

扁形和针芽形名优绿茶品质提升关键加工技术与集成应用

# 扁形名优绿茶标准化加工技术与成套装备

## 1. 成果审定

浙江省科技成果登记号12081003；国家发明专利ZL201210166845.9“扁形茶连续化自动加工成套设备及加工方法”；国家发明专利ZL200410093411.6“机械炒制扁形茶叶工艺”；国家发明专利ZL200510049217.2“数控炒茶机”。

## 2. 成果特点

（1）研究探明龙井茶手工炒制过程中炒制温度、投叶量、失水速率等关键工艺参数及品质化学成分的变化规律，通过工艺的优化组合，集成创新出一套扁形名优绿茶机械加工新工艺。

（2）成功研制鲜叶加工能力为40～60千克/小时扁形名优绿茶连续化生产线及其自动化控制系统，提出配套的标准工艺参数，实现了扁形名优绿茶加工的全程自动控制，生产效率比传统手工或单机加工提高10～20倍，节约加工成本25%～50%。整体技术达到国际先进水平。

## 3. 推广应用

该项技术在浙江、江苏、贵州、湖北、山东5个主要产茶省进行了应用推广，取得了较好的经济社会效益。同时，对加快扁形名优绿茶加工技术的转型升级，促进扁形名优绿茶产业发展发挥了重要的作用。

完成单位：中国农业科学院茶叶研究所、浙江上洋机械有限公司、杭州千岛湖丰凯实业有限公司

主要完成人：林智、谭俊峰、程斌

通信地址：浙江省杭州市梅灵南路9号（中国农业科学院茶叶研究所）

电话：0571-86650617

E-mail：linz@tricaas.com

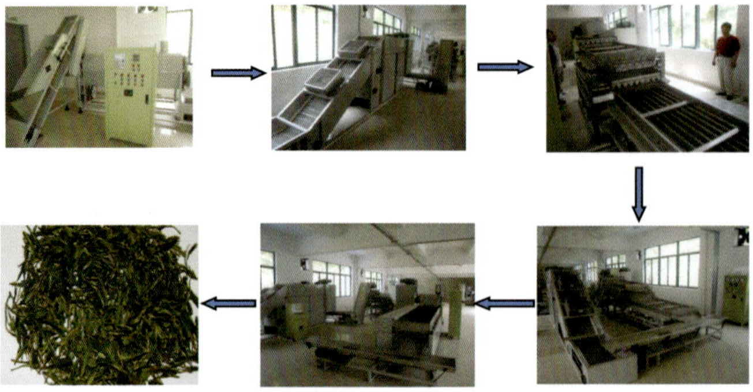

扁形绿茶连续化加工示范生产线

# 绿茶鲜茶固体饮料及其生产工艺

## 1. 成果审定

该项成果为国家发明专利，专利号：ZL200810059437.7。主体内容先后获得2009年浙江省科学技术二等奖、2009年中国农业科学院科技成果二等奖和2016年浙江省专利优秀奖。

## 2. 成果特点

（1）产品具有清新、鲜醇、翠绿等特性。本专利产品具有独特新颖性，香气清新、滋味鲜醇、汤色翠绿，兼有抹茶和速溶茶粉的特性，最大程度地保留了茶叶中茶多酚、氨基酸等有效活性成分。

（2）与传统速溶茶相比，显著降低能耗。本专利生产工艺创新性提出直接以鲜叶为原料，经摊放、杀青、榨汁、澄清、浓缩、干燥成固体绿茶饮料，降低生产成本，节能减排。

（3）成果实用性强，具有广阔的应用前景。该项成果技术特征符合绿色、天然、健康的茶饮品发展趋势和节能减排、环保高效的国家政策，实用性强。

## 3. 推广应用

浙江易晓（衢州）食品公司采用“绿茶鲜茶固体饮料及其生产工艺”技术生产后，产品新颖，具有清香、翠绿、鲜醇等特征，得到了国内外饮料商的青睐。项目实施以来，生产销售绿茶鲜茶固体饮料600吨，新增销售额6 800万元，新增利润1 320万元，本专利生产的速溶茶粉比普通速溶绿茶粉经济效益提高60%以上。本专利技术的实施，加快了科技成果的转化，夏秋茶得到充分的利用，增加了茶农收入和促进经济的发展。

完成单位：中国农业科学院茶叶研究所
主要完成人：尹军峰、许勇泉、袁海波、陈建新、汪芳
联系方式：浙江省杭州市梅灵南路9号
联系人：尹军峰
联系电话：0571-86650031
E-mail：yinjf@tricaas.com

产品

生产线

专利奖证书

# 循环滚炒型绿茶全自动生产线及标准工艺参数

## 1. 成果审定

浙江省科技成果登记号15058008；国家发明专利ZL201210467457.4香茶全自动生产线及用该生产线制香茶的方法；软件著作权：香茶全自动生产线计量杀青控制系统V1.0、香茶全自动生产线揉捻控制系统V1.0、香茶全自动生产线循环滚炒控制系统V1.0、香茶全自动生产线中央控制室控制系统V1.0。

## 2. 成果特点

（1）成功研制全自动循环滚炒单元和新型静态回潮装置，创新开发出国内首条鲜叶加工能力为180千克/小时的循环滚炒型绿茶（香茶）全自动生产线。

（2）提出配套标准加工工艺参数，实现了循环滚炒型绿茶（香茶）加工的自动化控制。

（3）授权发明专利2项，实用新型专利1项，软件著作权4项，发表论文4篇。整体技术水平处于国领先。

## 3. 推广应用

该项技术已在浙江、湖南、湖北、四川、贵州等地推广应用，取得了较显著的社会效益和经济效益。对推动我国大宗绿茶加工技术和装备的升级换代，促进绿茶加工向现代化方向发展发挥了重要的作用。

完成单位：中国农业科学院茶叶研究所、中南大学、长沙湘丰茶叶机械制造有限公司、湖南农业科学院茶叶研究所、浙江省丽水市农业科学研究院

主要完成人：林智、谭俊峰、汤哲

通信地址：浙江省杭州市梅灵南路9号（中国农业科学院茶叶研究所）

电话：0571-86650617

E-mail: linz@tricaas.com

# 饮料专用绿茶加工关键技术及产业化

## 1. 成果审定

该成果于2012年4月9日获得浙江省科学技术成果登记证书“饮料专用绿茶加工新技术及设备研制”，登记号为12081001；于2013年获得浙江省科学技术奖三等奖“饮料专用绿茶加工关键技术及其产业化”，证书号为1303124-1。

## 2. 成果特点

饮料专用绿茶是一种专用于绿茶饮料制造的特种原料茶，与传统绿茶相比，具有有效物质浸出快、品质稳定性高、制造成本低等特点。本项目借鉴日本蒸青绿茶饮料用茶加工技术，针对我国饮料用绿茶原料的技术要求，采用高新技术与传统工艺改进相结合，从鲜叶原料筛选、传统工艺的改进与融合、高新技术应用、稳定性机理剖析等环节入手，对高温热风杀青、远红外定型干燥等高新技术以及C.T.C.切碎（Crushing Tearing Curling）、老化热揉处理等改进工艺分别进行了系统的研究，与传统工艺组装、集成提出了纯味茶饮料专用绿茶加工技术和调味茶饮料专用绿茶加工技术，并建立了生产线进行示范和应用。项目创新性提出了鲜叶嫩度（1芽3叶—1芽4叶）、干茶颗粒度（20～40目）和含水率（3%～5%）等原料茶控制技术指标，首次提出了绿茶饮料汤色、香气等品质稳定关键控制成分及指标，研制出新型多层轨道式远红外提香设备，获得了“一种高品质醇味茶的加工方法”“一种调味茶饮料用原料茶的制备方法”等相关发明专利4项。采用该专用绿茶加工而成的纯茶饮料品质稳定性较相应的传统烘青提高48.5%，浸出速率提高35.9%；调味茶饮料制造成本较传统烘青降低14.6%，品质稳定性提高29.3%，浸出速率提高49.6%。

项目成果不仅可明显改善饮料加工特性，降低制造成本，而且可延长饮料的货架期，有力地推动了我国高品质纯茶饮料的发展。项目形成的关键技术可广泛应用于各类茶叶加工企业及茶饮料原料生产企业的工业化生产。

## 3. 推广应用

技术成果已在浙江开化、宁海、江西婺源等地的茶叶生产企业和饮料企业广泛应用，已建立生产线3条，推广应用效益超过1.4亿元，取得了明显的经济和社会效益。项目成果为我国茶饮料产业的可持续发展打下了坚实的基础。

完成单位：中国农业科学院茶叶研究所、开化县名茶开发公司

主要完成人：尹军峰、吴荣梅、袁海波、许勇泉、邓余良、余书平、陈根生、汪芳、陈建新

通信地址：浙江省杭州市西湖区梅灵南路9号3号楼109室

电话：0571-86650594（许勇泉）

E-mail：xuyq@tricaas.com

设备照片

茶饮料样品

饮料用原料茶

浙江省科学技术奖

证　书

为表彰浙江省科学技术奖获得者，特颁发此证书。

项目名称：饮料专用绿茶加工关键技术及其产业化

奖励等级：三等

获 奖 者：中国农业科学院茶叶研究所（第一完成单位）
尹军峰、吴荣梅、袁海波、许勇泉、
邓余良、余书平、陈根生

证书号：1303124－1

浙江省人民政府

二〇一三年

获奖证书

# 免疫益生活性麦麸阿拉伯木聚糖制备关键技术

## ■ 1. 成果审定

2013年通过农业农村部科技成果鉴定（农科果鉴字［2013］第036号）；2013年获得中国粮油学会科学技术二等奖（证书编号：ly-cg-2013-208）。相关研究成果发表SCI/EI论文20余篇；授权国家发明专利4项，制定农业行业标准2项。

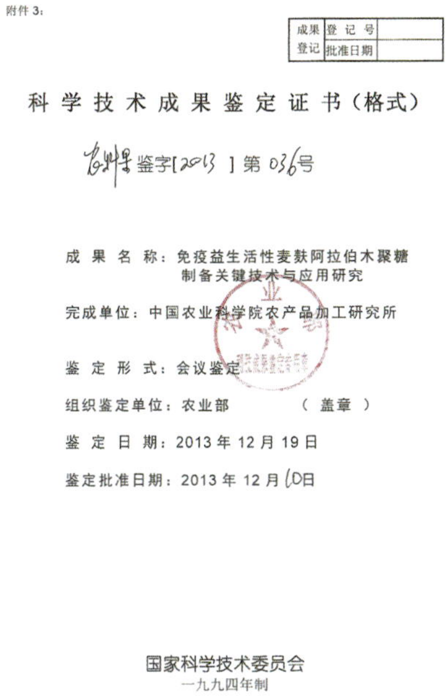

附件3：

| 成果登记 | 登记号 | |
|---|---|---|
| | 批准日期 | |

科学技术成果鉴定证书（格式）

农科果鉴字[2013]第036号

成果名称：免疫益生活性麦麸阿拉伯木聚糖制备关键技术与应用研究

完成单位：中国农业科学院农产品加工研究所

鉴定形式：会议鉴定

组织鉴定单位：农业部　（盖章）

鉴定日期：2013年12月19日

鉴定批准日期：2013年12月10日

国家科学技术委员会

一九九四年制

AX鉴定盖章批示

## ■ 2. 成果特点

由中国农业科学院农产品加工研究所完成的免疫益生活性麦麸阿拉伯木聚糖制备关键技术的成果，是在国家自然基金项目（30871742）和科技部科研院所开发专项（2013EG134235）等项目的资助下取得的。该成果针对我国小麦加工副产物综合利用程度普遍较低、行业效益差的不利局面，以资源丰富、价格廉价的小麦麸皮为原料，通过高效提取制备技术、免疫以及益生活性的深入研究，开发出具有特定功能活性的高附加值阿拉伯木聚糖制备技术。小麦麸皮经过该技术成果转化，附加值可呈十倍乃至百倍增长。以建设阿拉伯木聚糖1 500吨/年的小麦麸皮深加工项目为例，年转化小麦麸皮1万吨。按照设计生产线全负荷运行，产品定价综合参考市场上的类似产品（如黄芪多糖）按20万元/吨保守估计，年产值可达到3.0亿元左右。

## ■ 3. 推广应用

目前，该技术成果已在相关企业形成示范工程生产线，具有较好的推广应用前景。设备、厂房等固定资产投资在3 000万元左右，所需主要设备包括：调配罐、生物反应罐、沉淀罐、压滤机、高温瞬时灭菌机、热压反应罐、均质机、离心机、真空干燥机、成品包装机等20余台（套）。

完成单位：中国农业科学院农产品加工研究所
主要完成人：周素梅、刘丽娅、佟立涛、王丽丽、周闲容
通信地址：北京市海淀区圆明园西路2号
电话：010-62813477
E-mail：zhouxianrong@caas.cn

中国粮油学会科学技术奖

获奖证书

为表彰在全国粮油行业科学研究、技术创新、成果推广、高新技术产业化中做出突出贡献，特发此证。

证书编号：ly-cg-2013-208

获奖项目：免疫益生活性麦麸阿拉伯木聚糖制备关键技术与应用研究

获奖等级：二等奖

获 奖 者：周素梅　刘丽娅　曹　丽　钟　葵　佟立涛　贺永惠　周闲容　赵梦丽　张梅红

获奖单位：中国农业科学院农产品加工研究所

中国粮油学会

2014年1月13日

粮油学会二等奖

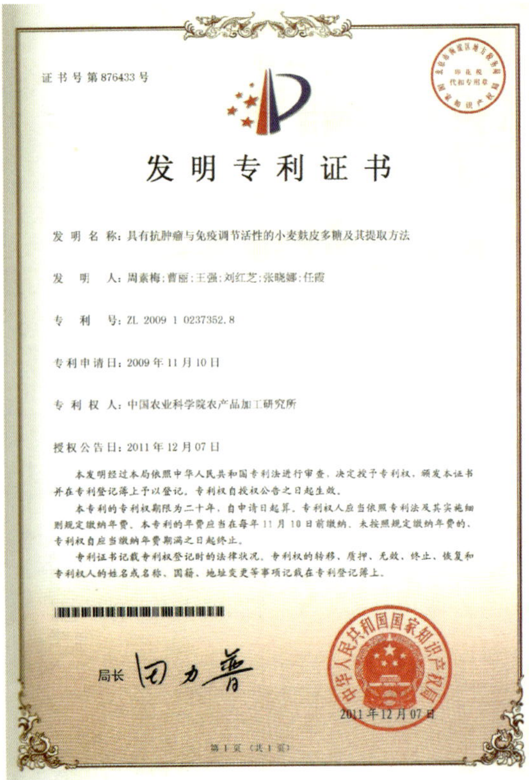

证书号第876433号

发明专利证书

发 明 名 称：具有抗肿瘤与免疫调节活性的小麦麸皮多糖及其提取方法

发 明 人：周素梅；曹丽；王强；刘红芝；张晓娜；任霞

专 利 号：ZL 2009 1 0237352.8

专利申请日：2009年11月10日

专 利 权 人：中国农业科学院农产品加工研究所

授权公告日：2011年12月07日

本发明经过本局依照中华人民共和国专利法进行审查，决定授予专利权，颁发本证书并在专利登记簿上予以登记。专利权自授权公告之日起生效。

本专利的专利权期限为二十年，自申请日起算。专利权人应当依照专利法及其实施细则规定缴纳年费。本专利的年费应当在每年11月10日前缴纳。未按照规定缴纳年费的，专利权自应当缴纳年费期满之日起终止。

专利证书记载专利权登记时的法律状况。专利权的转移、质押、无效、终止、恢复和专利权人的姓名或名称、国籍、地址变更等事项记载在专利登记簿上。

局长

2011年12月07日

第1页（共1页）

专利（具有抗肿瘤与免疫调节活性的小麦麸皮多糖及其提取方法）

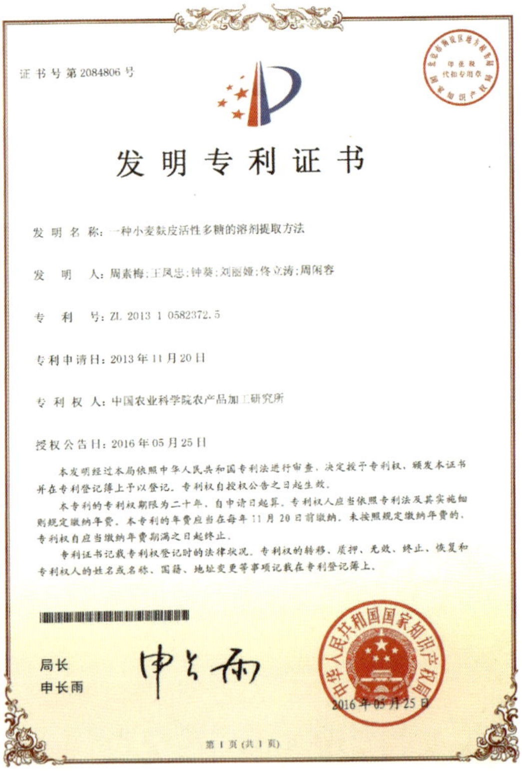

证书号第2084806号

发明专利证书

发 明 名 称：一种小麦麸皮活性多糖的溶剂提取方法

发 明 人：周素梅；王凤忠；钟葵；刘丽娅；佟立涛；周闲容

专 利 号：ZL 2013 1 0582372.5

专利申请日：2013年11月20日

专 利 权 人：中国农业科学院农产品加工研究所

授权公告日：2016年05月25日

本发明经过本局依照中华人民共和国专利法进行审查，决定授予专利权，颁发本证书并在专利登记簿上予以登记。专利权自授权公告之日起生效。

本专利的专利权期限为二十年，自申请日起算。专利权人应当依照专利法及其实施细则规定缴纳年费。本专利的年费应当在每年11月20日前缴纳。未按照规定缴纳年费的，专利权自应当缴纳年费期满之日起终止。

专利证书记载专利权登记时的法律状况。专利权的转移、质押、无效、终止、恢复和专利权人的姓名或名称、国籍、地址变更等事项记载在专利登记簿上。

局长
申长雨

2016年05月25日

第1页（共1页）

专利（一种小麦麸皮活性多糖的溶剂提取方法）

# 营养保健型叶用黄麻（帝王菜）品种选育与创新利用

## 1. 成果审定

营养保健型叶用黄麻帝王菜1号、帝王菜2号由中国农业科学院麻类研究所种质资源创新团队培育，安徽省非主要农作物品种鉴定登记委员会2012年认定登记，证书编号为皖品鉴登字第1109007和1109008。

## 2. 成果特点

帝王菜是主要利用黄麻的叶片和嫩茎的绿色、高营养、健康的叶用型黄麻，是一种优质的功能食材。其主要营养优势是高钙（500～700毫克/100克）、富硒（约0.1毫克/100克），膳食纤维和总氨基酸丰富（分别为8～10克/100克、60～70克/千克），具有适口性好、嫩茎清脆，嫩叶润滑，风味上佳和营养价值全面等特点，全生长期基本不用农药。可采摘嫩茎叶清炒、凉拌、做汤、火锅叶蔬等食用，也可加工糕点面食，还可深度开发生态面膜、保健胶囊、帝皇养生茶等营养产品。

## 3. 推广应用

蔬菜用："十二五"以来，已经在湖南长沙和湘潭、福建漳州和福州、重庆涪陵、广西、湖北等地示范试种，推广面积超2万亩，亩产嫩茎叶约1 500千克，菜农纯利润达5 000元/亩。

美容保健用：2016—2017年，在湖南沅江、贵州晴隆建立了400亩美容保健品原料生产基地，利用帝王菜系列新品种嫩茎叶中多糖等黏性活性成分，研发莫洛海芽面膜、清肠康等美容保健品。麻农每亩纯收入3 000～5 000元，为农民增收150多万元；生产高营养纯天然莫洛海芽面膜100万张，为公司创收纯利200万元。据预测，该绿色环保新型美容化妆保健品的市场巨大。

完成单位：中国农业科学院麻类研究所
主要完成人：粟建光、陈基权、戴志刚、龚友才
通信地址：湖南省长沙市岳麓区咸嘉湖西路348号
联系人：戴志刚
电话：18274851013
E-mail: dzgmonkey@126.com

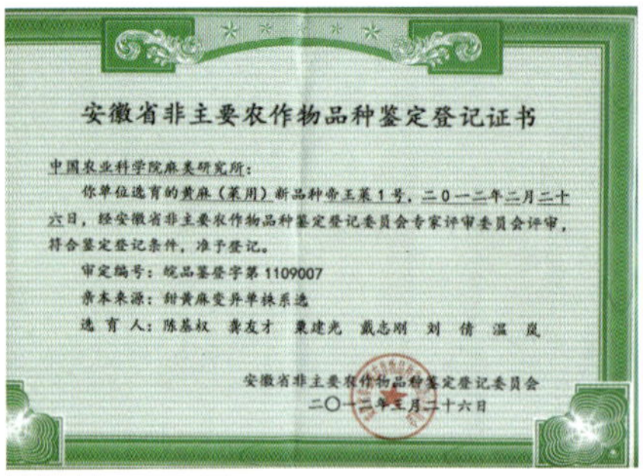

安徽省非主要农作物品种鉴定登记证书

中国农业科学院麻类研究所：

你单位选育的黄麻（菜用）新品种帝王菜1号，二0一二年二月二十六日，经安徽省非主要农作物品种鉴定登记委员会专家评审委员会评审，符合鉴定登记条件，准予登记。

审定编号：皖品鉴登字第1109007

亲本来源：甜黄麻变异单株系选

选 育 人：陈基权　粟友才　粟建光　戴志刚　刘　倩　温　岚

安徽省非主要农作物品种鉴定登记委员会

二〇一二年三月二十六日

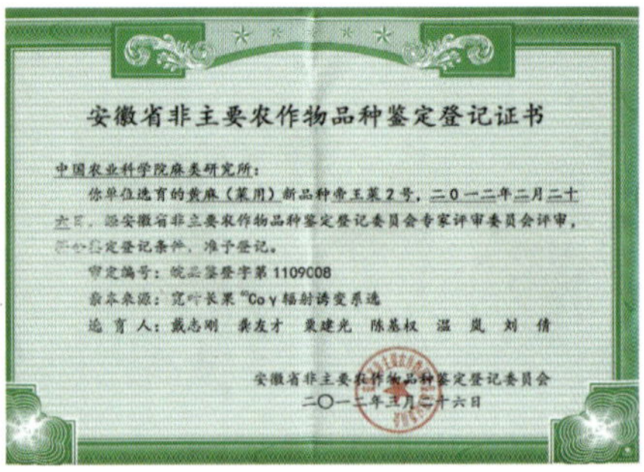

安徽省非主要农作物品种鉴定登记证书

中国农业科学院麻类研究所：

你单位选育的黄麻（菜用）新品种帝王菜2号，二0一二年二月二十六日，经安徽省非主要农作物品种鉴定登记委员会专家评审委员会评审，符合鉴定登记条件，准予登记。

审定编号：皖品鉴登字第1109008

亲本来源：宽叶长果 $^{60}Co$ γ辐射诱变系选

选 育 人：戴志刚　粟友才　粟建光　陈基权　温　岚　刘　倩

安徽省非主要农作物品种鉴定登记委员会

二〇一二年三月二十六日

品种证书

大面积示范

蔬菜用

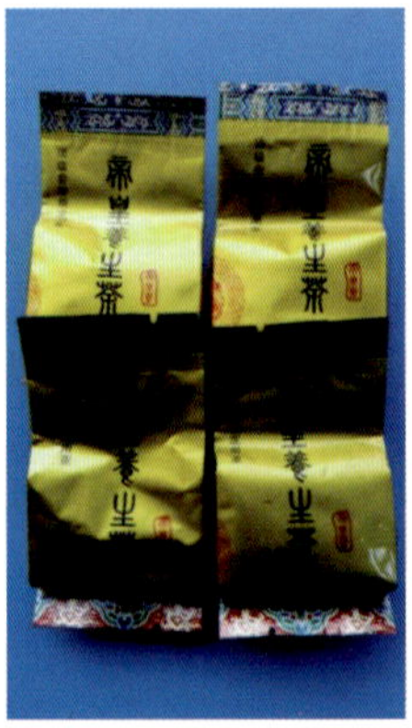

美容保健用

# 农业机械与设备

# 地膜残留污染综合防控技术研发与推广应用

## ■ 1. 成果审定

2014年通过鉴定［中农（评价）字【2014】第22号］；已获得专利24项（其中发明专利11项，实用新型专利13项）；制定各类标准6项（其中国家标准2项，企业标准4项）；发表论文40篇，出版专著4部。

## ■ 2. 成果特点

地膜残留污染综合防控技术研发与推广应用成果，是针对我国地膜残留污染的独特性，研发了4SJ-2.0残膜回收与茎秆粉碎联合作业机、1QZ-5.4清膜整地联合作业机、4SZ-3.0收膜整地联合作业机。这3种残膜回收机具都能适应新疆棉花生产的农艺要求，地表残膜回收率能够达到85%左右，降低作业成本30%以上，研究成果处于国内领先水平。开发了脂肪族降解塑料基材可降解地膜产品，研制的产品在增温保墒性能上与日本昭和、德国BASF的产品基本一致，但经济性性能明显优于后者。研究制定了中国主要区域典型作物地膜安全覆盖期表，计算和绘制全国地膜使用强度分布图，为地膜覆盖应用和残留污染控制提供理论和技术支撑，对指导地膜覆盖技术合理利用和地膜产品研发，降低地膜生产成本和满足农业生产需求具有重要价值。研制新型风选地膜杂质分离系统和废旧地膜清洗生产线等两种关键设备，建立了2个地膜回收再利用加工厂。

## ■ 3. 推广应用

2013—2015年，推广地膜回收机311台，作业面积210万亩，带动新增地膜回收机3 000多台，作业面积2 700多万亩；推广可降解地膜4 000多吨，覆盖面积60多万亩；推广地膜清洗生产线40条，回收地膜5.4万吨，生产再造颗粒2.1万吨；组织培训班100余次，培训各类人员3 000人次；直接新增产值4.10亿元，直接经济效益5 075.7万元。辐射带动产生经济效益超6亿多元，减少农田地膜残留9.24万吨。

试验区图

设备图

完成单位：中国农业科学院农业环境与可持续发展研究所、新疆农垦科学院、金发科技股份有限公司、苏州中塑再生机械有限公司

主要完成人：严昌荣、刘勤、何文清、曹肆林、温浩军、石鑫、陈海滨

通信地址：北京市海淀区中关村南大街12号

电话：010-82109773

E-mail：liuqin02@caas.cn

# 新型抑制蒸腾剂——农艺一号应用技术

## 1. 成果审定

通过农业农村部组织的成果鉴定，结论为作为代谢、薄膜合而为一的新剂型，抗旱节水增产机理的研究数据可靠，小型中试设备实用创新，研究成果总体水平已达国际先进水平。1999年9月获农业农村部科技进步二等奖。

## 2. 成果特点

由中国农业科学院农业环境与可持续发展研究所完成的新型抑制蒸腾剂农艺一号应用技术，为“八五”国家科技攻关专题研究成果。它是利用有机高分子化合物在水的作用下形成液态成膜物质，以腐植酸作为基质，即具有代谢性，又具有成膜性，抗蒸腾剂将代谢型和成膜型合而为一的新剂型及应用技术，达到吸水保水、抑制蒸发、防止渗漏、减少蒸腾、增加蓄水、有效供水和节水省水的目的。从而在干旱缺水时提高降水保蓄率和水分利用率，以增强在作物的抗旱性和提高水分利用效率，达到抗旱增产。其剂型特点：第一代FA抗旱制剂——“抗旱剂一号”（河南，1983年）和第二代FA抗旱制剂——“FA旱地龙”（新疆，1992年）能减小叶面气孔开张度属于代谢型抗蒸腾剂。中国农业科学院农业气象研究所（现为环发所）研制成功的“农艺一号”属于第三代FA抗旱制剂（表1）。其特点表现为代谢、成膜、多功能、高功效，也就是说，在减小气孔开张度和叶面成膜上具有双重调控功能，在抑制植物蒸腾和促进根系吸收能力上具有节流开源双重功效。新型抑制蒸腾剂农艺一号对环境安全，无毒无害无污染，保护农产品安全。

表1 “农艺一号”性能指标

| 项目 | 攻关合同要求的主要性能指标 | 实际达到指标 |
|---|---|---|
| 干旱条件下保苗率 | 90%以上 | 95%～100% |
| 减小气孔开张度有效期 | 12～20天 | 17～25天 |
| 水分利用效率提高 | 0.03～0.05千克/（毫米·亩） | 0.1～0.4千克/（毫米·亩） |
| 增产幅度 | 8%～12% | 24.0%～27.9% |
| 投产比 | 1：（10～15） | 1：（13.1～24） |

## 3. 推广应用

1994—1998年在北京等4省（市），在冬小麦等9种作物上应用，增产明显，效益显著。以冬小麦为例：亩增小麦55.5～86.9千克（人民币49.25～76.39元），增幅达13.2%～20.7%，比对照节水4.32%～7.64%。

完成单位：中国农业科学院农业环境与可持续发展研究所
主要完成人：王一鸣
手机：13681357703
座机：010-82108110

# 旱作农业关键技术与集成应用

■ 1. 成果审定

2012年通过中国农业科学院的成果鉴定（农科果鉴字【2012】第30号）。获得专利4件，其中发明专利1件，审定作物新品种4个，取得软件著作权6件，参与制定行业标准2项，制定地方标准8项。

■ 2. 成果特点

由中国农业科学院农业环境与可持续发展研究所、辽宁省农业科学院、中国科学院沈阳应用生态研究所、中国农业大学、西北农林科技大学、四川省农业科学院、山西省农业科学院共同完成的旱作农业关键技术与集成应用成果，重点突破了旱作农业“集、蓄、保、提”共性关键技术，创造性地研制出春玉米秋覆膜和秸秆还田秋施肥、冬小麦培肥聚墒丰产等“秋（夏）储冬保春用”核心技术，以及春玉米机械化集雨保墒和冬小麦高留茬少耕全程覆盖等高效轻简技术，使旱作农田降水利用率最高达到74.9%，旱作春玉米和冬小麦水分利用效率最高分别达到1.83千克/（毫米·亩）和1.62千克/（毫米·亩），均高于国外水平。系统集成了与降水特点相吻合的半湿润偏旱区稳粮增效循环农林牧综合、半干旱区增粮提效防蚀林粮复合、半干旱偏旱区防蚀稳产增益农牧结合、西南季节性干旱区增产增效集雨补灌等技术体系与模式，并在试验区普遍应用，平均降水利用率由项目实施前的57%提高到68%，作物水分利用效率由0.67千克/（毫米·亩）提高到1.35千克/（毫米·亩），水土流失降低了40%以上，实现了粮食产量、农民收入和可持续发展水平的同步提高。

■ 3. 推广应用

本成果为《全国旱作节水农业发展建设规划（2008—2015年）》和《关于推进农田节水工作的意见》等规划编制和实施提供了科学依据和技术支撑。2009—2011年，关键技术和技术体系在旱作区的8个主要省（市、自治区）累计应用2.13亿亩，新增粮食99.5亿千克，新增产值200.3亿元，经济、社会和生态效益巨大。总体达到国际先进水平，部分达到国际领先水平。

完成单位：中国农业科学院农业环境与可持续发展研究所、辽宁省农业科学院、中国科学院沈阳应用生态研究所、中国农业大学、西北农林科技大学、四川省农业科学院、山西省农业科学院

主要完成人：梅旭荣、张燕卿、孙占祥、贾志宽、严昌荣、潘学标、刘永红、王庆锁、刘作新、同延安

通信地址：北京市海淀区中关村南大街12号

联系人：王庆锁

电话：010-82109756

E-mail：wangqingsuo@caas.cn

北方旱地农林间作模式

北方旱地玉米覆盖保墒抑蒸种植模式

旱作农业项目启动会

梅旭荣研究员在旱农试验区

# 设施园艺作物精细化滴灌系统

## 1. 获奖情况

2013年获大禹水利科技进步二等奖（DYJ20130115-D01），2017年获中国产学研创新成果二等奖（国科奖社证字第0191号）。

## 2. 产品特点

设施园艺作物滴灌系统是一套精细化的节水灌溉产品，通过关键产品的组装配套，采用标准化的配套模式、通用化的操作规程和精准的配水配肥技术，具有操作简单、方便、灵活，不需要在田间专门安装和组装配套。系统配套了一种插入式地下滴灌灌水器，将水肥精准地供给作物根系附近，有效提升作物水肥利用率，同时采用地下滴灌技术，减少田（室）内土壤湿润面积，湿度降低40%左右，有效减轻作物病虫害发生率。同时，系统配套了过滤清洗报警器，可实现现场报警、控制房远程报警、手机短信报警三种模式，及时提醒用户对过滤器进行清洗，保证较好的灌溉水质。成套技术可实现节水、节肥、增产、增效的显著目标，设施蔬菜作物滴灌较常规沟（漫）灌每亩增收2 000～3 000元。系统使用寿命4～5年。

## 3. 适宜推广范围

本系统可广泛地应用于各类设施蔬菜、花卉、果树以及西甜瓜等经济作物的灌溉和施肥，作物增产和改善品质效果显著。

完成单位：中国农业科学院农田灌溉研究所
主要完成人：邓忠、翟国亮、冯俊杰、李迎、蔡九茂、宗洁
通信地址：河南省新乡市牧野区宏力大道东380号农田灌溉研究所
电话：0373-3393241；15836018927
E-mail：dengzhong1976@126.com

滴灌系统

# 智能园区云智能控制平台

产品特点：通过这个平台，可以实现对百亩园、千亩园、万亩园不同规模农业园区的智能化管理，也可以实现远程管控。系统可以通过土壤温湿度传感器、空气温湿度传感器、二氧化碳浓度传感器和光照传感器等多种气象、作物生长类型的传感器，实现对作物生长环境、生长状况的多要素全智能掌控，也可以通过电脑、手机等终端设备远程对田间管网控制阀门、过滤器、水泵、温室通风、遮阳等设备进行启闭操控，在世界各地，掌控农场管理。真正实现，足不出户，指点江山；万亩庄园，轻轻一点，尽在掌控。

完成单位：中国农业科学院农田灌溉研究所

主要完成人：蔡九茂

通信地址：河南省新乡市牧野区宏力大道东380号农田灌溉研究所

电话：0373-3393241；15903057632

E-mail：caijiumao@163.com

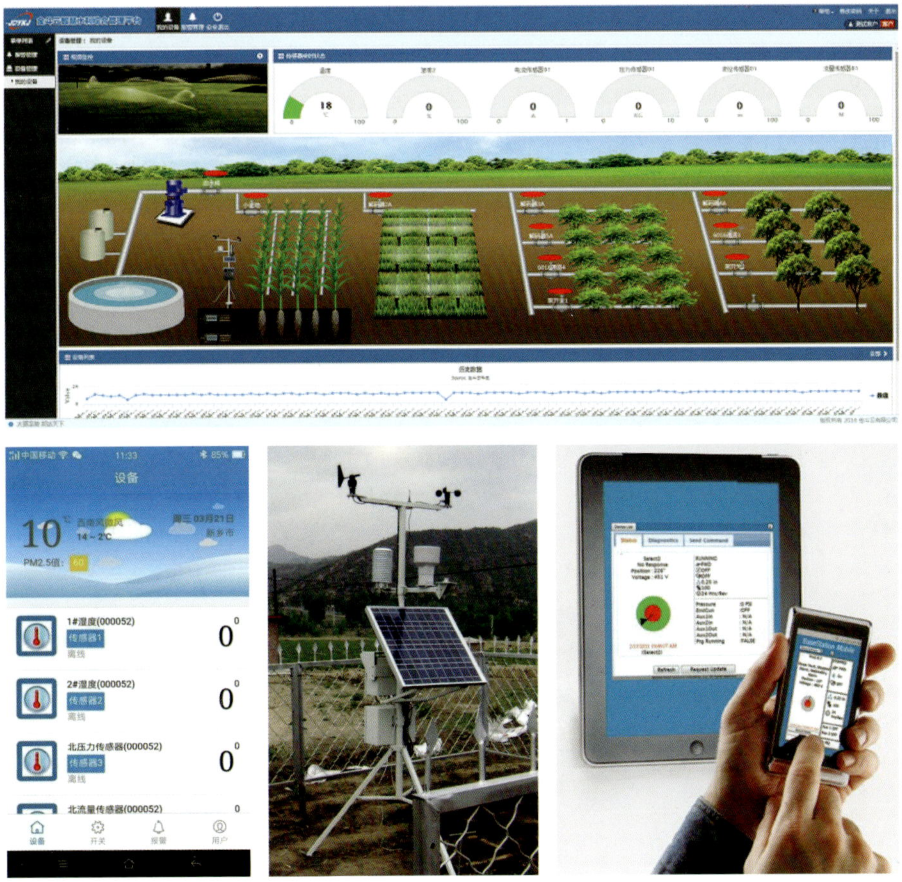


控制平台

# 智能灌溉控制器

远程控制终端是专业用于农业环境下的智能设备，可广泛用于现代农业大棚、设施园艺、果树种植、大田灌溉、无土栽培等种植条件下的统信息采集与远程控制，终端可通过GPRS、Lora无线传输方式进行数据的采集与传输，用户通过手机或电脑就可轻易实现对目标区域环境信息的实时查看与远程控制。

终端采用工业级元器件，能够适用于各种复杂的农业环境，并且具有友好的WEB配置操控界面，易于安装与使用，终端配有全隔离RS485接口，支持标准MODBUS-RTU协议，最大可支持40路RS485传感器与控制器。

具体功能参数如下：支持高达40路的智能数字传感器与100+种常用传感器；支持GPRS传输模式全隔离RS485接口，防雷设计低功耗运行设计，节能环保

系统容易扩展，只需简单地将解码器接入线路即可，易于安装与使用。

完成单位：中国农业科学院农田灌溉研究所
主要完成人：蔡九茂
通信地址：河南省新乡市牧野区宏力大道东380号农田灌溉研究所
电话：0373-3393241；15903057632
E-mail：caijiumao@163.com

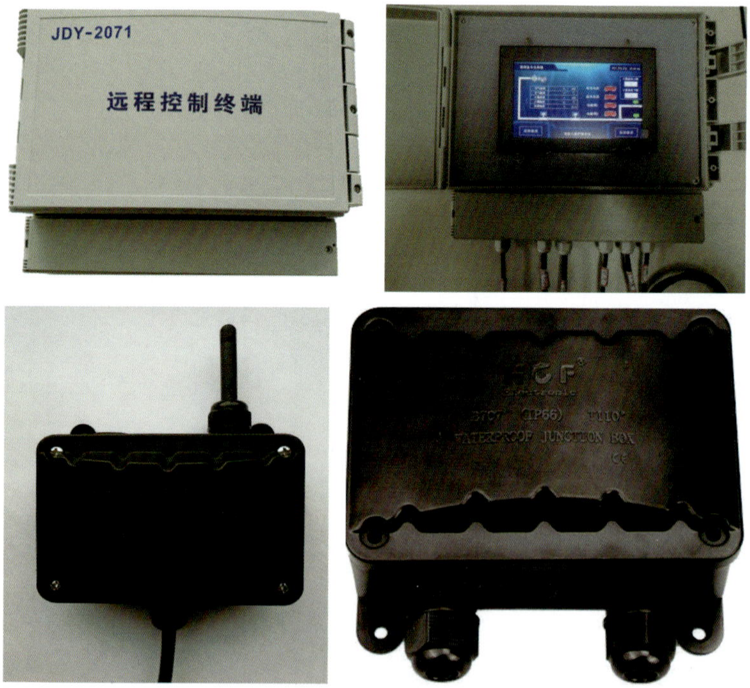


智能灌溉控制器

# 基于WebGIS的区域作物灌溉预报技术及应用

基于WebGIS的区域作物灌溉预报技术是一套实时监测农田土壤墒情的系统软件。本系统基于.net平台开发，采用三层架构形式，服务器端采用Asp.net技术，用户端使用Http和Tcp/Ip协议，通过Internet连接到IIS Web服务器上，IIS Web和Sql Server服务器通过局域网连接，后台采用面向对象的程序设计语言C#进行编程。客户端和服务器端采用统一的浏览器界面，用户操作简单，系统可扩展性强。其核心技术已取得多项发明专利和计算机软件著作权。用户输入基本参数后即可给出何时灌、灌多少，并可通过地图直观的了解区域尺度的土壤墒情分布状况，为政府和水行政管理部门提供灌溉预警服务，为水资源优化配置和当地政府抗旱决策提供强有力的技术支撑。

应用前景：各级灌溉试验站、大中型灌区的管理人员、农民及种植大户。

完成单位：中国农业科学院农田灌溉研究所
主要完成人：陈智芳、王景雷、孙景生、张寄阳、宋妮、刘小飞
通信地址：河南省新乡市牧野区宏力大道东380号
电话：13503431024
E-mail：65187911@qq.com

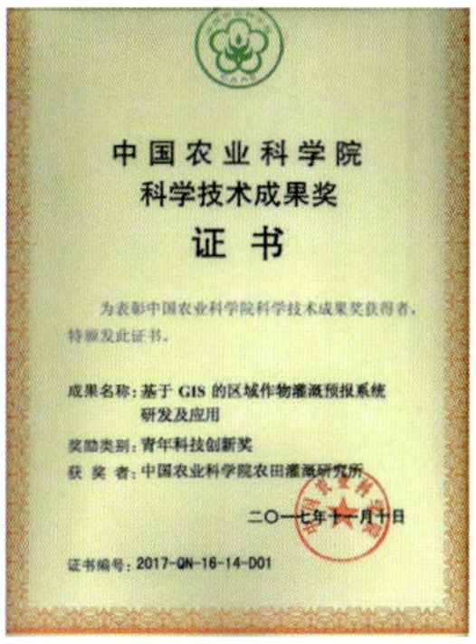
中国农业科学院
科学技术成果奖
证 书
成果名称：基于 GIS 的区域作物灌溉预报系统研发及应用
奖励类别：青年科技创新奖
获 奖 者：中国农业科学院农田灌溉研究所
证书编号：2017-QN-16-14-D01

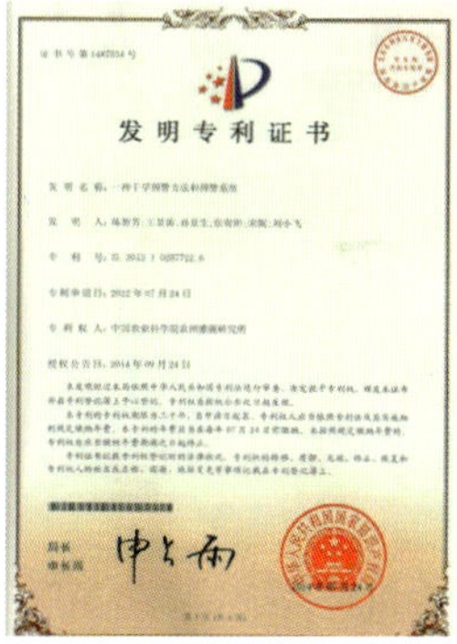
发 明 专 利 证 书

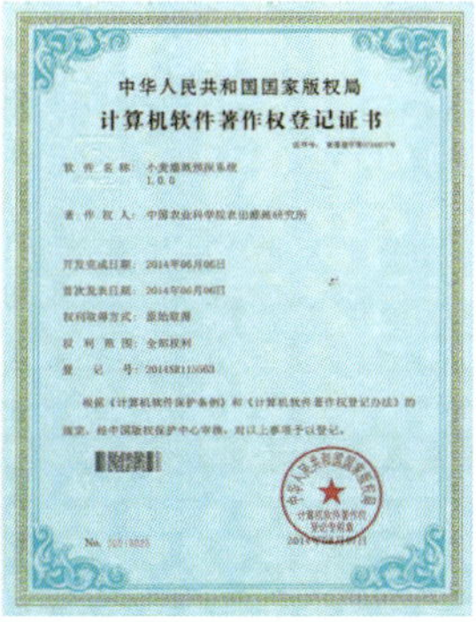
中华人民共和国国家版权局
计算机软件著作权登记证书

中华人民共和国国家版权局
计算机软件著作权登记证书

证书

# 基于网络运行的墒情预测与灌溉预报技术

以黄淮海地区典型种植模式冬小麦—夏玉米一年两作系统为对象，以冬小麦、夏玉米耗水规律和水量平衡方程为基础，建立了冬小麦、夏玉米农田墒情变化模拟模型；构建了以墒情实时监测数据为基础，综合考虑未来天气预报信息、作物生长发育信息和土壤水分状况信息的土壤墒情预测技术体系；开发了基于网络运行的农田灌溉决策服务系统，通过互联网络面向广大基层水管理人员和农民用水户提供实时灌溉预报和灌水相关的技术支持与服务，为提高区域农田用水管理水平和水资源利用效率提供技术保障。

完成单位：中国农业科学院农田灌溉研究所
主要完成人：刘站东
通信地址：河南省新乡市牧野区宏力大道东380号
电话：15537319936

证书

决策服务平台

# 一种多级复合型过滤装置

## ■ 1. 成果审定

2015年获得中国发明专利授权（ZL 201410370156.9）。

## ■ 2. 成果特点

中国农业科学院农田灌溉研究所完成的一种多级复合型过滤装置的发明专利，公开了一种多级复合型过滤装置，属于过滤净化装置技术领域。本发明的技术方案要点为：一种多级复合型过滤装置，包括多个相互并联连接的罐体，罐体的内部从上到下依次由上隔板和下隔板分隔成砂石介质过滤腔、楔形网过滤腔和清水集水腔，砂石介质过滤腔的侧壁上设有进水口，楔形网过滤腔的侧壁上设有出水口。本发明与现有技术相比具有以下优点：过滤装置体积小、减少了设备用地的土建投资；过滤装置清洗时无须停水，解决了单罐砂石过滤器不能清洗的问题；通过控制不同阀门的启闭可以实现3种运行模式，转换过程简单，根据不同的水质状况选择使用，适用范围更加广泛。

完成单位：中国农业科学院农田灌溉研究所
主要完成人：翟国亮、蔡九茂、李莉、宗洁、张文正、李景海、邓忠、李迎、任方
通信地址：河南省新乡市牧野区宏力大道东380号
电话：13353676490
E-mail：zhai3393@126.com

过滤装置

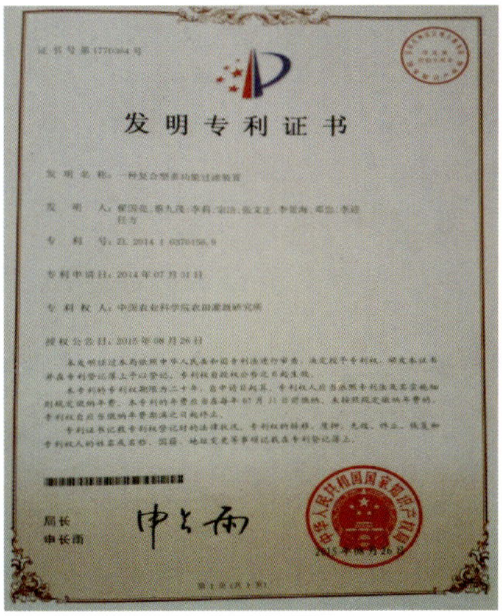

证书

# 一种复合型多功能过滤装置

## 1. 成果审定

2015年10月获得中国发明专利（专利号：ZL201510655764.9）。

## 2. 成果特点

由中国农业科学院农田灌溉研究所完成的一种复合型多功能过滤装置的发明专利，是将砂石过滤器与自清洗网式过滤器集为一体，罐体的内部从上到下依次由上隔板和下隔板分隔成砂石介质过滤腔、楔形网式过滤腔和清水集水腔，砂石滤层处于上方，起到初级过滤的效果，隔板下方滤网采用楔形网进行二级过滤，楔形网个数根据需要进行配置，楔形网清洗由中间设置的上下移动的毛刷实现，毛刷由螺杆式升降机构控制上下移动，完成楔形网外表面的清洗。同时，该机构还在底部设置了吸污装置，该装置能够在楔形网清洗时进行吸污，也可以用于施肥时，进行外部注肥，该结构设计巧妙，能实现多种功能。本发明装置适用大田微灌系统。

完成单位：中国农业科学院农田灌溉研究所
主要完成人：蔡九茂、李莉、李景海、翟国亮、邓忠、宗洁
通信地址：河南省新乡市牧野区宏力大道东380号
电话：0373-3393241；15903057632
E-mail：caijiumao@163.com

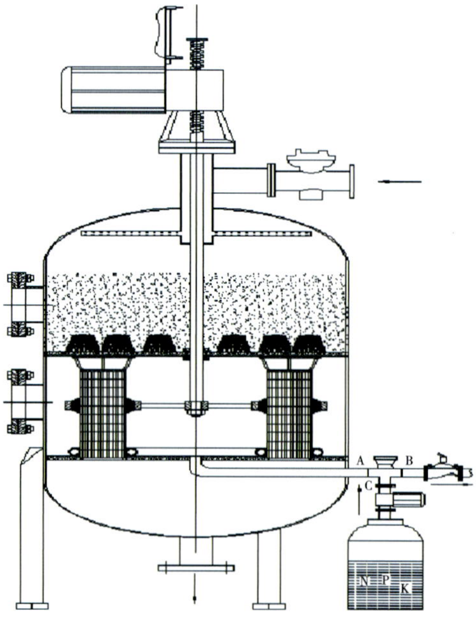


设计图

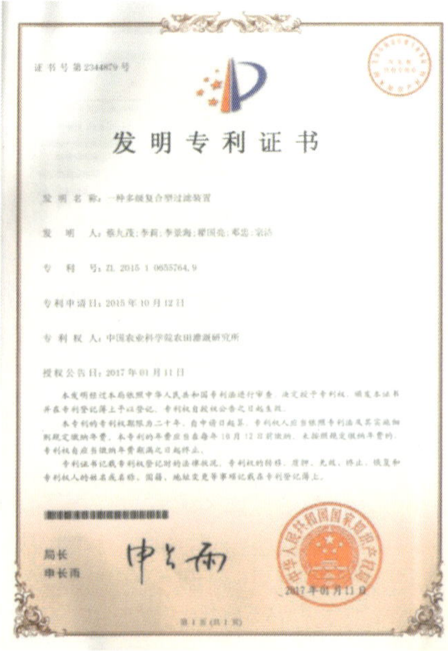
证书号第2344879号

发明专利证书

发明名称：一种多级复合型过滤装置

发明人：蔡九茂；李莉；李景海；翟国亮；邓忠；宗洁

专利号：ZL 2015 1 0655764.9

专利申请日：2015年10月12日

专利权人：中国农业科学院农田灌溉研究所

授权公告日：2017年01月11日

本发明经过本局依照中华人民共和国专利法进行审查，决定授予专利权，颁发本证书并在专利登记簿上予以登记。专利权自授权公告之日起生效。

本专利的专利权期限为二十年，自申请日起算。专利权人应当依照专利法及其实施细则规定缴纳年费。本专利的年费应当在每年10月12日前缴纳。未按照规定缴纳年费的，专利权自应当缴纳年费期满之日起终止。

专利证书记载专利权登记时的法律状况。专利权的转移、质押、无效、终止、恢复和专利权人的姓名或名称、国籍、地址变更等事项记载在专利登记簿上。

局长
申长雨

2017年01月11日

第1页（共1页）

证书

# 漂浮式泵前过滤系统

■ 1. 成果审定

2018年分别获得中国发明专利（ZL20161133883.2；ZL20161133884.7）。

■ 2. 成果特点

由中国农业科学院农田灌溉研究所完成的漂浮式泵前过滤系统的发明专利是为克服现有微灌过滤系统水损失大、排污水量大、占地方的弊端，设计了一种新型的泵前自清洗过滤系统，该系统将自清洗过滤器和漂浮式水泵进行融合，能够实现将泵后过滤变为泵前过滤，并且该装置是漂浮在水面上，可以适用于河流、湖泊、水库、坑塘以及蓄水池等多种水源形式，该机具具有体积小，不占用田间耕地，连接简单，没有反冲洗排污水损失，没有泵后过滤存在的水头损失等优势，能够将水泵的扬程发挥到最大，适用于普通节水灌溉系统以及应急抗旱系统。

完成单位：中国农业科学院农田灌溉研究所
主要完成人：蔡九茂、翟国亮、吕谋超、李景海、邓忠、宗洁
通信地址：河南省新乡市牧野区宏力大道东380号
电话：0373-3393241；15903057632
E-mail：caijiumao@163.com

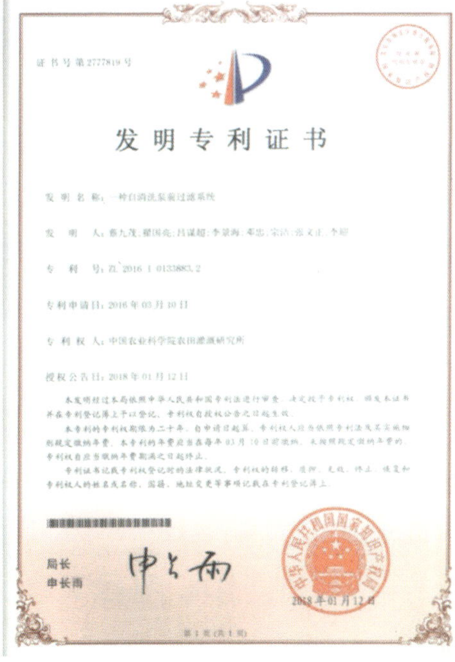
证书号第2777819号
发明专利证书
发明名称：一种自清洗泵前过滤系统
发明人：蔡九茂；翟国亮；吕谋超；李景海；邓忠；宗洁；张文正；李迎
专利号：ZL 2016 1 0133883.2
专利申请日：2016年03月10日
专利权人：中国农业科学院农田灌溉研究所
授权公告日：2018年01月12日
局长 申长雨
2018年01月12日

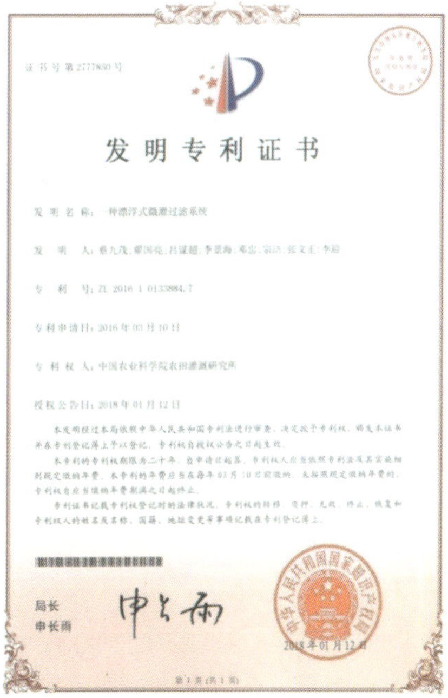
证书号第2777830号
发明专利证书
发明名称：一种漂浮式微灌过滤系统
发明人：蔡九茂；翟国亮；吕谋超；李景海；邓忠；宗洁；张文正；李迎
专利号：ZL 2016 1 0133884.7
专利申请日：2016年03月10日
专利权人：中国农业科学院农田灌溉研究所
授权公告日：2018年01月12日
局长 申长雨
2018年01月12日

证书

# 轻小型移动式抗旱灌溉机

■ 1. 成果审定

2017年认定为水利先进实用技术，列入《2017年度水利先进实用技术重点推广指导目录》（TZ2017138）。

■ 2. 成果特点

中国农业科学院农田灌溉研究所完成的轻小型移动式抗旱灌溉机，是将灌溉系统所必需的首部设备（汽油水泵、电机泵、连接管路、过滤器、施肥器等）紧凑组合装配在一辆手推车上，结构简单、使用灵活方便、运行可靠、1～2人即可操作，避免了临时再安装的问题，在不同时间、地点都可以快速解决突发性旱情。产品灌溉方式多样，可根据实际情况采取漫灌（水稻田）和节水灌溉（滴灌、微喷灌、喷灌等）的方式。产品运行动力可采用汽油、电力、太阳能发电的3种方式，根据灌溉区域所处的自然资源条件进行灵活转换，操作快速简便，提高应急抗旱灌溉技术需求。本产品不受地域或地形限制，可广泛适用于北方干旱缺水区或西南丘陵集雨区农村家庭分散种植农田的应急性抗旱和长期灌溉需求。

完成单位：中国农业科学院农田灌溉研究所
主要完成人：邓忠
通信地址：河南省新乡市牧野区宏力大道东380号
电话：0373-3393241；15836018927
E-mail：dengzhong1976@126.com

灌溉机

# 利用灌溉及化控技术联合提升镉污染土壤生产力的方法

## 1. 成果审定

2018年获得中国发明专利授权（ZL 201810469850.6）。

## 2. 成果特点

由中国农业科学院农田灌溉研究所完成的利用灌溉及化控技术联合提升镉污染土壤生产力的方法的发明专利，是利用灌溉及化控技术联合提升镉污染土壤生产力的方法主要针对冬小麦/夏玉米轮作区中轻度污灌农田土壤，通过“过程阻断　生境调控　结构化调控”等技术手段，实现中轻度污染农田“边生产　边修复　边受益”的目标。该技术方法的主要特点①灌溉与化控协同调控技术。②作物敏感期生境调控技术。③种植结构优化调控技术。

## 3. 推广前景

据2014年环境保护部和国土资源部联合发布的《全国土壤污染状况调查公报》显示，目前全国受污染的耕地约有$1.0 \times 10^7$公顷，污水灌溉污染耕地$2.17 \times 10^6$公顷。全国每年因重金属污染的粮食达$120 \times 10^8$千克，造成的直接经济损失超过200亿元。利用灌溉及化控技术联合提升镉污染土壤生产力的方法实现了中轻度污染农田“边生产　边修复　边受益”的矛盾。

完成单位：中国农业科学院农田灌溉研究所
联系人：李平
电话：18637339022

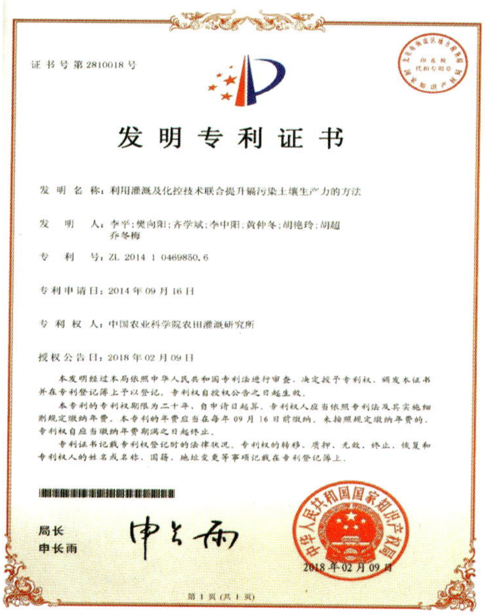
证书号第2810018号

发明专利证书

发明名称：利用灌溉及化控技术联合提升镉污染土壤生产力的方法

发明人：李平；樊向阳；齐学斌；李中阳；黄仲冬；胡艳玲；胡超；乔冬梅

专利号：ZL 2014 1 0469850.6

专利申请日：2014年09月16日

专利权人：中国农业科学院农田灌溉研究所

授权公告日：2018年02月09日

本发明经过本局依照中华人民共和国专利法进行审查，决定授予专利权，颁发本证书并在专利登记簿上予以登记。专利权自授权公告之日起生效。

本专利的专利权期限为二十年，自申请日起算。专利权人应当依照专利法及其实施细则规定缴纳年费。本专利的年费应当在每年09月16日前缴纳。未按照规定缴纳年费的，专利权自应当缴纳年费期满之日起终止。

专利证书记载专利权登记时的法律状况。专利权的转移、质押、无效、终止、恢复和专利权人的姓名或名称、国籍、地址变更等事项记载在专利登记簿上。

局长
申长雨

2018年02月09日

第1页（共1页）

证书

# 微灌压差施肥自动控制技术

■ 1. 成果审定

2015年获得国家发明专利授权（ZL201410184998.5）。

■ 2. 成果特点

由中国农业科学院农田灌溉研究所完成的微灌压差施肥自动控制技术的发明专利技术，是针对微灌压差施肥浓度不断衰减、自动化水平低等现状，提供了半自动/全自动2种压差施肥控制方案，适用于温室/大田作物微灌系统，具有良好的人机交互操作界面，同时具备手机等远程控制功能，可使用固体/液体等多类型肥料实施水肥一体化，解决了传统压差施肥系统无法观察施肥过程是否结束，自动化程度低以及施肥过程中容易堵塞等缺点。相关技术已获得国家发明专利授权，并试制了样机。

完成单位：中国农业科学院农田灌溉研究所
联系人：韩启彪
电话：0373-3393207；13782521819
E-mail：hanbiaoedu@126.com

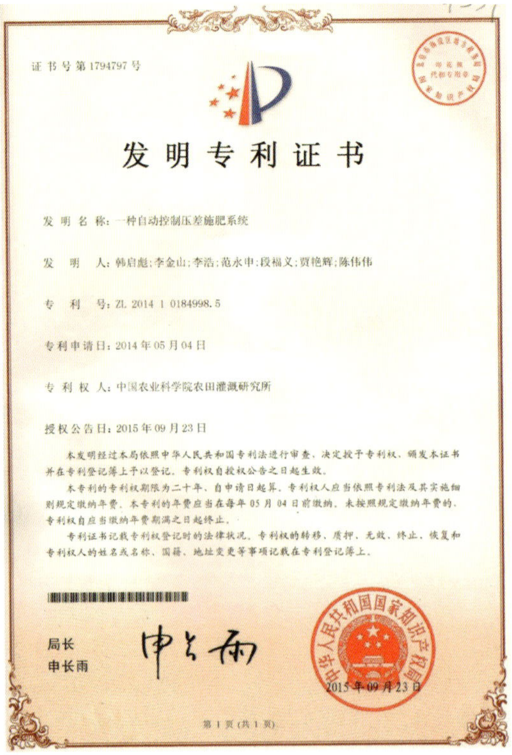

证书号第1794797号

发明专利证书

发明名称：一种自动控制压差施肥系统

发明人：韩启彪;李金山;李浩;范永申;段福义;贾艳辉;陈伟伟

专利号：ZL 2014 1 0184998.5

专利申请日：2014年05月04日

专利权人：中国农业科学院农田灌溉研究所

授权公告日：2015年09月23日

本发明经过本局依照中华人民共和国专利法进行审查，决定授予专利权，颁发本证书并在专利登记簿上予以登记。专利权自授权公告之日起生效。

本专利的专利权期限为二十年，自申请日起算。专利权人应当依照专利法及其实施细则规定缴纳年费。本专利的年费应当在每年05月04日前缴纳。未按照规定缴纳年费的，专利权自应当缴纳年费期满之日起终止。

专利证书记载专利权登记时的法律状况。专利权的转移、质押、无效、终止、恢复和专利权人的姓名或名称、国籍、地址变更等事项记载在专利登记簿上。

局长
申长雨

2015年09月23日

第1页（共1页）

证书

# 微灌自报警多级网式复合过滤技术

## ■ 1. 成果审定

2016年获得国家发明专利授权（ZL201610509738.X）。

## ■ 2. 成果特点

由中国农业科学院农田灌溉研究所完成的微灌自报警多级网式复合过滤技术，是一种多级复合网式过滤装置，并配套了1种过滤器报警器，可提供手动/自动两种解决方案，具有清洁预、报警功能，可在过滤过程中实施排污，无需停机实施反冲洗，节约了灌溉时间，降低了过滤能耗，减少了工程运行费用，尤其是节约了泵房空间。解决了现有过滤器组占据空间大，过滤清洗不方便和报警不及时造成滤网损坏等缺点。相关技术已获得国家发明专利授权，并进行了示范应用。

完成单位：中国农业科学院农田灌溉研究所
联系人：韩启彪
电话：0373-3393207；13782521819
E-mail：hanbiaoedu@126.com

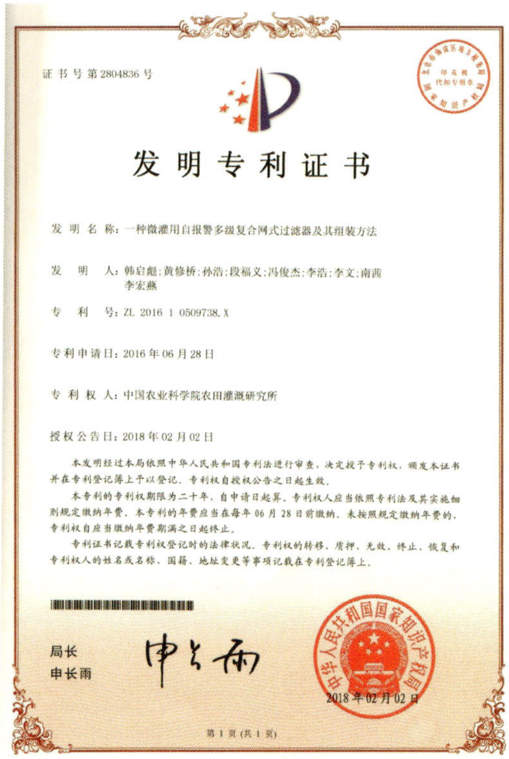
证书号第2804836号

发明专利证书

发明名称：一种微灌用自报警多级复合网式过滤器及其组装方法

发明人：韩启彪；黄修桥；孙浩；段福义；冯俊杰；李浩；李文；南茜
李宏燕

专利号：ZL 2016 1 0509738.X

专利申请日：2016年06月28日

专利权人：中国农业科学院农田灌溉研究所

授权公告日：2018年02月02日

本发明经过本局依照中华人民共和国专利法进行审查，决定授予专利权，颁发本证书并在专利登记簿上予以登记。专利权自授权公告之日起生效。

本专利的专利权期限为二十年，自申请日起算。专利权人应当依照专利法及其实施细则规定缴纳年费。本专利的年费应当在每年06月28日前缴纳。未按照规定缴纳年费的，专利权自应当缴纳年费期满之日起终止。

专利证书记载专利权登记时的法律状况。专利权的转移、质押、无效、终止、恢复和专利权人的姓名或名称、国籍、地址变更等事项记载在专利登记簿上。

局长
申长雨

2018年02月02日

第1页（共1页）

证书

# 微灌管（带）水力性能智能检测技术

■ 1. 成果审定

2017年获得国家发明专利授权（ZL201510291907.2）。

■ 2. 成果特点

由中国农业科学院农田灌溉研究所完成的微灌管（带）水力性能智能检测技术，是依据不同检测标准对微灌管（带）水力性能进行智能检测，检测数据直接打印输出，实现了无纸化作业，精准度高；拥有优越的人机交互界面，操作简单，省时省工；检测装置可根据操作空间任意调整铺设形式，适应性强。该技术克服了传统检测技术与装置功能单调、移动不便、浪费空间、平台基建和加工费用昂贵等缺点。相关技术已获得国家发明专利授权，已投入使用。

完成单位：中国农业科学院农田灌溉研究所
联系人：韩启彪
电话：0373-3393207；13782521819
E-mail：hanbiaoedu@126.com

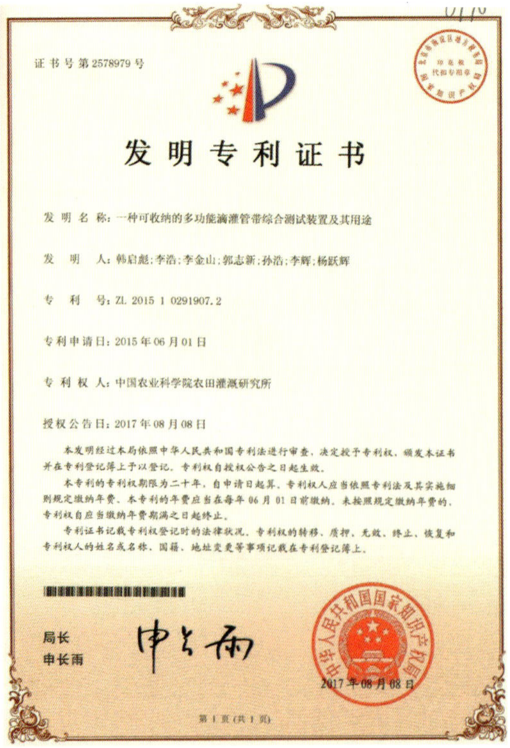
证书号第2578979号

发明专利证书

发明名称：一种可收纳的多功能滴灌管带综合测试装置及其用途

发明人：韩启彪；李浩；李金山；郭志新；孙浩；李辉；杨跃辉

专利号：ZL 2015 1 0291907.2

专利申请日：2015年06月01日

专利权人：中国农业科学院农田灌溉研究所

授权公告日：2017年08月08日

本发明经过本局依照中华人民共和国专利法进行审查，决定授予专利权，颁发本证书并在专利登记簿上予以登记。专利权自授权公告之日起生效。

本专利的专利权期限为二十年，自申请日起算。专利权人应当依照专利法及其实施细则规定缴纳年费。本专利的年费应当在每年06月01日前缴纳。未按照规定缴纳年费的，专利权自应当缴纳年费期满之日起终止。

专利证书记载专利权登记时的法律状况。专利权的转移、质押、无效、终止、恢复和专利权人的姓名或名称、国籍、地址变更等事项记载在专利登记簿上。

局长
申长雨

2017年08月08日

第1页（共1页）

证书

# 一种移动式滴灌装置

## ■ 1. 成果审定

2017年获得国家发明专利授权（ZL201510006012.X）。

## ■ 2. 成果特点

由中国农业科学院农田灌溉研究所完成的一种移动式滴灌装置的发明专利，采用了移动式滴灌技术，将所有的灌溉产品配套组装在一辆行走式机车上。装置中的滴灌管（带）缠绕在机车上的贮水筒上，贮水筒可以自动旋转收卷滴灌管（带），输水管缠绕在卷盘车架上，根据水源与灌溉地块距离远近自动调节输水管长度，卷盘轮可由电机驱动收放输水管。装置配备的导向杆和套管，可防止滴灌管（带）收放过程中卷绕偏向、打皱、缠绕情况的发生，同时还可以起到清除滴灌管（带）上的污泥或者其他杂物。在灌溉过程中，机车可以自动行走，适时地将灌溉水输送至田间滴灌管（带）灌溉作物。灌溉完毕后机车自动收卷管路。成套装置2人轻松操作，移动性、自动化控制功能较强，在降低劳动强度和投资成本方面具有显著的效益。该产品较适用时北方平原灌区农田应急抗旱和长期灌需求。

## ■ 3. 推广前景

产品移动性、自动控制功能强、成本投入低、可实时进行滴灌水肥一体化技术，在农作物实施节水灌溉工程中具有广阔的推广前景。

完成单位：中国农业科学院农田灌溉研究所
联系人：邓忠
电话：0373-3393241；15836018927
E-mail：dengzhong1976@126.com
通信地址：河南省新乡市牧野区宏力大道（东）380号

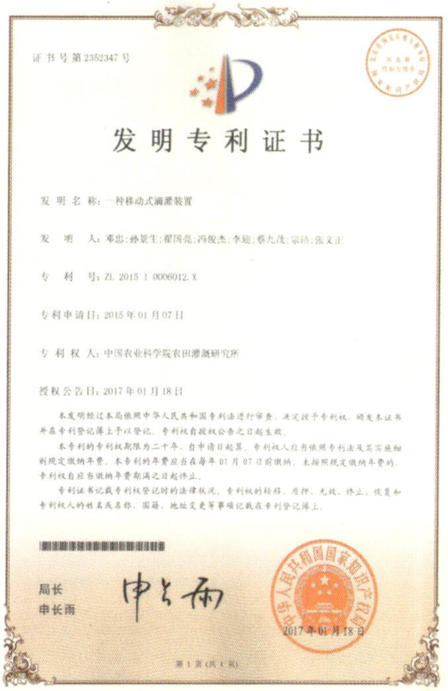
证书号第2352347号

发明专利证书

发明名称：一种移动式滴灌装置

发明人：邓忠；孙景生；翟国亮；冯俊杰；李迎；蔡九茂；宗洁；张文正

专利号：ZL 2015 1 0006012.X

专利申请日：2015年01月07日

专利权人：中国农业科学院农田灌溉研究所

授权公告日：2017年01月18日

本发明经过本局依照中华人民共和国专利法进行审查，决定授予专利权，颁发本证书并在专利登记簿上予以登记。专利权自授权公告之日起生效。

本专利的专利权期限为二十年，自申请日起算。专利权人应当依照专利法及其实施细则规定缴纳年费。本专利的年费应当在每年01月07日前缴纳。未按照规定缴纳年费的，专利权自应当缴纳年费期满之日起终止。

专利证书记载专利权登记时的法律状况。专利权的转移、质押、无效、终止、恢复和专利权人的姓名或名称、国籍、地址变更等事项记载在专利登记簿上。

局长
申长雨

2017年01月18日

第1页（共1页）

证书

# 行走式农田灌溉机

## 1. 成果审定

2015年获得国家发明专利授权（ZL201410195604.6）。

## 2. 成果特点

由中国农业科学院农田灌溉研究所完成的行走式农田灌溉机的发明专利，为一台行走式机车和一条输水软管有机结合的行走式农田灌溉机。输水软管的两端分别连接在农田两端的出水栓上，中间部分与机车配套组装。机车在行走过程中，输水软管缓慢地在机车另一侧移动，自动控制装置将输水软管的出水孔打开，输水软管内水流开始往机车下部水槽内供水，水流经过水槽底部的水孔对作物根部进行灌溉，同时机车另一侧的自动控制装置将输水软管上的出水孔关闭。当机车行走至田间地头时关闭出水栓，拆卸已灌地块一侧的输水软管接头，机车横向移动至相邻地块，将输水软管接头连接在另一侧地块的出水栓上，对相邻地块进行同样程序的控制灌溉。机车在行走过程中输水软管始终与出水栓连接，可以不间断长时间进行灌溉作业，一次控制灌溉农田宽度可达50米以上，具有自动化程度高、劳动强度低、灌溉效率高的显著优点。该产品适用于北方平原区大面积农作物实施节水灌溉，特别适用于西北地区（甘肃、内蒙古、宁夏等）小麦、玉米、牧草等作物的节水灌溉。

## 3. 推广前景

本发明专利为自动化、智能化、一次性控制灌溉面积大的节水灌溉设备是目前所需。本发明专利正是基于该问题而提出的解决，提供一种自动化程度高、劳动强度低、灌溉高效的节水灌溉设备。

完成单位：中国农业科学院农田灌溉研究所
联系人：邓忠
电话：0373-3393241；15836018927
E-mail：dengzhong1976@126.com
通信地址：河南省新乡市牧野区宏力大道（东）380号

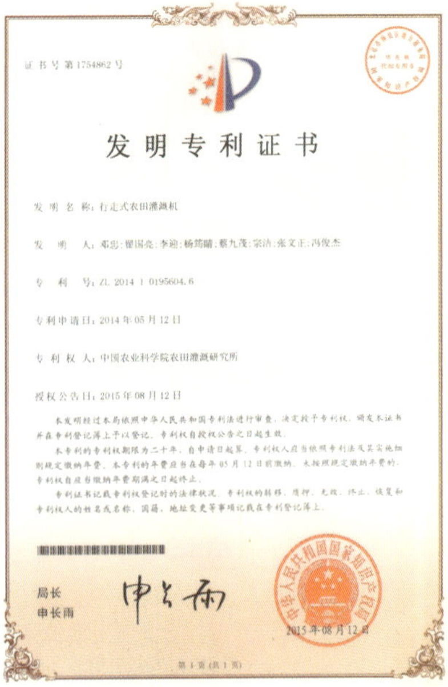
证书号第1754862号

发明专利证书

发明名称：行走式农田灌溉机

发明人：邓忠；翟国亮；李迎；杨筠睛；蔡九茂；宗洁；张文正；冯俊杰

专利号：ZL 2014 1 0195604.6

专利申请日：2014年05月12日

专利权人：中国农业科学院农田灌溉研究所

授权公告日：2015年08月12日

本发明经过本局依照中华人民共和国专利法进行审查，决定授予专利权，颁发本证书并在专利登记簿上予以登记。专利权自授权公告之日起生效。

本专利的专利权期限为二十年，自申请日起算。专利权人应当依照专利法及其实施细则规定缴纳年费。本专利的年费应当在每年05月12日前缴纳。未按照规定缴纳年费的，专利权自应当缴纳年费期满之日起终止。

专利证书记载专利权登记时的法律状况。专利权的转移、质押、无效、终止、恢复和专利权人的姓名或名称、国籍、地址变更等事项记载在专利登记簿上。

局长
申长雨

2015年08月12日

第1页（共1页）

证书

# 智能灌溉水肥一体机

## 1. 产品特点

采用两线制解码器控制技术，可以控制32个田间灌溉电磁阀，最大程度满足用户要求；轮灌组灌溉、单阀/单区域灌溉、多个程序组合灌溉等不同灌溉模式；采用有手动控制和自动控制两种模式；可实现手机App远程控制；自动控制页面采用了工业触摸屏模式，可采集监测气象数据等信息；最多可控制8个施肥通道，施肥通道流量200～600升/小时；EC、pH检测仪可以实时检测所施肥液的EC、pH值，并在显示屏中显示。基于PWM控制进行精密调控文丘里的吸肥量。

可以通过旋转施肥通道上的隔膜阀来调节施肥速度。

## 2. 适宜推广范围

本产品适用于大田种植、设施园艺、无土栽培、果园种植、苗圃种植等多种场合，控制面积根据轮灌区不同，可控制50～1 000亩灌溉施肥。

完成单位：中国农业科学院农田灌溉研究所
主要完成人：蔡九茂、邓忠、冯俊杰、张文正
通信地址：河南省新乡市牧野区宏力大道东380号
电话：0373-3393241；15903057632
E-mail：caijiumao@163.com

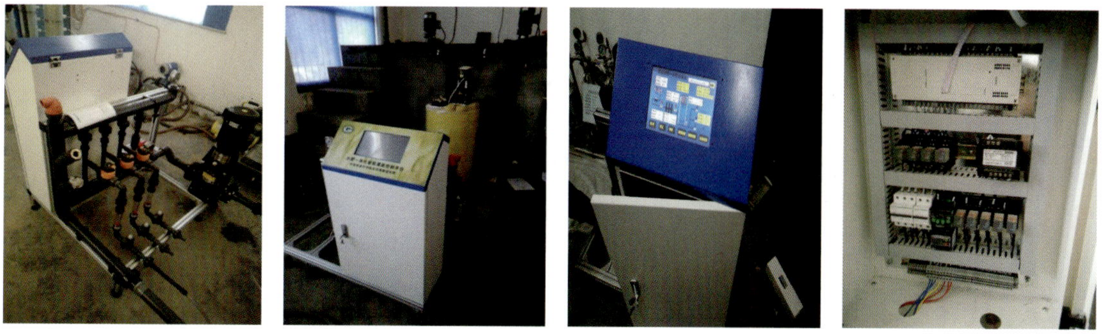

智能灌溉水肥一体机

# 油菜（蔬菜）毯状苗机械化高效移栽技术与装备

## 1. 成果审定

该成果共获得6项专利。油菜移栽法及专用移栽机（ZL 201210419104.7）；油菜毯状苗全自动移栽机的栽植装置及栽植方法（ZL201410454324.2）；一种油菜移栽机自动对穴施水装置（ZL201420513614.5）；一种覆土镇压轮机构（ZL201620063084.8）；一种无级可调覆土镇压机构（ZL201620428132.9）；一种稻板茬田角度无级可调的覆土镇压轮机构（ZL201620482095.X）。

## 2. 成果特点

该成果围绕现有油菜（蔬菜）移栽机具作业效率低和适应性差两大难题，以农机农艺融合为思路，在世界上首创了油菜毯状苗育苗技术。发明了松土切缝—切块插栽—切土镇压的油菜移栽方法，改变传统的裸根苗或钵体苗移栽为毯状苗切块带土移栽，摆脱了传统挖穴式移栽机对土壤流动性的依赖，提高了机具对土壤的适应性，提高了作业效率，降低了作业成本。创制了2ZYG-6油菜移栽机和2ZTY-4型油菜毯状苗移栽机。主要创新点：①发明了新的油菜移栽方法，解决了移栽机具作业效率低和适应性差两大难题。②发明了高密度规格化毯状苗育苗技术，解决了传统育苗技术不适应高效机栽的技术难题。③发明了“驱动型波纹圆盘开沟装置”“无级可调切土式覆土镇压机构”等土壤工作部件，取—送—栽一体化回转式栽植机构，创制了油菜毯状苗移栽机，实现了松土切缝—切块插栽—切土镇压的油菜移栽方法，解决了油菜移栽效率低和土壤适应性差的问题。

## 3. 推广应用

2016年5月，该技术成果以专利使用权许可转让方式给日本洋马株式会社，转让合同金额400万元人民币，2ZYG-6油菜移栽机已实现小批量化生产，该成果已在四川温江、绵阳，湖北武穴，安徽无为，江苏江都、东台、江浦、张家港等地进行了大面积试验示范推广，累计推广面积1万亩，毯状苗机械移栽比人工移栽节省作业成本70～110元/亩。2015年在江苏宝应和江都组织专家进行油菜毯状苗机械移栽测产，毯状苗移栽油菜平均产量达到284千克/亩，同期直播油菜平均产量180千克/亩，采用毯状苗移栽增产达104千克/亩，增产比例为57.78%，增产效果明显。平均按照增产30%计算，增加单产50千克/亩以上。

完成单位：农业农村部南京农业机械化研究所、扬州大学

主要完成人：吴崇友、冷锁虎、汤庆、吴俊、张敏、唐宗义、王刚、金梅、沐森林、梁苏宁、江涛

通信地址：江苏省南京市玄武区中山门外柳营100号

电话：025-84346274

E-mail：542681935@qq.com

油菜毯状苗机械化移栽装备

# 旱田全量秸秆覆盖地免耕洁区播种关键技术与装备

## 1. 成果审定

该成果共获得8个专利：一种碎秸、清秸、施肥、播种、覆秸多功能机组（ZL201210397462.2）；一种适于全秸秆覆盖地作业的小麦免耕播种机（ZL201310717330.8）；一种覆秸量可调的全秸秆覆盖地免耕小麦播种机（ZL201410113918.7）；一种碎秸施肥播种覆秸机的吐秸口改良装置（ZL201210472637.1）；一种花生起垄覆膜播种机用压沟装置（ZL201310062400.0）；一种应用于田间作业设备的防堵滞方法及装置（ZL201510073079.5）；一种气力输送用颗粒物料均匀撒铺装置（ZL201510566793.8）；全秸秆覆盖地免耕播种机秸秆清理高度调节控制软件（ZL 2016SR262909）。2016—2017年度神农中华农业科技一等奖和2017年中国农业科学院杰出科技创新奖。

## 2. 成果特点

由农业农村部南京农业机械化研究所，天津市津旋农业机械制造有限公司，河南农有王农业装备科技股份有限公司完成的旱田全量秸秆覆盖地免耕洁区播种关键技术与装备，为中国农业科学院科技创新工程、国家现代农业花生产业技术体系、国家科技支撑计划等课题的研究成果。其创新点：①发明了全量秸秆覆盖地的机械化免耕“洁区播种”耕作技术，颠覆了传统免耕播种作业思路，实现施肥、播种、覆土作业在无秸秆“洁净区域”内一并完成，可彻底破解挂草壅堵、架种、晾种技术难题。②发明了碎秸分流调控与均匀覆盖技术，有效解决了雨水富足地区因超大量秸秆覆盖及覆秸不均匀而出现弱苗、缺苗问题；实现覆秸按需均匀覆盖，既保温保墒、封闭杂草，又肥效化利用好。③发明了秸秆清输过载监控和压滑组配防堵滞技术，解决了碎秸、清秸、输秸环节存在的瞬间夹带过量泥土而造成的卡滞问题与碎秸组件侧边挂带未作业区秸秆壅堵阻滞问题，实现真正连续顺畅作业。④创制出可一次完成“碎秸清秸、苗床整理、洁区播种、均匀覆秸”作业的旱田全量秸秆覆盖地免耕洁区播种多功能作业装备。相关技术连续三年被农业农村部列为农业主推技术，适用于河南、山东、天津、辽宁、黑龙江、江苏等旱作区，可用于全量秸秆覆盖地小麦、玉米、花生、大豆等主要旱作物播种作业。

## 3. 推广应用

已在河南、山东、天津、辽宁、黑龙江、江苏等主要旱作区获得了农机专业合作社和种植大户的广泛应用。技术成果有偿转让天津市津旋农机具有限公司、河南农有王农业装备科技股份有限公司等5家农机企业，技术转让费累计530多万元；技术成果受让单位近两年来，新增销售额4 500多万元，新增利润580多万元，新增税收550多万元；采用该技术设备作业，可减少不同机具下田次数3～4次，且具有较好的稳产或增产效果。

完成单位：农业农村部南京农业机械化研究所、天津市津旋农业机械制造有限公司、河南农有王农业装备科技股份有限公司

主要完成人：胡志超、吴峰、顾峰玮、陈有庆、谢焕雄、吴惠昌、彭宝良、曹明珠、张延化、刘敏基、高荣成、王江涛

通信地址：江苏省南京市玄武区中山门外柳营100号

电话：025-84346246

E-mail：nfzhongzi@163.com

麦茬花生播种机

麦茬大豆播种机

玉米茬、水稻茬、棉花茬小麦免耕播种机

# 植保无人飞机精准施药技术装备

## ■ 1. 成果审定

该成果共获得5项专利。基于GPS导航的无人机施药作业自动控制系统及方法（ZL201010508046.6）；基于模型的直升机航空施药飘移预测方法（ZL201210411015.8）；农业航空自适应离心雾化控制系统及控制方法（ZL201410393626.3）；农用遥控飞行植保机用可伸缩式喷杆及调节方法（ZL201510552580.X）；一种防颠簸的航空喷洒药箱结（ZL201310013492.3）。2017年6月通过了江苏省农学会第三方评价，相关技术获得第十七和十八届中国专利优秀奖、江苏省科学技术奖等5项省部级奖励。

## ■ 2. 成果特点

由农业农村部南京农业机械化研究所，总参谋部第六十研究所，无锡汉和航空技术有限公司，广州极飞科技有限公司，苏州绿农航空植保技术有限公司完成的植保无人飞机精准施药技术装备，为国家863项目，“十二五”期间院创新工程、农业公益性行业科研专项等项目的研究成果。该成果突破了植保无人飞机低空低量精准施药技术、植保无人飞机高精度自动导航与航路规划技术、植保无人飞机施药效果与安全性评价技术、植保无人飞机施药模式技术等关键技术，开发了自适应离心雾化装置、变量施药系统、远程施药控制系统等关键系统部件，研发了Z-3N、CD-10/15、农鹰系列等多种载荷的单、多旋翼植保无人飞机，制定了我国首部植保无人飞机行业标准，为植保无人飞机的市场化应用提供了技术、装备、规范支撑，满足了我国主要农作物各生长期病虫害防治需求。成果融合了北斗/GPS高精度实时定位自动导航技术，集成声呐探测、气压探测、陀螺仪姿态解算等技术，实现了植保无人飞机超低空稳定飞行，施药喷幅精准对接，有效避免施药中重喷、漏喷现象；成果应用中将作业区域边界点坐标导入、飞行参数设定、作业路线图生成与导入、无人驾驶程控飞行与施药、作业状态实时显示进行一体化整合，实现“航路规划——自主飞行——定点施药”一体化操控，降低了施药操控的难度，实现人、机分离，有效避免了人员农药中毒的风险。该成果能够广泛应用在水稻、小麦、玉米、棉花、大豆等多种农作物的病虫害防治上，市场应用前景广阔。

## ■ 3. 推广应用

该成果已经江苏、新疆、安徽、河南、海南、宁夏、上海、山东、湖南等地进行了水稻、小麦、棉花、玉米等病虫害防治应用，累计推广应用面积超过1 100万亩次，与传统地面机具相比，农药有效利用率≥36%，节药量≥20%，节水≥50%，作业效率提高10～100倍，折合节约农药成本3～5元/亩、节省作业成本10～15元/亩，节本增效总经济效益超过10亿元，取得了良好的社会效益和生态效益。

完成单位：农业农村部南京农业机械化研究所、总参谋部第六十研究所、无锡汉和航空技术有限公司、广州极飞科技有限公司、苏州绿农航空植保技术有限公司

主要完成人：薛新宇、秦维彩、孙竹、张宋超、顾伟、周立新、孔伟、王宝坤、孙向东、彭斌、孙西阔、蔡晨、陈晨、杨风波

通信地址：江苏省南京市玄武区中山门外柳营100号

电话：025-84346243

E-mail：735178312@qq.com

自动导航无人机低空施药装备

农鹰8DE2000

Z3–N

CE–20

# 新型统收式棉花采摘技术与装备

## ■ 1. 成果审定

该成果共获得18项专利：一种高效低损籽棉清桃输送装置（ZL201510124608.X）；一种刷辊式采棉机（ZL201410495339.3）；一种机载棉纤抑损高效清棉装置（ZL201410493276.8）；一种刷辊式采摘台（ZL201410105256.9）；一种棉桃分离输送装置（ZL201410185032.3）；一种侧卸式集棉箱（ZL201410529713.7）；自控集棉箱（ZL201210034575.6）；一种耙棉装置（ZL201210045115.3）；机载高效清棉装置（ZL201210014731.2）；自走复指式采棉机（ZL201210037033.4）；棉桃清分装置（ZL201210014556.7）；指杆式采棉机棉秆防拔起装置（ZL201620174216.4）；一种辅助气力棉桃清分的防缠喂棉装置（ZL201620205029.8）；一种采摘台升降装置（ZL201420553400.0）；一种机载清棉装置枝秆清理机构（ZL201410493276.8）；一种机采籽棉排大杂机构（ZL201320835785.5）；一种籽棉预处理机（ZL201320833601.1）；复指杆式棉花收获机采摘台（ZL201220065216.2）。

## ■ 2. 成果特点

由农业农村部南京农业机械化研究所完成的新型统收式棉花采摘技术与装备的成果来源于公益性行业（农业）科研专项”（201203057）、中国农业科学院“茎秆类收获机械”创新工程项目的研究成果。研发的复指杆式轻型采棉机、刷辊式轻型采棉机经山东省农业机械产品质量监督检验站检测，生产率、采净率、含杂率均达到GB/T 21397—2008《棉花收获机》标准要求。样机于2015年2月12日通过科技成果鉴定，鉴定委员会一致认为：两款统收式采棉机关键技术具有突破性创新，主要技术性能指标超过国际同类机型先进水平。统收式采棉机可适应不同的棉花种植模式，在农艺和生产的方式上适宜我国广大棉区的棉花收获的需求，适合新疆、西北内陆棉区、华北棉区高效机采棉的作业要求。现行销售的各类采棉机价格均在100万元以上，而项目研制的统收式采棉机的价格不及进口水平摘锭式采棉机的1/5，即使与国产水平摘锭式采棉机相比也仅为其价格的一半，极具价格优势。该技术与装备配合场地籽棉预处理机，可有效去除机采棉中的铃壳、棉秆、棉叶、尘土、不孕籽等杂质，提高品级，完成机采棉在进入手采棉加工生产线前端的清花工作，实现机采棉与手采棉轧花厂的有效对接。

## ■ 3. 推广应用

新型统收式棉花采摘技术与装备目前已研制有新型统收式采棉机6台和籽棉预处理机2台，建立统收式采棉机试验基地4个，试验示范点6个。其中，复指杆式采棉技术先后在山东滨州、河南安阳、河北沧州、江苏大丰、安徽宿松、新疆昌吉等地开展多种植模式、多品种的试验与示范，累计试验示范面积2 000余亩；指刷式采棉技术先后在山东滨州、河南安阳、河北沧州、安徽宿松、新疆尉犁、新疆兵团134团场等地开展多种植模式、多品种的试验与示范，累计试验示范面积3 200余亩；刷辊式采棉技术先后在山东无棣、河南安阳、河北沧州、新疆尉犁、新疆134团场等地开展多种植模式、多品种的试验与示范，累计试验示范面积2 500余亩。综上分析，棉花机采成本相比于人工采摘综合节省314元/亩。在实验基地、示范点等地方推广统收式采棉机收获共7 700亩，共增加收益240万元。从2013年开始，河间市国欣农村技术服务总会使用MQZ-4场地籽棉预处理机开展籽棉预处理作业，平均每年有超过100吨的籽棉处理量，按照每千克人工处理0.5元成本计算，节本增效近20万元。

完成单位：农业农村部南京农业机械化研究所
主要完成人：石磊、张玉同、吴崇友、陈长林、孙勇飞、沐森林、谢庆、孔凡婷、黄铭森、杨海杰、陆江林
通信地址：江苏省南京市玄武区中山门外柳营100号
电话：025-84346235；15366092921
E-mail：shileijsnj@126.com

复指杆式采棉机

刷辊式采棉机

指刷式采棉机

场地籽棉预处理机

# 气力集排式智能化大型水稻直播机

## 1. 成果审定

该成果共获得6项专利。气力集排式智能化大型水稻直播机（ZL201610631656.2）；一种气力集排式宽幅水田直播机（ZL201620837602.7）；一种宽幅水田直播机用排种系统（ZL201620837384.7）；一种宽幅水田直播机用平衡开沟器（ZL201620837603.1）；一种宽幅水田直播机用泄流板（ZL201620837392.1）；一种气力播种机集中式种箱（ZL201620837385.1）。

## 2. 成果特点

由农业农村部南京农业机械化研究所完成的气力集排式智能化大型水稻直播机的成果，为中国农业科学院创新工程、江苏省重点研发计划等项目研究成果。该成果突破了气力集排式精量排种、自适应电驱控制播种、作业参数实时监控等关键技术，研制出基于电驱控制的气力集排式排种系统、智能化精量播种控制系统等核心系统部件，研发了国内首台33行大型气力式水稻水田直播机、24行气力式水稻旱地复式播种机，有效提升了我国水稻直播机的作业效率、精度和智能化水平，为农场或其他规模种植单位提供了高效节本的大型高性能播种作业机具。该成果采用折叠式机架，作业幅宽8米，作业速度可达8千米/小时，作业效率75～100亩/小时。该装备可实现高效、精准作业，高效替代人工手撒粗放种稻，由无序走向有序，实现直播水稻的精确定量有序栽培，有利于直播水稻的通风透光、达到壮个体促高产的目的；有序成行，有利于田间管理机械的下田作业。此外，研究团队为了提高该装备的通用性，研发了可适应不同品种种子的系列化排种模块，通过快速更换排种模块，满足水旱轮作区的不同稻麦油品种播种要求。同时，该装备采用集中式大容量种箱，可明显降低宽幅播种机种箱长度，配合机械化装种可有效降低田间种肥搬运、装卸时间，进而提高作业效率。其智能控制系统调整排种部件转速，进而实现播量的精确调整，有效解决了现有机械槽轮式播种机播量一致性难以保证的难题。采用排种器转速与机具前进速度精确匹配控制算法，根据反馈实时控制调排种器转速，保证排量的均匀稳定。通过智能化监控系统，该装备实现了机手1人操控作业，操作方便快捷降低机手劳动强度，节省种箱匀种、监视等用工2人以上，作业效率明显提升。

## 3. 推广应用

该装备已在江苏临海农场、黄海农场等地区作业50 000亩以上，作业质量、效率和可靠性受到农场管理人员和机手的高度认可。据统计，现有农场进行水稻直播作业时，通常需配备8～10人一组（装卸种肥、作业时均匀铺放种箱内的种子、观看种肥管是否堵塞等工作），劳动强度大，用工量多。按照采用智能化大型气力式稻麦复式播种作业装备减少用工量5人计算，年作业天数按照20个工作日计算，播种作业机组人员用工成本平均按照100元/（人·天）计算，则单台机组一年可节约用工成本100元/（天·人）×

5人×20天=10 000元。

完成单位：农业农村部南京农业机械化研究所

主要完成人：张文毅、祁兵、纪要、余山山、袁文胜、胡敏娟、扈凯、卢晏、李坤、夏倩倩。

通信地址：江苏省南京市玄武区中山门外柳营100号

电话：15366092904

E-mail：409981206@qq.com

2BDZQ-33800型宽幅折叠式水稻直播机

# 跨行乘驾型履带采茶技术与装备

## 1. 成果审定

该成果共获得17项专利。一种智能采茶机（ZL201410526690.4）；采茶机构试验台（ZL201410525507.9）；跨行自走乘坐式采茶机及其工作方法（ZL20131057808.4），采茶剪液压驱动机构（ZL201220525660.8）；圆弧形往复式采茶刀片（ZL201220525844.4）；具有扶叶机构的采茶机（ZL201420180108.9）；采茶机茶青分级收集装置（ZL201420576736.9）；采茶升降装置（Zl201220525536.1）；背负式茶叶采摘机（ZL201120271644.6）；一种机械化增产采茶设备（ZL201520501734.8）；一种手提式采收机（ZL201320803960.2）；一种茶叶智能采摘机（ZL201320630540.9）；一种农机用轨道（ZL201520043041.9）；一种特用收获箱（ZL201420566732.2）；一种手扶自走式双行采茶机（ZL201520977397.X）；一种茶园航空采茶装备（ZL201521014762.3）；一种机采鲜叶茶智能分类装置（ZL201020620524.8）。发表学术论文10余篇，出版学术专著2部，制定企业标准1项，2015年通过中国茶叶学会茶叶科技成果评价（中茶学（评价）字〔2016〕第001号）；2016年获江苏省装备制造业专利新产品优秀奖。

## 2. 成果特点

由农业农村部南京农业机械化研究所完成的跨行乘驾型履带采茶技术与装备成果，为公益性行业（农业）科研专项、科技部成果转化项目、科技部“十二五”科技支撑计划、江苏省科技支撑计划、江苏省三新工程项目等项目的研究成果。该成果创建了“有限选择性”最优采摘理论，建立茶树新梢统计模型，确定了新梢最佳采摘面位置；创新设计调控新梢受剪姿态的仿生扶叶机构和采筛一体复式作业机构，集成创制了跨行自走式采茶机。与传统采茶机相比，其采茶完整率由60.4%增至77%，茶叶漏采率由10%降至1%以内，使夏秋茶资源获得充分利用，茶园综合效益提高40%左右。创新嫩梢高效精确识别、精准定位技术和机械手蓬面轨迹仿形控制技术，创制了智能采茶部件，芽头识别率达到90%，采摘速度超过2 400个/小时，为高效智能化采茶提供关键技术支撑。与传统机采相比，完整率由60%增至80%。本项目具有多项自主知识产权，具有诸多创新之处，例如双坡面型（“^”形）蓬面高产采茶技术及其仿形切割器、液压驱动型采茶切割系统与技术、即采即筛茶鲜叶分级处理技术，首次实现了采茶机的大型自动化，多功能化。

## 3. 推广应用

该成果技术成熟，已与企业合作完成小批量生产，并在全国部分地区推广应用。截至目前，在云、贵、皖、苏、浙等全国22个茶叶主产省应用达20.13万亩次，累计为茶场、茶农节本增效0.897亿元，为应用型企业亩次节本增效427.07元，经济、社会和生态效益显著，为我国茶园采摘机械化提供了重要的技术支撑。

完成单位：农业农村部南京农业机械化研究所
主要完成人：肖宏儒、韩余、丁文芹、宋志禹、秦广明
通信地址：江苏省南京市玄武区中山门外柳营100号
电话：025-84346239；15366092968
E-mail：xhr2712@sina.com

跨行乘驾型履带采茶技术与装备

# 蔬菜精细化整地技术及系列装备

■ 1. 成果审定

该成果共获得7项专利（发明专利3项）。可调节畦形尺寸的整地机（ZL 201610368819.2）；一种作畦机配套用智能仿形清沟装置及其控制方法（ZL 201610044650.5）；一种智能精细整地装置（ZL 201410796858.3）；多畦整地机（ZL 01620506589.7）；一种用于蔬菜地耕作的旋耕刀轴（ZL201520256172.5）；一种可调侧偏式旋耕机（ZL 201420334917.0）；一种蔬菜栽培精细化整地机具（ZL 01420187667.2）。

■ 2. 成果特点

由农业农村部南京农业机械化研究所，山东华龙农业装备有限公司完成的蔬菜精细化整地技术及系列装备的成果，为国家科技支撑计划项目（2013BAD08803）、江苏省农业科技自主创新资金项目CX（15）1033和CX（16）1002的研究成果。其创新点：①双轴分层耕作技术。采用旋耕刀轴和碎土刀辊前后阶梯布置，前者为低速正转刀轴，后者为高速反转刀辊，两者旋向相反，利用双刀轴结构对土壤进行先后分层作业，达到下粗上细的耕层结构。②垄型可调技术。通过左右升降器的调节手柄调节压整板的上下移动距离，以此调整垄高；同时利用左右移动板的左右水平移动，并采用螺栓固定于内板外侧，以此调节垄宽，从而调节整个垄型规格参数，操作方便，适应性广。③可调偏置技术。为解决现有大棚王配套的复式作业机具往往不能靠近大棚边角进行作业，作物可栽培面积减少的问题，设计了侧边传动偏置悬挂结构，采用液压方式调节偏置距离，最大偏置调节距离达到30厘米。④垄面平整技术。为提高垄表的平整度，对旋耕后的土层表面进行压实作业，增加主动或被动型的镇压装置，压实表层土壤，以提高垄型表面的平整度。⑤一机多垄技术。为提高作业效率，节省作业成本，采用多组起垄整形部件及液压举升技术，实现一机双垄及三垄等作业，目前已形成系列化产品。根据作业功能分为单机型和复合（主要指施肥、覆膜、铺管等）型等多款，形成作业幅宽1 000～2 200毫米的八款系列产品，其中1 000～1 400毫米的多为单垄，1 400～2 200毫米的多为双垄，满足不同用户需求。其中1ZKN-120型精整地机已取得机具性能检测报告。该成果适用于不同农艺要求和垄型规格的辣椒、番茄、甘蓝、白菜、生菜等蔬菜栽植前的精细化整地，也可用于花卉、药材整地，可同时满足露地和设施的作业场合要求。

■ 3. 推广应用

相关技术形成的系列产品目前已销售到山东的潍坊、临沂、聊城等地，江苏的盐城、扬州等地，内蒙古的乌兰察布、赤峰等地，黑龙江的牡丹江市、哈尔滨等地，上海、陕西、河北、云南、福建、广东、江西、湖北等地，近些年累计销售520余台，推广面积达2.6万亩。大部分用户对作业效果比较满意，基本上可按照用户不同要求定制，符合不同的蔬菜垄作农艺要求，且对作业的垄面平整度、垄形规整非常满意。

完成单位：农业农村部南京农业机械化研究所、山东华龙农业装备有限公司
主要完成人：陈永生、管春松、杨雅婷、高庆生、李广华
通信地址：江苏省南京市玄武区中山门外柳营100号
电话：025-84346254
E-mail：cs.guan@163.com

1KN-140型单垄整地机

1KN-180双垄整地机

1ZKNP-125型偏置型整地机

# 花生荚果换向通风干燥技术与装备

## ■ 1. 成果审定

该成果共获得3项专利。一种可换向通风的箱式干燥机及对粮油作物干燥的方法（ZL201210532111.8）；一种可回收余热的通风干燥机及其控制方法（ZL201410056276.1）；一种箱式换向通风干燥机的余热回收装置及方法（ZL201510117871.6）。2016年获得中国农业科学院杰出科技创新奖。

## ■ 2. 成果特点

①探明了花生荚果通风干燥特性，创新性采用热风双口馈入、左右或上下风室交替换向通风等方式来改善干燥物料层厚度方向上的干燥速率滞后性；②采用了热空气分流引流技术与大风口通风技术，有效提高了花生荚果干燥设备水平层的风场分布均匀性，提高物料在水平方向上的干燥均匀性；③基于研发的花生荚果、玉米穗干燥设备，根据烘干前的物料初始含水率及天气条件，提出了合理的烘干工艺；④采用空气源热泵作为热源，同时回收废气中的余热，干燥介质温湿度温和，接近自然干燥，进一步提高了干燥经济性和物料干后的品质。突出优点：成果适于花生种植专业户和分散农户由于没有场地晾晒或在阴雨天时的花生荚果的产地快速干燥。该产品也可用于粮油作物及其他农产品的产地快速干燥。传统的花生收获后大都采用人工晾晒，工作量大、对天气状况依赖性强、晾晒场地需求量大，而现有烘干设备烘干过程热量浪费严重、烘干不均匀、经济成本高，该成果为花生集中收获后的产地及时干燥提供了有效的技术装备支撑。

5H-1.5型箱式换向通风干燥机

## ■ 3. 推广应用

已经在山东、江苏、江西等花生主产区的多家种植大户、合作社进行了示范推广应用，为花生集中收获后尤其是阴雨时节的产地及时干燥提供了有效的技术装备支撑，保障了花生的种植效益。

完成单位：农业农村部南京农业机械化研究所
主要完成人：谢焕雄、颜建春、吴惠昌、魏海、王建楠、刘敏基、张会娟、高学梅
通信地址：江苏省南京市玄武区中山门外柳营100号
电话：025-84346256
E-mail：xhxnq@163.com

# 食用菌栽培基质系列粉碎技术装备

## 1. 成果审定

该成果共获得5项专利。一种双动力粉碎机（ZL201220338039.0）；一种带风引出料装置的组合式粉碎机（ZL201320077008.9）并获得江苏省新产品专利金奖；一种组合式粉碎机（ZL201220243277.3）；粉碎机输送强制喂料、过载保护装置（ZL201120447290.6）；一种双喂料口粉碎机（ZL201220243203.X）。

## 2. 成果特点

由农业农村部南京农业机械化研究所完成的食用菌栽培基质系列粉碎技术装备成果，为国家现代食用菌产业技术体系——食用菌设备设施岗位，研制出的小功率户用型、大功率规模型、双动力可移动型、双喂料口型及带风引出料装置的切粉一体型等5种基质粉碎装备。解决了硬质高纤维秸秆喂入时的不稳定、粉碎时出现锤片裂纹与二次作业时带来的能耗增加问题；优化软质秸秆粉碎能耗配比，无需切碎直接在粉碎装置喂料口处进行喂料粉碎，降低了能量消耗、改善了作业环境。其创新点：①大功率规模型双室基质粉碎技术装备。该装备由切搓室和锤揉室组成，两室分开作业，一次粉碎作业即可完成基质的切碎、揉搓、粉碎等工作，并可通过更换筛网得到不同粉碎细度的食用菌栽培基质。②小功率户用型基质粉碎技术与装备。该装备在喂料口处安装定刀，在粉碎室内安装动刀刀盘，基质在粉碎室内先切后掉落于粉碎室内进行锤片粉碎，有利于软质基质的切碎后粉碎，提高装备的工作效率。③带有强制喂料装置的双动力可移动型基质粉碎技术装备。该装备既可用电机作为动力，亦可用拖拉机作为动力源，实现田间移动粉碎和场地固定粉碎相结合，并采用强制喂料装置和过载保护装置可有效减轻人工喂料的强度并提高安全性。④双喂料口型基质粉碎技术装备。设置了两个进料口，软、硬秸秆由不同的进料口喂料，既提高了生产率，又保证了粉碎质量，并提高了设备的使用寿命。⑤带风引出料装置的切粉一体型基质粉碎技术装备。一台电机驱动，切碎室与粉碎室分开，既可单独作业，也可先切后粉的组合作业；且切碎装置与粉碎装置转速不同，可有效防止了切刀的钝化或断裂。该成果主要满足食用菌生产中的规模化合作社和大型企业的基质粉碎需求。基本可满足现用所有栽培基质的粉碎，具有非常好的前景。同时也能满足以家庭作坊式食用菌生产对基质的粉碎需求，以一家一户基质粉碎为主。

## 3. 推广应用

研究开发的小功率户用型、大功率规模型、双动力可移动型、双喂料口型及带风引出料装置的切粉一体型等5种基质粉碎装备均已通过江苏省农机鉴定站的性能检测，并在江苏、浙江、山东、吉林、黑龙江、河北等地的食用菌生产合作社、企业进行了示范应用。

完成单位：农业农村部南京农业机械化研究所
主要完成人：宋卫东、王明友、王教领、吴今姬、李尚昆
通信地址：江苏省南京市玄武区中山门外柳营100号
电话：025-84346252；15366093009
E-mail：songwd@136.com

大功率规模型基质粉碎装备

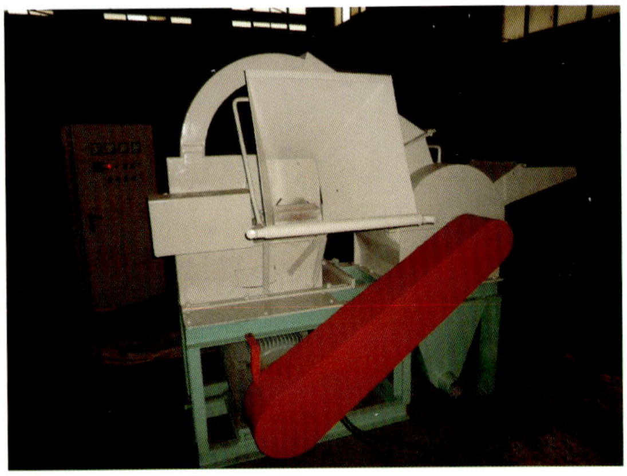

带风引出料装置的切粉一体型基质粉碎

双喂料口型基质粉碎装备

小功率户用型基质粉碎装备

# 一种旋耕播种秸秆粉碎覆盖还田机

## ■ 1. 成果审定

该成果共获得2项专利。一种新型秸秆粉碎还田机（ZL 201520923968.1）；一种旋耕播种秸秆粉碎覆盖还田机（ZL 201510234813.1）。

## ■ 2. 成果特点

该机可通过万向节带动中间传动箱、侧传动箱进而带动主皮带轮转动，主皮带轮通过皮带带动传动皮带轮转动，驱动旋耕刀轴、粉碎刀轴作业，地轮驱动主动链轮转动，主动链轮通过链条带动传动链轮转动，驱动排种轴、排肥轴转动，种子落入输种管并落到已耕好的田地上，粉碎的秸秆被风叶产生的风吹到秸秆输送腔的前开口端并向后吹送，经后开口端下落到地表上，地轮将已旋耕播种施肥的田面进行镇压，这样一次完成旋耕、施肥、播种、秸秆粉碎，秸秆覆盖还田及镇压作业工序能够将原来多项作业工序能够一次完成、省时、节能，作业效率高，适用性强。适用于我国大部分地区的旱地作业。

## ■ 3. 推广应用

该机具已在企业进行样机的开发试制，在前期的用户使用过程中得到了用户一致好评，有待于向市场的推广。

完成单位：农业农村部南京农业机械化研究所

主要完成人：陈小兵、徐敏、朱继平、袁栋、丁艳、李良波、彭卓敏

通信地址：江苏省南京市玄武区中山门外柳营100号

电话：025-84431331

E-mail：chxibi@126.com

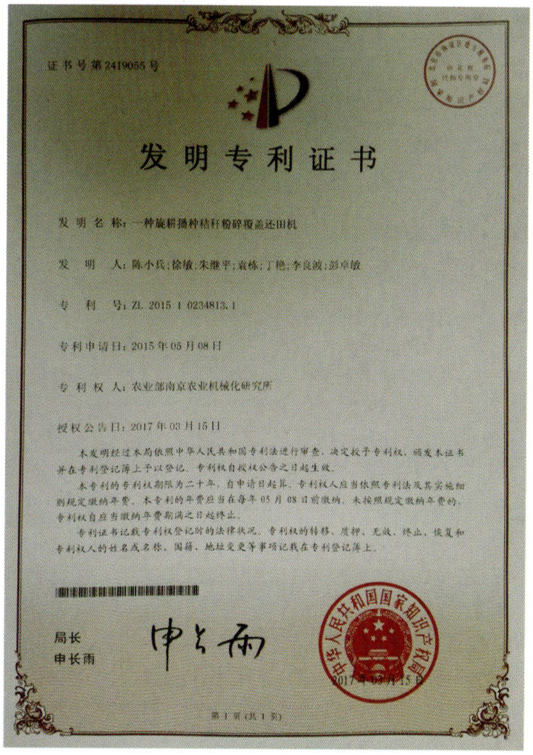

证书号第2419055号

发明专利证书

发明名称：一种旋耕播种秸秆粉碎覆盖还田机

发明人：陈小兵；徐敏；朱继平；袁栋；丁艳；李良波；彭卓敏

专利号：ZL 2015 1 0234813.1

专利申请日：2015年05月08日

专利权人：农业部南京农业机械化研究所

授权公告日：2017年03月15日

本发明经过本局依照中华人民共和国专利法进行审查，决定授予专利权，颁发本证书并在专利登记簿上予以登记。专利权自授权公告之日起生效。

本专利的专利权期限为二十年，自申请日起算。专利权人应当依照专利法及其实施细则规定缴纳年费。本专利的年费应当在每年05月08日前缴纳。未按照规定缴纳年费的，专利权自应当缴纳年费期满之日起终止。

专利证书记载专利权登记时的法律状况。专利权的转移、质押、无效、终止、恢复和专利权人的姓名或名称、国籍、地址变更等事项记载在专利登记簿上。

局长
申长雨

2017年03月15日

第1页（共1页）

一种旋耕播种秸秆粉碎覆盖还田机

# 果园小型实用新型机械设备研发与应用

## 1. 成果审定

共获得2项国家发明专利和17项国家实用新型专利，制定农业行业标准1项和企业标准3项。2013年12月获得农业农村部科技教育司组织的专家鉴定对中国农业科学院果树研究所等单位完成的“果园小型实用新型机械设备研发与应用”科技成果进行了鉴定。一致认为该成果技术路线合理，研究方法科学，技术资料规范，数据翔实可信，具有明显的创新性。

## 2. 成果特点

①在全国率先系统研发出果园行间碎草机、果园树盘碎草机、偏置式开沟机、偏置式搅拌回填一体机、偏置式开沟施肥搅拌回填一体机、偏置式振动深松化肥施肥机（已经获得宁夏回族自治区的农业机械推广鉴定证书）、往复式葡萄剪梢机、旋转式葡萄剪梢机、气力雾化风送式果园静电弥雾机、管式风送果园弥雾机、龙门架式喷雾机、埋藤防寒机、防寒土清除机、低地隙果园机械动力作业平台——橡胶履带拖拉机等系列农机装备14台套，其中果园越冬防寒管理机械和果园基肥施用机械填补空白。②在全国率先筛选出干性强适于机械化作业的部分桃树品种，同时以干性强适于机械化作业为育种目标开展了杂交育种工作，获得杂交苗木612株，初选优系48株。③提出适于果园机械化生产的部分配套农艺措施。

果园行间碎草机

果园埋藤防寒机

偏置式开沟施肥搅拌回填一体机
（有机肥与化肥混合施用）

## 3. 推广应用

项目成果在6个省区示范应用，取得了显著的经济与社会和生态效益。据不完全统计，截至2016年9月1日，全国累计辐射推广面积40余万亩，示范推广果园系列配套机械1 000余台套，果园机械化生产技术10余万亩，全国年新增纯收益总计约1.4亿元。

完成单位：中国农业科学院果树研究所、山东农业大学、农业农村部南京农业机械化研究所、高密市益丰机械有限公司

主要完成人：郝志强、王海波、刘凤之、翟衡、王孝娣、张敬国、王志强、徐翠云、史祥宾、王宝亮、杜远鹏、魏长存、金诚谦、郑晓翠、张成福

通信地址：辽宁省兴城市兴海南街98号

电话：13591963796（王海波）

E-mail：haibo8316@163.com

# 稻机械化生产与技术创新

■ 1. 成果特点

由中国水稻研究所完成的稻机械化生产与技术创新成果对水稻可持续生产对保障粮食安全及社会稳定具有重要意义。我国水稻产业发展面临着生产效益下降、进口规模不断扩大、大米市场价格波动和结构性矛盾日益突出等新的问题。同时随着社会经济发展及农村劳动力转移和老龄化，我国水稻产业急需向现代化机械化转型升级。然而，现有水稻机械化生产模式及种植技术不能适应社会发展与水稻生产需要，机械化生产的智能化率低、社会化服务程度低，机械化种植程度远低，生产中肥水农药施用不合理，资源利用率低，水稻产业融合率低。因此，迫切需要技术创新，解决关键问题，创新机械化模式，提升机械化技术配套水平，稳定水稻种植面积，提高稻作效益，解决了关键技术问题。其主要创新点：①水稻机械化育供秧、种植模式、装备和技术创新。②水稻全程机械化生产技术创新与配套。③水稻机械化、智能化减肥减药节水增效技术研发。④水稻生产机械化高产技术集成与示范。

■ 2. 推广应用

农机农艺融合，创制一批水稻机械化生产机械装备，创新适合不同季节及地区生产的水稻机械化生产模式，研发一系列水稻全程机械化生产技术，并实现减肥减药节水生产；通过技术集成示范，推进水稻规模化经营、机械化作业和社会化服务，提高水稻产量和产业效益，实现水稻产业融合发展。

完成单位：中国水稻研究所
主要完成人：陈惠哲、朱德峰、张玉屏
通信地址：浙江省杭州市富阳区水稻所路28号
联系电话：0571-63371376
邮箱：chenhuizhe@163.com

# 玉米密植高产全程机械化绿色生产技术

## 1. 成果审定

2013—2016年连续4年被农业农村部遴选为全国玉米主推技术，制定的技术标准分别被新疆维吾尔自治区、甘肃省、宁夏回族自治区、河南省等省市区颁布。2015年12月通过兵团科技局组织的成果鉴定，总体水平达到国际先进水平，在群体高质量调控栽培理论与技术、高产高效协同机制、大面积高产应用等方面处于国际领先水平。

## 2. 成果特点

由中国农业科学院作物科学研究所，国家玉米产业技术体系栽培与土肥功能研究室完成的玉米密植高产全程机械化绿色生产技术成果，准确把握国内外玉米产业技术发展方向，以高产高效绿色生产为目标，将增密种植、高质量群体调控为核心的高产栽培、以机械粒收技术为核心的全程机械化生产技术和以绿色防控、秸秆还田为核心的绿色生产技术相融合，通过规模化、标准化实施，从而实现玉米绿色增产增效，提高玉米竞争力。玉米密植高产全程机械化绿色生产技术体系以耐密品种、合理密植、群体质量调控为核心，配套精量点播、滴水出苗、化学调控、机械施肥、绿色防控、秸秆还田、机械收获、烘干收储等关键技术。在玉米生产面临的价格“天花板”和成本“地板”的双重挤压下，通过技术进步，实现绿色、可持续和增产增效的协同，是我国现代玉米生产未来发展的方向。适宜西北春玉米区、北方春玉米区有灌溉条件地区，或降雨有保障、无严重干旱和阴雨寡照灾害天气出现的雨养地区，其他地区可参照执行。

## 3. 推广应用

玉米密植高产全程机械化绿色生产技术的实施连续多次创造全国和主要玉米产区的高产纪录。2013年在新疆生产建设兵团奇台总场创造了1 511.74千克/亩的全国玉米高产纪录，首次使我国玉米单产水平跨上了单季亩产“三千斤”的新台阶，2017年在同一地点又再次创造1 517.11千克/亩的全国玉米高产新纪录，大幅度提升了中国玉米现实产量潜力。大面积实施玉米密植高产全程机械化绿色生产技术后，经农业农村部专家指导组组织测定，2014年在新疆兵团第四师71团创造万亩（10 500亩）1 227.6千克/亩的大面积玉米高产新纪录，不仅使中国玉米大面积单产迈上1 200千克/亩的新台阶，且亩净利润突破1 607.88元，实现了高产高效的协同提高；2017年10月14日对万亩田中的1100亩进行机械粒收测产，平均产量达到1 229.8千克/亩，亩净利润达到1 110.65元。

完成单位：中国农业科学院作物科学研究所、国家玉米产业技术体系栽培与土肥功能研究室

主要完成人：李少昆

通信地址：北京市海淀区中关村南大街12号

电话：010-82108891
E-mail：lishaokun@caas.cn

2017年，在新疆生产建设兵团奇台总场创造亩产1 517.11千克的全国新纪录

新疆生产建设兵团第四师71团实施玉米密植高产全程机械化绿色生产技术，万亩高产田（10 500亩）单产迈上1200千克/亩的新台阶

玉米密植高产全程机械化绿色生产技术机械籽

技术观摩与交流

# 苎麻剥麻机的研制与应用

## 1. 成果审定

“横向喂入式苎麻剥麻机”和“双滚筒苎麻剥麻机”为核心技术内容的科技成果——“苎麻剥麻机的研制与应用”，获湖南省科技进步三等奖。

## 2. 成果特点

（1）创新点。横向喂入式苎麻剥麻机首次采用苎麻茎秆横向喂入、双滚筒连续分段加工的剥麻原理，实现了苎麻茎秆基部和梢部纤维的不间断加工，大幅度地提高剥麻工效。设计了链轮绳索凹形夹持装置，实现了苎麻纤维所需要的强度，又具有较好的柔软度，保证了苎麻纤维夹持的稳定性与连续性。上述苎麻剥麻方法与纤维夹持方式属国内首次采用，创新性强。

（2）突出优点。剥麻工效高。横向喂入式苎麻剥麻机正常工作情况下的生产率达到131千克/小时左右，是目前生产上普遍使用的反拉式苎麻剥麻机剥麻工效（10千克/小时）19倍。满足了苎麻规模化种植的及时收获问题。

剥麻质量好。检测结果表明，苎麻剥麻机所剥纤维含胶率≤28%、鲜茎出麻率≥5%、原麻含杂率1%。操作轻便省力，纤维品质居中国内领先水平。

（3）适用范围及应用前景。横向喂入式苎麻剥麻机由于剥麻工效高，适应苎麻大面积种植户使用，双滚筒反拉式苎麻剥麻机适应小面积苎麻种植户使用。

推广应用结果表明，横向喂入式苎麻剥麻机剥麻工效达131千克/小时，是小型剥麻机的19倍，适用大型苎麻基地使用。双滚筒苎麻剥麻机剥麻工效高达18.06千克/小时，是简易刮麻器工效10倍以上，适用小规模种植户使用。由于大大减轻了劳动强度、节约收获成本，经济效益十分显著，应用前景广阔。

## 3. 推广应用

（1）推广情况及经济效益。苎麻剥麻机已经在湖南省南县、湖南省张家界市、重庆市涪陵区、江西省宜春市和分宜县等苎麻主产区推广示范，10多年来，累计推广应用苎麻剥麻机3 738台，累计剥麻面积65.17万亩，节约剥麻成本1.93亿元。

（2）社会效益。一是降低农民的收获成本，提高生产工效，增加农民收入；二是提高剥麻质量，改善了麻类纤维纺织品质，增加产品的出口创汇能力；三是使用机械剥麻比手工剥麻提高工效10倍以上，解决我国目前农业生产上劳动力严重不足问题，促进麻类产业的发展。

完成单位：中国农业科学院麻类研究所

主要完成人：吕江南、龙超海、马兰、刘佳杰、周志、何宏彬、郭斌、何超群、庹年初、刘带根、曾志祥

通信地址：湖南省长沙市咸嘉湖西路348号
联系人：吕江南、马兰
电话：0731-88998508；073-88998532
E-mail：yjljn@sina.com

横向喂入式苎麻剥麻机剥麻现场

双滚筒苎麻剥麻机使用培训

双滚筒苎麻剥麻机推广示范

# 农业科技新技术、新方法、新产品

# 一种甲烷排放浓度监测方法

## ■ 1. 成果审定

2013年提出专利权申请，2016年1月获得发明专利权授权（专利号：ZL 201310323075.9）。

## ■ 2. 成果特点

由中国农业科学院草原研究所发明并完成的甲烷排放浓度监测方法，是一种动物甲烷排放浓度监测方法，尤其是各品种羊只甲烷排放浓度监测。该专利具有：①通过动态研究了解家畜的甲烷排放规律，为以后进行反刍动物对比性甲烷排放调控研究时，确定合理的监测时段提供理论依据，加快研究的速度和节省人力、物力。通过不同饲养方式、补饲条件下，甲烷相对排放量的估测，为家畜的低碳排放、高效养殖管理提供理论和实际操作性参考理论和技术，并为发展我国低碳畜牧业奠定技术基础。②克服了现有甲烷排放监测技术中的复杂性、不便性，提供一种节约成本、便于操作的甲烷排放浓度监测方法。室内外、野外均可使用，并避免远距离采样的麻烦，在实际生产环境中即可使用。操作简单、容易掌握，结合实际。本方法的监测差异可以达到1%水平，在研究和生产中，可以用于不同家畜个体或品种之间的甲烷排放的比较研究，从而为筛选高效饲料配方或降低温室效应提供参考。

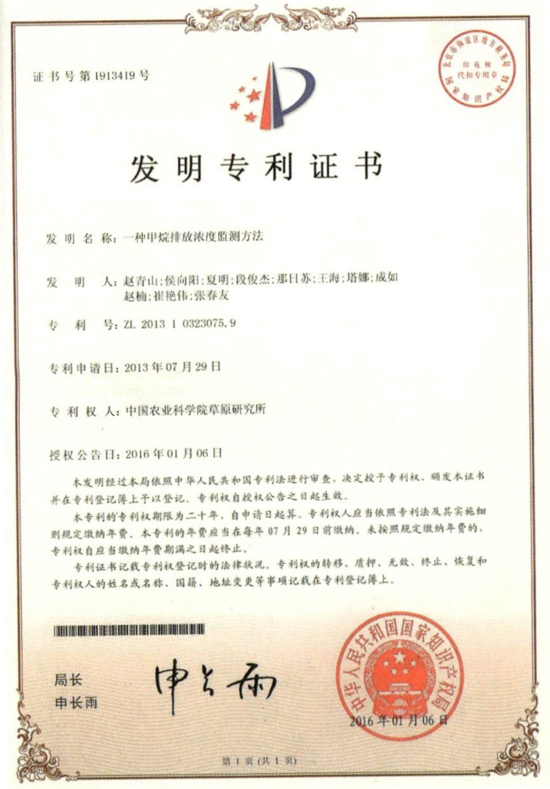
证书号第1913419号

发明专利证书

发明名称：一种甲烷排放浓度监测方法

发明人：赵青山；侯向阳；夏明；段俊杰；那日苏；王海；塔娜；成如赵楠；崔艳伟；张春友

专利号：ZL 2013 1 0323075.9

专利申请日：2013年07月29日

专利权人：中国农业科学院草原研究所

授权公告日：2016年01月06日

本发明经过本局依照中华人民共和国专利法进行审查，决定授予专利权，颁发本证书并在专利登记簿上予以登记。专利权自授权公告之日起生效。

本专利的专利权期限为二十年，自申请日起算。专利权人应当依照专利法及其实施细则规定缴纳年费。本专利的年费应当在每年07月29日前缴纳。未按照规定缴纳年费的，专利权自应当缴纳年费期满之日起终止。

专利证书记载专利权登记时的法律状况。专利权的转移、质押、无效、终止、恢复和专利权人的姓名或名称、国籍、地址变更等事项记载在专利登记簿上。

局长
申长雨

中华人民共和国国家知识产权局
2016年01月06日

第1页（共1页）

证书

完成单位：中国农业科学院草原研究所

主要完成人：赵青山

通信地址：内蒙古呼和浩特市赛罕区乌兰察布东街120号

电话：0471-4968987

E-mail：zqshope@163.com

# 蜂产品质量安全控制融合检测技术

■ 1. 成果审定

2015年获得北京市科技进步二等奖（证书编号：2015计-2-004）。

■ 2. 成果特点

由中国农业科学院蜜蜂研究所和中国农业科学院信息研究所完成的蜂产品质量安全控制融合检测技术，是在国家公益性行业（农业）科技专项、农业科技成果转化资金项目、国家自然科学基金等项目支撑下产生的成果。该成果依据人工智能、数据库、网络通信等技术，提出了基于Agent的蜂产品质量控制协同工作方法，构建了蜂产品安全控制技术和蜂产品安全跟踪与可追溯体系模式，制定了蜂产品质量追溯信息的编码标准和技术规范，构建了蜂产品产地、收购、加工、销售的全程数据库系统，研制了支持网络、计算机和便携设备的数据采集系统，实现了蜂产品供应链全程记录信息的可追溯性；创新地建立了具有产地溯源、品种鉴别、产品真实性鉴别功能的检测分析技术体系，构建了蜂产品真实性鉴别分析模型，实现了溯源蜂产品的化学成分示踪可追溯性，蜂产品追溯信息语音识别准确率达95%以上，蜂产品溯源真实性鉴别的总准确率达到95%以上。

■ 3. 推广应用

本成果形成的软件已经应用到全国13个省份，并在北京、浙江、湖北、广东、新疆、黑龙江、四川、重庆8个省（区、市）开展了重点应用。目前国内提供蜂产品质量追溯服务的蜂农、合作社和加工企业等有80%以上均使用本项研究成果进行信息采集、产品鉴别和查询服务，主要用户包含17家企业、16家合作社、930户蜂农共113 600个蜂群。

完成单位：中国农业科学院蜜蜂研究所、中国农业科学院农业信息研究所
主要完成人：诸叶平、李熠、刘升平、陈兰珍、赵静、鄂越
通信地址：北京市香山卧佛寺西侧
电话：01062596429；13311266995
E-mail：liyi01@caas.cn

2015北京市奖（蜂产品溯源）

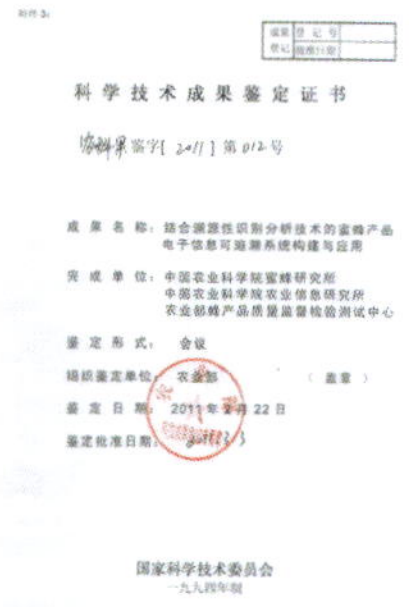

鉴定（蜂产品溯源）

# 农产品黄曲霉毒素靶向抗体创制与高灵敏检测技术

■ 1. 成果审定

2015年获得国家技术发明二等奖。

■ 2. 成果特点

由中国农业科学院油料作物研究所完成的农产品黄曲霉毒素靶向抗体创制与高灵敏检测技术的成果，探明了黄曲霉毒素免疫活性位点及靶向诱导效应，发明了杂交瘤一步式半固体培养——梯度筛选法，效率提高30倍，创制的抗体亲和力超过国际领先的德国、意大利抗体1个数量级，创建了黄曲霉毒素高灵敏现场检测和确证性检测技术体系，开发出17种试剂盒和3种检测仪器，灵敏度高达0.003～0.1微克/千克，比现有同类技术提高10～50倍，成本降低75%，时间缩短80%，破解了黄曲霉毒素现场检测灵敏度低、假阳性率高技术难题。该成果广泛适用于花生、玉米、大米、食用植物油和牛奶及乳制品等农产品、食品及饲料生产、流通、贸易、监管、检测部门及企业。

■ 3. 推广应用

该成果已在22个省粮、油、奶主产区从农田到餐桌全程控制中广泛应用，并出口美国等国家，累计培训260多场、10 500多人次，覆盖了农产品种、收、储、运、加等领域，检测能力提升40%，成本降低75%，污染损失减少13%以上，国际贸易通报比例由30%下降到10%。

完成单位：中国农业科学院油料作物研究所
主要完成人：李培武
通信地址：湖北省武汉市武昌区徐东二路2号
电话：027-86812943
E-mail：peiwuli@oilcrops.cn

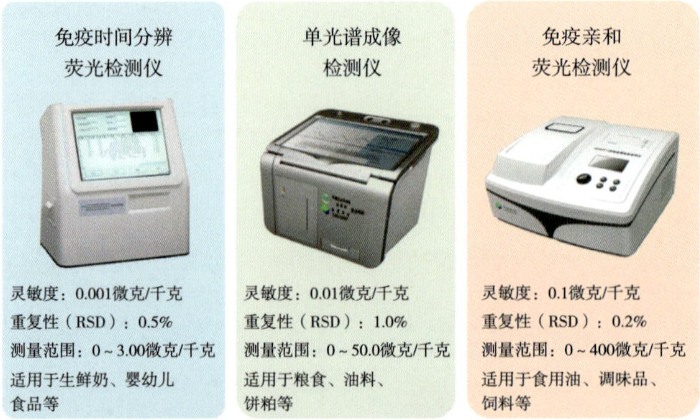


农产品黄曲霉毒素靶向抗体创制与高灵敏检测技术

# 棉花枯、黄萎病抗性鉴定技术

## 1. 成果审定

该成果于2014年获河南省科技进步一等奖（证书编号：2014-J-007-D01/04）。该成果创建了规模最大、技术水平一流的棉花抗病鉴定技术平台，准确鉴定评价6 541个棉花品种（系）和资源材料，筛选出抗病新品系1 105个；推荐333个抗（耐）病品种通过国家或省级审定。

## 2. 成果特点

由中国农业科学院棉花研究所、中国农业科学院植物保护研究所、全国农技推广中心、西北农林科技大学完成的棉花枯、黄萎病抗性鉴定技术成果通过关键技术的创新与规范，创建了准确、快速、规范的抗病评价技术体系。发明了以微伤根接种技术为核心的抗黄萎病苗期快速鉴定新方法——蛭石沙土无底纸钵定量蘸菌液法。该方法鉴定结果准确度高，克服了以往针刺接种、纸钵撕底蘸根接种或切根接种的弊病，与成株期鉴定结果极显著相关（$r$=0.936 454），鉴定周期仅45天左右，较成株期鉴定140天左右缩短近100天。鉴定过程快捷、环保，环境条件可控性强，可实现一年多批次鉴定，已广泛应用于棉花品种（系）抗黄萎病性的筛选鉴定，为大批量棉花材料的抗病性鉴定提供了技术保障，加快了抗病品种的选育进程。其创新点：①通过DNA检测和致病力分化研究，明确了我国棉花枯、黄萎病菌的分型和分布，创立了抗病鉴定的标准菌系，筛选出适合我国三大棉区抗枯、黄萎病鉴定的标准菌株，建立了标准菌株资源库及其生物学性状、致病力、SSR指纹图谱等信息档案。②通过创新规范人工接种技术、标准对照、病情分级标准和抗病类型划分标准，创建标准化的抗性评价指标“相对病情指数”，完善评价技术，制定了国际上唯一的棉花枯萎病和黄萎病抗性评价国家标准，首次实现了全国范围抗病评价的统一“度量衡”。

## 3. 推广应用

至2011年，经推荐审定的品种累计推广2.8亿亩，近三年增加经济效益26.9亿元，使枯萎病和黄萎病从猖獗危害到有效控制。

完成单位：中国农业科学院棉花研究所、中国农业科学院植物保护研究所、全国农技推广中心、西北农林科技大学

主要完成人：朱荷琴、简桂良、冯自力、郭红甫、李志芳、金石桥、宋晓轩、张西岭、师勇强、卢美光、赵丽红、郑紘爽、胡小平、齐放军、张文蔚

通信地址：河南省安阳市开发区黄河大道38号

电话：0372-2562280

E-mail：heqinanyang@163.com

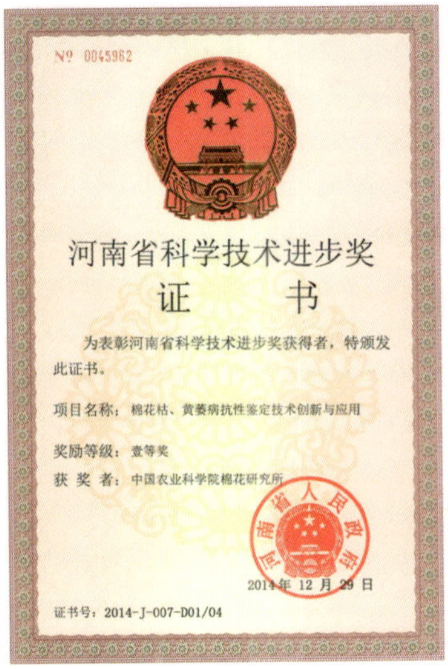
№ 0045962

河南省科学技术进步奖

证　书

为表彰河南省科学技术进步奖获得者，特颁发此证书。

项目名称：棉花枯、黄萎病抗性鉴定技术创新与应用

奖励等级：壹等奖

获 奖 者：中国农业科学院棉花研究所

河南省人民政府

2014年12月29日

证书号：2014-J-007-D01/04

河南省一等奖证书

抗黄萎病苗期快速鉴定新方法

田间对比试验

# Pat/Bar金标免疫快速检测试剂盒

## 1. 成果审定

该成果一对高效、螯合的杂交瘤细胞已提交中国科学院微生物研究所进行菌种保藏（保藏号：11094和11095），同时bar/PAT蛋白胶体金检测试剂盒正在申请专利（专利申请号201710782130.9）。

## 2. 成果特点

由中国农业科学院生物技术研究所协同北京奥创金标生物技术有限公司，共同完成的Bar/Pat蛋白检测试剂盒。该成果应用胶体金免疫层析技术，利用一对稳定高效、螯合配对、抗bar/pat蛋白的单克隆抗体所制备，开发出了bar/Pat蛋白快速检测试纸条，样品中含有1纳克/毫升 Pat/Bar蛋白或者20毫克/毫升植物阳性材料均可快速检测到阳性条带。其具有特异性强、灵敏度高、方便快捷等特点，特别适合现场检测，为转bar/pat基因植物的定性鉴定提供一种新方法。本试剂盒是针对目前农业转基因作物广泛使用的除草剂抗性基因bar/pat所表达的Bar/Pat蛋白，采用单克隆抗体制备、免疫层析和胶体金示踪等技术研制而成，可以快速对植物材料及其加工产品进行定性检测。不仅在国内属于首次获得Bar/Pat蛋白快速检测试纸条，比国外同类产品的灵敏度高100倍以上，而且价格低廉，可以快速抢占国内和国际市场。用于快速、定性检测植物样本中是否含特异性转抗除草剂基因Pat/Bar蛋白。本产品检测灵敏度为1纳克/毫升蛋白标准品。

## 3. 推广应用

与国外同类产品相比，本试剂盒具有检测灵敏以及价格优惠等诸多优势，现已进行商业化销售，订购单位有中国农业科学院生物技术研究所、作物科学研究所、中国农业大学、河南农业大学和吉林农业科学院等相关科研院所，市场反应良好。

完成单位：中国农业科学院生物技术研究所、北京奥创金标生物技术有限公司共同合作完成

主要完成人：程红梅、刘奇、苏晓峰、郑建、郭惠明、张君、黄艺丹

通信地址：北京市海淀区中关村南大街12号（中国农业科学院生物技术研究所）

电话：010-82106125；010-82109850

E-mail: chenghongmei@caas.cn; wangyouhua@caas.cn

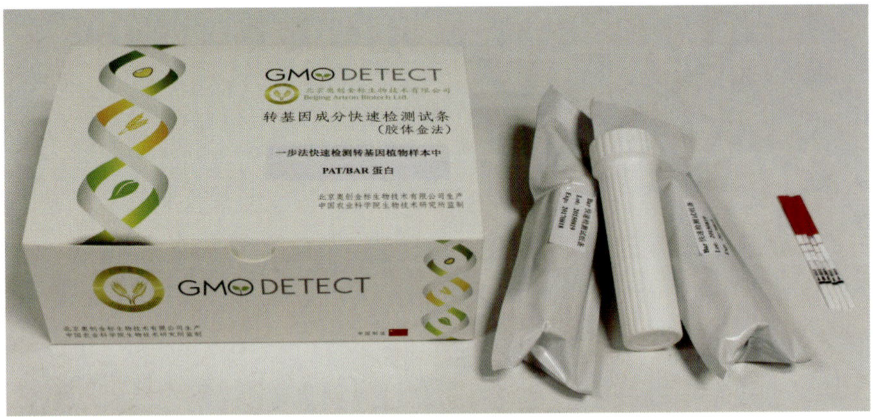


PATBAR金标免疫快速检测试剂盒

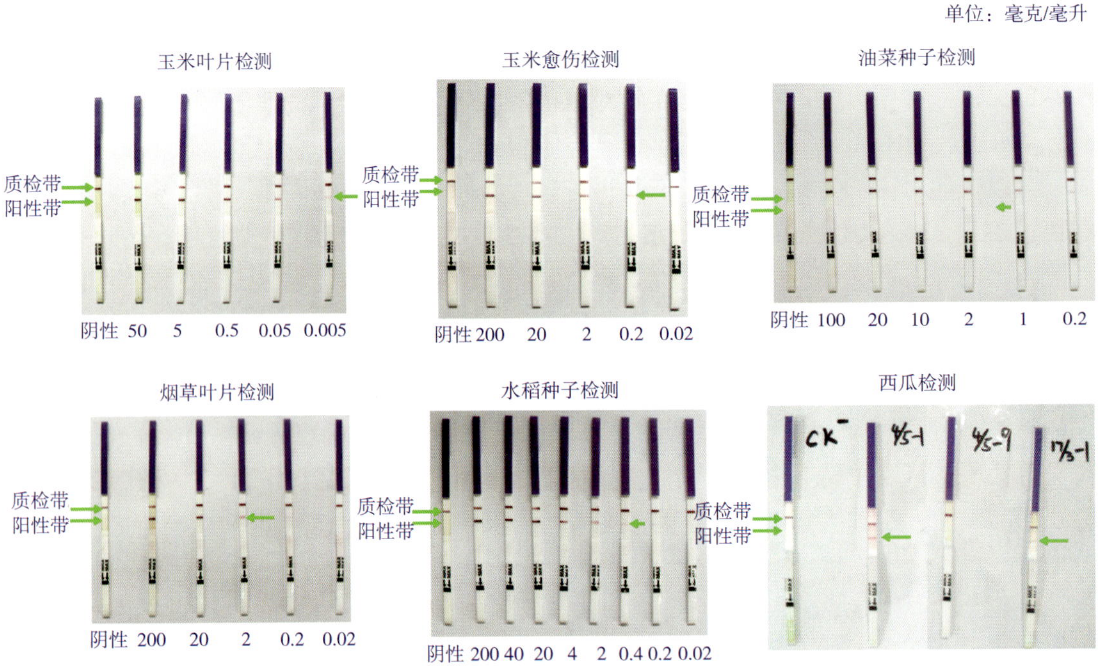


不同植物材料检测结果

# 动物养殖过程关键危害因子识别与确证新技术

## 1. 成果审定

该成果为“十一五”国家科技支撑计划（2006BAD12B03）、“十二五”国家科技支撑计划研发（2011BAD26B0405）、国家自然科学基金（31201832）、国家国际科技合作专项项目（2012DFA31140-06）的研究成果。

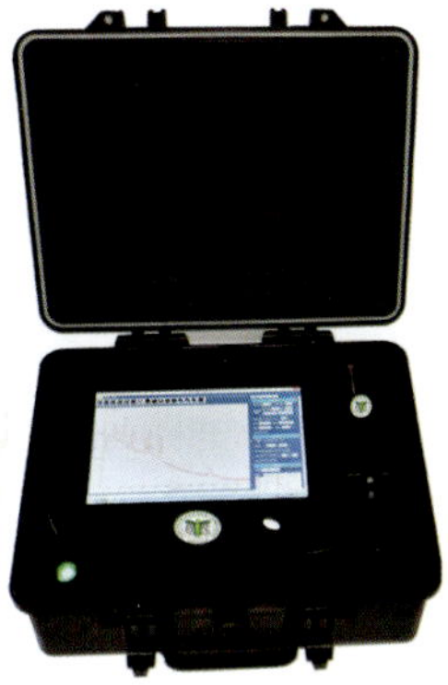

IQSTAP-Lab-1型便携式拉曼

IQSTAP-Lab-2型手持式拉曼

## 2. 成果特点

由中国农业科学院农业质量标准与检测技术研究所完成的动物养殖过程关键危害因子识别与确证新技术成果，是针对动物养殖过程“瘦肉精”等关键危害因子现有速测技术稳定性较差、灵敏度有限、对危害物识别精准性不足，确证技术选择性差、基质干扰严重，准确度不高等关键技术问题，从提升灵敏度、稳定性和选择性等方面，进行了基于纳米新材料的高敏识别和精准确证新技术研究，取得了养殖过程“瘦肉精”、三聚氰胺等识别与确证新技术成果，整体成果达到国际先进水平，部分成果达到国际领先水平。

## 3. 推广应用

本成果中形成的可用于三聚氰胺、霉菌毒素、苏丹红和β-受体激动剂检测的Au@Pt纳米模拟酶标记ELISA速测技术、拉曼光谱速测仪、多重机制杂质吸附型净化柱等产品和设备已在全国30个省（市）超过500家各级检测机构和动物养殖、屠宰以及食品加工等企业广泛应用，提升了检测过程节支降耗能力，培训省、地、市等饲料和畜产品检测机构及企业技术人员超过10 000人次，在“上海世博会”“广州亚运会”等重大活动以及输美宠物饲料“三聚氰胺”事件，双汇“瘦肉精”事件等重大饲料及畜产品质量安全突发事件中发挥了重大作用，产生了显著的社会效益。解决了速测技术多残留、可定量的关键技术问题，提升了检测过程节支降耗能力；提升了饲料质量安全监测技术水平，为从源头保障动物源性食品安全提供技术支撑，取得了显著的经济效益和社会效益。

完成单位：中国农业科学院农业质量标准与检测技术研究所
主要完成人：苏晓鸥、王培龙、程劼、王瑞国
通信地址：北京市海淀区中关村南大街12号
电话：010-82106577；13521161009
E-mail：wplcon99@163.com

# 化学发光增敏液

## ■ 1. 成果审定

本成果是在科技部国际科技合作项目、重大仪器专项及公益性行业（农业）科技项目资助下完成的，获授权国家发明专利3项，分别是三唑磷化学发光免疫分析测定试剂盒及其制备和使用方法（ZL201010611129.8）、化学发光增敏液及其制备方法（ZL201410302775.4）、化学发光增敏液及其制备方法（ZL201410302196.X）。

## ■ 2. 成果特点

该成果解决了化学发光免疫分析中存在检测结果变异系数过大的问题，实现了农产品中三唑磷、克百威、对硫磷等农药的快速准确筛查，灵敏度比经典的酶联免疫分析方法提高了5～10倍。

本项目研制的化学发光增敏液，不仅适用于小分子化合物的化学发光免疫分析方法，也适用于蛋白等大分子物质的化学发光免疫分析方法，且化学发光平台期可达20分钟，很好的满足化学发光免疫分析方法的增敏要求。

## ■ 3. 已应用推广情况

本项目研制的化学发光增敏液已在浙江大学、南京工业大学等科研机构推广使用，目前正与厦门海荭兴、北京勤邦等公司合作，拓宽该化学发光增敏液的应用范围。基于该化学发光增敏液研制的农药化学发光免疫试剂盒也在相关质检机构、农业龙头企业推广应用。

完成单位：中国农业科学院农业质量标准与检测技术研究所
主要完成人：王静、金茂俊、金芬、邵华、佘永新、郑鹭飞、王珊珊
通信地址：北京市海淀区中关村南大街12号
电话：010-82106570
E-mail：katonking@163.com

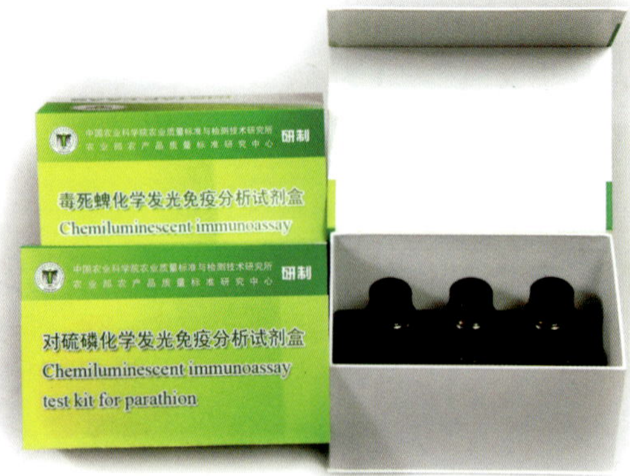


试剂盒

# 基于核酸适配体的黄曲霉毒素B1快速检测试纸条

## 1. 成果审定

该成果已获发明专利授权（专利号：ZL201610325660.6）。

## 2. 成果特点

由中国农业科学院农业质量标准与检测技术研究所完成的基于核酸适配体的黄曲霉毒素B1快速检测试纸条，为科技部国际合作专项及中国农业科学院基本业务费资助项目的研究成果。该成果包括：①羊肉纯度/含量测定试剂盒：利用通用肉类DNA标记及羊肉特异性DNA标记开发了一种可测定肉制品中羊肉含量或纯度的试剂盒产品。该产品的特点在于无须预先知道样品中掺加了什么动物种类的肉，不用鸭肉、猪肉、鸡肉等一个个去试，只需要一个双重荧光定量PCR反应即可计算出羊肉百分含量，包括DNA提取和结果检测，整个过程可以在1小时内完成。②羊肉掺假快速鉴定试剂盒：采用冻干多重芯片技术，研制了一种快速荧光定量PCR芯片产品，可以对羊肉中常见掺假肉类鸭肉、猪肉、鸡肉以及其他水貂肉成分等进行快速检测，包括DNA提取和结果检测，整个过程可以在40分钟内完成。该方法还可配合小型的荧光定量PCR仪操作。③羊肉成分快速鉴定试纸条：针对羊肉掺假现场快速检测要求，开发了一种类似瘦肉精试纸条的羊肉成分鉴定试纸条，通过肉眼观察红色线条是否出现即可判断结果。该方法首先进行一个5分钟的简易核酸提取，然后在37～42℃孵育10分钟进行扩增，最后将扩增反应产物滴到试纸条上，几分钟后既可以观察结果，可以实现现场测定。

## 3. 推广应用

本项目成果已经在北京食药局下属质检机构及有关企业进行示范应用。

完成单位：中国农业科学院农业质量标准与检测技术研究所
主要完成人：陈爱亮
通信地址：北京市海淀区中关村南大街12号
电话：010-82106557
E-mail：chenailiang@caas.cn

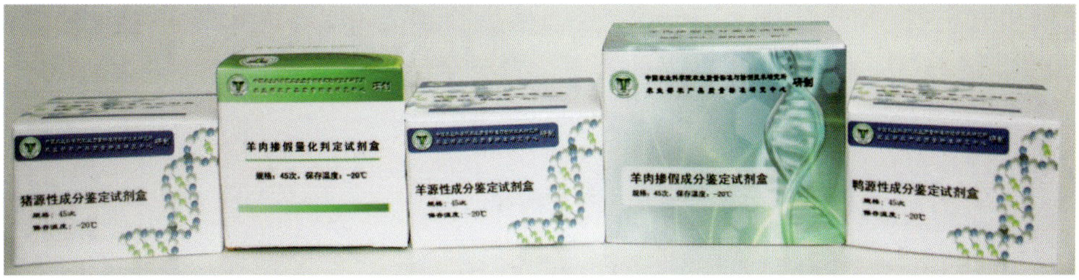


试剂盒

# 基于核酸适配体食品安全污染物快速检测纸条产品

## ■ 1. 成果审定

2016年获得发明专利授权（专利号：ZL201610325660.6）。

## ■ 2. 成果特点

由中国农业科学院农业质量标准与检测技术研究所完成的基于核酸适配体食品安全污染物快速检测纸条，为科技部国际合作专项及中国农业科学院基本业务费资助项目的研究成果。核酸适配体是1990年首次发现的一种可以和靶标高亲和力高特异性结合的单链DNA，一般为10～80个碱基长度，又称为化学抗体，但比抗体具有可体外筛选靶标范围广、可批量合成成本便宜且批间完全一致、化学及热稳定性好可常温储运、易修饰便于开发各种均相及信号放大检测方法等优点，因此在医疗诊断、分析检测领域日益受到广泛重视。我国农产品食品污染物快速检测市场较大，而大部分市场被进口产品占领，本成果的实施将有助于我国在适配体快速检测产品领域处于国际领先地位，降低农产品检测成本，提高农产品质量安全保障水平，具有巨大的经济效益和社会效益。

## ■ 3. 推广应用

本项目成果已经在有关食品安全企业或第三方实验室进行示范应用。

完成单位：中国农业科学院农业质量标准与检测技术研究所
主要完成人：陈爱亮
通信地址：北京市海淀区中关村南大街12号
电话：010-82106557
E-mail: chenailiang@caas.cn

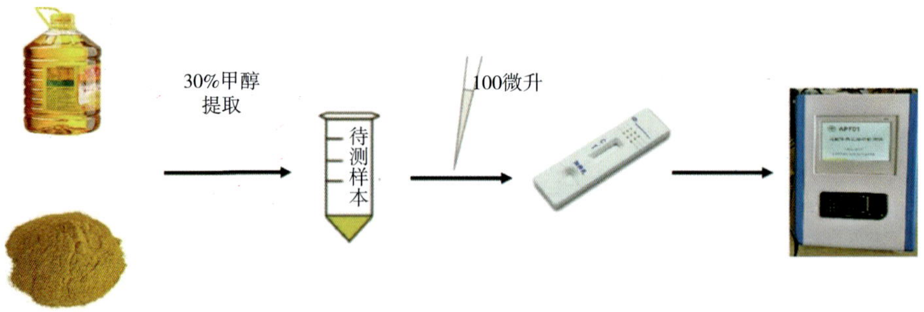


检测流程

# 猪牛肉DNA溯源鉴别技术及产品

■ 1. 成果审定

该成果已申请相关专利5项，形成行业标准2项。

■ 2. 成果特点

由中国农业科学院农业质量标准与检测技术研究所完成的猪牛肉DNA溯源鉴别技术及产品，为农业农村部公益性行业科技专项及北京市食品安全专项项目研究成果。为保证食品质量安全，保护消费者合法权益等，根据可追溯原则，目前的耳标和标签系统无法确保从动物饲养—屠宰—加工—销售各环节追溯信息的真实性。而DNA溯源技术因其稳定及不可更改的特性，为实现“物码合一”的验证及溯源链条的无缝链接提供了新的技术手段。该成果开发了简单方便实用性强的猪牛肉DNA溯源鉴别技术体系及产品。主要包括以下组成部分：①自动DNA样本采集耳标。本项目比较了多种膜材料，最后筛选到了性能好价格合适的纤维素膜，将其热封保护后固定于经改造的动物耳标公订柱上。该血斑档案卡在打耳标的同时，实现了动物个体信息记录及DNA样本自动采集的双重功能，且血斑样本室温可保存1年以上，为溯源样本库的建立提供便利。②猪肉SSR溯源鉴定试剂盒。筛选到7个SSR引物用于猪肉产品的个体溯源，溯源精度达到百万分之一，研制了猪肉产品个体溯源试剂盒，方便实验室进行快速检测验证。③牛肉SSR/SNP溯源鉴定试剂盒。筛选到7个SSR引物及9个SNP位点，用于牛肉产品的个体溯源，溯源精度达到百万分之一，研制了牛肉产品个体溯源试剂盒，方便实验室进行快速检测验证。④优质品种肉类品种快速鉴别试剂盒。筛选到了不同种类牛肉的DNA标记，研制了不同品种牛肉鉴别的试剂盒产品，可用于牦牛、黄牛、日本和牛等优质牛肉鉴别的技术及产品。

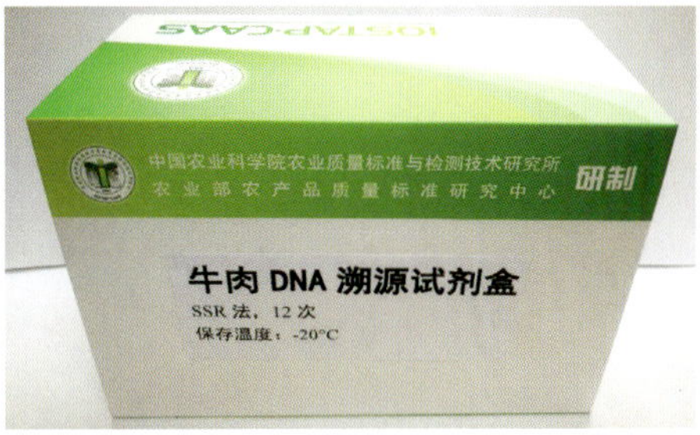

试剂盒

■ 3. 推广应用

该成果在北京、内蒙古等肉牛养殖加工等企业进行了示范应用，通过屠宰留样，及对市场上产品采集检测，保证了样品的真实性。

完成单位：中国农业科学院农业质量标准与检测技术研究所

主要完成人：杨曙明、陈爱亮

通信地址：北京市海淀区中关村南大街12号

电话：010-82106557

E-mail：chenailiang@caas.cn

# 烟草有害生物检测技术

■ 1. 成果审定

2015年6月通过国家烟草专卖局科技司组织的科技成果鉴定，并获得2015年度中国烟草总公司科技进步特等奖。

■ 2. 成果特点

由中国农业科学院烟草研究所完成的烟草有害生物检测技术成果，系统构建了13种烟草主要病害的检测方法，其中首次建立了免疫捕捉real-time PCR检测蚜虫体内CMV的方法，多种病毒同步检测方法，青枯病LAMP检测方法，烟草黑胫病、青枯病、猝倒病多重PCR检测方法等，以上方法可实现对主要病原的快速、多重、定性或定量检测，为监测预警提供参考。在重大病虫害检测技术应用、综合治理技术等方面取得显著的经济、社会和生态效益。该技术适用于我国所有烟叶种植区域。

■ 3. 推广应用

该成果研发的烟青虫/棉铃虫性信息诱捕器、病毒检测试纸条已形成产品，并可批量生产，在云南、贵州、四川、山东、安徽、湖北等产区进行了大面积推广应用。累计应用面积达766万亩，累计辐射面积达3 240万亩，烟农新增产值6.73亿元，新增税收1.48亿元，新增利润0.81亿元。

完成单位：中国农业科学院烟草研究所

联系地址：山东省青岛市崂山区科苑经四路11号

联系人：王凤龙

电话：0532-88702117

E-mail: wangfenglong@caas.cn

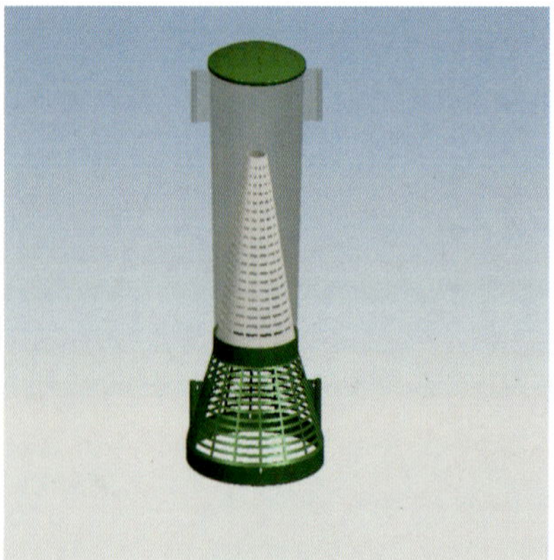

烟夜蛾诱捕器

# 作物生长环境远程监控与诊断关键技术及应用

## ■ 1. 成果审定

该成果获得国家专利35项（发明专利14），授权软件著作权66项，研制新型监测设备15项。

## ■ 2. 成果特点

由中国农业科学院农业环境与可持续发展研究所、北京农业信息技术研究中心、清华大学、甘肃省农业技术推广总站、河南省农业技术推广总站、安徽省农业技术推广总站、东北农业大学共同完成的作物生长环境远程监控与诊断关键技术及应用成果，为农业农村部行业专项（200903010）。该成果创新点：①自主开发高度集成的数据图像一体化远程监控装备。从传感器结构、通信机制、供电优化、数据处理等几方面，跨层优化设计，实现高集成低功耗专用传感设备；提出基于自主专用芯片的多参数可调传感器平台和数据碰撞避免通信机制，自主设计了专用图像传感器设备；基于作物长势表征信息、主要农业气象灾害和病虫害特征的图像识别技术，自主设计研发了智能化多维度移动图像（视频）识别与诊断设备系统。②创新了作物生长环境数字化监控与诊断技术和方法。在农业专用传感、数据传输、数据融合等技术方面取得突破；提出小麦苗情指数体系及其计算标准，在苗情分类、灾情诊断和作物模拟中实现定量化、数字化，完成小麦生长全过程的网络化监测，完善小麦气象灾害诊断指标，构建智能诊断方法；完善了东北玉米主产区低温胁迫关键指标，集成建立了适合东北地区的玉米苗期低温冷害综合预防调控技术；建立“监测点—代表性农田区域—生态类型区—整个小麦产区”的由“点”到“面”的区域动态模拟与评估；综合多源苗情远程监测数据与卫星遥感数据，融合地统计学模型与遥感模型，构建了“苗情站点—遥感反演—尺度转换—苗情信息获取”的点、网、面结合的苗情监控物联网技术体系。③率先建立基于物联网架构和关键技术的作物生长环境监控系统。确定我国不同生态类型区小麦苗情分类的基本指标与参数范围，制定小麦苗情和小麦干旱、冻害等灾情监测规范；自主研发了苗情远程监控系统、苗情与灾情远程诊断智能系统、基于智能手机的远程监控与报警系统、人工辅助数据库，实现了作物生长环境数字化实时监控、综合分析管理和远程诊断等创新功能。

## ■ 3. 推广应用

在全国率先建成了覆盖我国小麦主产区苗情、灾情、墒情监测物联网与国家小麦苗情物联网监控会商中心，为国家小麦生产管理决策提供了全局的数据支撑保障；在黄淮海、长江中下游、东北和西部小麦主产区的17个省（市区）建成基本监控站点138个；示范推广与辐射面积13 481.8万亩，获得综合经济效益41.11亿元以上，农业生产节约成本2%～5%，取得了显著的经济社会生态效益。

完成单位：中国农业科学院农业环境与可持续发展研究所、北京农业信息技术研究中心、清华大学甘肃省农业技术推广总站、河南省农业技术推广总站、安徽省农业技术推广总站、东北农业大学

主要完成人：孙忠富、尹首一、杨贵军、杜克明、郑飞翔、赵贵宾、刘雷波、蒋向、汪新国、李晶、杨小冬、胡新、褚金翔、田宏武、顾万荣、杨正海、岳云

联系人：孙忠富

通信地址：北京市海淀区中关村南大街12号

电话：010-82105990

E-mail: sunzhongfu@caas.cn

河南荥阳

湖北襄阳

多节点苗情数据与图像一体化监控系统

项目信息发布网站入口

（http://www.webcrop.cn）

小麦苗情监测数据发布网站

（http://www.webcrop.cn/station）

# 辅助鉴别常规棉和杂交棉的方法及其专用试剂盒

本专利属于基础型的专利。通过大量的引物筛选，筛选了16对核心引物，条带清晰，多态性好，并在700多个品种中得到实施，效果明显，正确率高。本专利在室内完成，鉴定时效性强，1天能完成一个批次的检测。大批量实验时成本低，实验如工厂的流水线，分工细，效率高，检测不受气候的影响。

“辅助鉴别常规棉和杂交棉的方法及其专用试剂盒”的专利，主要是应用了分子标记技术，采用SSR核心引物，解决棉种行业的关键性、共性的技术难题。能够区分常规棉与杂交种，能够区分杂交种一代和二代，以避免不良商家以二代种子代替一代杂交种，能够鉴定某个品种的真实性，避免假冒种子的横行，能够检测杂交棉的纯度，分析杂交种中的不同成分，是母本遗漏或是故意掺假。能够鉴别各级棉花区试参试品种的真实性，参试品种与图谱库中以往审定的品种比对，有无重复参试现象，避免品种一种多名现象，保护育种家的知识产权。适用于国家级和省级棉花区试中真实性鉴定和纯度鉴定，适用于棉种企业的种子质量控制，适用于农业管理部门的种子执法工作，具有广阔的应用前景。

本专利已应用于国家棉花区试和山东省、河北省、河南省、浙江省区试的参试品种的真实性和纯度检测，应用于全国20多家棉种企业种子的纯度和真实性鉴定，同时应用于多家科研单位开展分子辅助育种，加快了育种进程。

社会效益明显：①专利的实施在近几年的国家和省级区试中已有效遏制了做假行为的发生，使棉花区试工作这个平台得到了净化，维护了区试的权威性、科研的准确性。②能保障棉花育种家诚信育种，保护自己的名誉，不去剽窃他人的成果，在参加试验时不做假，做到实事求是。③种子企业能做到诚信经营，因为卖假种子会使公司付不起赔偿款而倒闭。④制种农户能诚信制种。

行业影响力高：①本专利的实施对棉花育种界起到了一个自律的作用。不随便拿别人的材料直接参试，只作为亲本资源利用，促进棉花育种规范化，充分保护育种家的知识产权。②有利于棉种产业有序发展。扼制了一些皮包公司的操作，他们以一个品种装入不同的包装，棉农需要什么品种他们就提供什么包装。③有利于净化棉种市场。品种做假行这能通过专利的应用得到鉴别，起到净化棉种市场的作用。

专利实施多年，效果非常好，准确可靠，得到了棉花育种家、种子企业的广泛认可。

完成单位：中国农业科学院棉花研究所

主要完成人：付小琼、杨付新、王秀玲、汤磊鹏、郭峰光

通信地址：河南省安阳市开发区黄河大道38号

电话：13663726262

E-mail：m13663726262@163.com

# 农业旱涝灾害遥感监测技术

## 1. 成果审定

2014年获得国家科学技术进步奖（证书编号：2014-J-25103-2-01-D01）。

## 2. 成果特点

农业旱涝灾害遥感监测技术成果是针对我国农业自然灾害种类众多、发生频繁、范围广泛、危害严重，研发以遥感技术为核心的灾害监测系统，及时、准确获取多尺度农业旱涝灾害信息。该成果从1998年开始，由资划所牵头，组织国内10多家农业遥感研究优势单位200余人经过10余年的联合攻关与应用，结合农业主管部门的灾情信息需求，紧扣“理论创新—技术突破—应用服务”的主线，以农业旱涝灾害遥感监测的理论创新为切入点，重点突破了“旱涝灾害信息快速获取、灾情动态解析和灾损定量评估”三大技术瓶颈，创建了国内首个精度高、尺度大和周期短的国家农业旱涝灾害遥感监测系统，长期用于农业农村部、国家防汛抗旱总指挥部、中国气象局和国家减灾中心等部门的全国农业防灾减灾工作，实现间接经济效益243亿元。项目总体技术水平达到国际先进，地表蒸散发遥感估算和洪涝水体遥感监测技术达到国际领先水平，对农业防灾减灾行业科技进步起到了重要推动作用。对及时、准确地获取我国农业旱涝灾害动态发生发展和损失信息对于科学指导农业防灾减灾、确保国家粮食安全以及服务国家农产品贸易具有重要意义。

## 3. 推广应用

该技术先后在黑龙江、河南和山东等15个省区进行推广应用，累计监测受灾面积34.9亿亩，实现间接经济效益243亿元。尤其在2003年和2007年淮河流域重大洪涝、2008年汶川地震后堰塞湖、2009年黄淮海冬小麦产区特大干旱、2010年长江流域洪涝和西南特大干旱，以及2013年东北松花江流域洪涝等重（特）大农业旱涝灾害监测与评估中发挥了关键作用。

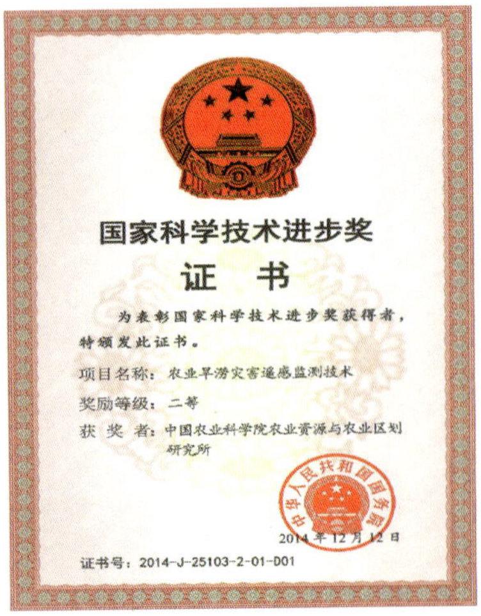

国家科学技术进步奖

证　书

为表彰国家科学技术进步奖获得者，特颁发此证书。

项目名称：农业旱涝灾害遥感监测技术

奖励等级：二等

获 奖 者：中国农业科学院农业资源与农业区划研究所

2014年12月12日

证书号：2014-J-25103-2-01-D01

证书

完成单位：中国农业科学院农业资源与农业区划研究所

主要完成人：唐华俊、黄诗峰、霍治国、黄敬峰、陈仲新、吴文斌、杨鹏、李召良、刘海启、李正国

通信地址：北京市海淀区中关村南大街12号

电话：010-82108663

E-mail：zhangshuqing@caas.cn

# 星陆双基遥感农田信息协同反演技术

该技术是国家“863计划”地球观测与导航技术领域的重点课题资助产生的成果。该成果以我国现代农业发展对作物及其环境参数时空分布特征信息的迫切需求为驱动，集成无线传感网络、3S等技术，开发了系列产品，综合服务于农业数据的获取和协同利用，为农业生产和管理服务。成果的软、硬件产品集成了多个优秀的农业知识和遥感模型，申请了发明专利6项，软件著作权9项。该成果系统可以自动、稳定地获取和生成空气温度、空气湿度、风向、土壤温度、土壤湿度、植被光合有效辐射、叶面积指数等7类参数9个指标的农田环境时空连续数据集。本成果的技术特征和优势：在国内率先研制了满足大范围农田环境参数获取的无线传感器组网关键技术，研发了相关硬件产品并构建了基于WEB的网络系统管理软件，实现了基于远程主机对观测数据和无人值守节点状态的实时查询和维护。突破了陆基无线传感器网络与星载遥感数据协同的农田参数定量反演关键技术。首次研发了田间叶面积指数传感器，实现了田间冬小麦和玉米全生育期叶面积指数的自动连续观测，其中地表温度、光合有效辐射、叶面积指数比单独遥感反演精度提高了5%以上，植被干旱指数和土壤水分缺失指数等比单独遥感反演精度提高了10%以上。建立星陆双基遥感农田信息协同反演系统，实现了农田生态环境参数时空连续数据集的生成。构建了农田视频监测器，可以实现360度旋转和无级缩放，实现了足不出户地实时观测作物田间长势，可用于长势、墒情和病虫害监测。适合我国农业、林业、牧草业生产与管理和监测。

该成果技术中的视频监测系统已经在黑龙江省、河南省南阳市、湖北省荆州市进行了推广，服务于当地的水稻生产。无线传感网产品在内蒙古呼伦贝尔市进行了推广，服务于牧草生产管理。

完成单位：中国农业科学院农业资源与农业区划研究所
主要完成人：王道龙、邹金秋
通信地址：北京市海淀区中关村南大街12号
电话：010-82108663
E-mail：zhangshuqing@caas.cn

星陆双基遥感农田信息协同反演技术

# 天空地一体化农情大数据集成应用技术

天空地一体化农情大数据集成应用技术是由国家智慧农业科技创新联盟、资划所智慧农业创新团队联合开发，主要利用航天遥感、航空遥感、地面物联网等技术手段，构建天空地一体化的农情大数据的采集、融合、挖掘与集成应用，实现我国大田农情信息全天候、大范围、动态监测与应用服务。该技术成果特点：①天空地一体化农情大数据获取由卫星遥感系统、无人机感知系统、地面传感网和基于移动互联网的农户调查系统等组成，弥补感知系统只能获取农田自然属性特征的不足。②天空地一体化农情大数据挖掘分析利用深度学习等人工智能方法对多源数据进行知识训练，快速挖掘有效信息，实现了大田农情信息的智能化和定量化分析。③天空地一体化农情大数据服务包括宏观和微观两个层面。宏观层面是在国家或区域层面进行农情监测、工程监管和信息服务，服务对象为政府、事业单位等资源环境监管和决策部门。微观应用是以地块为单元的精准或智能农业管理服务，实现基于空间变异的定位、定时、定量和精准操作，服务面向农户、农场主和涉农企业。目前在河南省鹤壁、吉林省长春和榆树、黑龙江省哈尔滨、四川省成都等地区进行了示范应用，产生了显著的经济、社会和生态效益。

完成单位：中国农业科学院农业资源与农业区划研究所
主要完成人：吴文斌、史云、杨鹏
通信地址：北京市海淀区中关村南大街12号
电话：010-82108663
E-mail: zhangshuqing@caas.cn

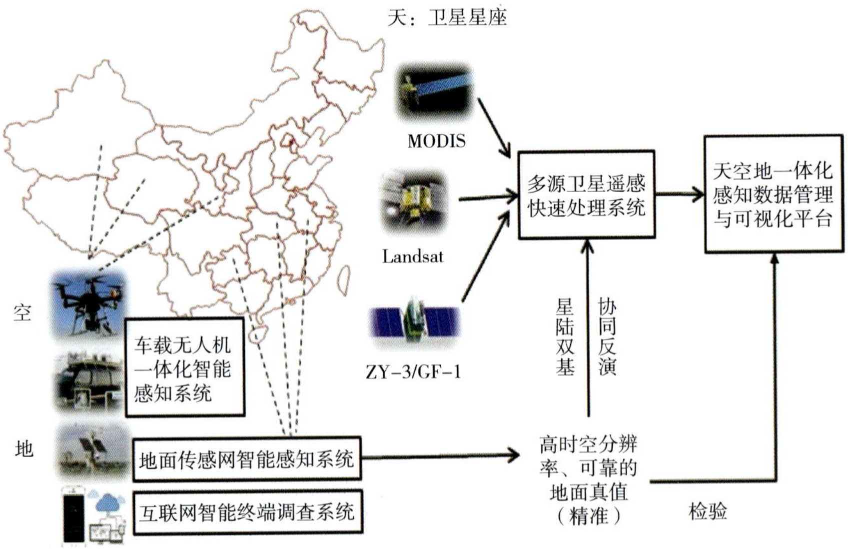


技术图

# 污灌菜地重金属镉污染钝化与农艺调控修复技术

## 1. 成果审定

该成果在科技部农业科技成果转化项目（2012GB23260546）“农田土壤重金属污染新型钝化治理技术”和天津市科技支撑重点项目（14ZCZDSF00004）“菜地土壤重金属污染原位钝化阻控技术与工程示范”支持下，2017年4月经天津科委完成成果鉴定，同年获得天津市科技进步三等奖。本成果申请国家发明专利5项，授权4项；发表论文41篇，其中，SCI论文21篇，EI论文4篇，核心期刊论文16篇。

## 2. 成果特点

与国内外同类技术相比，本项目将长期定位试验和土壤微生物学研究引入化学钝化的田间试验研究中，实现了环境科学、土壤学、微生物学、分子生物学等多学科的交叉融合研究，全面阐明了农田土壤重金属镉长期钝化稳定性特征及对土壤环境质量的影响机制；同时根据菜地土壤重金属污染特点，结合农艺调控措施，研发出可满足中度重金属镉污染菜地高效钝化阻控-农艺调控联合修复技术体系。本成果开发的针对菜地土壤重金属镉污染的高效钝化及农艺调控技术，可有效降低土壤重金属镉有效性，降低率不低于60%，修复后生产的蔬菜镉含量都低于国家食品安全标准限量值。通过大量盆栽实验和大田试验证明了本成果开发的修复技术对土壤环境质量不存在负面影响，可以有效改善土壤养分和生物功能，有利于农作物健康生长。

## 3. 推广应用

本成果开发的菜地土壤重金属镉污染修复技术在天津、湖南、江西等地开展了大面积的田间示范与推广应用，累计示范面积达到5 000亩以上，推广应用面积达21 500亩以上，推广应用范围较广，获得经济效益2 410万元。该项技术在天津、湖南以及江西等地菜田土壤重金属污染修复治理中的应用，有力地促进了当地农产品的安全生产，保障了消费者的身体健康，对促进社会和谐与稳定，提高人民生活质量起到了重要的推动作用，其社会效益、环境效益和经济效益巨大。

完成单位：农业农村部环境保护科研监测所

主要完成人：徐应明、王林、孙约兵、梁学峰、秦旭、赵立杰、黄青青、孙国红、林大松、谭适娟、徐震、金聪颖

电话：15822666062

E-mail：ymxu1999@126.com

2015年我团队在天津市东丽区污灌菜田修复实验的田间小区

2013年9月4日农业农村部副部长张桃林等参观我团队在天津市东丽区污灌菜田修复基地

# 水体、土壤及沉积物中重金属有效态提取及快速检测设备

## 1. 成果审定

成果来源于公益性（农业）行业专项、基本科研业务费、国家重点专项的支持。

（1）外观专利。

多用途厚度可调式的金属离子生物有效态采样器外套，CN201320066419；

可重复使用式重金属生物有效态采样外套，CN201320066423；

一种多联装重金属易动态简易采样器，201520348142.7；

一种旱地重金属有效态原位提取装置。

（2）核心材料专利。

用于水体净化吸附材料及生物炭砖，201410008599.3（含核心材料琼脂糖的改性方法）；

一种DTPA改性材料及其制备的快速全解离型DGT结合相制备方法，ZL201510426767；

一种易动态重金属吸附结合相凝胶膜及其制备方法，ZL201510427255；

测定土壤有效磷的全解离型DGT 结合膜及其制备方法，201610903131.X；

重金属和有机物吸附凝胶材料、凝胶吸附体及其制备方法和应用，ZL 201711225038.9。

（3）理论专利。

一种采用DGT技术分离土壤不同形态重金属的方法，201610627442.8。

## 2. 成果特点

重金属污染严重影响土壤、水体、沉积物及生物安全；科学、高效、准确检测重金属有效性是评估污染危害的关键。梯度扩散薄膜技术（DGT）是检测重金属有效态优秀技术的代表，与常规化学药剂如$CaCl_2$、$HNO_3$、HAc、EDTA等提取重金属有效态技术相比，DGT技术具有准确性高、检测限低、使用方便、通用性强等优点，且其提取的重金属有效态能更好地反映重金属的环境危害性。

独特设计：采用全新设计外套，形制多样，易于拆解、组装，且可重复使用。

性能卓越：全新纳米吸附材料，超大吸附能力；一膜两用，可同时吸附含氧阴离子及阳离子，加酸一次快速全洗脱，无需2次操作，减少洗脱不完全造成的实验误差。

应用广泛：可用于金属Cu、Zn、Pb、Cd、Ni、As、Cr、Hg、V、Sb、Mo和营养元素Fe、Ca、P、S、Se有效态的提取。

方便快捷：创新前处理方式，独特快洗脱特点，使DGT使用时间缩短2天。

背景值及检出限低：自制LDHs重金属吸附材料，背景干扰性远低于螯合树脂材料，更易用于低背景重金属含量的检测。

成本优势突出：我团队自制LDHs-DGT，由于材料完全自主设计，自主合成，成本较同类产品大幅度降低。

重金属原位被动采样器LDHs-DGT适用于土壤、水体、沉积物等环境介质重金属、含

氧阴离子等有效态快速提取与检测。

土壤：土壤环境质量监测与评价、土壤复合污染生态危害评估、重金属污染土壤修复效果评估、重金属稳定剂及钝化剂快速筛选、土壤重金属运移动力学特征分析。

水体：重金属污染生态风险评价、N/P等富营养评估、水体重金属污染溯源分析。

沉积物：重金属危害风险评估，重金属及营养盐运移评估。

■ 3. 推广应用

已在20多家单位得到推广应用，范围涉及湖南、四川、广东、天津、辽宁、江西、浙江、贵州等地。

完成单位：农业农村部环境保护科研监测所
主要完成人：赵玉杰、周其文、刘潇威
电话：18202631905
Email：yujiezhao@126.com

大田照片

# 绿豆优异基因资源挖掘与创新利用

## 1. 成果审定

2014—2015年度由农业农村部委托中国农学会组织评选的中华农业科技奖荣获一等奖。

## 2. 成果特点

本项目针对我国绿豆生产中豆象、叶斑病发生严重等问题，广泛搜集引进国内外绿豆资源，通过主要农艺性状和抗性鉴定，构建核心种质，评选出特异资源，确定骨干亲本：经抗性基因遗传研究，创新育种方法，培育抗豆象、抗叶斑病、适宜主产区种植的高产、广适新品种：通过与其配套的高效生产技术研究与利用，整体提升我国绿豆生产与研发水平，获得显著社会经济和生态效益。

经抗性基因遗传研究，明确了抗豆象特性遗传规律，绘制出国内外标记最多、密度最高的绿豆遗传图谱，完成了抗豆象基因Br的精细定位，创立了我国首例常规育种与分子标记辅助选择相结合的绿豆抗性育种技术体系，加快了育种进程，提升了我国绿豆资源评价、创新、新品种选育及遗传研究等整体研究水平。

利用抗性基因资源，采用创新的抗性育种技术体系，创制目标性状突出的新种质，培育出中绿3号、中绿4号、中绿5号等集高产、高抗豆象或抗叶斑病、广适性于一体的新品种，解决了我国绿豆品种产量低、抗豆象和抗叶斑病差、适应范围狭窄等问题，并降低了生产和劳动成本，减轻了因打药和熏蒸造成的产品农药残留及环境污染问题。

## 3. 推广应用

向国内13家育种单位提供优良亲本材料66份，培育出30多个通过国家或省级审（鉴）定新品种。自2005年起，新品种开始大面积示范推广，仅中绿3号、中绿4号、中绿5号就遍及全国29个省份，种植覆盖率达到50%以上，据不完全统计，近3年在18个省份累计种植1 204.3万亩，增产1.94亿千克，增收超过20亿元。

完成单位：中国农业科学院作物科学研究所
完成人：程须珍、王素华、王丽侠、陈红霖
通信地址：北京市海淀区学院南路80号
电话：010-62180535
E-mail：wangsuhua@caas.cn

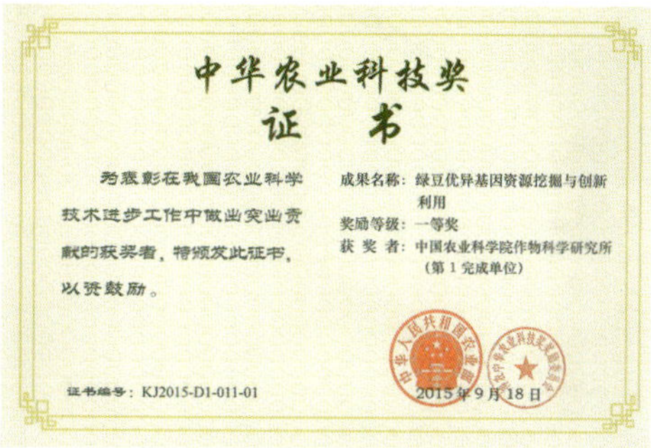


绿豆优异基因——获奖证书

# 粮食作物两熟制光温资源优化配置及其高产高效技术与应用

■ 1. 成果审定

为国家支撑计划：粮食丰产科技工程（2004BA01-1；2006BAD02A13）。

■ 2. 成果特点

由中国农业科学院作物科学研究所完成的粮食作物两熟制光温资源优化配置及其高产高效技术与应用成果，应用关键技术创新与技术集成示范，改良了麦玉、双玉和稻玉三大高产高效周年种植模式。①通过增加C4玉米光温资源分配和全程垄作技术创新，集成了小麦冬寄籽——玉米机收粒周年高产高效种植模式。②通过全年利用玉米高光温效率和自流插入式滴灌装置及全价营养专用肥料和化控新产品研发，创建了京津冀地区双季青贮玉米模式和长江中下游双季籽粒玉米模式。③通过利用早春玉米代替早稻和水改旱抗逆栽培技术创新，集成了春玉米—晚稻“控湿控倒、增穗增粒”周年高产高效种植模式。

■ 3. 推广应用

成果相关技术在黄淮海和长江中下游地区8个省区进行推广应用，周年超高产突破1 500千克/亩。集成的两熟种植模式大面积推广，累计推广1 188.16万亩，总增产9.85亿千克，增加效益16.62亿元。

完成单位：中国农业科学院作物科学研究所
主要完成人：赵明、马玮、李从锋、周宝元
通信地址：北京市海淀区中关村南大街12号
电话：13801363846；010-82106042
E-mail：mawei02@caas.cn

# 高光效低能耗LED智能植物工厂关键技术及系统集成

## 1. 成果审定

2016年该成果获得成果鉴定［中农（评价）字【2016】第111号］；该成果获得授权专利86件，其中发明专利42件（美国等国际专利4件）。2017年国家科学技术进步二等奖、并获军队推广特等奖、省部级一等奖、著作一等奖各1项。成果整体水平达国际先进，光配方构建以及光-温耦合节能技术居国际领先。入选国家“十二五”科技创新成就展。

## 2. 成果特点

高光效低能耗LED智能植物工厂关键技术及系统集成，率先提出植物光配方概念并阐明其理论依据，创制出基于光配方的LED节能光源及其控制技术装备，显著提高光效。研发出室外冷源与空调协同降温控制技术装备，大幅降低系统能耗。研发出采前短期连续光照与营养液耦合调控技术，有效提升蔬菜品质。研发出光效、能效与营养品质提升的多因子协同调控技术，集成创制出3个系列智能LED植物工厂成套产品，实现规模化应用。

## 3. 推广应用

该成果已实现在北京、广东、浙江等22个省（区、市）南海岛礁部队及航天系统应用，产品远销美国、英国、新加坡等国，推广面积1 200多万平方米，占国内应用面积的85%以上；移动型及微型植物工厂推广30 000套以上。社会、经济与生态效益显著，应用前景广阔。

LED植物苗工厂

人工光植物工厂

完成单位：中国农业科学院农业环境与可持续发展研究所、中国农业大学、北京大学东莞光电研究院、北京农业智能装备技术研究中心、北京中环易达设施园艺科技有限公司、北京京鹏环球科技股份有限公司、四川新力光源股份有限公司

主要完成人：杨其长、魏灵玲、宋卫堂、周增产、刘文科、郭文忠、张国义、程瑞锋、李琨、李成宇

联系人：程瑞锋

通信地址：北京市海淀区中关村南大街12号（中国农业科学院农业环境与可持续发展研究所）

电话：010-82106015

E-mail：chengruifeng@caas.cn

# 高效安全纳米农兽药制备技术及应用

## 1. 成果审定

2015年该成果通过鉴定［中农（评价）字【2015】第26号］，专家组评价结论认为：该成果整体上达到国际先进水平，其中环境友好型农药纳米乳剂、高效纳米免疫佐剂制备技术居国际领先。该成果获得国家授权发明专利26项、新产品登记证书120个，发表论文132篇。

## 2. 成果特点

①创制了一批载体新材料，构建了新型纳米载药系统，为高效安全纳米农兽药创制奠定了基础。基于典型农兽药的理化性质与功能特性，采用纳米材料制备技术，合成与筛选了一批低成本、无毒性与无次生污染的纳米载体、助剂和佐剂，构建了纳米微乳、微囊、微球和固体脂质体等新型纳米载药系统，创立了纳米载药系统的组装合成、结构调控与功能修饰方法，揭示了其改善药物水溶性、分散性、化学稳定性以及靶向传输与控制释放等剂型功能的作用机制，开辟了高效安全纳米农兽药制备新途径。②发明了环境友好型纳米农药制备技术，创制了水基化纳米微乳剂与纳米微囊缓释剂等新剂型，提高有效利用率30%以上。建立了熔融乳化法制备纳米微乳剂和界面聚合法制备纳米微囊剂等核心技术，创制了30种大吨位与主导型的杀虫剂、杀菌剂和除草剂纳米农药新产品，可作为乳油、可湿性粉剂等传统剂型替代产品，显著改善农药叶面沉积、滞留与控释性能，减少脱落、流失与分解等药剂损失，杜绝“三苯”等有害溶剂排放，减少施药次数与剂量，大幅度降低农产品残留与环境污染负荷，实现节本增效与节量减排。③发明了高效低残毒纳米兽药制备技术，创制了纳米乳注射剂、纳米脂质体缓释剂等纳米兽药新剂型，提高生物利用度40%以上。建立了自乳化法制备水包油型纳米乳液和固体脂质体等核心技术，创制了阿维菌素类、青蒿琥酯和替米考星等广谱抗生素纳米兽药新剂型，克服了传统剂型溶解性、稳定性和长效性差，溶剂与助剂毒性危害大等功能缺陷，实现了优良的肺靶向与缓释性，显著提高了生物利用度、延长了半衰期，增强了药效功能。④首创了纳米佐剂疫苗制备技术，创制了重组质粒和脂质体纳米疫苗新剂型，免疫效果增强40%以上。建立了缓释靶向微囊化纳米佐剂与疫苗核心制备技术，创制了CpG DNA、CpG-IFN、CpG-IL4和IL2等纳米免疫佐剂与疫苗系列产品，突破了口蹄疫、猪瘟和猪圆环病毒病等传统疫苗免疫效果不全面、持续期短、佐剂毒副作用大等瓶颈问题，提高了以Th1型为主的免疫反应，持效期延长30%以上，显著降低了毒副作用。

## 3. 推广应用

该成果核心技术与产品在20余家相关企业产业化应用。近三年纳米农药累计推广面积3.34亿亩，纳米佐剂疫苗产品累计推广9 270万头，累计新增销售收入12.86亿元，获间接经济效益390亿元。

完成单位：中国农业科学院农业环境与可持续发展研究所、中国农业科学院兰州畜牧与兽药研究所、中国农业科学院兰州兽医研究所、中国农业科学院植物保护研究所、中国农业科学院哈尔滨兽医研究所、中国农业大学、深圳诺普信农化股份有限公司

主要完成人：崔海信、张继瑜、景志忠、李谱超、刘国强、黄啟良、吴东来、曹永松、吴培星、王琰、孙长娇、崔博、赵翔、曾章华、申越、高飞、郭亮

通信地址：北京市海淀区中关村南大街12号

电话：010-82106013

E-mail：cuihaixin@caas.cn

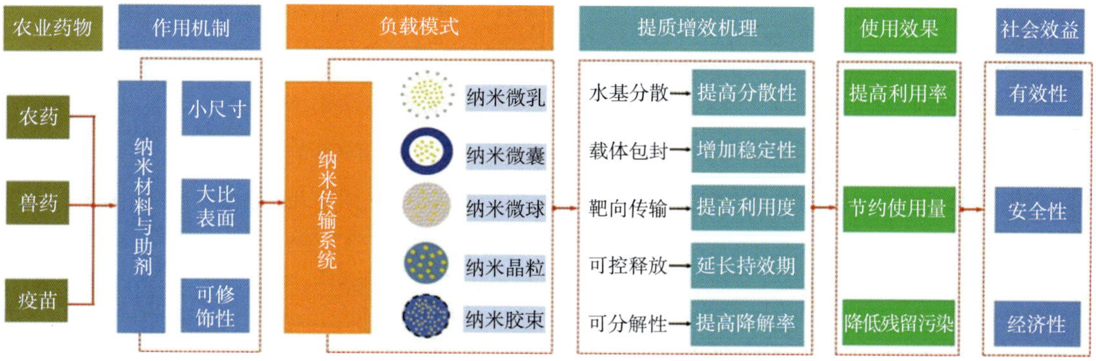


高效安全纳米农兽药制备技术及应用

高效安全纳米农兽药制备技术及应用

# 藏北高寒草地适应气候变化关键技术及应用

■ 1. 成果审定

2015年由西藏自治区科技厅组织有关专家对成果进行了鉴定（“藏科鉴字［2015］第02号”），鉴定委员会认为该项目“具有理论研究和方法学的集成创新，部分成果填补了国内外高寒草地适应气候变化研究的空白，整体研究成果达到国际先进水平，部分达到国际领先水平。2015年获得西藏自治区科技进步二等奖（证书编号：2015-JD-2-03-01）。

■ 2. 成果特点

①高寒草地气候变化风险综合评估技术体系：集成长时间序列气候观测资料和多个气候模式输出的未来气候情景，降低了气候变化趋势分析的不确定性，明确了藏北地区近期气温升高降水增多的基本事实，识别了藏北气温继续升高降水继续增多和季节性干旱频繁等未来气候风险。②高寒草地气候变化影响评估技术：气候变化控制实验、遥感反演与模型模拟相结合技术手段，构建气候变化对高寒草地生产力和草地退化的影响评估方法体系，有效降低了气候变化对高寒草地影响评估的不确定性。③高寒草地适应气候变化的喷灌与恢复技术：针对气候变化导致季节性干旱频繁等气候风险以及退化高寒草地恢复和生态保护的需要，在具备水源或自压式引灌条件的区域采取草场喷灌技术，有效利用水资源，促进退化草地恢复，缓解季节性干旱对草场的影响。④高寒草地适应气候变化的放牧管理技术：根据气候变化风险和影响评估结果及其区域实际情况，明确了藏北高寒草地气候变化影响趋利避害的适应气候变化目标，采取放牧管理适应技术集成示范，合理利用草地资源，丰富了草地物种多样性，提高了高寒草地载畜量，在高寒草地生态环境保护方面具有推广应用价值。

完成单位：中国农业科学院农业环境与可持续发展研究所、西藏自治区那曲地区草原站、西藏自治区农牧科学院农业资源与环境研究所

主要完成人：高清竹、江村旺扎、游松财、万运帆、李玉娥、旦久罗布、秦晓波、郭红宝、西绕卓玛、谭海运、马欣、刘硕、白马玉珍、王宝山、洛桑嘉措

通信地址：北京市海淀区中关村南大街12号（中国农业科学院农业环境与可持续发展研究所）

联系人：王靖轩、高清竹

电话：010-82106027；010-82109346

E-mail：gaoqingzhu@caas.cn

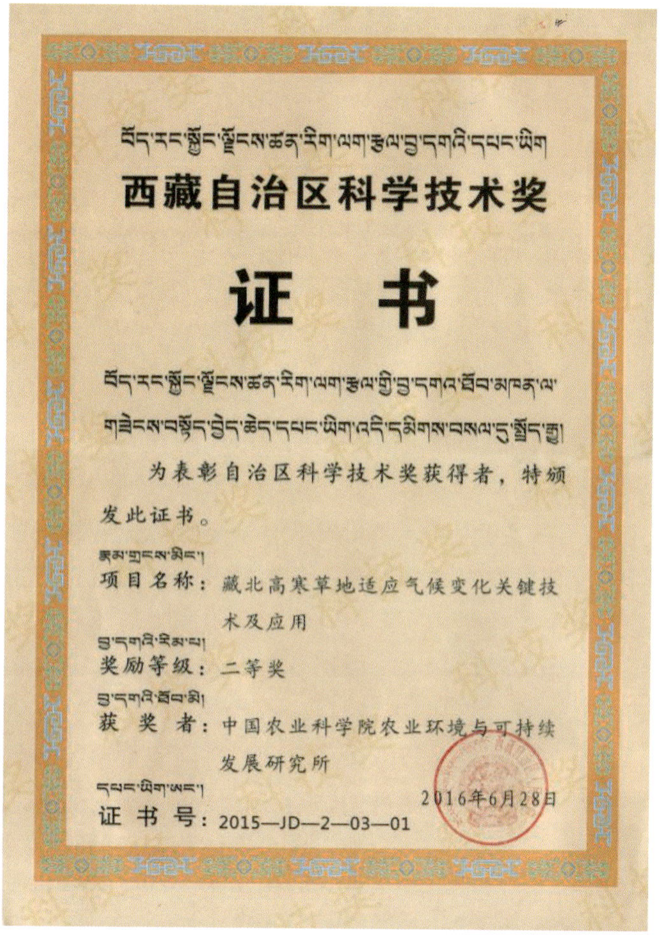

བོད་རང་སྐྱོང་ལྗོངས་ཚན་རིག་ལག་རྩལ་བྱ་དགའི་དཔང་ཡིག

**西藏自治区科学技术奖**

# 证　书

བོད་རང་སྐྱོང་ལྗོངས་ཚན་རིག་ལག་རྩལ་གྱི་བྱ་དགའ་ཐོབ་མཁན་ལ་
གཟེངས་བསྟོད་བྱེད་ཆེད་དཔང་ཡིག་འདི་དམིགས་བསལ་དུ་སྤྲོད་རྒྱུ།

为表彰自治区科学技术奖获得者，特颁发此证书。

རྣམ་གྲངས་མིང་།
项目名称：藏北高寒草地适应气候变化关键技术及应用

བྱ་དགའི་རིམ་པ།
奖励等级：二等奖

བྱ་དགའ་ཐོབ་མི།
获 奖 者：中国农业科学院农业环境与可持续发展研究所

དཔང་ཡིག་ཨང་།
证 书 号：2015—JD—2—03—01

2016年6月28日

获奖证书

实验场地图

# 新外来入侵植物黄顶菊防控技术与应用

## 1. 成果审定

该成果发表学术论文76篇，SCI收录12篇，EI收录2篇；出版著作4部；申请专利13项，已获得专利8项；制定行业标准3项，地方标准2项；获计算机软件著作权3项；获中国农业科学院科学技术成果奖一等奖，中国分析测试协会科学技术成果一等奖1项，天津市科学技术进步奖三等奖1项，中华农业科技奖三等奖。

## 2. 成果特点

①通过实地调查、情景模拟和分子溯源追踪分析相结合的方法，首次明确黄顶菊传播扩散路径；建立了黄顶菊危害评估分析模型；明确了黄顶菊种子萌发、光敏、休眠，幼苗生长、开花繁殖、光合特性；明确了黄顶菊耐盐、耐旱等抗逆特性及种群发生时空动态规律。②采用生物活性追踪分析方法，分离筛选黄顶菊淋溶的主效化感物质并对其进行结构鉴定，研究揭示了黄顶菊主效化感物质在不同地区、不同生长期、不同部位的动态变化规律。首次研究揭示了黄顶菊入侵化学生态机制及生态影响机理。③首次开发研制了黄顶菊早期监测预警网络平台；筛选并运用GRAP生态位模型，预测了黄顶菊在中国的潜在适生分布区域及风险区；开发了黄顶菊种子图像采集、处理和识别系统和黄顶菊种子的分子检测系统。④首次提出了"耕地"及"非耕地"两种生境下黄顶菊的环保型化学防除技术，构建了以化学除草剂为主体，以麦秸、薄膜、竞争性植物为辅助措施的黄顶菊应急控制技术体系。利用植物化感作用和植物生态位理论，构建了黄顶菊生态修复技术体系。⑤以黄顶菊生命过程的薄弱环节和入侵扩张过程中关键环节为节点，研究集成一套完整的黄顶菊综合防控技术体系，实现对黄顶菊的有效控制。

## 3. 推广应用

通过项目的实施提高入侵杂草种子检疫工效8～10倍；构建了黄顶菊应急控制技术9套，节省农药用量40%以上，筛选了12种替代植物和组合，黄顶菊抑制率达到80%以上；形成了一系列轻简便的实用技术，集成了一套完整的综合防控技术体系，综合防治效果达到90%以上。经过全国11家科研教学推广单位开展大联合、大协作，该技术已经达到了成熟应用阶段，并在河北、北京等337个县市进行示范推广，监测面积1 544.87万亩次，综合防治面积33.43万亩次，新增总产值57 546.4万元，总节本增效94 698万元，累计增收节支总额152 244.6万元；该成果的推广应用有效地控制了黄顶菊的危害，保护了农业生态环境，保障了粮食安全，促进我国农业实现可持续发展。

完成单位：中国农业科学院农业环境与可持续发展研究所、农业农村部环境保护科研监测所、中国农业大学、北京化工大学、河北省农业环境保护监测站、青岛农业大学、中国农业科学院植物保护研究所、西南大学、河北农业大学、沧州市农牧局主要完成人：张国良、付卫东、杨殿林、倪汉文、魏芸、吴鸿斌、李香菊、郑长英、张燕卿、沈佐锐、皇甫超河、李瑞军、谭万忠、王保廷、张建华、韩颖、张瑞海、王秋霞、李刚、韩克飞

通信地址：北京市海淀区中关村南大街12号

（中国农业科学院农业环境与可持续发展研究所）

联系人：付卫东

电话：010-82109570

E-mail: fuweidong@caas.cn

以黄顶菊干粉为辅助成分制作驱虫香

黄顶菊染色产品

# 玉米EMS诱变突变体库创建及应用

## 1. 成果审定

为了促进玉米功能基因组学研究，加速玉米分子育种进程，构建了B73背景的玉米EMS诱变群体，结合外显子捕获和二代测序技术，对1 582株突变体进行了重测序，检测到290个、298个潜在的导致蛋白变化的突变位点，覆盖玉米33 647个基因，覆盖度85.5%，平均每个基因携带8.63个突变。其中，导致起始密码子、终止密码子和拼接位点发生变化的突变位点41 543个，覆盖17 343个基因，覆盖度44.1%，平均每个基因携带2.4个这样的突变，突变位点数≥2的基因共9 141个。本研究的正在申请专利。专利名称：全基因组范围的植物基因功能鉴定方法，专利号：201610140329.7。

## 2. 成果特点

该突变体库是目前世界上覆盖基因数目最多的EMS突变体库，并构建突变体网站，面向全国从事玉米功能基因组学研究的单位发放突变体。

## 3. 推广应用

目前已经面向全国20多家大专院校和科研单位发放了1 000多份突变材料，大大促进了我国玉米功能基因组学研究。

完成单位：中国农业科学院生物技术研究所、齐鲁师范学院
主要完成人：张春义、路小铎、范云六
通信地址：北京市海淀区中关村南大街12号
电话：010-82106138；010-82109850
E-mail：chunyi.zhang@caas.cn；wangyouhua@caas.cn

# 水稻突变体库种质创新与应用

## 1. 成果审定

以国际测序材料“日本晴”为转化受体，通过农杆菌介导的遗传转化方法，建立了大容量（10万份）T-DNA插入突变体库，通过PCR随机检测，阳性率高达到95%以上，目前该突变体平台已成为国际上具有重要影响的水稻功能基因组学研究平台。

从10万水稻突变体库筛选获得裸眼可见的、重要农艺性状的突变体8 415份，性状包括叶色、株高、株型、分蘖数、育性、籽粒大小、类病斑等。近几年，在微观显微层面开展水稻突变体筛选，获得具有C4特征的材料50份，性状包括叶脉密度、类花环结构、叶肉细胞与维管束鞘细胞淀粉染色、维管束发育、维管束鞘细胞大小、数目、叶绿体发育等，为解析C4叶片解剖学结构的分子机制及C4水稻创制打下了坚实的基础。

利用水稻T-DNA突变体库克隆了50多个控制生长发育、株型、抗逆、高光效等重要性状的功能基因，相关研究发表在等国际主流知名期刊，利用本突变体库累计发表SCI文章20篇以上。

从T-DNA插入突变体库中克隆的抗逆基因MASTER具有重大的生产应用潜力。该基因目前已获得了国内发明专利授权（ZL200810118022.2），论文发表后成为植物抗逆领域的高引论文之一。同时开展了相关衍生材料的中间试验（农基安办字2010-T260，2013-T174），目前已被首都师范大学和河北科技大学用于水稻，河北农业大学用于棉花和大豆，中国农业科学院草原研究所用于苜蓿的分子遗传改良，抗逆效果显著。

## 2. 成果特点

水稻T-DNA标签突变体库创制具有如下特点。

（1）突变体库创制是一个浩瀚的工程，周期长，历时7年建成，突变库容量大（10万份），突变体库创制之初国内有20多家单位承担，最后国内仅有两家单位突变体库成规模：华中农业大学和中国农业科学院生物技术研究所。突变体库收效慢，其他承担单位因突变体库初容量较小，不成规模，材料保存不善而逐渐丢失。

（2）T-DNA标签技术是基因克隆的主流技术之一，具有快速、高效性，同时也具有多种效应（激活、插入、引起逆转座子跳跃、诱发Indel）。利用T-DNA方法产生的突变效率更高，10万材料，我们肉眼可见8 415份，突变体类型丰富，突变频率达10%，突变频率大大高于EMS、快中子等其他诱变方式的突变频率（2%～3%），其他方式的诱变产生的突变体类型低于T-DNA标签库。目前，图位克隆技术已十分完善，利用T-DNA产生的突变体也可以利用采用Mapping技术加以克隆，两种方法可以相互补充。

（3）突变体材料社会共享程度高，我们是国内唯一一家真正做到突变体材料高度共享，与国内多家研究单位开展合作研究。

## 3. 推广应用

水稻T-DNA标签突变体库创制得到了国内同行的广泛认可，创造了很好的社会效益与社会影响力。目前，已与国内多家科研单位的31个课题组开展合作，分发突变体种子38万份。各合作单位利用这些材料产出了一大批高水平原创性的研究成果，在Plant Cell等顶级期刊上发表SCI论文20余篇。利用这些材料，培育了一大批高层次人才。本突变体平台同时也支撑了一大批科研项目，包括863、973、国际合作重点专项、国家自然科学基金及转基因重大专项等，对我国水稻基因挖掘与功能验证起到积极的推动作用。

完成单位：中国农业科学院生物技术研究所
主要完成人：路铁刚、吴金霞、张治国、孙学辉
联系方式：010-82106133；13671311011
电话：010-82106133；010-82109850
E-mail：lutiegang@caas.cn；wangyouhua@caas.cn

对照

A：CK为对照；M为直立叶突变体；B：CK为对照；M为少分蘖突变体；C：CK为对照；M为晚花突变体；D：CK为对照；M为早花突变体；E：CK为对照；M为极矮秆突变体；F：CK为对照；M为半矮秆突变体；G：CK为对照；M为黄化突变体；H：CK为对照；M为无中脉突变体；I：CK为对照；M为散生突变体

# 高叶酸玉米分子标记开发及应用

（1）通过检测玉米商业资源发现多种甜糯玉米品种的GFT1位点为GG，是富含叶酸的。在此基础上我们申请国家发明专利一项，开发了可以用于育种的分子标记，并利用该标记实现了对富含叶酸玉米产品的快速鉴定、跟踪以及新品种的选育。

（2）选育出高叶酸的甜糯鲜食玉米品种，制定出了栽培、收获、储藏等工艺流程。此高叶酸玉米适合在河北等北方种植。

完成单位：中国农业科学院生物技术研究所
主要完成人：张春义、郭文柱、梁秋菊、范云六
通信地址：北京市海淀区中关村南大街12号
电话：010-82106403；010-82109850
E-mail：zhangchunyi@caas.cn；wangyouhua@caas.cn

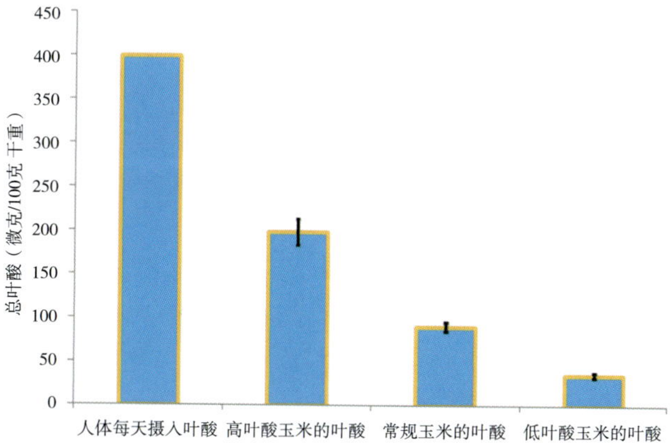


高叶酸玉米叶酸含量情况

高叶酸玉米的大田照片

高叶酸玉米的盒装照片

# 高效表达基因的分子设计及相关软件的研发

## ■ 1. 成果审定

本研究是基于该应用及理论研究的需求，在中国农业科学院科技创新工程及国家自然科学基金的资助下，开展了相关的研究工作，获得了软件著作权一项，已发表SCI收录论文一篇。

## ■ 2. 成果特点

利用微生物基因组大数据及大数据分析的方法建立了蛋白质特定片段的密码子使用规律模型。利用该模型可以分析特定基因中密码子的选择规律，如哪些氨基酸需要采用稀有密码子，以及哪些位置可以采用最佳密码子。基于这些模型可以对外源基因进行全新分子设计，通过调整蛋白质的翻译速率，使其翻译与折叠和谐进行，最终达到使该基因在表达宿主中高效并功能性表达的目的。

目前已建立了常用的三种重要表达宿主的基因设计模型（*Escherichia coli*，*Bacillus subtilis*及*Saccharomyces cerevisiae*）。目前的版本通过将基因密码子规律模型安装在POSTGRESQL数据库中，计算效率得到大幅提升，100个氨基酸的蛋白质的计算时间在1分钟内即可计算完成。基于该数据库，建立了该模型的Web站点简化了操作程序，用户可以直接提交蛋白质序列，就可以快速方便地对目标蛋白质进行重新设计。

## ■ 3. 推广应用

目前本实验室已利用该软件分别对GFP，mApple，laccase，Penicillin-Binding Protein，Alpha-1，4 glucan phosphorylase L-1 isozyme，Pirin-like protein and cadmium binding proteins from maize等蛋白质进行了设计，结果表明，该方法比常规的设计方法更有效。该软件的Web版自2017年9月1日正式开通后，到2017年10月27日已有18个国家或地区的科学家访问了该站点（网址：http://www.elabcaas.cn/codon/），已完成了61条基因的分子设计，表明该方法具有较好的应用前景。

完成单位：中国农业科学院生物技术研究所
主要完成人：田健、伍宁丰、初晓宇、范云六
通信地址：北京市海淀区中关村南大街12号
电话：010-82109850
E-mail：tianjian@caas.cn；wangyouhua@caas.cn

# 基于智能诊断技术的果园远程咨询系统（数字果园）

■ 1. 成果审定

2013年获中国农业科学院科学技术成果奖二等奖。

■ 2. 成果特点

由中国农业科学院农业信息研究所自主创新的基于智能诊断技术的果园远程咨询系统，是国家863计划（2002AA243041、2007AA10Z237）和国家农业科技成果资金转化项目（2009GB23260457）的研究成果。该成果系统提供了果园数据采集、传输、储藏、分析、发布的完善的数据处理流程，提供果园现场数据展示，果园现状问题智能诊断与辅助决策，专家远程咨询实时解决问题的全方位服务功能。通过果园数据服务器、公共互联网以及基于智能终端的“果农宝”的系统部署形式，将果农、果协、消费者、专家有机地、灵活地联系到了一起，所有的人员的沟通不再受到时空因素的限制。系统为农业技术支持、技术服务推广、果品溯源等提供了一条通途。系统基于大量的支持，包含了相关数据集11个（果树病虫害204种，数据库总量达35G），知识库5个（苹果病虫害知识库、梨知识库、生产管理知识库、基于LBS服务的果园生产过程知识库、苹果知识库，共产生推理规则3 035条）。建立软件开发构件库一个，开发构件53个。

■ 3. 推广应用

该成果于2002—2012年间在北京、辽宁、山东、河北、山西、宁夏等地应用，培训集成技术人员1 100人次，为果农提供在线咨询1.89万多次。系统的推广应用，为果树行业的规范化、标准化和商业化提供了技术平台。

完成单位：中国农业科学院农业信息研究所、中国农业科学院果树研究所
主要完成人：周国民、丘耘、康国栋、樊景超、胡林、徐锴、王键、吴定峰、李敏、王剑
通信地址：北京市海淀区中关村南大街12号（中国农业科学院图书馆）
电话：010-82109893
E-mail: zhouguomin@caas.cn

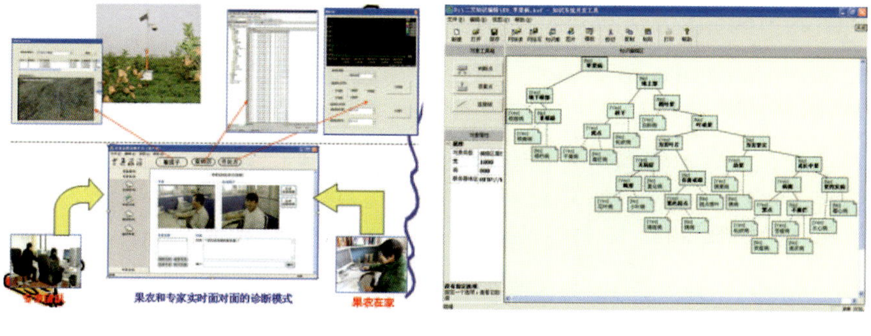


远程咨询系统

# 先进农产品市场信息采集设备（农信采）的研制与应用

■ 1. 成果审定

该成果荣获2014年度中国农业科学院科学技术成果奖一等奖（证书编号：2014-1-5—D1）。

■ 2. 成果特点

由中国农业科学院农业信息研究所完成的先进农产品市场信息采集设备（农信采）的研制与应用成果，突破了农产品市场信息实时定位采集技术，建立了全国批发市场及田头市场、零售市场的农产品市场地理信息关联表。通过应用GPS定位技术获取采集作业的农产品市场经纬度信息，成功实现了农产品市场的自动定位与实地匹配；集成多种无线通信技术，实现了市场信息的全天候、实时性采集；研制出网络优化选择模型，实现了不同网络环境下网络传输模块与短信传输模块的优化选择，提高了市场信息传输的质量。该成果创新设计理念研制了具有便捷性、高适应性和易用性的先进专用设备。提出嵌入式技术与组件技术相结合的开发设计理念，实现了市场信息采集设备的小型化与稳定性；集成立体骨架设计与多防控制理念，增强了采集设备的环境适应性；采用了人性化设计理念，提高了设备的易用性，百条数据采集效率提高5倍以上。

■ 3. 推广应用

该成果自2011年9月开始在全国示范推广应用，2014年起农信采被农业农村部和国家发改委应用于东北、内蒙古和新疆的棉花、大豆目标价格监测，目前研制的农信采设备及系统已在全国11个省市近300个市场推广应用，成果推广应用以来利用农信采报送数据量达到200多万条，根据采集的数据撰写CAMES监测日报600余篇，先后报送有关部门决策参考，并在中国农业监测预警公众号同步发布，服务广大科研、生产和企业以及社会公众，产生的社会经济效益累计达5 000多万元。

完成单位：中国农业科学院农业信息研究所

主要完成人：许世卫、李哲敏、孔繁涛、李志强、袁宏永、李干琼、张永恩、吴建寨、张建华、于海鹏、王东杰、王盛威、陈威、张玉梅、喻闻

通信地址：北京海淀中关村南大街12号

电话：010-82109902

E-mail：xushiwei@caas.cn

农信采

# 农业经济电子地图

## ■ 1. 成果审定

2012年经农业农村部科教司完成成果鉴定；该成果为国家高科技研究发展计划（863计划）（2002AA243051）国家“十五”重点科技攻关计划（编号：2001BA513B3-1-2、国家“十一五”科技支撑课题（2006BAD10A06-04）农业农村部专项课题子课题（2007—2011）。

## ■ 2. 成果特点

由中国农业科学院农业信息研究所完成的农业经济电子地图成果，深度挖掘了多年分县农村经济基础资料数据和分省农业统计资料数据，提出了农业经济信息时空分析与地图服务的技术方法和数据转换接口方法，制定了完整、可靠的农业基础数据采集规范；提出了农业经济时空信息快速处理与分析技术方法，研发了中国农业经济电子地图平台；实现了多模式的中国农业经济电子地图智能服务；提出了基于地图的农业突发事件快速分析方法和灾害专题定制分析方法，研建了农业常态灾害预测预警模型，构建了具有多种灾害分析报告生成、灾害动态数据分析的农业突发事件分析系统；提出了可定制农业生产优化布局建模方法，研发了具有灵活建模功能的农业生产优化布局组件和决策支持系统；创建了基于Agent的农业经济信息分析与辅助决策系统。

## ■ 3. 推广应用

本项成果形成的软件已在农业农村部各司局、全国31个省区农业厅全面推广应用300余套，为农业管理决策和应对突发事件提供了技术支撑和有效提高区域农业资源利用效率、优化农业生产布局的方法，为各级农业农村部门提供了高效准确的信息服务，促进了农业与社会、经济、环境协调发展，对实现我国农业和农村信息化发展起到了积极的推动作用。

完成单位：中国农业科学院农业信息研究所

主要完成人：诸叶平、陈丽水、雪燕、鄂越、海占广、刘升平、李韶民、陈冬冬、邓飞、张建兵、杨福运、孙开梦、薛领、李世娟、崔晓阳

通信地址：北京市海淀区中关村南大街12号（中国农业科学院图书馆）

电话：010-82103120

E-mail: zhuyeping@caas.cn

电子地图

# 农业技术进步评价理论、方法及实证研究

## 1. 成果审定

本研究成果是根据农业农村部科教司委托课题及中国农业科学院科技创新工程委托课题研究的基础上形成的。其相关理论、方法和实证结果得到了农业农村部科教司的认可，并每年向全社会发布。2017年得到农业农村部部领导批示1份。

## 2. 成果特点

（1）创新点。突破了传统的索罗余值法的局限，即认为技术进步使外生的，测算技术进步的相关参数确定的认为因素过强的问题，也突破了原有测算方法只能测算一个阶段，如五年为一个测算时段的不足，把原有测算方法推进到可以每年测算技术进步贡献率，进而更精确测算出每年技术进步对农业生产增长的影响，这对制定把握技术进步的影响和制定相应的政策提供参考。

（2）突出优点。该方法的突出优点在于：在理论上厘清了技术进步与经济增长之间的关系，也厘清了影响技术进步的主要因素；在方法上，通过超越对数方法的采用，把要素之间的相互影响纳入分析模型，使得计算结果更加精确；通过把虚变量和天气等因素纳入分析模型，也增强了模型的解释力。

（3）适用范围及应该用前景。受数据完整性等制约，该方法适用于全国及省级层面的技术进步贡献率分析。也适用于对不同作用和产业的技术进步贡献率的评价。目前课题组已经对小麦的技术进步贡献率机器发展变化进行了评价，未来还将对水稻和玉米的技术进步功率进行实证分析，同时在此技术上分析我国农业技术进步发展的路径与一般规律，为未来制定技术进步政策提供政策依据。

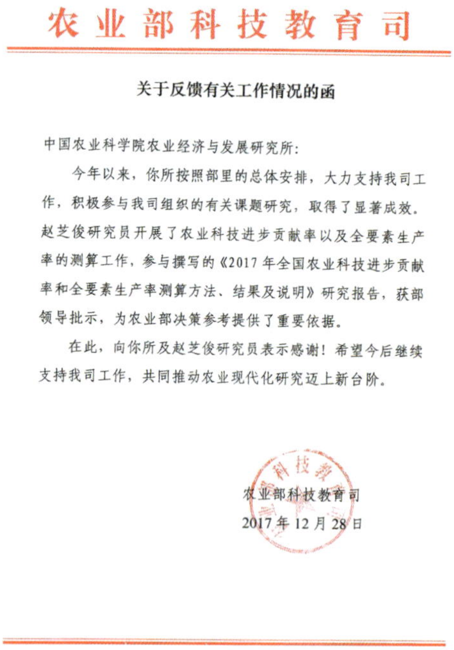

农业部科技教育司

关于反馈有关工作情况的函

中国农业科学院农业经济与发展研究所：

今年以来，你所按照部里的总体安排，大力支持我司工作，积极参与我司组织的有关课题研究，取得了显著成效。赵芝俊研究员开展了农业科技进步贡献率以及全要素生产率的测算工作，参与撰写的《2017年全国农业科技进步贡献率和全要素生产率测算方法、结果及说明》研究报告，获部领导批示，为农业部决策参考提供了重要依据。

在此，向你所及赵芝俊研究员表示感谢！希望今后继续支持我司工作，共同推动农业现代化研究迈上新台阶。

农业部科技教育司

2017年12月28日

关于反馈有关工作情况的函

完成单位：中国农业科学院农业经济与发展研究所技术经济研究室

主要完成人：赵芝俊

通信地址：北京市海淀区中关村南大街12号、中国农业科学院农业经济与发展研究所

电话：010-82109788

E-mail: zhaozhijun@caas.cn

# 我国农村土地纠纷、农民土地权益保护及纠纷化解对策研究

## 1. 成果审定

本项目受农业农村部经管总站委托、中央级公益性科研院所基本科研业务费专项立项，就“我国农村土地承包经营纠纷与化解”（2013—2015年）、“我国城镇化进程中土地制度与农民权益研究”（2013年）开展系列研究。

## 2. 成果特点

本项目在研究内容上，以问题为导向，突出现实性和学术规范性，主要研究测评农村土地承包纠纷发生规模、农民征地补偿满意度，梳理纠纷类型、分布与变化特点；解析我国土地纠纷产生原因及化解规律，特别是探究土地确权、土地流转、政府征地三种方式对农村土地纠纷的影响；发现农民土地权益保护中存在的制度性问题，阐述纠纷化解效果和路径；最后，提出纠纷优化调处和农民土地权益保护的对策建议。在研究方法上，以大样本、多层次、随机抽样的问卷调研和深度访谈为主要手段，突出研究方法的实证性和科学性，在2013—2015年期间实地调研了全国东中西部11个省份，获取了282份村级问卷和3 612份不同类型农户问卷，为使本项目研究能够取得开拓性成果奠定了牢固基础。

## 3. 推广应用

本项目依托第一手的数据资料，运用实证分析方法，克服数据存在的可能误差，通过数理统计和计量模型分析，结合案例研究，取得了具有创新性和应用价值的阶段性及最终综合性研究成果，并于2015年、2016年二次获得农业农村部陈晓华副部长批示，批示肯定了研究报告的指导意义和应用价值，并对有关建议的落实做出要求。2016年农业农村部经管总站在制定《关于加强基层农村土地承包调解体系建设的意见》中采用了课题组的相关研究成果。2017年年初，学术专著《基于大样本调查的我国农村土地承包经营纠纷与量化调处研究》由中国农业科学院农业经济与发展研究所组织专家评审，获得出版资格。

完成单位：中国农业科学院农业经济与发展研究所
主要完成人：夏英、吕开宇、曲颂、刘玉萍
联系方式：13911286317
通信地址：北京市海淀区中关村南大街12号
电话：010-82109942
E-mail：xiaying@caas.cn

会议

# 牧草种子生产区划地理信息管理系统

## 1. 成果审定

2015年10月获得国家版权局计算机软件著作权登记（证书号：2015SR272480）。

## 2. 成果特点

由中国农业科学院草原研究所完成的牧草种子生产区划地理信息管理系统，是根据全国所有草种生产基地的详细信息，建立了包含3个数据表，分别是“草种”“地区”“基地”的数据库。基于以上基础数据，通过鼠标点击，完成在全国降水量分布图上显示牧草种子生产基地空间位置和详细信息。具体功能包括根据草种名称查询和根据行政区查询、草种生产基地信息查询、矢量图成叠加、查询结果打印输出。该系统可以快速查询和浏览我国所有牧草种子生产基地的分布位置，并详细显示所选基地的基地名称、草种、牧草学名、海拔、气候带、降水、土壤类型、面积、产量、收获时间、生育期、生产能力、地点等信息。作为一个可独立运行的系统，软件能在Windows操作系统下快速运行，软件可根据草种生产区划的实际需求，查询草种子生产基地空间分布和信息，包括根据草种名称查询和根据行政区查询。软件运行稳定、速度快；界面清晰简洁，操作方便。

完成单位：中国农业科学院草原研究所

主要完成人：袁清

通信地址：内蒙古呼和浩特市赛罕区乌兰察布东街120号

电话：13947120909

E-mail：yuan_q@yeah.net

中华人民共和国国家版权局

计算机软件著作权登记证书

证书号：软著登字第1159666号

软 件 名 称：牧草种子生产区划地理信息管理系统
[简称：SeedME]
V1.0

著 作 权 人：袁清；乔江；董永平；王加亭；王瑞永

开发完成日期：2012年10月20日

首次发表日期：2015年10月26日

权利取得方式：原始取得

权 利 范 围：全部权利

登 记 号：2015SR272480

根据《计算机软件保护条例》和《计算机软件著作权登记办法》的规定，经中国版权保护中心审核，对以上事项予以登记。

中华人民共和国国家版权局 计算机软件著作权登记专用章

No. 00908920

2015年12月22日

证书

# “互联网+农技推广”云平台创建与应用

“互联网+农技推广”云平台集成移动互联、云计算、大数据及传感器等现代信息技术，突破基层农技推广大田环境下的移动多媒体信息的窄带传输，多对象的农技知识语义融合与智能匹配服务，农技推广管理的时空数字化与可视化，动态、定向、便携式和小型化的农情快速采集智能终端研制以及面向农村的大规模个性化农业科技服务和大数据技术系统框架等5个方面的关键技术。

该平台已经实现了全国37个省级单位、2 600多个农业县的全覆盖，在全国各地的示范应用取得了显著的效果，入选国家“十一五”重大科技成果和农业农村部十年科技成果展，受到了党和国家领导人、相关中央级媒体等的高度关注和肯定，以及农业农村部科教司、种植业司等的高度认可，经济与社会效益显著。

完成单位：中国农业科学院农业信息研究所、清华大学、中国科学院计算技术研究所
主要完成人：王文生、杨勇、孙志国、李秀峰、郭雷风
通信地址：北京市海淀区中关村南大街12号（中国农业科学院农业信息研究所）
电话：010-82106287
E-mail：wangwensheng@caas.cn

移动端

孙志国：超级管理员
全部
通知通报
一万个为什么
技术明白纸
农事黄历
点子大王
田间课堂
农技知识
技术明白图
谚语集锦
地方农技
市场联播
通知通报
一万个为什么
技术明白纸
技术明白图
农事黄历
谚语集锦
农业技术讲义
田间课堂
农技知识
专家会诊
手机端下载
切换角色
系统设置
退出登录
为100万农技人员和示范户服务
农技推广云平台
用户名：
1100000003
密 码：
验证码：
2984
登 录
忘记密码
农业部科技教育司
中国农业科学院农业信息研究所
全国基层农技推广信息化平台
为100万农技人员和示范户服务
1100000002
记住密码
自动登录
登 录


平台界面

# 全国农业现代化评价报告（2016年）

## 1. 成果审定

为贯彻落实《全国农业现代化规划（2016—2020年）》关于加强农业现代化水平监测评价的要求，受农业农村部发展计划司委托，农业现代化理论与政策创新团队编制了《全国农业现代化评价评价报告（2016年）》，报告编制过程中广泛咨询专家建议，形成初稿后多次征求部内相关司局意见，并征求了国家发改委、财政部、科技部、工业和信息化部、水利部、商务部、国家质检总局、国家林业局等单位的意见。报告于2017年11月24日至30日在中国农业信息网由农业农村部发展计划司授权以中国农业科学院名义向社会公示，得到社会各界的广泛关注。目前已经完成公示，以后每年都将定期发布。研究结果将对农业农村部和各省农业现代化工作的落实具有一定的指导意义。

## 2. 成果特点

全国农业现代化发展水平评价，以团队多年的研究积累为基础，吸收部分资深专家建议，并听取农业农村部等有关部委的意见，研究确定了23个量化指标，从农业现代化的产业体系、生产体系、经营体系、质量效益、绿色发展和支持保护六个方面，构建了农业现代化监测评价指标体系，对全国及各省农业现代化水平进行了初步评价。同时，参考国内外农业现代化评价研究，结合我国农业现代化发展实际，大体将农业现代化过程划分为发展起步阶段（0～60分）、转型跨越阶段（60～75分）、基本实现阶段（75～85分）和全面实现阶段（85分以上）。

经测算，从总体水平看，2016年全国农业现代化监测评价得分为64分，正处于转型跨越阶段。其中，上海、江苏、山东、天津、浙江、安徽得分排名前六。东部地区得分为71.6分，处于转型跨越阶段后期，有望总体率先基本实现农业现代化。东北地区得分为68.9分，高于全国平均水平，进入了转型跨越阶段中期。中部地区得分为61.3分，刚刚迈入转型跨越阶段。西部地区得分为54分，仍处于发展起步阶段，远低于其他板块，是全面实现农业现代化的短板区域。

本套指标的选择创新之处在于既考虑了科学性，又考虑了农业管理工作，是全方位的意见征集；虽然从事农业现代化指标研究的团队很多，但是本套指标是首次授权发布，这体现了农业管理部门的认可；发布之后的反响，也充分表明其指导性对于地方工作非常重要。

## 3. 推广应用

成果公示后，社会反响强烈，多个省、市、自治区农业农村部门管理人员、部分大专院校的学者及部分大型涉农企业纷纷电话咨询完整稿的正式发布时间，一些县市的领导专门来我所咨询并邀请对其所在县市开展评价。

完成单位：中国农业科学院农业经济与发展研究所
主要完成人：胡志全、辛岭、侯丽薇、李超、崔奇峰
通信地址：北京市海淀区中关村南大街12号
电话：010-82106150
E-mail：huzhiquan@caas.cn

课题组成员和地方农业厅领导参观探讨农业现代化发展模式